L'anatomia tra lettere e arti: rappresentazioni e immaginari dal XVI al XXI secolo

Nuncius Series

Studies and Sources in the Material and Visual History of Science

VOLUME 16

The titles published in this series are listed at *brill.com/nuns*

L'anatomia tra lettere e arti: rappresentazioni e immaginari dal XVI al XXI secolo

A cura di / Edited by

Linda Bisello
Carla Mazzarelli

Col supporto redazionale di / With editorial assistance from

Imma Iaccarino and Sofia Bollini

BRILL

LEIDEN | BOSTON

The open access publication of this book has been published with the support of the Swiss National Science Foundation.

Cover illustration: Incisione di Barent de Bakker, Interno del teatro anatomico Collegium Chirurgicum di Amsterdam, 1780. [Engraving by Barent de Bakker, Interior of the anatomical theater Collegium Churgical, Amsterdam]

The Library of Congress Cataloging-in-Publication Data is available online at https://catalog.loc.gov
LC record available at https://lccn.loc.gov/2025042090

Typeface for the Latin, Greek, and Cyrillic scripts: "Brill". See and download: brill.com/brill-typeface.

ISSN 2405-5077
ISBN 978-90-04-69163-6 (hardback)
ISBN 978-90-04-69164-3 (e-book)
DOI 10.1163/9789004691643

This book is printed on acid-free paper and produced in a sustainable manner.

Contents

Acknowledgments

This publication was made possible thanks to the support of the SNSF, which funded the Open Access volume (FNS 10BP-2_239021) within the framework of the project *The "Civilisation of Anatomy": the Genre of Literary Anatomies in Seventeenth-Century Italy* (FNS 100012_204399).

We would also like to express our gratitude for the collaboration and suggestions to:

The Project Partners: Marco Maggi, Stefano Prandi, Raffaella Scarpa, and the Museo Galileo in Florence; colleagues and friends from the University of Lugano and the Accademia di Mendrisio: Walter Angonese, Riccardo Blumer, Mario Botta, Lorenzo Cantoni, Marco Della Torre, Christoph Frank, Patrick Gagliardini, Sonja Hildebrand, Daniela Mondini, Mirko Moizi, Angela Windholz.

Furthermore, we would like to thank all the libraries and institutions that kindly granted publication rights free of charge.

We are grateful to the publisher and the directors of the NUNS series, Marco Beretta and Sven Dupré, for accepting the volume, and to the editorial staff who followed every stage of the publishing process: Melissa Allieri, Janelle Eusebio, and Wai Min Kan.

Finally, we express our most sincere thanks to the following friends: Tiziana Antonini, Federico Barbierato, Luca Bonazzi, Sofia Bollini, Giovanna Capitelli, Gaetano Cascino, Chiara Cauzzi, Maria Pia Donato, Sara Garau, Mattia Giovanelli, Imma Iaccarino, Francesca La Mantia, Vittoria Lomazzi, Pedro Medina Reinón, Johanna Miecznikowski-Fuenfschilling, Luca Piccoli, Sara Pianta, Lucia Rossi, Angelica Sabatini, Ludovica Scalzo, Margherita Schellino, Sara Sermini, Luca Trissino.

Figures

Notes on Contributors

Christine Beese
holds a tenure track professorship in Architectural History at the Institute of Art History at Ruhr University Bochum in Germany since 2023. She also leads an Emmy Noether Research Group funded by the DFG that investigates the architecture of early modern anatomical theatres. Her research centres on the epistemic agency of architecture at the intersection of art, craft, and technology.

Dal 2023, Christine Beese è titolare di una cattedra tenure track di Storia dell'Architettura presso l'Istituto di Storia dell'Arte dell'Università della Ruhr a Bochum, in Germania. È inoltre responsabile di un gruppo di ricerca Emmy Noether, finanziato dalla DFG, che studia l'architettura dei teatri anatomici della prima età moderna. La sua ricerca si concentra sull'azione epistemica dell'architettura all'incrocio tra arte, artigianato e tecnologia.

Linda Bisello
(USI, Switzerland) focuses her research on the interplay between literature and medicine from the early modern period onwards, as well as on the teaching of Italian literature. She currently leads a research project entitled *The "Civilization of Anatomy": the Genre of Literary Anatomies in Seventeenth-century Italy* (SNSF 100012_204399), which has been ongoing since 2022.

(USI, Svizzera) incentra la sua ricerca sull'intersezione tra letteratura e medicina a partire dalla prima età moderna; si occupa in parallelo di didattica della letteratura italiana. Attualmente dirige il Progetto di ricerca intitolato *La* "Civiltà dell'anatomia"*: il genere delle anatomie letterarie nell'Italia del Seicento* (SNSF 100012_204399) che è in corso dal 2022.

Sofia Bollini
is a PhD candidate at the University of Campania Luigi Vanvitelli. Since 2023, she has been collaborating with the research group *La* "Civiltà dell'anatomia"*: il genere delle anatomie letterarie nell'Italia del Seicento*. Her main research interest concerns the relationship between literature and anatomy in the late Nineteenth century.

è dottoranda presso l'Università della Campania Luigi Vanvitelli; dal 2023 collabora col gruppo di ricerca relativo al Progetto *La* "Civiltà dell'anatomia"*: il* *genere delle anatomie letterarie nell'Italia del Seicento.* Il suo principale interesse di ricerca riguarda il rapporto tra letteratura e anatomia nel secondo Ottocento.

Stefano Casati
was the Museo Galileo Librarian from 1989 to 2004; he was then in charge of Museo Galileo Digital Library from 2005 until now. He has published studies on the history of science and library science.

è stato bibliotecario del Museo Galileo dal 1989 al 2004; dal 2005 è responsabile della Biblioteca Digitale del Museo Galileo. Ha pubblicato studi di storia della scienza e biblioteconomia.

Maria Di Maro
is a researcher in Italian Literature at the Department of Humanities of the University of L'Aquila. Her research interests include poetry from the sixteenth and seventeenth centuries, literature in the Neapolitan language, and the relationships between literature, medicine, arts, and other fields of knowledge.

è ricercatrice di Letteratura Italiana presso il Dipartimento di Scienze Umane dell'Università dell'Aquila. I suoi interessi di ricerca riguardano la poesia tra XVI e XVII secolo, la letteratura in lingua napoletana e i rapporti tra letteratura, medicina, arti e altri saperi.

Carla Mazzarelli
is Adjunct Professor of Museology and Early Modern Art History at the Università della Svizzera italiana. Her research focuses on academic culture and artistic reproduction (seventeenth–nineteenth centuries), as well as on audiences and experiential forms in the early history of museums. Since 2023, she has been leading the SNSF-funded research project *Visibility Reclaimed. Experiencing Rome's First Public Museums (1733–1870).*

è Professoressa titolare di Museologia e Storia dell'arte moderna all'Università della Svizzera italiana. La sua ricerca si concentra sulla cultura accademica e la riproduzione artistica (XVII–XIX secolo), sui pubblici e sulle esperienze di visita dei primi musei. Dal 2023 è responsabile del progetto di ricerca finanziato dal FNS *Visibility Reclaimed. Experiencing Rome's First Public Museums* (*1733–1870*).

Maria Pia Donato
is *Directrice de recherche* CNRS, based at the Institut d'Histoire moderne et contemporaine in Paris. She is a specialist in cultural history and the history of medicine. Her publications include *Morti improvvise. Medicina e religione nel Settecento* (2010) and *L'Archivio del Mondo. Quando Napoleone confiscò la storia* (2019).

è Directrice de recherche CNRS all'Institut d'Histoire moderne et contemporaine di Parigi. È specialista di storia culturale e di storia della medicina. Tra le sue pubblicazioni si menzionano *Morti improvvise. Medicina e religione nel Settecento* (2010) e *L'Archivio del Mondo. Quando Napoleone confiscò la storia* (2019).

Tommaso Ghezzani
is Visiting Assistant Professor of Transnational Italian Studies at Bryn Mawr College (USA). He was Adjunct Instructor at New York University and Assistant Instructor for Princeton University. He got his PhD between Scuola Normale Superiore of Pisa and Université de Genève.

è Visiting Assistant Professor di Studi Italiani Transnazionali presso il Bryn Mawr College (USA). È stato Adjunct Instructor presso la New York University e Assistant Instructor all'università di Princeton. Ha conseguito il dottorato tra la Scuola Normale Superiore di Pisa e l'Université de Genève.

Maddalena Giovannelli
teaches Theatre History at the Università della Svizzera Italiana. Her areas of interest include ancient dramaturgy, with a particular focus on Aristophanes' comedy, the reception of classical theatre in contemporary times, and contemporary dramaturgy. She has published the book *Aristofane nostro contemporaneo* and *Il pubblico in danza. Comunità, memorie, dispositivi* together with Lorenzo Conti and Francesca Serrazanetti.

insegna Storia del Teatro all'Università della Svizzera Italiana. I suoi campi di interesse sono la drammaturgia antica con particolare attenzione alla commedia di Aristofane, la ricezione del teatro classico nel contemporaneo, la drammaturgia contemporanea. Ha pubblicato il libro *Aristofane nostro contemporaneo*, e *Il pubblico in danza. Comunità, memorie, dispositivi* con Lorenzo Conti e Francesca Serrazanetti.

Imma Iaccarino
is a PhD assistant at the Università della Svizzera italiana, where she collaborates on the SNSF research project *La "civiltà dell'anatomia"*, led by Linda Bisello. Her research interests mainly focus on the interaction between the history of anatomy, literature, and emblematic traditions in seventeenth-century Italian works.

è assistente-dottoranda presso l'Università della Svizzera italiana, dove collabora al progetto di ricerca FNS *La "civiltà dell'anatomia"*, diretto da Linda Bisello. I suoi interessi di ricerca riguardano principalmente l'interazione tra storia dell'anatomia, letteratura ed emblematica nelle opere di area italiana del XVII secolo.

Kalinka Janowski
is a PhD student at the University of Fribourg. Supervised by Jérémie Koering and Maarten Delbeke, she is conducting her doctoral research on the graphical and epistemological effects of landscape representations in scientific engravings in the eighteenth century.

è dottoranda presso l'Università di Friburgo. Sotto la supervisione di Jérémie Koering e Maarten Delbeke, conduce una ricerca dottorale sugli effetti grafici ed epistemologici delle rappresentazioni paesaggistiche nelle incisioni scientifiche del XVIII secolo.

Cynthia Klestinec
Professor at Miami University, is a scholar of the history of medicine and science, especially the early modern history of anatomy, dissection, and surgery.

Professoressa alla Miami University, si occupa di storia della medicina e della scienza, in particolare della storia dell'anatomia, della dissezione e della chirurgia nell'età moderna.

Monique Kornell
is Visiting Associate Professor, Program in the History of Medicine, Cedars-Sinai Medical Center, Los Angeles. Her research has focused on the evolution of the anatomical print and the study of anatomy by artists in the early modern period.

è Visiting Associate Professor nel Programma di Storia della Medicina del Cedars-Sinai Medical Center di Los Angeles. La sua ricerca è incentrata sull'evoluzione delle stampe anatomiche e sullo studio dell'anatomia da parte di artisti della prima età moderna.

Lia Lucas Neto
is the Director of the Anatomy Institute of Lisbon, an assistant professor of Anatomy/Neuroanatomy at the Medicine Faculty of the University of Lisbon, and a neuroradiologist at Centro Hospitalar Universitário de Lisboa Norte.

è direttrice dell'Istituto di Anatomia di Lisbona, professoressa assistente di Anatomia/Neuroanatomia presso la Facoltà di Medicina dell'Università di Lisbona e neuroradiologa presso il Centro Ospedaliero Universitario di Lisbona Nord.

Alice Nogueira Alves
is Conservator-Restorer with a PhD in Art, Cultural Heritage, and Restoration from the School of Arts and Humanities of the University of Lisbon and a guest Assistant Professor at the Faculty of Fine Arts.

è conservatrice-restauratrice con un dottorato in Arte, Patrimonio Culturale e Restauro presso la Facoltà di Lettere dell'Università di Lisbona ed è professoressa assistente a contratto presso la Facoltà di Belle Arti.

Chiara Piva
Associate Professor at the University of Rome "La Sapienza", her research focuses on the history of art criticism, museology, and the history of conservation, with particular attention to the eighteenth century and an approach that emphasises the interconnections among these fields.

Professoressa associata presso l'Università "Sapienza" di Roma, fa ricerca su temi di storia della critica d'arte, museologia e storia del restauro, con uno sguardo che privilegia le connessioni reciproche tra questi ambiti e con particolare attenzione per il XVIII secolo.

Adele Pocci
is the Librarian of the Digital Collections at the Museo Galileo (Florence). She holds a bachelor's degree in Philosophy from the University of Florence and a master's degree in Archival Sciences and Library Science from the Vatican School.

è bibliotecaria delle Collezioni Digitali presso il Museo Galileo di Firenze. Ha conseguito la laurea in Filosofia presso l'Università di Firenze e un master in Scienze Archivistiche e Biblioteconomia presso la Scuola Vaticana.

Massimo Rinaldi
has carried out his research activity at the Department of History of the University of Padua and at the Institute for the History of Philosophical and Scientific Thought of Milan. His main fields of interest lay in the cultural history of science and medicine, namely in the dissemination of scientific knowledge and physicians' education between the sixteenth and the eighteenth century.

ha svolto la sua attività di ricerca presso il Dipartimento di Storia dell'Università di Padova e presso l'Istituto per la Storia del Pensiero Filosofico e Scientifico Moderno di Milano. I suoi principali ambiti di interesse riguardano la storia culturale della scienza e della medicina, in particolare la diffusione del sapere scientifico e la formazione dei medici tra il XVI e il XVIII secolo.

Mariana Sousa
is a PhD student in Fine Arts, specializing in Art and Heritage Sciences at the Faculty of Fine Arts of Lisbon, with a research grant funded by FCT (2021.08408.BD), with work dedicated to Portuguese academic art collections preservation and study.

è dottoranda in Belle arti con specializzazione in *Art and Heritage Science* presso la Facoltà di Belle Arti di Lisbona con una borsa di studio finanziata dalla FCT (2021.08408.BD). La sua ricerca è dedicata alla conservazione e allo studio delle collezioni d'arte accademiche portoghesi.

Marta Spanevello
Art historian, curator, and PhD candidate at the Academy of Architecture in Mendrisio. Since 2017, she has curated exhibitions and projects at Villa and Collection Panza, combining research and outreach, with a focus on the dialogue between contemporary American art, curatorial practices, and museography.

Storica dell'arte, curatrice e PhD Candidate presso l'Accademia di Architettura di Mendrisio. Dal 2017 cura mostre e progetti a Villa e Collezione Panza, intrecciando ricerca e valorizzazione, approfondendo il dialogo tra arte americana contemporanea, pratiche curatoriali e museografia.

Alberto Zanatta

is a researcher in History of Medicine at the University of Padua. After earning a PhD in Cardiovascular Sciences, he served as curator of the Morgagni Museum of Pathological Anatomy. His research focuses on history of medicine and medical museology.

è ricercatore in Storia della Medicina all'Università di Padova. Ottenuto il PhD in Scienze Cardiovascolari, è stato il curatore del Museo Morgagni di Anatomia Patologica. Le sue ricerche vertono sulla storia della medicina e la museologia medica.

Introduzione: "Tra fabbrica e teatro". La lunga durata del modello anatomico in letteratura, arte e architettura

Linda Bisello e Carla Mazzarelli

1 Le coordinate teoriche del volume: La "Civiltà dell'Anatomia"*

> Anche di ciò che ci dà pena vedere nella realtà
> godiamo a contemplare la perfetta
> riproduzione, come le immagini delle belve
> più odiose e dei cadaveri
>
> ARISTOTELE, *Poetica* 1448b. Trad. it. di Guido Paduano, Roma-Bari, Laterza, 1998, p. 7

Il presente volume si inquadra nel progetto di ricerca SNSF *La "Civiltà dell'Anatomia." Il genere delle Anatomie letterarie nell'Italia del Seicento* (https://data.snf.ch/grants/grant/204399, fig. 1) diretto da chi scrive, in collaborazione, per la storia dell'arte, con Carla Mazzarelli, co-curatrice di questa miscellanea.

Partendo dall'assunto che ogni cultura dia luogo a una propria configurazione storica dei rapporti e delle influenze reciproche tra scienze umane e medicina[1], il progetto misura la relazione tra sapere medico e cultura umanistica nella prima età moderna, soffermandosi sull'impatto della "rifondazione anatomica[2]" avviata da Andrea Vesalio sulla letteratura di quell'età, nel suo intreccio con le arti visive e la codificazione della lingua. Nel tracciato di una recente storiografia attenta al concreto emergere dei modelli cognitivi

* Le sezioni dell'*Introduzione* sono così suddivise: di Linda Bisello sono i paragrafi 1, 3, 4, 4.1, 4.3; di Carla Mazzarelli i paragrafi 2, 2.1, 2.2, 4.2.

1 Sull'intersezione tra medicina e letteratura si vedano almeno: *Littérature et médecine. Approches et perspectives* (*XVI*e–*XIX*e *siècles*), études réunies et présentées par Andrea Carlino et Alexander Wenger (Genève: Droz, 2007); *Écriture et Anatomie. Médecine, Art, Littérature*, a cura di Giovanni Dotoli (Fasano: Schena, 2004).

2 Sulla tesi di una reviviscenza dei metodi e dei progetti epistemologici dei Classici nella prima età moderna si fonda il volume di Andrew Cunningham, *The Anatomical Renaissance. The Resurrection of the Anatomical Projects of the Ancients* (Aldershot: Scolar Press, 1997). Di recente è tornato sulla centralità della figura di Vesalio nella storia moderna dell'anatomia Vivian Nutton, *Andreas Vesalius and his Fabrica, 1537–1564. Changing the World of Anatomy* (Cham: Palgrave Macmillan, 2024).

FIGURA 1 *La "Civiltà dell'anatomia": il genere delle Anatomie letterarie nell'Italia del Seicento* (FNS 100012_204399). Sito del progetto omonimo dell'Istituto di Studi Italiani, Università della Svizzera Italiana (https://www.isi.usi.ch/it/ricerca-lingua-letteratura-civilta-italiana/presentazione-progetti/civilta-anatomia) © SITO DELL'UNIVERSITÀ DELLA SVIZZERA ITALIANA, LUGANO (CH)

in epoca moderna, anche l'anatomia prende forma alla confluenza di arti e saperi, in quanto esito di influssi reciproci tra scienza, arti del discorso e arti figurative[3]. Alla luce dell'impostazione interdisciplinare che lo distingue, il volume *L'anatomia tra lettere e arti: rappresentazioni e immaginari tra* XVI *e* XXI *secolo* si presenta nel suo aspetto di maggiore novità col fare entrare in gioco e interagire simultaneamente tre forze in campo: anatomia, letteratura e arti visive, messe in dialogo per la prima volta all'interno di un unico spazio critico. In questo modo si va oltre un approccio già collaudato, basato su un confronto binario, che aveva finora limitato l'orizzonte dell'indagine, accostando, in maniera alternata, da un lato medicina e letteratura, dall'altro anatomia e arti visive. Un ulteriore elemento innovativo del volume consiste nel misurare nella lunga durata, fino all'età contemporanea, la persistenza del paradigma anatomico, sondandone l'eredità in generi artistici diversificati e mutati nel tempo, siano essi letterari, figurativi, architettonici o performativi.

3 Come afferma Paolo Savoia: "la storia delle scienze moderne non può essere solo una cronaca delle nuove teorie e delle nuove invenzioni, ma deve raccontare le storie delle influenze reciproche tra saperi filosofici, artigianali e naturalistici". Si veda Paolo Savoia, *Superfici. Corpi, pratiche e modelli cognitivi nella chirurgia di età moderna* (Roma: Officina libraria, 2024), 24.

Al centro della ricerca sulla "Civiltà dell'Anatomia"[4] si pone il genere delle anatomie letterarie[5], che nel Seicento italiano si estendono a più materie: geografia, astronomia, politica, grammatica, filosofia morale, e che condividono tutte una stessa *ratio*, la dissezione del corpo di un tema e la sua analisi sistematica.

Mentre le anatomie letterarie risultano da tempo esplorate e censite nella tradizione anglosassone[6], complice la fortuna dell'*Anatomy of melancholy* di Robert Burton, ad oggi il panorama critico italiano non ha riservato loro altrettanta fortuna, a dispetto della rilevanza teorica e della circolazione europea di alcune di esse. Tra i diversi esemplari del repertorio italiano – consultabili in libero accesso nell'apposita biblioteca digitale ideata in collaborazione con Museo Galileo di Firenze – spicca l'atlante anatomico dell'accademico dei Gelati Ottavio Scarlattini, apparso a Bologna nel 1684, poi tradotto in latino ed edito nel 1695 ad Augusta, riccamente corredato di emblemi anatomici, col titolo *Homo et ejus partes figuratus et symbolicus*. In questo solco si può menzionare anche l'anatomia letteraria del vescovo istriano Antonio Zara, l'*Anatomia ingeniorum et scientiarum* (Venezia 1615), che non solo viene citata come referenza di primo piano dallo stesso Burton[7], ma che rappresenta in sé un prezioso testimone storico della disputa sul concetto di ingegno, sfondo di uno snodo dottrinario sull'(in)divisibilità dell'anima e del suo sostrato fisico. Zara prende posizione a favore di un concetto metafisico dell'anima contro i coevi filosofi naturali di orientamento materialista, costituendo così una

---

4 La formula è di Rafael Mandressi, *Le regard de l'anatomiste. Dissections et inventions du corps en Occident* (Paris: Seuil, 2003), 12; con "Civiltà dell'anatomia" si intende "un vaste réseau de pratiques, de discours et de savoirs qui vont de la table de dissection aux domaines les plus divers de l'imaginaire, tous impregnés par une maniére spécifique de percevoir et d'appréhender la nature, l'organisation et le fonctionnement du corps humain".

5 Per la definizione di anatomie letterarie si rinvia ad Andrea Carlino, *Il microcosmo di Robert Underwood, Prefazione* a: Robert Underwood, *Una nuova anatomia.* Testo a fronte, a cura di Mauro Spicci (Aprilia: Novalogos, 2012), 10–11.

6 Una prima pionieristica ricognizione in Thomas J. Arthur, *Anatomies and the Anatomy Metaphor in Renaissance England* (PhD Dissertation, The University of Wisconsin-Madison, 1978), dove si mette a fuoco l'idea dell'anatomia come "literary type"; l'ormai classica monografia di Van Delft si concentra sulla tradizione letteraria francese e spagnola; cfr. Louis Van Delft, *Frammento e anatomia. Rivoluzione scientifica e creazione letteraria* (trad. it. Bologna: Il Mulino, 2004).

7 Burton, a proposito della scelta inusuale del titolo 'Anatomia', ammette di avere un solo precedente – uno su tutti –, di essersi ispirato cioè ad Antonio Zara: "Per quanto mi riguarda, ho illustri precedenti per ciò che ho fatto. Ne ricorderò uno per tutti: Antonio Zara Pap[ma Pedena] Episc., la cui *Anatomia dell'Ingegno* in quattro sezioni, parti, sottosezioni ecc. si può leggere nelle nostre biblioteche", cfr. Robert Burton, *L'anatomia della malinconia* [1621], a cura di Lucia Manini – Amneris Roselli – Yves Hersant (Milano: Bompiani, 2020), 35.

significativa fonte per la ricostruzione del dibattito sulla localizzabilità delle facoltà dell'anima, che nell'ultimo scorcio del Cinquecento vede coinvolti, tra gli altri, il medico spagnolo Huarte e il filosofo telesiano Antonio Persio[8].

Ma in che modo incide l'anatomia di Vesalio sul piano epistemologico? Come ha ricordato Walter Ong[9], la medicina tra Cinque e Seicento plasma un modello spaziale per il pensiero, generando la tendenza a vedere nei trattati scientifici dei corpi di conoscenze, ("bodies of knowledge"), da dissezionare e ordinare mediante "intellectual anatomies", che agiscono per frammentazione e ricombinazione di brani/lacerti. Massimo Rinaldi[10] ha di recente mostrato come dal Cinquecento il metodo anatomico si estenda dalla filologia dei testi al più generale approccio all'intera tradizione libraria dell'Antichità. In letterati come Orazio Toscanella[11], ad esempio, l'approccio al sapere dei classici e alla gestione della loro Biblioteca si ispira al metodo di scomposizione e riaggregazione del sapere secolare in *summae* o epitomi di luoghi topici[12], come nel

8 Si vedano Katherine Park, "The Organic Soul", in *The Cambridge History of Renaissance Phisosophy*, ed. by Charles B. Schmitt (Cambridge: Cambridge University Press, 1988), 464–484; il più recente Georges Makari, *Soul Machine. The Invention of the Modern Mind* (New York and London: Norton, 2015); sulla disputa degli ingegni in particolare, cfr. Cristiano Casalini – Luana Salvarani, *Introduzione* a Juan Huarte de San Juan, *Essame degl'ingegni.* Trad. it. di Camillo Camilli (1582), a cura di C. Casalini e L. Salvarani (Roma: Anicia, 2010). Sul trattato di Zara si rinvia a Linda Bisello, "L'*Anatomia ingeniorum* (1615) di Antonio Zara nel dibattito sulla sede dell'anima nella prima età moderna: tra censura e pedagogia", in *Abstinendum a libris inhonestis. Dangerous Latin Literature from Antiquity to the Modern Age*, ed. by Elisa Della Calce and Simone Mollea (Berlin: De Gruyter, 2025), 344–368 (upcoming).

9 Walter Ong, *Method and Decay of Dialogue. From the Art of Discourse to the Art of Reason* (Cambridge, Massachusetts: Harvard University Press, 1958), 315.

10 Massimo Rinaldi, "Dall'anatomia del corpo all'anatomia del testo nella letteratura medica seicentesca", lezione del Seminario *L'uomo anatomico: usi e figurazioni del corpo tra scienza arte e religione nella prima età moderna*, Lugano, 5.6.24, testo in corso di pubblicazione nella *Biblioteca anatomica* del Museo Galileo. Dello stesso autore si vedano: "Organising Pathological Knowledge: Théophile Bonet's *Sepulchretum* and the Making of a Tradition", in *Pathologies in Practice. Diseases and Dissections in Early Modern Europe*, ed. by Marco Bresadola, Maria Conforti and Silvia De Renzi (New York and London: Routledge, 2017), 39–55; "« Nec jota uno sine autopsia ». Il *Consilium* sull'anatomia practica di Thomas Bartholin e la rifondazione del sapere patologico", in Thomas Bartholin, *De anatome practica consilum*, trad. it. a cura di Martina Elice (Pisa: ETS), forthcoming.

11 Su Toscanella cfr. Lina Bolzoni, *La stanza della memoria. Modelli letterari e iconografici nell'età della stampa* (Torino: Einaudi, 1995), 51–75; Bolzoni riporta un passo significativo di Toscanella, che a proposito delle *Familiari* di Cicerone, scrive: "[*scil.* il lettore] vedendo l'anatomia di ogni parola, può senza intoppo discernere ogni minutezza [...]" (ivi, 59), in riferimento alle strategie di visualizzazione del testo ciceroniano.

12 Sull'*ars excerpendi* si rimanda a Alberto Cevolini, *De arte excerpendi. Imparare a dimenticare nella modernità* (Firenze: Olschki, 2006).

caso del *Sepulchretum* di Théophile Bonet (1679), un'antologia di casi autoptici prelevati da altri autori. Inverando il giudizio di Nancy Siraisi[13], secondo cui i medici-umanisti sono chiamati a valersi degli stressi strumenti (il bisturi e la penna) per esaminare corpo fisico e corpo del testo, Luigi Novarini, autore di un'*Anatomia spiritualis* (1647), invita il lettore a diventare chirurgo di se stesso e in parallelo a fare l'anatomia dell'opera che ha sotto gli occhi:

> opusculum ipsum exercete anatomiam. Secate et latentem in eo molientis offerentisque voluntatem omnium utilitatem spectantem deprehendetis[14].

L'anatomia diventa in sintesi uno strumento euristico che trasmette agli altri saperi non solo un'attitudine analitica, ma offre soprattutto una griglia tassonomica, se è vero, come rileva George Steiner, che: "Le continue ramificazioni del Sapere nel Seicento portarono inoltre a una ricerca di tassonomie universali, di un vocabolario e di una grammatica comprensivi e chiaramente articolati per tutta la scienza"[15], e del resto, come ha sottolineato Mario Vegetti, fin dall'origine della speculazione sui *naturalia*, è l'atto stesso della dissezione a fondare l'idea di classificazione[16].

L'anatomia dà quindi ordine e metodo, ora "divisivo" ora "ricompositivo"[17], all'organizzazione del discorso, configura lo spazio dell'interiorità. La frequente applicazione alla sfera spirituale del dispositivo anatomico è provata dalle

13 "[…] the new anatomy demanded that anyone who could dissect a cadaver should also be capable of dissecting an ancient Greek anatomical text". Cfr. Nancy Siraisi, "Vesalius and the reading of Galen's teleology", *Renaissance Quarterly*, 50 (1997): 1–37.

14 Luigi Novarini, *Anatomia spiritualis, in qua homo incruente in partes diductus homini obijcitur* […] (Verona: typ. Merulanis, 1647), 3, trad. it.: "Fate l'anatomia dell'opuscolo stesso. Tagliate e vi sorprenderete della volontà nascosta di chi lo ha scritto e offerto, che mira al beneficio di tutti".

15 George Steiner, *Dopo Babele. Aspetti del linguaggio e della traduzione* [1975] (trad. it. Milano: Garzanti, 1992), 245.

16 Mario Vegetti, *Il coltello e lo stilo. Animali, schiavi, barbari e donne alle origini della razionalità scientifica* [1979] (Milano: Saggiatore, 1996), 115.

17 Sul metodo della divisione e sui suoi dispositivi di visualizzazione logica nella didattica della medicina, si rimanda a Ian Maclean, "Logical Division and Visual Dichotomies: Ramus in the Context of Legal and Medical Writing", in *The Influence of Petrus Ramus. Studies in Sixteenth and Seventeenth Century Philosophy and Sciences*, ed. by Mordechai Feingold, Joseph S. Freedman and Wolfgang Rother (Basel: Schwabe & co, 2001), 228–247; Silvia Ferretto, *Maestri per il metodo di trattar le cose. Bassiano Lando, Giovan Battista da Monte e la scienza della medicina nel XVI secolo* (Padova: Cleup, 2022), in part. cap. V: *Metodi, ordini, dottrine*, 99–118; Simone Mammola, *La ragione e l'incertezza. Filosofia e medicina nella prima età moderna* (Milano: FrancoAngeli, 2012), in part. il cap. 3: *Tra metodo ed esperienza: la medicina del '500 alle prese coi suoi fondamenti*, 133–214.

numerose "Anatomie spirituali", testimoni della letteratura religiosa secentesca, documentata ad esempio dagli scritti di Pompeo Tartaglia e Luigi Novarini. Tali opere sono raccolte e contestualizzate nella *Biblioteca anatomica*, il repertorio digitale *open access* del Museo Galileo di Firenze, qui descritto da *Adele Pocci e Stefano Casati*[18] nella sua natura di ambiente di ricerca che progredisce in parallelo con gli avanzamenti del progetto retrostante. In questo senso rimane un esempio modellizzante il portale di ricerca del Getty Research Institute (Los Angeles), qui illustrato da *Monique Kornell*, una risorsa che aggrega più istituzioni nell'offrire testi digitalizzati in libero accesso. Coerente con la natura interdisciplinare arte/scienza del portale, la sua collezione virtuale "Anatomy and Art", sorta in concomitanza con la mostra sull'illustrazione anatomica *Flesh and bones* (a cura di Kornell stessa, 2022), interseca il campo di ricerca qui tracciato e da esso trae ispirazione. Alla descrizione di queste due collezioni è riservata la VI e ultima sezione del volume, dal titolo "**Archivi digitali: prospettive di ricerca**".

La portata del *turning point* culturale legato a Vesalio, equiparato per importanza alla rivoluzione copernicana[19], necessita tuttavia di un bilanciamento sul piano della dinamica delle influenze[20]. Come ha rilevato Pier Paolo Antonello[21], le svolte epistemiche non vanno ricostruite infatti solo sul piano di una storia internalista, considerato che esse sono più ampiamente predisposte da un complesso "riorientamento metaforico, di visione e di pensiero, di concomitanti sviluppi e cambiamenti ideologici, estetici e percettivi, che

18 Si tratta di Pomponio Tartaglia, *Notomia spirituale dell'uomo, dalla quale ciascuno può conoscere se stesso e Dio* [...] (Perugia: Eredi Bartoli e Laurenzi, 1647): [https://bibdig.museogalileo.it/tecanew/opera?bid=000001082065&%22=&_gl=1*6egj6u*_ga*NTQxOTYyMjM3LjE2Nzg5MDEyODg.*_ga_MR6699DG9Z*MTcyMDA5NzIoMS41LjEuMTcyMDA5NzI1Mi4wLjAuMA]; Luigi Novarini, *Anatomia spiritualis*: [https://bibdig.museogalileo.it/tecanew/opera?bid=1083480&seq=6].

19 Secondo la formula di Georges Canguilhem, *L'homme de Vésale dans le monde de Copernic*, in Id., *Études d'histoire de philosophie et des sciences* (Paris: Vrin, 1968).

20 Per il sistema universitario italiano, la compresenza nei curriculi universitari di discipline scientifiche e arti del trivio o sermocinali si deve in primo luogo a ragioni istituzionali legate alla didattica della medicina; come ricorda Vivian Nutton, filosofia e medicina "[...] both were included in the faculty of arts, – [...] many professors of medicine began by lecturing on logic or natural philosophy, and some went that way in reverse. [...] There was a shared language, shared concepts, shared themes; the distance from natural philosophy to medical theory was small": Vivian Nutton, "*De placitis Hippocratis et Platonis* in the Renaissance", in *Le opere psicologiche di Galeno*, a cura di Paola Manuli e Mario Vegetti (Napoli: Bibliopolis, 1988), 281–309: 304–305.

21 Pier Paolo Antonello, "Letteratura e scienza", in *Storia d'Italia, Annali*, 26, *Scienze e cultura nell'Italia unita*, a cura di Francesco Cassata e Claudio Pogliano (Torino: Einaudi, 2011), 923–948.

interessano la società e la cultura nel senso più ampio"; spesso infatti, nella cultura della prima età moderna, le domande scientifiche sono non di rado innescate da questioni religiose o filosofiche[22], tanto che è la stessa teoria medica a risentire del mito culturale dell'anatomia[23].

In quest'ottica si vedrà, nei casi di seguito esposti, che la stessa conformazione del metodo scientifico risente della figuratività letteraria. Gli esempi scelti, cioè, mostrano in che modo l'elaborazione scientifica possa avere le sue radici immaginative nel mito o nella creazione letteraria, come ha di recente rappresentato Olga Tokarczuk in *I vagabondi*, un romanzo che è in parte anche drammatizzazione dell'anatomia: le scoperte progressive di parti del corpo trovano il loro senso e il loro posto quando chiamate coi nomi del mito, ad es. il tendine di Achille ("forse nei nostri corpi risiede l'intero mondo della mitologia?")[24].

Un celebre caso è quello di Cartesio, messo in scena dal medico Plemp come una rifigurazione di Democrito, intento a dissezionare cadaveri. Nel ritratto di Plemp[25], ispirato al Democrito archianatomista della pseudo-ippocratica *Epistola a Damageto*[26], Cartesio compare assorto negli studi anatomici, sulla scorta della metafora – dicotomica – del libro di carta *vs* libro del corpo: "Ignorato da tutti, Descartes si nascondeva ad Amsterdam [...] era un uomo che non leggeva libri e non ne possedeva, ed era intento solo nelle meditazioni

22 Si vedano, tra i tanti possibili, i casi di Miguel Servet richiamato da Alessandra Celati. L'antitrinitarismo del medico e teologo Servet è infatti il movente da cui parte la sua teoria sulla circolazione polmonare come *medium* dell'ispirazione divina nell'uomo. Cfr. A. Celati, *Medici ed eresie nel Cinquecento italiano*. Tesi di Dottorato (Pisa: Università di Pisa, Dipartimento di Civiltà e forme del sapere. Programma in Storia. Curriculum in Storia moderna, XXVI Ciclo, a.a. 2015–16), 44–47. A questo si può affiancare il caso di Berengario da Carpi, recentemente studiato da Minden e Savoia. Nei suoi *Commentaria* Berengario, trattando del cuore, discute le possibili cause della morte di Cristo sulla base del passo evangelico di *Gv* 19, 32–34. Circa la trafittura del costato da cui fuoriescono sangue e acqua, l'autore usa la scienza anatomica a sostegno della tesi del miracolo, in una sorta di concordismo tra osservazione anatomica, esperienza chirurgica e verifica del miracolo. Cfr. Ariella Minden, Paolo Savoia, "The body between Life and Death: Berengario da Carpi and the Anatomical Image of the Sixteenth Century", in *Rethinking medical humanities. Perspectives from the Arts and the Social Sciences*, ed. by Rinaldo F. Canalis, Massimo Ciavolella e Valeria Finucci (Berlin-Boston: De Gruyter, 2023), 173–204: 203.

23 Cfr. Antonello La Vergata, *Introduzione* a Georges S. Rousseau, *La medicina e le Muse* (trad. it. Firenze: La Nuova Italia, 1993).

24 Olga Tokarczuk, *I vagabondi* (trad. it. Milano: Bompiani, 2019) 175.

25 In Fabrizio Baldassarri, *Il metodo al tavolo anatomico. Descartes e la medicina, Introduzione* (Roma: Aracne, 2021), 12.

26 Cfr. Ippocrate, *Lettere sulla follia di Democrito*, a cura di Amneris Roselli (Napoli: Liguori, 1998), 55–77.

solitarie, che annotava sulla carta, e ogni tanto sezionava degli animali: [e l'ho trovato] nello stesso modo in cui Ippocrate trovò Democrito ad Abdera".

Avvicinandoci ora al nesso "fabbrica – teatro" e "anatomia – architettura" presente nel titolo dell'Introduzione, il secondo caso è quello di Iacopo Grandi, professore di anatomia di fama europea, in rapporto con scienziati e pensatori come Redi, Vallisneri e Leibniz, che nel 1671 pronuncia un'*Orazione* per l'inaugurazione del Teatro anatomico di Venezia. Nella retorica concettista di Grandi, la necessità scientifica della dissezione poggia sullo strumento scopico della "finestra aperta sul cuore"[27], ovvero sul mito letterario della trasparenza dei sentimenti, che vede in Socrate e nell'invito alla *sui cognitio* l'ideatore dell'anatomia. Nel discorso di Grandi, Socrate per trovare la verità interiore preferisce all'esame di coscienza la "cognizione della nostra fabbrica interna"[28]:

> Quando Socrate desiderò che gl'uomini aperto avessero il petto, disegnò il Teatro anatomico. Bramò non tanto che si potessero vedere i cupi pensieri del cuore, quanto gli organi del corpo, e come sapientissimo che egli era, a tutte le notizie qua giù desiderabili, preferì la cognizione della nostra fabbrica interna[29].

Si vedrà meglio al § 2 che proprio sulla base dell'elemento architettonico della finestra ripreso da Vitruvio, Grandi proietta l'immagine del teatro anatomico dall'uomo alla "fabbrica"[30], sede di esposizione dei corpi e di didattica

---

27 Cfr. Mario Andrea Rigoni, "Una finestra aperta sul cuore (Note sulla metaforica della 'Sinceritas' nella tradizione occidentale)", *Lettere Italiane*, 26 (1974): 434–458; Linda Bisello, "*Intus et extra idem*: l'anatomia morale nella letteratura italiana moderna", *Lettere Italiane*, 68, n. 1 (2016): 3–41.

28 Un paradosso rispetto al Socrate dell'*Apologia di Socrate* platonica, in cui il filosofo cerca di persuadere i discepoli che: "non dei corpi dovete prendervi cura, né delle ricchezze né di alcun'altra cosa [...] che dell'anima" (30 A–B). Come ricorda Mimi Cazort, nelle illustrazioni anatomiche il criterio compositivo di rappresentazione, ovvero dalle ossa alla superficie corporea, quindi dall'interno all'esterno, deriverebbe dall'architettura, dalla sua descrizione della struttura dal supporto alla facciata, cfr. Mimi Cazort, "The Theatre of the Body", in *The ingenious machine of nature. Four centuries of art and anatomy*, ed. by Mimi Cazort, Monique Kornell, Kenneth B. Roberts (Ottawa: National Gallery of Canada, 1996), 11–42.

29 Iacopo Grandi, *Orazione nell'aprirsi il nuovo Teatro di Anatomia di Venezia* (Venezia: Giuliani, 1671), 16.

30 Sulla concezione di *fabrica* in Vesalio, derivante dal *De natura deorum* di Cicerone, significante un finalismo per cui fabbrica vale come realizzazione *dell'opifex*, cfr. Jackie Pigeaud, "Formes et normes dans le De fabrica de Vésale", in *Le corps à la Renaissance*, sous la dir. De Jean Céard, Marie-Madaleine Fontaine et Jean-Claude Margolin (Paris, Aux amateurs de livres, 1990), 399–421. A tale proposito, Carlino ricorda: "L'incontro con Vesalio con

dell'anatomia: di/mostrare l'anatomia ha pertanto come sfondo il teatro eretto sul modello del corpo umano:

> tanto più nobile sarà il teatro anatomico, perch'è fabbricato su 'l più perfetto e maestoso disegno, che si potessero mai fingere in mente i più famosi architetti, o inventare il capriccio de' più ingegnosi prospettivi[31].

Come ha notato Sachiko Kusukawa nella sua recente monografia su Vesalio, alla base della ricerca anatomica starebbe proprio la dialettica tra costruzione (*fabrica*) e disfacimento delle parti (teatro della dissezione): "Vesalius wove an intricate connection between the making and unmaking of the human body throughout his book by alternating his description of parts of the body with instructions on how to dissect them"[32].

2 Il dialogo tra anatomia e architettura

Se, come già detto, a fondamento del progetto di ricerca si pone la lente dell'interdisciplinarità come metodo di interpretazione della cosiddetta "Civiltà dell'anatomia", ad incipit e centro di riflessione di questo volume sta l'intersezione tra architettura, letteratura e anatomia, un'intersezione che richiede di essere scrutata nei molteplici modi in cui essa si rivela nel corso della prima età moderna ma che questo volume si prefigge di verificare nelle sue costanti, come nelle sue metamorfosi fino alla nostra contemporaneità. La lente dell'interdisciplinarità ha già animato recenti disamine focalizzate sulla relazione tra scienza dei corpi ed evoluzione del pensiero architettonico, ma la nozione del "(di)mostrare" l'anatomia è l'originale chiave di accesso a fondamento dei saggi

---

l'architettura vitruviana è certamente dovuto alla sua assidua frequentazione con Daniele Barbaro, fine umanista, traduttore e commentatore del *De architectura*", che esce nel 1556 per Marcolini (Carlino, *Prefazione* a Underwood, *Una nuova anatomia*: 12).

31 *Ivi*, 13–14.

32 Cfr. Sachiko Kusukawa, *Andreas Vesalius: anatomy and the world of books* (London: Reaktion, 2024) 20: "*Fabrica* was a Latin word that carried the connotations of something that had been made. Vesalius' book was first and foremost about the structure of the human body – *how it was made*. And in order to find out how the body was made, it was necessary to dissect it. As Vesalius repeated, time and again in *Fabrica* a successful dissection presupposed some knowledge of how that part of the body was made. Dissection was thus a form of unmaking". Un recente studio si è soffermato sulla violenza insita nel gesto di disgregazione e distruzione contenuto nell'immagine anatomica, anche se estetizzata. Cfr. Rose Marie de San Juan, *Violence and the Genesis of the Anatomical Image* (Pennsylvania: Penn State University Press, 2023).

qui riuniti. Essa va intesa con una duplice accezione: quella dimostrativa in senso proprio e quella espositiva, del "mostrare", esporre il corpo, atti entrambi eminentemente collegati a quello della dissezione.

D'altra parte, come già rilevato a suo tempo da Andrea Carlino, l'intersezione tra anatomia e spazio architettonico si esprime anche, tra Cinque e Seicento, in due figure-cardine ricorrenti: la *fabrica*, concepita come struttura imperniata sul corpo-edificio, similitudine di derivazione vitruviana, e il teatro, inteso come luogo performativo di pratica e spettacolarizzazione della dissezione[33].

Richiamare in questa sede la riflessione grafica e teorica che accompagna il definirsi della cultura architettonica di primo Rinascimento, appare sin troppo ovvio. A partire dai celebri disegni di Francesco Di Giorgio Martini ove ordini e parti dell'architettura sono esemplati su parti e misure del corpo umano o ove la rappresentazione simbolica della città fortificata è spiegata tramite l'analogia antropomorfica, le parti del corpo non solo servono a definire, misurare e proporzionare il corpo dell'edificio ma contribuiscono a costruire un lessico, un vocabolario che sempre su tale analogia si fonda come inequivocabilmente testimoniato dai disegni a corredo del *Trattato di architettura* di Di Giorgio nel codice Salluziano della Biblioteca Reale di Torino (148, f. 21r; fig. 2[34]).

Spetterà a Leon Battista Alberti esplicitare questo passaggio quando nel *De re aedificatoria*, nello spiegare quegli stessi elementi dell'architettura che Di Giorgio desumeva dall'anatomia, farà ricorso al paragone con le lettere dell'alfabeto "quanto all'ovolo [...] il profilo del suo aggetto è come una lettera C posta sotto una L"[35].

La ricerca antropomorfica attraversa la storia dell'architettura, come è ben noto, ma nel corso del XVI e XVII secolo rivela esplicitamente e anche, programmaticamente, il suo debito con la scienza anatomica. Già Ackerman (1961) e Parronchi (1968) individuavano un passaggio saliente nella lettera di Michelangelo Buonarroti a Rodolfo Pio da Carpi del 1560 in cui l'artista ricordava come "[...] è cosa certa che le membra dell'architettura dipendono dalle

33 Andrea Carlino, *La fabbrica del corpo: libri e dissezione nel Rinascimento* (Torino: Einaudi, 1994). In merito al dialogo tra architettura e anatomia riflette su una prospettiva di lunga durata il volume *Architecture and the Body, Science, and Culture*, edited by Kim Sexton (London: Routledge, 2018).

34 Cfr. Francesco Paolo di Teodoro, *Francesco di Giorgio Martini, Trattato di architettura civile e militare, Codice Salluziano 148*, in *Leonardo da Vinci. Disegnare il futuro*, a cura di Enrica Pagella, Francesco Paolo Di Teodoro, Paola Salvi (Cinisello Balsamo: Silvana Editoriale, 2019), cat 74, 403–404.

35 Leon Battista Alberti, *De re aedificatoria, VII, 7* (Firenze 1478), facsimile a cura di Hans Karl Lücke (München: Prestel, 1978).

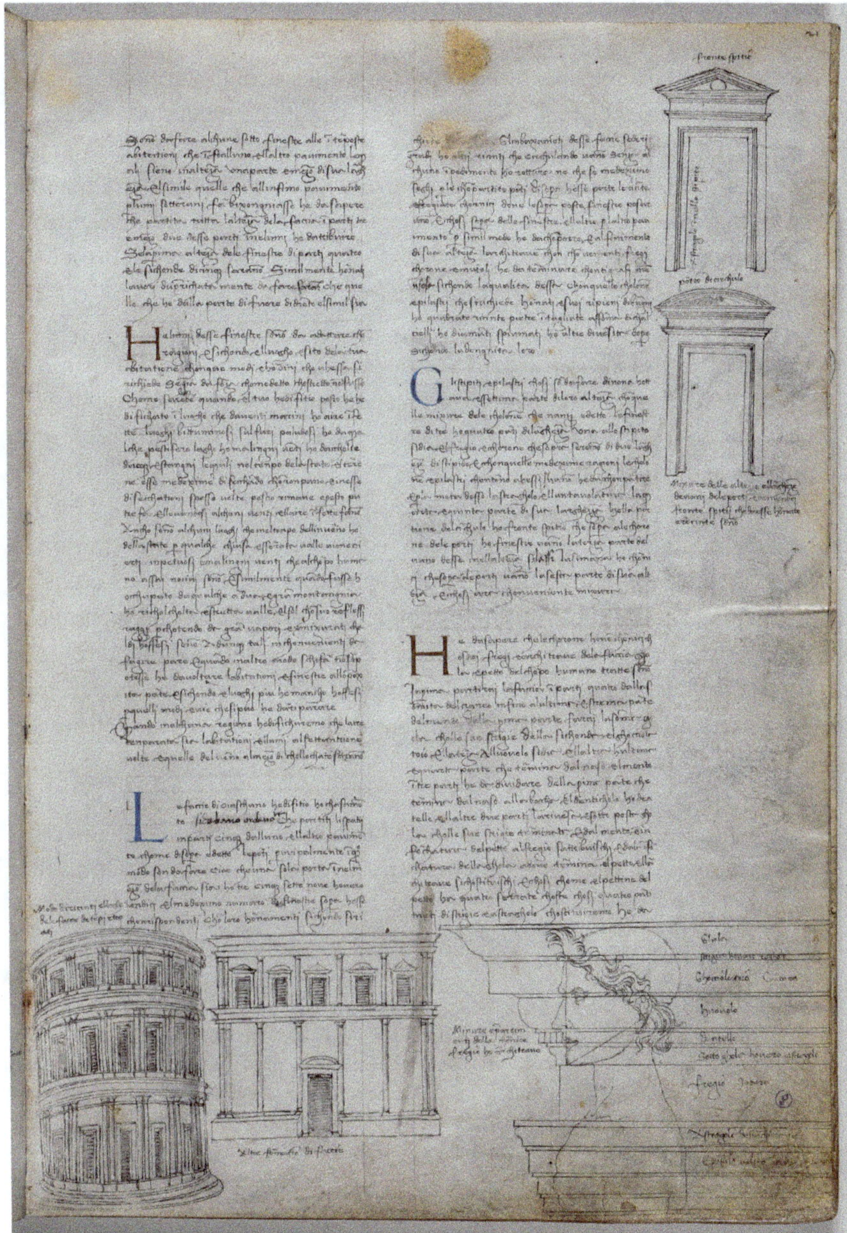

FIGURA 2 Francesco Di Giorgio Martini. *Trattato di architettura* (Torino, Biblioteca Reale, codice Salluziano 148, f 21r).

membra dell'uomo. Chi non è stato o non è buon maestro di figure, e massime di notomia, non se ne può intendere"[36].

Tale testimonianza è sintomatica di una pratica ormai ben nota agli artisti, come esplicitato da Giorgio Vasari nelle biografie di Leonardo, dello stesso Buonarroti o di Bartolomeo Passerotti, per citarne solo alcune, fondata su una dottrina consolidata fin dal Quattrocento come ben hanno dimostrato anche gli studi più recenti di *Monique Kornell*, quel "senso ideale di una 'costruzione architettonica' delle varie membra" che Parronchi faceva ancora risalire a Leon Battista Alberti quando nel *De Pictura* scriveva:

> come a vestire l'uomo prima si disegna ignudo, poi il circondiamo di panni, così dipignendo il nudo, prima pognamo sue ossa et muscoli quali poi così copriamo con sue carni che non sia difficile intendere ove sotto sia ciascuno moscolo[37].

Tale analogia non pertiene però solo alla teoria dell'arte e dell'architettura. A riprova che il dialogo e lo scambio ricorre in entrambe le direzioni, come gli stessi saggi raccolti in questo volume richiamano, essa si costruisce parallelamente anche in campo medico e, complice il modello del *De humani corporis fabrica* di Vesalio, è principio richiamato anche nei testi di anatomia nel corso del Cinque e Seicento. Nella sua *Historia anatomica* edita a Francoforte nel 1595, il medico André Du Laurens scrive:

> La symmetrie et proportion du corps humain est admirable. Les artisans se la proposent seule pour exemplaire, les architectes rapportent tout à

36 Michelangelo Buonaroti a Rodolfo Pio da Carpi, 1560 cit. in Alessandro Parronchi, "Sulla nascita dell'anatomia artistica," in *Opere giovanili di Michelangelo* (Firenze: Olschki, 1968), 47. A proposito dell'architettura di Michelangelo in rapporto alla pratica settoria svolta dall'artista, Chloe Castello, riprendendo Ackerman e la sua analisi "organicistica" dell'architettura di Michelangelo come corpo vivo, ha di recente proposto una lettura del progetto della Cappella Medici come "visceral space of redemption [...] by carving and modeling his wall forms in a way that makes them appear fleshy in addition to massive": C. Costello, "Visceral space: dissection and Michelangelo's Medici Chapel", in *Architecture and Body*, 106 ss.

37 Precisava Parronchi: "Queste parole non si devono tuttavia scambiare per la testimonianza di una pratica anatomica che fosse ormai nell'uso. Esse sono piuttosto il richiamo e l'esortazione a presentarsi il senso ideale di una « costruzione architettonica » delle varie membra. È un tropo, che beninteso può avere esso stesso in seguito determinato un orientamento" (Parronchi 1968, 22). Si veda anche *Flesh and bones. The art of anatomy*, a cura di Monique Kornell (Los Angeles: The Getty Research Institute, 2022).

> icelle comme à la reigle de Polyclete, selon icelle ils bastissent les temples, les maisons, les machines et navires[38].

Questo topos, a distanza di quasi un secolo, è ripreso nell'*Orazione*, già sopramenzionata, del medico Iacopo Grandi. È importante ribadire che qui il topos trova la sua attuazione, la sua dimostrazione visiva – è proprio il caso di dire – nel luogo stesso in cui si svolge il discorso, vale a dire il teatro.

> Mostrerei, che dalle proporzioni degli Ossi apprese la simmetria de' suoi cinque Ordini l'Archittetura Civile [...] Mostrerei, che dal numero dei Ventri, e dalle viscere principali del corpo, raccolse l'Astronomia quello de' Cieli, e dei Pianeti (...) Mostrerei dico, per non parlare di tante altre Arti, e Scienze, che dall'Armonia, et uffizio delle parti del corpo umano trasse la Politica il fondamento delle Leggi Civili[39].

A partire dall'architettura, menzionata per prima, l'anatomia si configura nel discorso di Grandi come scienza modellizzante di tutto l'edificio del sapere e la dimostrazione retorica, letteralmente, diventa 'mostra' anche nella reiterazione del termine "mostrerei" con il quale Grandi esprime il principio della superiorità dell'atto della visione a fondamento della conoscenza.

Da un lato, dunque, qui l'architettura "che apprese la simmetria dei suoi cinque Ordini dagli ossi" precede l'Astronomia, la Musica e "tante altre arti e Scienze", dall'altra nel definirsi di una lingua della civiltà dell'anatomia, il termine "mostrare" è anche a fondamento di quel lessico visivo che ancora nel XIX secolo connoterà la trattatistica anatomica. Così a metà Ottocento il medico scozzese Robert Knox scriveva: "Anatomy is an art [...] The information which enters by the eye and is proved by touch is very different from which enters merely by the ear"[40].

2.1 *Dai Teatri ai Musei del corpo*

L'*Orazione* di Iacopo Grandi ci riporta però anche allo spazio ove la dissezione anatomica trova la sua dimostrazione ed esposizione. Gli studi in quest'ambito a partire da quelli di Giovanna Ferrari, Cynthia Klestinec e Rafael Mandressi hanno evidenziato come l'evoluzione stessa di questa tipologia vada messa in relazione con la dimensione performativa, per così dire, dell'anatomia

---

38 André Du Laurens, *Historia anatomica*, 1. ed. 1593- trad. franc. di Francois Size: *L'Histoire anatomique* (Paris: Jean Bertault,1610, l, cap. 1, 2).

39 Grandi, *Orazione*, 18.

40 Robert Knox, *Great artists and great anatomists: a biographical and philosophical study* (London: Van Voorst, 1852).

pubblica, che si configura come un momento di vera e propria spettacolarizzazione del corpo e ove lo spazio è attivato, fra l'altro, dalle torce sorrette dagli studenti, dalla presenza dei *fidicines*, dalla drammatizzazione dell'evento nel suo insieme, con i suoi ritmi, le sue attese e retoriche, un evento creato per degli spettatori partecipi della messa in scena della "verità" del corpo dell'altro[41]. Agli **"Spazi dell'anatomia"** è dedicata la I sezione del volume, spazi intesi non solo come ambienti fisici della dimostrazione anatomica ma anche come luoghi-testo della riproduzione dei corpi, quali furono, ad esempio, gli atlanti. La progressiva diffusione a stampa soprattutto nel corso del XVII secolo delle vedute in prospettiva dei principali teatri anatomici costruiti in Europa, da quello di Leida a quello di Padova a quello di Copenaghen, spesso animate da figure colte a scrutare il tavolo anatomico o da richiami allegorici a *memento mori*, comprova non solo la crescente fortuna di un modello architettonico ma al contempo il definirsi di un repertorio scenico destinato ad essere riutilizzato, riconfigurato, manipolato in nuove tipologie nel corso del tempo fino all'età contemporanea. Tali incisioni sono anche l'ulteriore specchio della fortuna pubblica della dissezione anatomica e dell'impatto sulla società del tempo di quella che Tomasini definiva una *contemplatio iucunda et necessaria*, da analizzare, come argomentato in questa sezione da *Cynthia Klestinec*, nelle sue specifiche peculiarità ben distinte dalle anatomie private e ponendo al centro della riflessione anche la domanda, non marginale, della progressiva invenzione non solo di uno 'spettacolo' dell'anatomia ma anche del ruolo giocato dai suoi spettatori[42].

Nonostante recenti ricerche, come quelle di Chiara Mascardi, si siano poste l'interrogativo a lungo eluso dell'origine tipologica dei teatri anatomici, "dissezionandone" gli elementi ricorrenti, l'ambivalenza testimoniata da questi spazi, allegorici e scientifici al contempo, come nel caso dei seicenteschi teatri londinesi di Inigo Jones e Robert Hooke, qui discussi da *Christine Beese*, si rivela in primo luogo nella tangenza tipologica con i teatri costruiti nella prima età moderna: è stato ad esempio notato come la scena fissa del teatro

---

41 Sul tema si rimanda almeno a Giovanna Ferrari, "Public Anatomy Lessons and the Carnival: The Anatomy Theatre of Bologna," *Past & Present*, n. 117 (1987): 50–106; Luigi Lazzerini, "Le radici folkloriche dell'anatomia. Scienza e rituale all'inizio dell'età moderna," *Quaderni storici*, NUOVA SERIE, Vol. 29, No. 85 (1), aprile 1994: 193–233. Cynthia Klestinec, *Theaters of anatomy : students, teachers, and traditions of dissection in Renaissance Venice* (Baltimore, Md.: The Johns Hopkins Univ. Press, 2011). Si veda inoltre Rafael Mandressi, "Le corps des savants. Sciences, histoire, performance". *Communications,* 92 (1), (2013): 51–65.

42 Jacobus Philippus Tomasini, *Gymnasium Patavinum* (Utini: ap. Nic. Schirattum, 1654), 79. Si veda in merito: Camillo Semenzato (a cura di), *Il Teatro Anatomico. Storia e restauri* (Padova: Offset Invicta Limena, 1994).

Olimpico di Vicenza sia ripresa nella scena fissa del teatro anatomico dell'Archiginnasio di Bologna[43]. Ma un aspetto da non trascurare è anche l'origine letteraria e metaforica dei teatri anatomici, come richiamato *supra*: quello di Padova è stato accostato all'idea umanistica del teatro di Terenzio, secondo la traduzione visiva datane nell'edizione vitruviana del Cesariano nel 1521 ma anche alle "implacabili architetture concentriche" dell'*Inferno* dantesco, quello stupefacente cono rovesciato che stimolerà tentativi di misurazione, come nel caso del giovane Galileo Galilei, nonché l'immaginario degli artisti a partire dalla ricostruzione che ne fece Sandro Botticelli, citata nel 1481 insieme al commento alla *Comedia* dell'umanista fiorentino Cristoforo Landino. La proposta dello storico dell'arte Roland Krischel che ipotizza anche un ruolo dello stesso Galileo Galilei nella progettazione del Teatro di Padova basandosi sull'amicizia di questi con l'anatomista Girolamo Fabrici d'Acquapendente e con l'ecclesiastico Paolo Sarpi – entrambi coinvolti nel progetto – per quanto non abbia riscontri documentari precisi ma si fondi quasi esclusivamente sulla suggestione del passo delle *Due lezioni* di Galileo ove la "caverna" dell'Inferno dantesco è paragonata a "un grandissimo anfiteatro che, di grado in grado descendendo si va restringendo", rimanda ancora una volta alle molteplici intersezioni che, nella lunga durata, stimolano l'immaginario visivo collegato allo spazio dell'anatomia. Analogie e suggestioni che, d'altra parte, lo stesso accostamento in occasione della mostra *Inferno* tenutasi nel 2021 alle Scuderie del Quirinale a Roma e curata da Jean Clair e Laura Bossi, dei disegni di primo Rinascimento dell'imbuto infernale con l'incisione di Tomasini del *Gymnasium Patavinum* del 1654 e del suo modello ligneo novecentesco, contribuiva ad alimentare nello sguardo dei visitatori[44].

Ulteriori riflessioni intorno alla performatività dell'anatomia sono poi suggerite dalla messa a confronto, ancora una volta interdisciplinare, di testi (trattati architettonici e trattati anatomici) ed elementi (ordini e figure) dell'architettura nella prima età moderna. Se, nota qui *Kalinka Janowski*, Crisóstomo Martínez nel suo *Atlas anatómico* usa riferimenti e frammenti architettonici nelle sue tavole anatomiche come termini di paragone e *memento mori*, nel frontespizio nell'edizione del 1599 della già menzionata *Historia Anatomica* di André Du Laurens i due "telamoni" spellati anatomici che sorreggono l'architrave dell'antiporta riprendono un modello editoriale della trattatistica d'arte e

43 Chiara Mascardi, "Il teatro anatomico dell'Archiginnasio e la sua architettura: anatomia di un teatro," *Strenna storica bolognese*, Anno 66 (2016): 269–290.

44 Roland Krischel, "From hell: das Design des Paduaner Teatro Anatomico," *Wallraf-Richartz-Jahrbuch*, 71, 7 (2010): 145–196. Si veda in particolare: Laura Bossi, "Inferno. Una topografia del male," in *Inferno*, catalogo della mostra, a cura di Jean Clair e Laura Bossi (Milano: Electa, 2021), part. 53–55; catt. 61/62, 123.

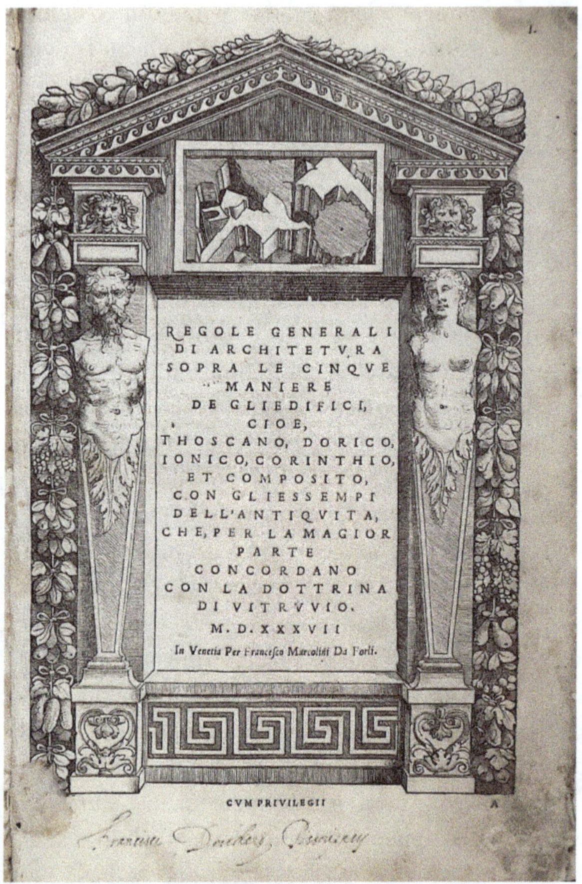

REGOLE GENERALI
DI ARCHITETTVRA
SOPRA LE CINQVE
MANIERE
DE GLI EDIFICI,
CIOE,
THOSCANO, DORICO,
IONICO, CORINTHIO,
ET COMPOSITO,
CON GLI ESSEMPI
DELL'ANTIQVITA,
CHE, PER LA MAGIOR
PARTE
CONCORDANO
CON LA DOTTRINA
DI VITRVVIO.
M.D.XXXVII
In Venetia Per Francesco Marcolini Da Forli.

CVM PRIVILEGII

FIGURA 3 Frontespizio di Sebastiano Serlio. *Le Regole generali di architettura sopra le cinque maniere de gli edifici* (...), libro IV (Venezia 1537)
COLLEZIONE PRIVATA – COURTESY

d'architettura del Rinascimento (si pensi all'*Extraordinario libro* di Sebastiano Serlio edito a Venezia nel 1557; figg. 3–4).

Al contempo essi sono anche un precedente visivo dei celebri spellati che Ercole Lelli realizza nel 1734 "con il plauso del pubblico" per il teatro anatomico dell'Archiginnasio di Bologna. Il confronto fa di quel settore del teatro anatomico bolognese propriamente un "luogo-testo", allo stesso tempo antiporta di un libro in 3D e spazio ove prende forma il discorso vero e proprio. Si tratta infatti della cattedra del lettore, dove, come è noto, il testo è esposto

HISTORIA
ANATOMICA HVMANI CORPORIS
ET SINGVLARVM EIVS PARTIVM MVLTIS
controuersijs & obseruationibus nouis illustrata
AVTHORE
ANDREA LAVRENTIO REGIS CONSILIA-
rio & Medico ordinario eiusdemque in
Monspeliensi Academia professore

ANDREAS LAVRENTIVS HENRICI IIII GALL ET NAVAR REGIS CONSIL ET MEDIC ORDINARIVS ÆT SVÆ XXXIX

Francofurti apud Matthæum Beckerum
impensis Theodorici de Brij viduæ
& duorum filiorum.

FIGURA 4 Frontespizio dell'*Historia anatomica* di André du Laurens (1593)
BNF GALLICA – PUBLIC DOMAIN

a memoria e non letto, dimostrato mentre avviene l'esposizione del corpo[45]. Considerando il contesto bolognese che fa capo ai Carracci entro il quale si inserisce la formazione dello stesso Ercole Lelli, non può per altro sfuggire come la postura fronte/retro dei due Spellati riprenda un topos ricorrente nella tematica del *Paragone* e che, partendo dalle riflessioni grafiche di Leonardo da Vinci e passando per i disegni di Bartolomeo Passerotti probabilmente connessi al suo "Libro di anatomia", si inseriscano in una tradizione artistica che trova nell'area veneta e emiliana un luogo di applicazione e sperimentazione particolarmente vivace[46]. Nell'indagare il tema della rotazione del corpo nello spazio, essi visualizzano le potenzialità della rappresentazione umana per intero, sfidando la traduzione visiva del corpo "vivo". Il confronto esemplare e canonico offerto dai telamoni del Lelli non doveva dunque sfuggire agli artisti che frequentavano le dissezioni anatomiche che avevano luogo nell'Archiginnasio: quel luogo-testo era quindi anche una rappresentazione che faceva consapevolmente leva sul tema dell'anatomia come "scuola" per gli artisti e sul teatro come spazio dell'educazione artistica oltre che scientifica, un dialogo necessario per una cultura che, complice anche la pubblicazione nel 1672 della *Felsina Pittrice* di Carlo Cesare Malvasia, aveva fatto della pratica anatomica e del dialogo artisti-medici, uno dei fondamenti della scuola pittorica bolognese. Un'idea ancora persistente in età illuministica in ambito accademico come dimostrato dalle incisioni a grandezza naturale e di intento didattico che Antonio Cattani realizza nel 1781 riproducendo le cariatidi-spellate di Lelli che, così, mediano anche la rappresentazione anatomica, oggettivizzando il corpo[47]. Trattenendoci ancora sull'apprendimento dell'anatomia e sulle

45 Per la cattedra del lettore del Teatro Anatomico di Bologna si veda in particolare: Mascardi, "Il Teatro anatomico dell'Archiginnasio", 278–282.

46 Monique Kornell, "Drawings for Bartolomeo Passarotti's Book of Anatomy," in *Drawing 1400–1600. Invention and innovation*, a cura di Stuart Currie (Farnham: Ashgate, 1998), 172–188. I riferimenti alla necessità della "notomia" sono frequenti nella *Felsina Pittrice* come trama di continuità nel definire i tratti caratterizzanti della scuola bolognese. Così ad esempio nel caso di Danis Calvaert presso il quale era avvenuto l'alunnato dei Carracci. Carlo Cesare Malvasia, *Felsina Pittrice: vite dei pittori bolognesi* (Bologna, Eredi di Domenico Barbieri, 1678, vol. 1) 254: Malvasia riferisce, inoltre, della frequentazione dell'Accademia dei Carracci da parte del medico Domenico Lanzoni che avrebbe fornito ad Agostino "corpi morti [...] scorticandoli di sua mano". (Malvasia, cit., 347). Si veda in merito: Marinella Pigozzi, "Dall'immagine scientifica e vera del corpo agli Esemplari di primo Seicento. Le incisioni del Gabinetto disegni e stampe della Pinacoteca Nazionale di Bologna", *Aperto* – Polo Museale Emilia – Romangna, 5 (2018) https://aperto.pinacotecabologna.beniculturali.it/dallimmagine-scientifica-e-vera-del-corpo-agli-esemplari-di-primo-seicento-le-incisioni-del-gabinetto-disegni-e-stampe-della-pinacoteca-nazionale-di-bologna-2.

47 Mi riferisco in particolare al già menzionato volume *Flesh and bones: the art of anatomy*. Sul tema del *Paragone* nella lunga durata, si veda il volume di Sefy Hendler, *La guerre*

istituzioni preposte al suo insegnamento in Europa, estendono lo sguardo all'Ottocento portoghese *Mariana de Figueiredo Sousa, Alice Nogueira Alves e Lia Lucas Neto* nella II sezione del volume, intitolata "**Dalle immagini ai Musei dei corpi**". Le studiose, in continuità con quanto proposto per il Seicento da *Imma Iaccarino* e per il Settecento da *Chiara Piva*, pongono l'accento sul fruttuoso dialogo tra medici e artisti all'interno delle Accademie, soffermandosi in particolare sul ruolo delle collezioni didattiche. In questa direzione, piste di ricerca che meritano di essere ulteriormente sviluppate possono essere suggerite dalla metamorfosi dei teatri anatomici, nel corso della prima età moderna, da luoghi della dissezione del corpo e della sua esposizione, a luoghi di visita.

Il tema va approfondito confrontando testi, percorsi di visita e trasformazioni dello spazio anatomico anche mettendolo in relazione alla progressiva apertura dei primi Musei pubblici in Europa e alla diffusione contestuale dei cataloghi a stampa, motori di una migrazione ulteriore dell'immaginario anatomico dal luogo fisico allo spazio del testo[48]. Tra XVII e XVIII secolo i Teatri anatomici entrano a pieno titolo tra le tappe proposte negli itinerari di viaggio pubblicati ad uso dell'amatore: è il caso di quello di Leida, menzionato e raffigurato, dapprima, in una stampa edita nel 1610 e ancora allegata nel 1712, nel volume *Les delices de Leide, une des célébres villes de l'Europe* e in una nuova incisione realizzata da Thomas Salmón e edita a Venezia nel 1742 da Gianbattista Albrizzi, che presenta diverse varianti rispetto a quella seicentesca [figg. 5–6][49].

Le due stampe testimoniano, senza dubbio, non solo l'evoluzione di uno spazio ma anche l'evoluzione di uno sguardo e di una modalità di attraversamento dello spazio, e sono emblematiche dell'evolversi delle pratiche di fruizione che si riflettono nelle pratiche espositive nel corso del Settecento. Si configura qui già un passaggio dal teatro anatomico come luogo della dissezione, all'idea di una "Wunderkammer" dell'anatomia, spazio precursore del museo anatomico in senso stretto. In entrambi i casi non mancano i curiosi, il pubblico che osserva e impara, così come in entrambi i casi non muta il ruolo del potenziale "educatore"-cicerone che accompagna l'osservazione del corpo. Ma nell'incisione del 1742 il corpo vero rappresentato nell'incisione del 1610 sul tavolo anatomico, solo parzialmente coperto da un velo a

---

des arts: le Paragone peinture-sculpture en Italie XVe–XVIIe *siècle*. (Roma: L'Erma di Bretschneider, 2013).

48 Si veda a tal proposito: Myriam Marrache-Gouraud, *L'homme-objet. Expositions anatomiques de la première modernité entre savoir et spectacle* (Ginevra: Droz, 2022); Myriam Marrache Gouraud, *La légende des objets. Le cabinet de curiosité réféchi par son catalogue* (*Europe*, XVI–XVII *siècles*), Genève, Droz, 2020.

49 Pieter van der Aa (a cura di), *Les delices de Leide, une des célébres villes de l'Europe* (Leiden: P. van der Aa, 1712), pl. 18.

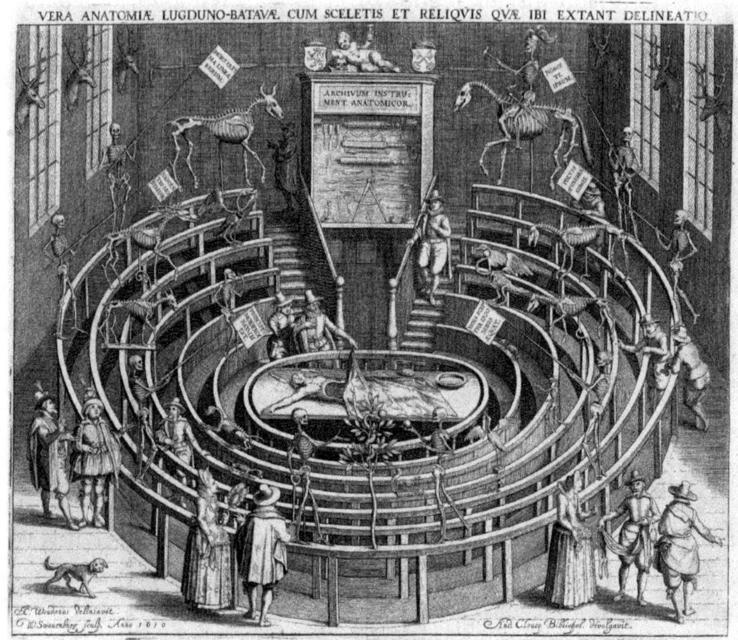

FIGURA 5 Willem Isaacz van Swanenburgh. *Il teatro anatomico di Leida*, Leyde, 1610
RIJKSMUSEUM, AMSTERDAM – PUBLIC DOMAIN

disvelarne le viscere, è assente; sopra il tavolo anatomico lasciato vuoto va in scena il corpo-sostituto, manichini e scheletri di animali pendono dal soffitto suscitando l'ammirazione dei visitatori secondo una modalità espositiva che ricorda i cabinet scientifici seicenteschi come quello del medico e farmacista Francesco Calzolari a Verona, quel *Theatrum Naturae* che già Ulisse Aldrovandi ebbe modo di visitare nel 1571.

2.2 *I 'corpi-sostituti' e il ruolo dei pubblici*

Come le recenti mostre e lo studio qui proposto di *Monique Kornell* dimostrano, l'evoluzione della anatomia artistica nell'eredità di Vesalio, si incrocia, quindi, con la ricerca di una mimesi della riproduzione tale da poter essere sostitutiva del contatto diretto con il corpo[50]. Da un lato musei e trattati diventano i

50 Cfr. Kornell, *Flesh and bones*. Si veda anche Andrea Carlino, *L'anatomia tra arte e medicina: lo studio del corpo nel tardo Rinascimento* (Cinisello Balsamo: Silvana Editoriale, 2010); Id., *Visioni anatomiche: le forme del corpo negli anni del Barocco* (Cinisello Balsamo: Silvana Editoriale, 2011).

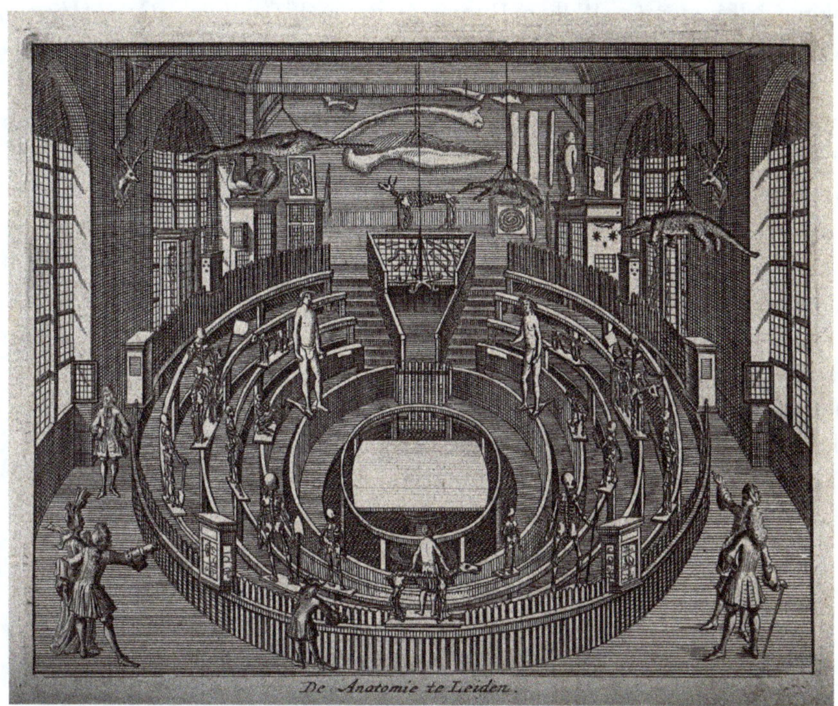

FIGURA 6 *Il Teatro Anatomico di Leida*. In Pieter van der Aa, *Les delices d Leide, une des célébres villes de l'Europe* (Leiden 1712, pl. 18).
WELLCOME COLLECTION, LONDON – PUBLIC DOMAIN

nuovi spazi dell'apprendimento dell'anatomia, garantendo un livello di approfondimento e dunque di prossimità al corpo sempre più ampio, dall'altro ne veicolano forma e contenuto in modo mediato. Accanto alle tecniche messe a punto in quest'ambito, da quelle di incisione alle cere anatomiche, è lo studio delle singole personalità coinvolte – incisori, stampatori, artisti – a rivelare tangenze con il dibattito coevo intorno al ruolo della contraffazione artistica. È il caso non solo di Jacques Fabien Gautier-Dagoty – specializzatosi dapprima nell'incisione in quadricromia e destinato a diventare un protagonista della riproduzione anatomica al punto da definirsi egli stesso un anatomista a fine carriera, come argomentato, ancora nella seconda sezione del volume, da *Chiara Piva* – ma anche, ad esempio, dell'artista scozzese Robert Strange, artista-copista professionista attivo tra gli anni Sessanta e Novanta del XVIII secolo, impegnato contestualmente sul mercato artistico nell'incisione di traduzione e nella copia pittorica specie dalla pittura veneta del Cinquecento, per tradizione la pittura della "vera carne" del "colore vivente" e della natura, e poi autore insieme all'artista Jan van Rymsdyck dell'apparato illustrativo del volume dell'anatomista William Hunter, *Anatomy Of The Human Gravid Uterus Exhibited By Figures* edito a Birmingham nel 1774[51].

Nell'affrontare l'analisi del costituirsi delle prime collezioni museali anatomiche e delle loro successive riconfigurazioni nel corso del Novecento fino all'età contemporanea, il punto di vista del pubblico che di questi oggetti e di queste immagini fruisce, costituisce un ulteriore campo di indagine. Quali forme di oggettivizzazione mediano con maggiore frequenza la visione e il racconto offerto a un pubblico sempre più ampio di non addetti ai lavori del corpo frammentato e sviscerato e quale impatto è destinato a suscitare la visione del corpo-sostituto? A tal proposito è indicativo ricordare quanto annotato nel suo diario di viaggio da Margherita Sparapani Boccaduli (1735–1820), la cui curiosità per le scienze naturali è ben nota, durante la sua visita a Firenze, in merito alle anatomie che in quegli anni stava mettendo a punto Felice Fontana per il Reale Museo di fisica e storia naturale aperto al pubblico nel 1775 a palazzo Torreggiani.

> L'anatomie in cera ognuno sa quanto siano numerose, e belle [...] Ora il sig. Fontana sta facendone seguire una nuova anatomia dell'ultima perfezione, e sarà il corpo umano, il quale si spoglierà dell'epiderme, e gradatamente si vedranno di mano in mano tutti i muscoli, tendini, vene, arterie, ed ogni viscere al suo luogo, levandone una superficie per volta sino all'osso nudo[52].

L'entusiasmo dell'illustre visitatrice di fronte alle anatomie è motivato proprio dalla capacità mimetica delle medesime di riprodurre non solo la verità del corpo ma la dinamica stessa della dissezione anatomica.

Il fine didattico e divulgativo di questi oggetti è quello che anima, ancora oggi, la riconfigurazione delle collezioni storiche dei Musei anatomici, come il caso del Morgagni di Padova, qui discusso da *Alberto Zanatta*, ma al contempo comporta la necessità per museologi e curatori di confrontarsi con le continue oscillazioni percettive, tra repulsione e attrazione, da parte dei pubblici di ieri, oggi e domani di fronte alla rappresentazione del corpo sviscerato. È una storia che va raccontata tenendo conto, ancora, dei mutamenti storico

---

51 Si veda da ultimo: Giulia Coco, "Il viaggio a Firenze di Robert Strange, copista e incisore (1760–1763)," *Studi di Memofonte*, n. 12 (2014): 86–104, https://www.memofonte.it/studi-di-memofonte/numero-12-2014/.

52 Gilles Bertrand e Marina Pieretti (a cura di), *Una marchesa in viaggio per l'Italia. Diario Margherita Boccapaduli* (Roma: Viella, 2019). Su Felice Fontana si veda: Renato G. Mazzolini, *Fontana, Felice, ad vocem*, in DBI, vol. 48, 1997, https://www.treccani.it/enciclopedia/gasparo-ferdinando-felice-fontana_(Dizionario-Biografico).

culturali (nonché politici) della società: nel 1802, durante l'occupazione francese "la statua anatomica in legno" del Museo Leopoldino si mostrava solo su esplicita richiesta al direttore da parte dei visitatori, come documentato dalle corrispondenze tra il custode e Felice Fontana, conservati presso l'archivio del Museo Galileo[53]. Ma la questione della liceità, o meno, dell'esposizione del corpo dell'"altro", è tema anche delle più recenti riflessioni della museologia contemporanea, come di recente proposto nelle nuove sale dedicate alle mummie del Museo Egizio di Torino ove non ci si confronta solo con lo studio dei resti umani, ma anche con il tema della loro esposizione e le implicazioni etiche che la caratterizzano[54].

L'immagine della cera anatomica "sfogliabile" realizzata da Felice Fontana nel Settecento e ammirata dalla marchesa Boccapaduli ci riporta, poi, ancora una volta, al rapporto tra anatomia ed architettura. Se, infatti, come si legge nella trattatistica coeva, l'architettura prende dall'anatomia i suoi ordini, anatomia e architettura sembrano incontrarsi anche nelle forme di rappresentazione: restituire sul piano bidimensionale la tridimensionalità dello spazio e il corpo ha rappresentato una sfida per architetti ed artisti fin dal Rinascimento. Andrea Palladio nei *Quattro libri dell'Architettura* rappresenta in sequenza pianta, facciata e sezione dei suoi edifici, in modo analogo alla rappresentazione delle anatomie umane da parte degli artisti del Rinascimento. Il proliferare nel Seicento di illustrazioni anatomiche "dinamiche" che permettono di sfogliare il corpo direttamente sul trattato, come si preciserà nel paragrafo successivo, rimandano all'idea di percorso dentro uno spazio, un penetrare all'interno dell'edificio, dalla facciata (la pelle) alla sua struttura (le ossa). Testi, corpi e spazi di cui, oggi, la riproduzione digitale, a cui è dedicata la VI parte del volume, permette nuove forme di fruizione in sincrono come la *Biblioteca anatomica* del Museo Galileo e la collezione del Getty Portal dimostrano.

In un testo, poi, come quello di Barralis – approfondito qui da *Imma Iaccarino* – il dispositivo di rappresentazione messo a punto da Andrea Palladio è significativamente applicato nella contestuale rappresentazione della sezione della cappella della Sacra Sindone e nella visione, dall'alto, del corpo anatomizzato della Sindone. In questo caso, restituzione grafica in pianta

53 Archivio R. Museo di fisica e storia naturale, Carteggio della Direzione, novembre 1800–luglio 1802, c. 117 m., c. 162 m. 16 febbraio 1802. Sul tema rimando anche a Carla Mazzarelli, "Quali fonti per lo studio dei pubblici dei primi musei pubblici? Stato degli studi e prospettive di ricerca," in *Pubblici dei primi musei pubblici. Le fonti istituzionali* (*XVIII–XIX sec.*), a cura di C. Mazzarelli, G. Capitelli, C. Piva, Mendrisio : Mendrisio Academy Press, 2025, https://susi.usi.ch/usi/documents/332717.

54 Si veda: https://museoegizio.it/esplora/notizie/il-24-giugno-2021-apre-il-nuovo-spazio-permanente-alla-ricerca-della-vita/.

dell'edificio e visione del corpo sul tavolo anatomico sembrano coincidere. Il caso del testo di Barralis è anche significativo nell'ambito delle intersezioni tra immagini viscerali e visioni dell'interiorità: è l'anatomia come metafora della ricerca di una invisibilità da ricondurre al visibile della rappresentazione.

3 Descrivere, rappresentare l'anatomia: discorso *vs.* immagini

Emerge così il tema della rappresentazione anatomica e della sua "verità", che vede nel Leonardo del *Paragone*[55], prima richiamato, uno dei suoi snodi più significativi, e che, oltre all'evidente dimensione estetica, investe anche le modalità di insegnamento del sapere medico.

Come spiega *Massimo Rinaldi* a proposito della didattica dell'anatomia, a lato del prevalere dell'alternativa tra parola e immagine, non è infrequente che in età vesaliana i compendi usati per la docenza si svincolino dal binarismo scrittura/pittura. Nei casi esposti da Rinaldi, al posto delle immagini si adottano invece altri apparati come gli schemi arboriformi, diagrammi e sinossi che riordinano i materiali in modo da favorire la visualizzazione del testo attraverso un espediente tipografico, come nel caso inglese di Thomas Traherne[56], (fig. 7) e che generano a loro volta specifici protocolli di lettura.

Anche gli Indici di alcune anatomie letterarie sono tra i paratesti grafici più indicativi per seguire la disposizione degli argomenti che imitano l'ordine della dissezione, come nei casi di Zara, dove invece dei capitoli appaiono "sectiones" e "membra", o di Luigi Novarini, che segue un ordine degli argomenti *a capite ad calcem*. Tommaso Arcudi, autore di una *Anatomia degl'ipocriti* (1699), scandisce a sua volta la sua operazione di disvelamento dell'ipocrisia partendo dall'incisione della superficie del corpo (dalla faccia che si atteggia a dissimulare) per procedere con tagli sempre più profondi fino al cuore, scrutando infine in "frammenti di ritagli"[57].

---

55 Su cui si vedano Claudio Scarpati, *Leonardo scrittore* (Milano: Vita e Pensiero, 2001); Carlo Vecce, "La parola del corpo. I testi anatomici di Leonardo", in *Leonardo da Vinci's anatomical world. Language, context and "Disegno"* (Venezia: Marsilio, 2011); Linda Bisello, "Il 'Leonardo anatomico' nella ricezione degli studi novecenteschi di ambito europeo", in *Leonardo nel Novecento. Arti, lettere e scienze in dialogo*, a cura di Carla Mazzarelli (Milano: Silvana Editoriale, 2023), 87–99.

56 In questa linea si pone l'esempio inglese secentesco di Thomas Traherne, il cui poema anatomico descrive il corpo ordinandolo spazialmente sulla pagina, come una "sequenza paratattica di tassonomie". Cfr. Alessandra Violi, *Le cicatrici del testo. L'immaginario anatomico nelle rappresentazioni della modernità* (Bergamo: Sestante, 1998), 31.

57 Al "preparamento dei ferri" segue l'incisione suddivisa in "membro primo: faccia", "taglio primo" ecc.; "membro secondo: capo", "membro terzo: capelli", "membro quarto: occhi"

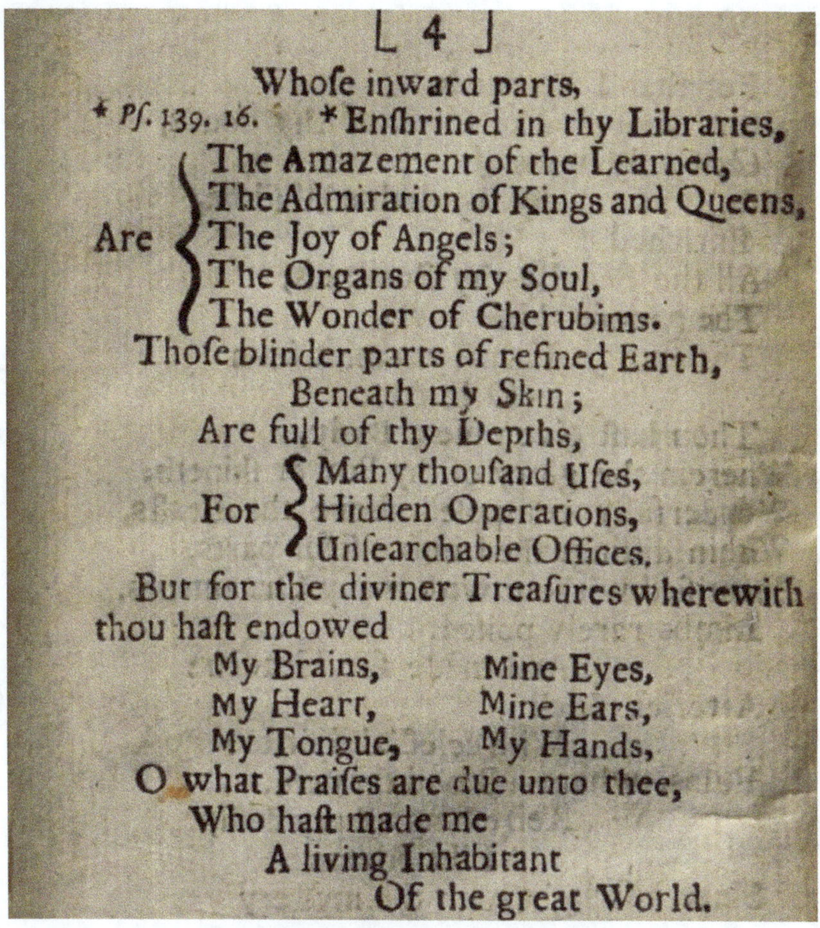

[4]

Whoſe inward parts,
* Pſ. 139. 16. *Enſhrined in thy Libraries,
Are { The Amazement of the Learned,
The Admiration of Kings and Queens,
The Joy of Angels;
The Organs of my Soul,
The Wonder of Cherubims.
Thoſe blinder parts of refined Earth,
Beneath my Skin;
Are full of thy Depths,
For { Many thouſand Uſes,
Hidden Operations,
Unſearchable Offices.
But for the diviner Treaſures wherewith
thou haſt endowed
My Brains, Mine Eyes,
My Heart, Mine Ears,
My Tongue, My Hands,
O what Praiſes are due unto thee,
Who haſt made me
A living Inhabitant
Of the great World.

FIGURA 7 Thomas Traherne. "Thanksgivings for the Body". In *Serious and Pathetical contemplation of the Mercies of God* ... (London: Heble, 1699) 4.
GOOGLE LIBRARY – PUBLIC DOMAIN

Tra Cinque e Seicento, nelle loro **"Architetture e anatomie del sapere"** discusse nella parte III del volume, filosofi naturali e artisti risultano guidati da un'immagine mentale del corpo, poi trasferita nella rappresentazione verbale o iconica, dove su parti e membri crescono simbolizzazioni e cartografie; come ha mostrato Van Delft, sul corpo si può sovrascrivere una topografia morale[58].

---

fino ai "frammenti di ritagli". Cfr. Alessandro T. Arcudi, *Anatomia degl'ipocriti* (Venezia: Albrizzi, 1699), 787.

58 Parla appunto di cartografia morale Louis Van:Delft, "De l'humanisme aux néurosciences: avatars de la métaphore du théâtre", in *Écriture et Anatomie*, 11–35.

Questo fenomeno di proiezione è visibile soprattutto nella rappresentazione del cervello, dove si localizzano le facoltà intellettuali/raziocinanti. Più di altri organi quindi il cervello è oggetto di spazializzazione simbolica, come evidenziano i teatri della memoria qui affrontati da *Tommaso Ghezzani*: essi provano, a metà Cinquecento, fecondi interscambi tra la cultura magico-analogica e quella medico-scientifica. Ghezzani si concentra in particolare sulla figura di Giulio Camillo e sui crocevia delle Accademie padane che fanno da sfondo al dialogo tra medici e filologi. Se i trattati di mnemotecnica, intesi come "enciclopedia de todo el conocimiento, [...] biblioteca immensa de textos"[59], o le anatomie dell'anima non mostrano interesse per la reale fisiologia del cervello, ma anzi accentuano l'astrattezza dei traslati, come nella metafora del cervello-libro di Fénelon[60], a fine Seicento gli scienziati, per rappresentare al vero e farsi un'idea della conformazione degli organi del corpo, si troveranno a rinunciare alle immagini mentali, alle speculazioni sul corpo stesso. Così, ad esempio Niels Stensen, nella sua funzione di anatomista, dichiara di volere studiare le facoltà della mente solo in relazione alla base organica[61], e di astenersi quindi dal plasmare la duttile materia cerebrale sul modello di un'idea insita a priori nell'immaginario.

Esaminando in parallelo l'esposizione verbale e quella visiva dell'anatomia – anche nel suo dinamico effettuarsi – il linguaggio si muove su un piano sequenziale meno sinottico di quanto richiesto per l'apprensione oculare dell'immagine, come afferma Leonardo. A questo proposito, Giorgio Agamben ha teorizzato, in merito alla lingua di Rabelais medico e scrittore[62], che la descrizione anatomica nel *Gargantua* sia condotta con un accumulo così analitico, nella progressiva scomposizione dei tessuti, da perdere ogni verosimiglianza e credibilità, dato che i particolari elencati risultano incompossibili a occhio nudo.

Diversamente, resta centrale la mimesi della riproduzione figurativa nei *fugitive sheets* e nei *flapbooks* (immagini anatomiche a strati dotate di alette da sfogliare dalla superficie agli organi interni) esaminati qui da *Imma Iaccarino*,

---

59 Corrado Bologna, *El Teatro de la Mente. De Giulio Camillo a Aby Warburg* (Madrid, Siruela, 2017), 10.

60 Nel *Traité de l'existence et des attributs de Dieu*, Fénelon scrive: "[...] c'est dans ce petit réservoir qu'on trouve à point nommé toutes les images dont on a besoin", in Mandressi, *Le regard de l'anatomiste*, 225.

61 Niels Stensen, *Discours sur l'Anatomie du Cerveau* (1669), cit. in Claudio Pogliano, *Storie di cervelli. Dall'Antichità al Novecento* (Milano: Editrice Bibliografica, 2017), 61.

62 A Rabelais "[...] basta dettagliare all'eccesso le descrizioni anatomiche per far perdere loro ogni credibilità", cfr. G. Agamben, *Il corpo della lingua. Esperruquancluzelubelouzerirelu* (Torino: Einaudi, 2024), 76.

che, mediante la categoria delle "immagini viscerali", tocca insieme il tema delle reliquie e della loro fruizione, già affrontata nel paragrafo precedente. Si torna così alla sfera dei pubblici della dissezione e alle reazioni emotive degli spettatori.

4 La lunga durata del paradigma anatomico

Alla fine di questo percorso sulla storia di un'idea, si pone la riflessione su come si tematizzi, e in quali direzioni si esplichi il traslato dell'anatomia fino all'età contemporanea, concentrandoci da un lato sulle arti del discorso (§4.1), dall'altro sull'architettura e le arti visive (§4.2).

4.1 *Estetiche, poetiche e retoriche dell'anatomia dopo il Seicento*

Nella prima età moderna il modello della dissezione dà luogo, oltre che a uno stile di pensiero, anche a una poetica dell'anatomia – focus della IV parte del volume: "**Poetiche e retoriche dell'anatomia**" – che si irradia in più generi letterari, tra cui la lirica, dove essa assume una pluralità di forme messe in luce da *Maria Di Maro*. Nelle tre macro-varianti di lirica encomiastica, descrittiva della materia medica e cifra di una visione del mondo, tutte le sottocategorie sono accomunate dal primato sensoriale della vista, tratto specifico della poesia barocca.

Sa da un lato, come si è visto, il motivo dell'anatomia si radica in una poetica che vede il sapere medico convertito in materia poetabile, d'altro lato il metodo di analisi, ordinamento e classificazione dell'anatomia viene presto assorbito in Italia anche dalla critica letteraria, a partire dal Settecento. Nella sua prima attestazione di *Notomia della Storia letteraria* (1760)[63], l'anatomia entra a far parte dei ferri del mestiere del critico, penetrando nella visione e nel lessico della storiografia letteraria. Più in generale, si può dire che essa diventi

---

63 Si tratta della *Notomia di tutti i tomi della storia letteraria usciti finora alla luce, che serve di proseguimento a due tomi del supplemento dell'anonimo autore* [...] (Lucca, 1760), attribuita ad Andrea Lugiato. La recensione serrata all'opera del gesuita Francesco Antonio Zaccaria, estensore della monumentale *Storia letteraria d'Italia* (1754–57, in 14 volumi), sfocia in aperta controversia, in cui il critico dichiara di "[...] fare una general Notomia, corredata delle più acconcie critiche osservazioni" (vol. I) 3. L'uso della *Notomia* è avvertito e coerente con le funzioni finora messe in rilievo nella nostra *Introduzione*. L'anatomia è adottata in quanto essa comporta, oltre alla "disamina" metodica, la seriazione ordinata degli argomenti della Storia letteraria (tassonomia); il "mettere in veduta" (esibizione) gli argomenti fallaci dello Storico; essa permette infine di emendare infine le proposizioni eterodosse.

il metodo dell'antologista, come afferma Contini nell'attribuire una certa oggettività scientifica a chi reperta i suoi "campioni" testuali estratti da altre raccolte: "L'antologista è come un naturalista che vi porta i suoi strumenti, il suo microscopio, dice con una certa aria d'intimidazione: 'Vedete' [...]"[64].

Ben prima del classico *Anatomy of Criticism* di Frye, in Italia l'atto del compilatore di antologie – e quindi del critico letterario, dato che l'antologia viene di fatto a coincidere con un consuntivo storicizzante – viene polemicamente assimilato a una profanazione dell'integrità biologica dell'opera (come recitava il pregiudizio di Pietro Giordani e Giosué Carducci contro la *Crestomazia* di Leopardi), quando non a una necroscopia, un asettico gesto di disgregazione. In questo senso si è di frequente ricorso alla metafora dei *membra disiecta* per svilire l'attività della critica letteraria, secondo una tendenza iniziata nel primo Novecento e inaspritasi durante il Ventennio, soprattutto per reprimere il dissenso politico di Croce, dietro il pretesto di intaccare il primato della sua *Estetica*[65].

A titolo di sedi significative della concezione della critica letteraria come anatomia testuale[66] si possono menzionare da un lato l'*Anatomia della critica* di Northrop Frye (1957) e la relativa posizione polemica di Jacques Derrida (1968), e, per il versante italiano, le *Anatomie secentesche* di Ezio Raimondi (1966). Questi critici usano il metodo e il linguaggio dell'anatomia in virtù di suoi attributi di volta in volta distinti, che vanno dalla scomposizione in parti all'ordinamento, allo schematismo funzionale ecc. In Frye ad esempio l'uso dell'anatomia pertiene al sistematico e minuzioso sforzo di seriazione/organizzazione per generi. Anatomia vale quindi come classificazione sistematica linneana, che fa l'inventario e archivia simboli o topiche letterarie, indaga sistematicamente le cause. A un decennio di distanza giunge la risposta di Derrida nella *Farmacia di Platone*. Adottando la stessa metafora biologica del

64 Gianfranco Contini, *Esercizi di lettura sopra autori contemporanei: con un'appendice sui testi non contemporanei* (Torino: Einaudi, 1974), 242.

65 Si veda la requisitoria di Vittorio Cian contro Croce del 1922: "Una volta, la critica, per idolatria del cosiddetto 'contenuto', scarnificava e spolpava l'opera d'arte; oggi, al contrario, per l'orrore di quell' 'impurità', che viceversa, è l'umanità dell'arte, pel desiderio e la esaltazione frenetica della bella forma e dell'arte 'pura', sembra compiacersi di *disossarla e smidollarla e disarticolarla* per poi farla addirittura *a pezzi, svuotandola* d'ogni sostanza di pensiero e di qualsiasi elemento che possa parere, anche lontanamente, un intruso". Cfr. Stéphanie Lanfranchi, *Abbasso la critica! Letteratura, critica e fascismo* (Pisa: Pacini, 2021) 38, mio il corsivo.

66 Nella consapevolezza che questo non sia che uno dei tanti dispositivi di significazione basati sull'anatomia; un altro rilevante è l'uso filosofico dell'anatomia come decostruzione dei miti della cultura occidentale, come in *Écartèlement* di Émile Cioran: trad. it. *Squartamento* (Milano: Adelphi, 1981), la cui forma espressiva è non a caso l'aforisma, genere discontinuo e mutuato dalla medicina.

testo come tessuto, sul quale i prelevamenti della critica vengono detti "istologici" ovvero tissutali, Derrida ragiona nei termini oppositivi di resistenza del testo a lasciarsi disvelare – quando l'anatomia è all'opposto sinonimo di sviscerамento –, in un'ottica di scrittura e decifrazione come gioco, "paidia".

Per la tradizione critica italiana, Ezio Raimondi attiva, del potente paradigma ermeneutico dell'anatomia, non tanto l'aspetto di indagine sistematica della vita letteraria secentesca, quanto il suo frazionamento in episodi e quadri visivi: dei "tagli di prospettiva", appunto o "scorci"[67], illuminazioni *ex abrupto*, puntando, anche nella lettura, a restituire quel senso di frammento e atomizzazione dell'eloquenza leggibile nella letteratura barocca.

4.2 *Visualizzare l'anatomia nell'età contemporanea*

Quale, invece, la tenuta del paradigma anatomico, per l'architettura e le arti visive in età contemporanea? Il risultato di un seminario dottorale condotto da chi scrive presso l'Accademia di architettura di Mendrisio nel 2022 ha portato a verificare la ricorrenza e l'applicazione del termine "anatomia" in una Biblioteca di architettura. La ricerca ha dato risultati interessanti e, in alcuni casi, inaspettati, consentendo di comprovare la tenuta del paradigma nella teoria del progetto architettonico del Novecento e contemporaneo. Da Le Corbusier a Camillo Sitte, si tratta di un tema che investe la sperimentazione progettuale come la restituzione grafica della città e, ancora una volta, la riflessione teorica sulla relazione tra corpo e spazio attraversato. Negli anni Trenta anche Georges Bataille usava una significativa metafora fisiologica per tematizzare il ruolo del museo come spazio pubblico, attivato, come il sangue che scorre in un corpo vivo, dai suoi stessi visitatori, una metafora spesso ripresa nell'ambito degli studi sull'architettura del museo e della sfera pubblica[68].

Nel volume *Urban Being, Anatomy and Identity of the City* il principio anatomico è applicato all'immagine "metabolica" della città e in questo caso le cartografie allegate al volume sono da intendersi come tavole anatomiche: gli assi viari assimilati al sistema venoso, il centro della città al cuore, etc. La lunga durata dell'analogia antropomorfica, di matrice vitruviana, è a fondamento anche del volume di Massimiliano Giberti, *Compendio di anatomia per progettisti*, organizzato dall'autore "come un compendio di quattro lezioni di anatomia comparata [...]" e ove "l'anatomia come azione di taglio e scomposizione in sistemi elementari di un organismo complesso, ha l'obiettivo di isolare

67 Ezio Raimondi, *Anatomie secentesche* (Pisa: Nistri Lischi, 1966).

68 Cfr. Jennifer Barrett, *Museums and Public Sphere* (London: Wiley-Blackwell 2012). Il testo di George Bataille è citato a p. 79. Si veda anche per alcune riflessioni sull'architettura del Novecento: *Images of the Body in Architecture: Anthropology and Built Space*, edited by Kirsten Wagner and Jasper Cepl (Berlin: Wasmuth 2014).

alcune caratteristiche proprie del corpo umano e dello spazio architettonico". Dal progetto alla teoria dell'architettura: André Tavares in *The anatomy of the Architectural Book* applica il paradigma ai testi utilizzando anche un lessico oltre che un modello desunto dall'anatomia: "dissecting a wealth of books through five conceptual tools – texture, surface, rhythm, structure and scale – André Tavares analyzes the material qualities of books in order to assess their crossovers with architectural knowledge"[69].

La questione del confronto con la contemporaneità pone di fronte alle metamorfosi che il paradigma subisce tra XX e XXI secolo anche in relazione al ruolo delle arti performative, come argomentato nella V sezione del volume: **"Metamorfosi nel contemporaneo"**. Il saggio di *Maddalena Giovannelli* ricostruisce ad esempio il caso di quelle scenografie del teatro contemporaneo che recuperano il modello dei teatri anatomici mettendo al centro della performance il pubblico stesso. La tenuta del paradigma anatomico con le sue metamorfosi e reinterpretazioni trova però anche un terreno particolarmente fertile di verifica proprio nella messa alla prova dello spazio espositivo contemporaneo. Dagli interventi site specific di Peter Shelton, qui discussi da *Marta Spanevello* a quelli dell'artista Shahryar Nashat, di recente presentati al Masi-Lac a Lugano e all'Istituto Svizzero di Roma, il tema della rappresentazione e percezione del corpo umano, o meglio dell'impronta del corpo, della sua memoria evocata in frammenti che solo ricordano o evocano anatomie reali, diventa anche occasione di manipolare lo spazio architettonico, scandito da un percorso sensoriale che i visitatori sono chiamati ad attivare ed esplorare[70]. Questi interventi sollecitano il tema dell'alterità ma richiamano, pur negandola, anche la lunga durata del rapporto tra finzione e realtà, tra unicità – insita nell'esperienza irripetibile dell'atto performativo – e serialità, richiamato dalla reiterazione stessa del frammento anatomico. Così è stata intesa propriamente come una contemporanea "fabbrica dei corpi" la Fondazione Prada di Milano fin dalla mostra inaugurale dal titolo *Serial classic* del 2015, curata da Salvatore Settis, ove il corpo seriale dell'antico era posto in dialogo con lo spazio espositivo ed industriale[71]. Un dialogo che anche la performance di Virgilio Sieni, *Atlante del gesto* (2015), una trama articolata di gesti minimi, attraversati da reiterate similitudini e somiglianze, svolta nelle stesse sale della mostra tra le sculture antiche, aveva contribuito a tematizzare. Infine, nella recente mostra

---

69 Robin Renner, *Urban Being, Anatomy and Identity of the City*, (Salenstein: Niggli, 2017); Massimiliano Giberti, *Compendio di anatomia per progettisti* (Roma: Quodlibet, 2014); André Tavares, *The Anatomy of Architectural Book* (Zurigo: Lars Müller Publishers, 2015).

70 Francesca Benini, Gioia Dal Molin (a cura di), *Shahryar Nashat: streams of spleen, 17 Waves* (MAS: Lugano, 2024).

71 Salvatore Settis, Anna Anguissola, Davide Gasparotto (a cura di), *Serial classic /Portable classic. The Greek canon and its mutations*, (Milano: Fondazione Prada, 2015).

tenutasi nel 2023, le cere anatomiche provenienti da La Specola di Firenze erano esposte in sequenza e in teche illuminate dall'alto come a replicare la visione del tavolo dissettorio dalle sedute del teatro anatomico [figg. 8–9].

Il cortometraggio di David Cronenberg realizzato per l'occasione, assimilando l'occhio del regista a quello dell'anatomista, scruta ed esplora il corpo delle *Veneri anatomiche*, rivelandone il fascino repulsivo nonché soggettivizzando la forza di penetrazione dello sguardo che si introduce nell'interiorità dell'altro, violandolo[72]. Si tratta – ancora una volta – di prospettive da esplorare nella doppia direzione se già il medico Arthur M. Lassek nel 1958 in *Human Dissection: its Drama and Struggle* scriveva:

> You cannot experience your own interior by closing your eyes and concentrating on it. In order to discover your own contents you have to investigate the inside of someone else[73].

FIGURA 8 *Atlante del gesto*, "Annuncio" (cicli coreografici, performance-Virgilio Sieni) Fondazione Prada – Milano, 2015
© FOTO DI ELA BIALKOWSKA, OKNOSTUDIO. COURTESY: FONDAZIONE PRADA

72 Mario Mainetti (a cura di), *Cere anatomiche: la Specola di Firenze: David Cronenberg* (Milano: Fondazione Prada, 2023).

73 Arthur M. Lassek, *Human Dissection: its Drama and Struggle* (Springfield: Charles C. Thomas Publisher, 1958).

FIGURA 9 *Cere anatomiche. La Specola di Firenze/David Cronenberg*. Allestimento della sala della Mostra a Milano, Fondazione Prada 2023
© FOTO DI ROBERTO MAROSSI. COURTESY: FONDAZIONE PRADA

4.3 *In conclusione: l'anatomia tra specularità e alterità*

Tirando le fila del percorso critico finora delineato, "visualizzare l'anatomia", nel suo significato letterale o in quello metaforico, si offre a una lettura storica prevalentemente come indizio di un atto autoriflessivo. Come nell'iconografia retorica dell'autoscopia, dove l'anatomizzato solleva i lembi del proprio corpo per leggervi dentro come in un libro (come drammatizzano le tavole nelle opere di Spigelius e Casserio), o nelle versioni verbali delle anatomie spirituali che "sfogliano" gli strati dell'anima, la dissezione teatralizza l'apertura del corpo e porge uno specchio al riguardante. Lo osserva per il teatro contemporaneo *Maddalena Giovannelli*, quando conclude che, mediante la fusione tra scena e platea, chi assiste al "teatro anatomico" non può che riconoscere se stesso, risultando a un tempo anatomista e anatomizzato: "[...] gli anatomisti di Padova guardavano dentro il corpo spalancato se stessi, e temerariamente si riconoscevano"[74], come conclude Giorgio Manganelli.

Come è emerso fin qui, accanto a quello visivo, il piano della lingua e dello stile dell'anatomia si rivela un aspetto focale che occuperà il seguito del progetto *La "Civiltà dell'anatomia"*. Nei prossimi passi il progetto si incentrerà infatti sul

74 Giorgio Manganelli, "L'archivio del corpo," in *Salons* (Milano: Adelphi, 2000), 99.

"corpo del testo", nella coscienza, già propria della prima età moderna, che la lingua che codifica una disciplina, lungi dall'essere uno strumento inerte di comunicazione scientifica, è prima di tutto un "mezzo con cui la mente cerca di dare ordine a se stessa: i *termini* sono perimetri concettuali, la *sintassi* è capacità di strutturazione logica del ragionamento, lo *stile* è anche 'stile di pensiero'"[75].

Bibliografia

Bibliografia primaria

Aa, Pieter van der (a cura di). *Les delices de Leide, une des célébres villes de l'Europe.* Leiden: Pierre van der Aa, 1712.

Alberti, Leon Battista. *De re aedificatoria, VII, 7* (Firenze 1478), facsimile a cura di Hans Karl Lücke. München: Prestel, 1978.

Arcudi, Alessandro Tommaso. *Anatomia degl'ipocriti.* Venezia: Albrizzi, 1699.

Burton, Robert. *L'anatomia della malinconia* [1621], a cura di Lucia Manini – Amneris Roselli – Yves Hersant. Milano: Bompiani, 2020.

Du Laurens, André. *Historia anatomica,* I. ed. 1593- trad. franc di Francois Size: *L'Histoire anatomique.* Paris: Jean Bertault, 1610.

Grandi, Iacopo. *Orazione nell'aprirsi il nuovo Teatro di Anatomia di Venezia.* Venezia: Giuliani, 1671.

Ippocrate da Cos. *Lettere sulla follia di Democrito,* a cura di Amneris Roselli. Napoli: Liguori, 1998.

Notomia di tutti i tomi della storia letteraria usciti finora alla luce, che serve di proseguimento a due tomi del supplemento dell'anonimo autore [...]. Lucca, s.l.s. 1760.

Malvasia, Carlo Cesare. *Felsina Pittrice: vite dei pittori bolognesi.* Bologna, Eredi di Domenico Barbieri, 1678.

Novarini, Luigi. *Anatomia spiritualis, in qua homo incruente in partes diductus homini obijcitur* [...]. Verona: typ. Merulanis, 1647.

Tartaglia, Pomponio. *Notomia spirituale dell'uomo, dalla quale ciascuno può conoscere se stesso e Dio* [...]. Perugia: Eredi Bartoli e Laurenzi, 1647.

Tomasini, Philippus. *Gymnasium Patavinum.* Utini: ap. Nic. Schirattum, 1654.

Zara, Antonio. *Anatomia ingeniorum et scientiarum.* Venezia: Dei, 1615.

Bibliografia secondaria

Ackerman, James S. *L'architettura di Michelangelo.* Torino: Einaudi, 1988.

75 Maria Luisa Altieri Biagi, *L'avventura della mente. Studi sulla lingua scientifica* (Napoli: Morano, 1990), 8.

Agamben, Giorgio. *Il corpo della lingua. Esperruquancluzelubelouzerirelu*. Torino: Einaudi, 2024.

Altieri Biagi, Maria Luisa. *L'avventura della mente. Studi sulla lingua scientifica*. Napoli: Morano, 1990.

Antonello, Pier Paolo. "Letteratura e scienza". In *Storia d'Italia, Annali*, 26, *Scienze e cultura nell'Italia unita*, a cura di Francesco Cassata e Claudio Pogliano, 923–948. Torino: Einaudi, 2011.

Arthur, Thomas J. *Anatomies and the Anatomy Metaphor in Renaissance England*. PhD Dissertation. Madison: The University of Wisconsin-Madison, 1978.

Baldassarri, Fabrizio. *Il metodo al tavolo anatomico. Descartes e la medicina, Introduzione*. Roma: Aracne, 2021.

Barrett, Jennifer. *Museums and Public Sphere*, London: Wiley-Blackwell 2012.

Benini, Francesca, Dal Molin, Gioia, a cura di. *Shahryar Nashat: streams of spleen, 17 Waves*. MAS: Lugano, 2024.

Bertrand, Gilles, Pieretti, Marina, a cura di. *Una marchesa in viaggio per l'Italia. Diario Margherita Boccapaduli*. Roma: Viella, 2019.

Bisello, Linda. "*Intus et extra idem*: l'anatomia morale nella letteratura italiana moderna". *Lettere Italiane* (2016): 3–41.

Bisello, Linda, Bollini, Sofia, Iaccarino, Imma, Schellino, Margherita. "La Biblioteca anatomica (1552–1699), consistenza e ragioni di un corpus. Un repertorio di testi del Seicento italiano tra medicina e letteratura", Firenze: Edizioni del Museo Galileo OA, 2025.

Bisello, Linda. "Il 'Leonardo anatomico' nella ricezione degli studi novecenteschi di ambito europeo". In *Leonardo nel Novecento. Arti, lettere e scienze in dialogo*, a cura di Carla Mazzarelli. 87–99. Milano: Silvana Editoriale, 2023.

Bisello, Linda. "L'*Anatomia ingeniorum* (1615) di Antonio Zara nel dibattito sulla sede dell'anima nella prima età moderna: tra censura e pedagogia". In *Abstinendum a libris inhonestis. Dangerous Latin Literature from Antiquity to the Modern Age*, eds. Elisa Della Calce and Simone Mollea. 344–368. Berlin: De Gruyter, 2024 (upcoming).

Bologna, Corrado. *El Teatro de la Mente. De Giulio Camillo a Aby Warburg*. Madrid: Siruela, 2017.

Bossi, Laura. "Inferno. Una topografia del male." In *Inferno*, catalogo della mostra, a cura di Jean Clair e Laura Bossi. Milano: Electa, 2021.

Canguilhem, Georges. "L'homme de Vésale dans le monde de Copernic". In Id., *Études d'histoire de philosophie et des sciences*. Paris: Vrin, 1968.

Carlino, Andrea. *La fabbrica del corpo: libri e dissezione nel Rinascimento*. Torino: Einaudi, 1994.

Carlino, Andrea. *L'anatomia tra arte e medicina: lo studio del corpo nel tardo Rinascimento*. Cinisello Balsamo: Silvana Editoriale, 2010.

Carlino, Andrea. *Visioni anatomiche: le forme del corpo negli anni del Barocco*. Cinisello Balsamo: Silvana Editoriale, 2011.

Carlino, Andrea. "Il microcosmo di Robert Underwood". Prefazione a Robert Underwood, *Una nuova anatomia*. Testo a fronte, a cura di Mauro Spicci, 7–14. Aprilia: Novalogos, 2012.

Casalini, Cristiano, Salvarani, Luana. *Introduzione* a Huarte de San Juan, *Essame degl'ingegni*. Trad. it. di Camillo Camilli (1582), a cura di Cristiano Casalini e Luana Salvarani, 15–68. Roma: Anicia, 2010.

Cazort, Mimi. "The Theatre of the Body". In *The ingenious machine of nature. Four centuries of art and anatomy*, edited by Mimi Cazort, Monique Kornell, Kenneth B. Roberts, 11–42. Ottawa: National Gallery of Canada, 1996.

Celati, Alessandra. *Medici ed eresie nel Cinquecento italiano*. Tesi di Dottorato. Pisa: Università di Pisa, Dipartimento di Civiltà e forme del sapere. Programma in Storia. Curriculum in Storia moderna, XXVI Ciclo, a.a. 2015–16.

Cevolini, Alberto. *De arte excerpendi. Imparare a dimenticare nella modernità*. Firenze: Olschki, 2006.

Coco, Giulia. "Il viaggio a Firenze di Robert Strange, copista e incisore (1760–1763)." *Studi di Memofonte*, n. 12 (2014): 86–104. https://www.memofonte.it/studi-di-memofonte/numero-12-2014/.

Contini, Gianfranco. *Esercizi di lettura sopra autori contemporanei: con un'appendice sui testi non contemporanei*. Torino: Einaudi, 1974.

Corpi moderni. La costruzione del corpo nella Venezia del Rinascimento. Leonardo, Michelangelo, Dürer, Giorgione, a cura di Guido Beltramini, Francesca Borgo, Giulio Manieri Elia. Venezia: Marsilio, 2025.

Costello, Chloe. "Visceral space: dissection and Michelangelo's Medici Chapel", in *Architecture and the Body, Science and Culture*. Edited by Kim Sexton, London: Routledge: 106–124.

Cunningham, Andrew. *The Anatomical Renaissance: The Resurrection of the Anatomical Projects of the Ancients*. Vermont: Ashgate, 1997.

Derrida, Jacques. *La farmacia di Platone* [1968]. Trad. it. Milano: JacaBook, 2021.

Di Teodoro, Francesco Paolo. *Francesco di Giorgio Martini, Trattato di architettura civile e militare, Codice Salluziano 148*. In *Leonardo da Vinci. Disegnare il futuro*, a cura di Enrica Pagella, Francesco Paolo Di Teodoro, Paola Salvi. Cinisello Balsamo: Silvana Editoriale, 2019.

Dotoli, Giovanni, a cura di. *Écriture et Anatomie. Médecine, Art, Littérature*. Fasano: Schena, 2004.

Du Laurens, André. *Historia anatomica*, I. ed. 1593- trad. franc di Francois Size: *L'Histoire anatomique*. Paris: Jean Bertault, 1610.

Ferrari, Giovanna. "Public Anatomy Lessons and the Carnival: The Anatomy Theatre of Bologna" *Past &Present*, n. 117 (1987): 50–106.

Ferretto, Silvia, *Maestri per il metodo di trattar le cose. Bassiano Lando, Giovan Battista da Monte e la scienza della medicina nel XVI secolo*. Padova: Cleup, 2022.

Frye, Northrop. *Anatomia della critica. Teoria dei modi, dei simboli, dei miti e dei generi letterari* [1957]. Torino: Einaudi, 1969.

Giberti, Massimiliano. *Compendio di anatomia per progettisti*. Roma: Quodlibet, 2014.

Hendler, Sefy. *La guerre des arts: le Paragone peinture-sculpture en Italie XVe–XVIIe siècle*. Roma: L'Erma di Bretschneider, 2013.

Kemp, Martin. *Introduction: "Know Thyself"*, in *Spectacular Bodies. The Art and Science of the Human Body from Leonardo to Now*, ed. by M. Kemp and M. Wallace. Berkeley-LosAngeles-London: University of California Press, 2000.

Klestinec, Cynthia. *Theaters of anatomy: students, teachers, and traditions of dissection in Renaissance Venice*. Baltimore, Md.: The Johns Hopkins Univ. Press, 2011.

Knox, Robert. *Great artists and great anatomists: a biographical and philosophical study*. London: Van Voorst, 1852.

Kornell, Monique, ed. *Flesh and bones. The art of anatomy*. Los Angeles: The Getty Research Institute, 2022.

Kornell, Monique. "Drawings for Bartolomeo Passarotti's Book of Anatomy," in *Drawing 1400–1600. Invention and innovation*, edited by Stuart Currie. Farnham: Ashgate, 1998, 172–188.

Kornell, Monique. *Flesh and bones: the art of anatomy*, catalogo della mostra a cura di M. Kornell. Los Angeles: Getty Research Institute, 2022.

Krischel, Roland. "From hell: das Design des Paduaner Teatro Anatomico," *Wallraf-Richartz-Jahrbuch*, 71, 7 (2010): 145–196.

Kusukawa, Sachiko. *Andreas Vesalius: anatomy and the world of books*. London: Reaktion, 2024.

La Vergata, Antonello. *Introduzione* a Georges S. Rousseau, *La medicina e le Muse*. Trad. it. Firenze: La Nuova Italia, 1993.

Lanfranchi, Stéphanie. *Abbasso la critica! Letteratura, critica e fascismo*. Pisa: Pacini, 2021.

Lassek, Arthur M. *Human Dissection: its Drama and Struggle*. Springfield: Charles C. Thomas Publisher, 1958.

Lazzerini, Luigi. "Le radici folkloriche dell'anatomia. Scienza e rituale all'inizio dell'età moderna," *Quaderni storici*, NUOVA SERIE, Vol. 29, No. 85 (1), (aprile 1994): 193–233.

Littérature et médecine. Approches et perspectives (XVIe–XIXe siècles), études réunies et présentées par Andrea Carlino et Alexander Wenger. Genève: Droz, 2007.

Maclean, Ian. "Logical Division and Visual Dichotomies: Ramus in the Context of Legal and Medical Writing". In *The Influence of Petrus Ramus. Studies in Sixteenth and Seventeenth Century Philosophy and Sciences*, ed. Mordechai Feingold, Joseph S. Freedman and Wolfgang Rother. 228–247. Basel: Schwabe & co, 2001.

Mainetti, Mario, a cura di. *Cere anatomiche: la Specola di Firenze: David Cronenberg*. Milano: Fondazione Prada, 2023.

Makari, Georges. *Soul Machine. The Invention of the Modern Mind*. New York and London: Norton, 2015.

Mammola, Simone. *La ragione e l'incertezza. Filosofia e medicina nella prima età moderna*. Milano: FrancoAngeli, 2012.

Mandressi, Rafael. *Le regard de l'anatomiste. Dissections et inventions du corps en Occident*. Paris: Seuil, 2003.

Mandressi, Rafael. "Le corps des savants. Sciences, histoire, performance". *Communications*, 92 (1), (2013): 51–65.

Manganelli, Giorgio. *Salons*. Milano: Adelphi, 2000.

Marrache Gouraud, Myriam. *La légende des objets. Le cabinet de curiosité réféchi par son catalogue (Europe, XVI–XVII siècles)*, Genève: Droz, 2020.

Marrache-Gouraud, Myriam. *L'homme-objet. Expositions anatomiques de la première modernité entre savoir et spectacle*. Genève: Droz, 2022.

Mascardi, Chiara. "Il teatro anatomico dell'Archiginnasio e la sua architettura: anatomia di un teatro." *Strenna storica bolognese*, Anno 66 (2016): 269–290.

Mazzarelli, Carla. "Quali fonti per lo studio dei pubblici dei primi musei pubblici? Stato degli studi e prospettive di ricerca." In *Pubblici dei primi musei pubblici. Le fonti istituzionali (XVIII–XIX sec.)*, a cura di Carla Mazzarelli, Giovanna Capitelli, Chiara Piva. Mendrisio: Mendrisio Academy Press, 2025.

Mazzolini, Renato G. *Fontana, Felice, ad vocem*, in DBI, vol. 48, 1997 https://www.treccani.it/enciclopedia/gasparo-ferdinando-felice-fontana_(Dizionario-Biografico).

Minden, Ariella, Savoia, Paolo, "The body between Life and Death: Berengario da Carpi and the Anatomical Image of the Sixteenth Century". In *Rethinking medical humanities. Perspectives from the Arts and the Social Sciences*, ed. by Rinaldo F. Canalis, Massimo Ciavolella e Valeria Finucci. 173–204. Berlin-Boston: De Gruyter, 2023.

Nutton, Vivian. "*De placitis Hippocratis et Platonis* in the Renaissance". In *Le opere psicologiche di Galeno*, a cura di Paola Manuli e Mario Vegetti, 281–309. Napoli: Bibliopolis, 1988.

Nutton, Vivian. *Andreas Vesalius and his Fabrica, 1537–1564. Changing the World of Anatomy*. Cham: Palgrave Macmillan, 2024.

Ong, Walter. *Method and Decay of Dialogue. From the Art of Discourse to the Art of Reason*. Cambridge, Massachusetts: Harvard University Press, 1958.

Park, Katherine. "The Organic Soul". In *The Cambridge History of Renaissance Phisosophy*, ed. by Charles B. Schmitt. 464–484. Cambridge: Cambridge University Press, 1988.

Parronchi, Alessandro. "Sulla nascita dell'anatomia artistica." In *Opere giovanili di Michelangelo*. Firenze: Olschki, 1968.

Pigeaud, Jackie. "Formes et normes dans le De fabrica de Vésale". In *Le corps à la Renaissance*, sous la dir. de Jean Céard, Marie-Madaleine Fontaine et Jean-Claude. Margolin, 399–421. Paris, Aux amateurs de livres, 1990.

Pogliano, Claudio. *Storie di cervelli. Dall'Antichità al Novecento*. Milano: Editrice Bibliografica, 2017.

Raimondi, Ezio. *Anatomie secentesche*. Pisa: Nistri Lischi 1966.

Renner, Robin. *Urban Being, Anatomy and Identity of the City*. Salenstein: Niggli, 2017.

Rhetoric and Medicine in Early Modern Europe, ed. by Stephan Pender and Nancy Struever. London and New York: Routledge 2012.

Rigoni, Mario Andrea. "Una finestra aperta sul cuore (Note sulla metaforica della 'Sinceritas' nella tradizione occidentale)". *Lettere Italiane* (1974): 434–458.

Rinaldi, Massimo. "« Nec jota uno sine autopsia ». Il *Consilium* sull'anatomia practica di Thomas Bartholin e la rifondazione del sapere patologico". In Thomas Bartholin. *De anatome practica consilum*. Trad. it. a cura di Martina Elice, Pisa: ETS, forthcoming.

Rinaldi, Massimo. "Organising Pathological Knowledge: Théophile Bonet's *Sepulchretum* and the Making of a Tradition". In *Pathologies in Practice. Diseases and Dissections in Early Modern Europe*, eds. Marco Bresadola, Maria Conforti and Silvia De Renzi, 39–55. New York and London: Routledge, 2017.

San Juan de, Rose Marie. *Violence and the Genesis of the Anatomical Image*. Pennsylvania: Penn State University Press, 2023.

Savoia, Paolo. *Superfici. Corpi, pratiche e modelli cognitivi nella chirurgia di età moderna*. Roma: Officina libraria, 2024.

Scarpati, Claudio. *Leonardo scrittore*. Milano: Vita e Pensiero, 2001.

Semenzato, Camillo, a cura di. *Il Teatro Anatomico. Storia e restauri*. Padova: Offset Invicta Limena, 1994.

Settis, Salvatore, Anguissola, Anna, Gasparotto, Davide, a cura di. *Serial classic / Portable classic. The Greek canon and its mutations*. Milano: Fondazione Prada, 2015.

Sexton, Kim, edited by. *Architecture and the Body, Science, and Culture*, London: Routledge, 2018.

Siraisi, Nancy. "Vesalius and the reading of Galen's teleology". *Renaissance Quarterly* (1997): 1–37.

Stafford, Barbara Maria. *Body criticism. Imaging the Unseen Enlightement Art and Medicine*. Cambridge Massachusetts, London: The MIT Press, 1991.

Tavares, André. *The Anatomy of Architectural Book*. Zurigo: Lars Müller Publishers, 2015.

Tokarczuk, Olga. *I vagabondi*. Trad. it. Milano: Bompiani, 2019.

Vecce, Carlo. "La parola del corpo. I testi anatomici di Leonardo". In *Leonardo da Vinci's anatomical world. Language, context and "Disegno"*, 17–41. Venezia: Marsilio, 2011.

Vegetti, Mario. *Il coltello e lo stilo. Animali, schiavi, barbari e donne alle origini della razionalità scientifica* [1979]. Milano: Saggiatore, 1996.

Violi, Alessandra. *Le cicatrici del testo. L'immaginario anatomico nelle rappresentazioni della modernità*. Bergamo: Sestante, 1998.

Wagner, Kirsten, Cepl, Jasper, edited by. *Images of the Body in Architecture: Anthropology and Built Space*. Berlino: Wasmuth 2014.

PART 1

Spaces of Anatomy: Theatres, Atlases

Introduzione alla Parte I

Carla Mazzarelli

Il filo conduttore di questa sezione è lo spazio dell'anatomia declinato sia nella sua dimensione fisica, come luogo della pratica dissettoria e della verifica del corpo umano, sia come luogo-testo ove il corpo e le sue parti vengono rappresentati e riconfigurati in atlanti del sapere. La doppia prospettiva attraversa le riflessioni dei quattro saggi qui riuniti, muovendo dal ruolo delle anatomie pubbliche, indagate da Cynthia Klestinec che pone al centro della sua disamina i casi del Teatro di Padova e Venezia nel Cinquecento. Se questi si configurano come presupposti ineludibili alla spettacolarizzazione dell'anatomia nel corso del XVII secolo, sono al contempo punti di partenza per rileggere la storia della ricezione dei teatri anatomici e la costruzione di un pubblico dell'anatomia posto di fronte all'impatto dell'incontro ravvicinato con il cadavere. Dal Cinquecento ci si sposta nel Seicento e in Inghilterra, a Londra, con il caso dei due teatri anatomici di Inigo Jones e Robert Hooke, indagati nel saggio di Christine Beese. Le due architetture si rivelano esemplificative di un passaggio, quello da una cultura ancora rinascimentale, fondata sull'analogia simbolica corpo-mondo che caratterizza il primo complesso costruito nel 1636, a un'apertura verso una visione più empirica e razionale della percezione della natura e dell'"interiorità" del corpo umano che si registra nella costruzione del secondo teatro cui sovrintende Robert Hooke nel 1679. Se i teatri sono i luoghi di verifica e spettacolarizzazione del corpo umano nella sua realtà fisica, gli atlanti assumono nel corso della prima età moderna una funzione determinante per la divulgazione dell'anatomia aprendo al contempo alla sperimentazione di nuovi dispositivi della sua visualizzazione e tematizzazione. Il seicentesco *Atlas anatómico* di Crisóstomo Martínez indagato nel saggio di K. Janowski che chiude questa sezione, rappresenta, in tal senso, un esempio originale che coniuga due scale di visualizzazione del corpo, dal micro al macro. Il progetto fa, infatti, leva sullo scrutinio del corpo riambientato in un sistema di relazioni spaziali e dimensionali con elementi architettonici che fanno eco ai frammenti dell'anatomia disvelata.

DOI:10.1163/9789004691643_003

1

The Anatomy Theater and Its Spectators

Cynthia Klestinec

On 3 December 1597, in preparation for the annual anatomy demonstration in Padua, a medical student described his peers as "passionate" (*fervidissimi*) to begin the dissection only to note a change: "suddenly when the navel has scarcely been opened and only parts of the abdomen are visible, they immediately begin to cool off and withdraw, except for a few, for whom modesty and fear of losing the professor's goodwill compel to stay unwillingly to the very end."[1] Although anatomists or surgeons acted as 'dissectors' dissecting the cadaver, advanced medical students also prepared the cadaver for the annual anatomy demonstration. These advanced students would clean and dissect at least some of its parts. In this encounter with the dissected body, the student used the language of the passions – initially fervid, fiery or hot, but subsequently cooled – to describe his peers' responses. Much of the comportment literature of the period recommended strategies that moderated the passions. The study of anatomy from human dissection, however, required a different comportment, lest students' passions become so chilled by seeing the innards that they withdraw from the work itself. Indeed, they needed to learn to go against their will, as the passage above records: those who remained did so 'unwillingly.'

Such a complicated encounter with the cadaver took place, in 1597, before the actual demonstration inside the famous anatomy theater in Padua. But it stands as a sharp contrast to descriptions of spectators at anatomy demonstrations that are supplied by later seventeenth- and eighteenth-century writers. These tend to emphasize the spectacular nature of the events and a more diverse audience. For example, the French physician Guillaume Lamy (1644–83) attended an anatomy lecture by Pierre Cressé but complained about

1 *Atti della nazione germanica*, 1597–1598, vol. 2, 110: quamvis enim initio fervidissimi appareant, subito tamen denudato vix umbilico conspectisque abdominis saltem partibus, illico frigescere et subtrahere se incipient, paucissimis exceptis, quos pudor et amittendi apud Doctorem metus favoris invitos ad coronidem usque retinet.

DOI:10.1163/9789004691643_004

the "ruffians" in the audience, who were "attracted by the pointless curiosity of seeing a body dissected."[2]

The historiographical origins for the association between anatomy and spectacle derive from Giovanna Ferrari's highly original essay, published in 1987, on the anatomy theater in Bologna.[3] In it, she argues persuasively that the relationship between the public anatomy demonstration, the anatomy theater, and the Carnival materialized in a form that was recognized as entertainment by the mid-seventeenth century. She traces the historical development of anatomical studies from an academic proceeding to a popular, civic event for which the Carnival supplied a new aesthetic and social framework. Whereas the fifteenth-century and sixteenth-century anatomy demonstration was formal, centered on the dispute, and mostly engaged students and faculty, the later demonstrations were spectacular. Spectators eventually arrived wearing carnival attire including masks. The turning point in her story is the construction of a permanent anatomy theater in 1637, which allowed the public anatomy to become "a prominent event in university and city life, worthy of a place in the chronicles and guidebooks."[4]

Here we might ask a number of questions, not about Giovanna Ferrari's argument or her evidence, which I find entirely persuasive, but about its reception. Given that the case of Bologna's anatomy theater is inextricable from the history of the city's university, are the anatomical proceedings of Paris or London, say, similar enough to warrant taking Bologna as a model?[5] In Bologna the theater's construction was partly an attempt to elicit interest in the university, especially from foreign students (enrollment was declining). Are similar conditions of popularity or popularization present in other urban settings, where anatomical proceedings are detached somewhat from universities and more tightly linked to professional organizations? If such questions urge us to

2 This example and several others are provided by Rafael Mandressi, "Dead Bodies and Affective and Professional Cultures in Early Modern European Anatomy," *Osiris* (2016): 119–136, esp. 133.

3 Giovanna Ferrari builds on important studies by early twentieth century physicians-historians, above all on Giovanni Martinotti, *L'insegnamento dell'anatomia in Bologna prima del secolo XIX* (Bologna: Azzoguidi, 1911). See Ferrari, "Public Anatomy Lessons and the Carnival: The Anatomy Theatre of Bologna," *Past and Present* 117 (1987): 50–106.

4 Ferrari, "Public Anatomy Lessons", 74.

5 On eighteenth-century Paris, and its spectacles, see Anita Guerrini, *The Courtiers' Anatomists: Animals and Humans in Louis XIV's Paris* (Chicago: University of Chicago Press, 2015). On the tendency to see eighteenth-century curiosity in earlier settings, Mandressi, "Dead Bodies"; Jonathan Sawday, *The Body Emblazoned: Dissection and the Human Body in Renaissance Culture* (NY, London: Routledge, 1995); and Richard Sugg, *Murder after Death: Literature and Anatomy in Early Modern England* (NY: Cornell University Press, 2007).

consider the specificity of location, let us also consider periodization. Should the periodization of the eighteenth century be retrofitted to apply to the sixteenth century and its anatomical proceedings and theaters? If commoners or local townspeople show up in anatomy theaters in the sixteenth century, does their presence indicate the same conjuncture of spectacle, civic mindedness and affect that it does in the eighteenth century? While this essay cannot provide historical revision that encompasses all European anatomy theaters, it seeks to clarify some of the confusion around geography and chronology that pervade the current historiography on anatomy and its theaters. To do so, it begins with a review of the historiography in light of these issues. It then turns to Venice and Padua, two case studies, in order to explore two kinds of audiences for anatomy demonstrations that took place at the same time. Based on these case studies, it urges the adoption of urban/academic as a useful distinction for understanding the history of anatomy theaters. This critical review participates in an effort to build a more robust and rigorous history of reception for the anatomy theater, one that can account more effectively for geographical specificity as well as periodization.

1 Historiographical Developments

By the late twentieth century, anatomy theaters frequently served as a place holder in the historiography of science for the origins of empiricism.[6] These theaters provided an origin story for modern science – offering early instances, or glimpses, of topics that remain important to accounts of the development of modern science: observation, objectivity, experiment, all topics related to the development of empirical science. The term *theatrum* means a place for seeing, but the extent to which the anatomy theater was a place for seeing remained, in many ways, unclear. Subjecting such an idea to scrutiny in his influential *Books of the Body* (published in Italian in 1994 and in English, in 1999), Andrea Carlino reflected on this:

> The moment that dissection began to be permitted, anatomy could have been rewritten and freed from the authority of Galen and the monopoly of the Galenists. This did not happen, perhaps because between the fourteenth and sixteenth centuries cadavers were cut up at the universities

6 The history of medicine was, and often still is, a latent rather than manifest part of the history of science. See Nancy Siraisi, "Medicine and the Renaissance World of Learning," *Bulletin of the History of Medicine* 78, no. 1 (2004): 1–36.

> for exclusively educational purposes. The question then becomes: why did two centuries have to pass before there could be a change in the application of human dissection? Was direct observation not ... the principal instrument for acquiring a general knowledge of nature and of the human body in particular?[7]

Responding to the complications of *theatrum* as a place for seeing, Carlino demonstrated the intractable nature of textual authority and book learning, tracing the resistance to change not only as an anthropological condition but also as a feature of the textual and intellectual habits and commitments of professors, students, and institutions.

In the historiography on anatomy and anatomy theaters, the emphasis – following Carlino and others – on academic or university culture has helped scholars to understand the educational purposes for cutting up a cadaver inside an anatomy theater.[8] In *Theaters of Anatomy*, I explored how the theater altered the anatomy demonstration and the participation of professors as well as students in an effort to understand why it mattered at all that the anatomy demonstration took place inside a theater.[9] Inside temporary and eventually permanent theaters in Padua, students learned about human anatomy, as we would expect, but the theater functioned in additional ways, regulating the behavior of the students and their interactions with each other, their professor, and the cadaver. That regulation extended to the affective responses of

7 Andrea Carlino, *Books of the Body: Anatomical Ritual and Renaissance Learning* (Chicago: University of Chicago Press, 1999), 2–3. In Italian, Andrea Carlino, *La fabbrica del corpo: libri e dissezione nel Rinascimento* (Turin: Einaudi, 1994).

8 The bibliography on this is long and growing. In addition to Carlino, see Andrew Cunningham, *The Anatomical Renaissance: The Resurrection of the Anatomical Projects of the Ancients* (Vermont: Ashgate, 1997); Roger French, *Dissection and Vivisection in the European Renaissance* (Aldershot: Ashgate, 1999); Michael Stolberg, "Bedside Teaching and the Acquisition of Practical Skills in Mid-Sixteenth-Century Padua," *Journal of the History of Medicine and Allied Sciences* (2014): 633–64; Bjorn Skaarup, *Anatomy and Anatomists in Early Modern Spain* (Vermont: Ashgate, 2015); Allen Shotwell, "Animals, Pictures, and Skeletons: Andreas Vesalius's Reinvention of the Public Anatomy Lesson," *Journal of the History of Medicine and Allied Sciences* 71 (2015): 1–18; and Evan Ragland, *Making Physicians: Tradition, Teaching and Trials at Leiden University, 1575–1639* (Brill: Leiden, 2022).

9 See *Theaters of Anatomy: Students, Teachers, and Traditions of Dissection in Renaissance Venice* (Baltimore: Johns Hopkins University Press, 2011). I returned to this subject recently in "The Anatomy Theater: Towards a Performative History," *Scientiae in the History of Medicine*, eds. Fabrizio Baldassari and Fabio Zampieri (Brill, 2021), 69–8. Further interest in theater and affect in relation to anatomy can be seen in the work of Rafael Mandressi: *Le regard de l'anatomiste: dissections et invention du corps en Occident* (Paris: Seuil, 2003) and "Dead Bodies" (2016).

students, as students were, over time, conditioned to respond in specific ways to anatomists, to cadavers, and to the activities of dissection and vivisection. Inextricable from the university setting in Padua, the anatomy theater, I argued, was a regulatory mechanism, one which encouraged or trained a response to anatomy that prioritized observation as well as silence and even compliance.

Anatomy lessons, however, took a variety of forms. As Michael Stolberg's research on the study of medicine in Padua has shown, anatomical knowledge from dissection was gained not only in the anatomy theater and in more secretive, less well documented private dissections, but also in the hospital.[10] His studies of student notebooks have expanded our understanding of how anatomical knowledge and technical skill were developed and where. These findings have been extended recently by Evan Ragland in his comprehensive study of the university in Leiden: not only were post mortems done in hospitals on a routine basis, but different experiments and trials as well as the focused study of pathological anatomy were conducted in anatomy theaters.[11] And the practice of hospital post-mortems became increasingly frequent. Ragland cites Théophile Bonet's *Sepulchretum* (1679) which contains thousands of post-mortem reports from hundreds of physicians and surgeons, a work that Massimo Rinaldi has studied for its organization of pathological knowledge in the late seventeenth century.[12] Such developments approach the study of anatomy through human dissection and the function of the anatomy theater not in terms of greater popularization but rather in terms of education, different pedagogies, and the knowledge produced and acquired through dissection. They emphasize the university setting as well as the roles played by professors, students, and administrators.

These academic events, however, offered connotations or aesthetic frames for the burgeoning science of anatomy. In seventeenth-century Leiden, as Tim Huisman has shown, the anatomy theater became a site for the display of 'wonders' – artificial and natural objects such as a large mummy – and private settings took on more investigative roles into anatomy, involving microscopes, syringes and other tools needed to undertake anatomical experiments.[13]

10 In addition to "Bedside Medicine," see Michael Stolberg, "Empiricism in Sixteenth-Century Medical Practice: The Notebooks of Georg Handsch," *Early Science and Medicine* 18, no. 6 (2013): 487–516; and "Learning Anatomy in Late Sixteenth-Century Padua," *History of Science* 56, no. 4 (2018): 381–402.

11 Ragland, *Making Physicians*.

12 Massimo Rinaldi, "Organizing Pathological Knowledge," in *Pathology in Practice* (New York: Ashgate, 2017), 39–55.

13 In addition to Ragland, Tim Huisman, *The Finger of God: Anatomical Practice in Seventeenth-Century Leiden* (Leiden: Primavera Press, 2009).

Although the Leiden theater, modeled on the one in Padua, was under the leadership of Peter Paaw, who had also studied in Padua, the presentation of anatomy inside the theater sought to discover 'the finger of God' in the human body, marking a shift from the more Aristotelian or natural philosophical approach taken in Padua.

But questions of God, soul, theological doctrine and religion often intersected with the study of anatomy. Indeed, they might be magnified because they tend to show important differences between northern and southern European anatomical proceedings and the possible connotations of their anatomy theaters. With more study, we would learn how such connotations follow general patterns of Protestantism (the north) and Catholicism (the south). Hospitals were the sites of post-mortems – dissecting a dead body in order to discover the cause of death – which had become a more frequent occurrence in both northern and southern Europe by the sixteenth century. However, as Katharine Park has shown, post-mortem dissections or autopsies were initially used in late-medieval Italian contexts in order to document signs of sanctity in the bodies of potential saints; these bodies were perceived as incorrupt, as failing to decay in routine ways.[14] In *Pious Postmortems*, Bradford Bouley maintains the focus on anatomy and religion, demonstrating the ways that the Post-Tridentine Catholic Church integrated postmortem anatomies into its policies as it attempted to exert more control over proceedings for sainthood, especially in the cases of female saints, and more generally, over the questions that animated Church politics in the era of the Counter Reformation.

Religion had a deep impact on anatomical activities inside and outside anatomy theaters across Europe. Although cadaveric remains were buried in northern European traditions, the burial ceremony in southern Europe was more prominent. In Italy, anatomical activities were situated within a social practice or ritual that began with the execution of a criminal, continued to the anatomy theater, and ended in the burial ceremony at the graveyard. In Padua and Bologna, not only did the dissected cadaver receive a proper burial, but the soul of the criminal remained an object of deep concern for both religious and lay comforters.[15] It is noticeable, moreover, how little attention burial

---

14 Katherine Park, *Secrets of Women: Gender, Generation, and the Origins of Dissection* (New York: Zone Books, 2006); and "The Criminal and the Saintly Body: Autopsy and Dissection in Renaissance Italy," *Renaissance Quarterly* 47 (1994): 1–33. On later developments in early modern Italy, see Bouley, *Pious Postmortems: Anatomy, Sanctity, and the Catholic Church in Early Modern Europe* (PA: University of Pennsylvania Press, 2017); and B. Skaarup (2015).

15 See Samuel Edgerton, *Pictures and Punishment: Art and Criminal Prosecution during the Florentine Renaissance* (Ithaca: Cornell University Press, 1985); Carlino, *Books of the Body*, 219; Katharine Park, "The Life of the Corpse: Division and Dissection in Late Medieval

receives in the historiography on anatomy in northern locales, except as it pertained to graverobbing.[16] Burial ceremonies remained important to anatomical proceedings, and they deserve more study historically in part because they continue to shape the study of anatomy today, as most medical schools host a closing ceremony for the bodies donated for the study of anatomy.

In other ways, burial ceremonies have connected anatomy, anatomists and students with punishment, both earthly and divine. The connection emerged primarily in studies of northern European and English traditions of anatomy that were influenced by the writings of Michel Foucault, in particular *Discipline and Punish*.[17] The evidentiary basis derives from university statutes. Most European university statutes stipulate a body that was criminal and usually, foreign; and scholars have pursued the idea that dissection enacted additional punishment to the criminal body. Reacting to Foucault, these studies can also be traced to the influential work of Jonathan Sawday, *The Body Emblazoned: Dissection and the Human Body in Renaissance Culture* (1995), which expanded the history of anatomy from medical, philosophical, and anatomical texts to include a wide array of geographically diverse cultural artifacts. That inclusive approach derived from a methodology taken from the interdisciplinary field of Science and Literature, which rejected the special status of 'scientific' texts and treated both, according to George Levine, as "modes of discourse."[18] Although Sawday investigates other 'anatomies' such as sacred anatomy, the reception of his work has overwhelmingly prioritized his account of the relationship between execution and anatomy (chapter four) and the idea that dissection was an extension of the legal system and thus additional punishment

Europe," *Journal of the History of Medicine and the Allied Sciences* 50 (1995): 111–32; and Klestinec, *Theaters of Anatomy*, 129–135. On comforters, and the care of the soul, see the work of Adriano Prosperi (*Dare l'anima*) and "Consolation or Condemnation: Debates on Withholding Sacraments" in *The Art of Executing Well: Rituals of Execution in Renaissance Italy*, ed. N. Terpstra (Montana: Truman State University Press, 2000), 98–117.

16 On anatomy and graverobbing, the best study remains Ruth Richardson, *Death, Dissection and the Destitute* (Chicago: University of Chicago Press, 2001). This study pertains to the eighteenth century. For studies of earlier examples of graverobbing, Felix Platter's writings offer evidence (not of a tradition but of examples).

17 In northern locales, burial remains understudied, and perhaps this is why the connection between execution and anatomy remains quite strong in the historiography. In addition to Sawday's *Body Emblazoned*, the bibliography includes: Richard Sugg (2016); and *The Spaces of Renaissance Anatomy Theater* [sic], ed. Leslie Malland (Delaware: Vernon Press, 2022).

18 See *One Culture: Essays in Science and Literature*, ed. George Levine (Madison: University of Wisconsin Press, 1987), esp. 3.

for the criminal (and infamy for the anatomist).[19] This intersection has been the special focus of studies of the English context and developments around the 'Murder Act' of 1752. That Act, according to Sawday, was "designed so that 'some further terror and peculiar mark of infamy be added to the punishment of death' and 'to impress a just horror in the mind of the offender and on the minds of such as shall be present'."[20] The late date, 1752, of that Act should encourage scholars today to reconsider questions of punishment in relation to distinctions between the earlier period and the eighteenth century.

While the punitive significance of dissection might follow northern and southern anatomical traditions – Protestant and Catholic tendencies – the role of religion in historical developments involving anatomy continues to emphasize geographical parameters. In Padua, for example, medical students were increasingly responsible for burial arrangements for dissected cadavers, and they were aware of the importance of their own presence at the burial ceremony. In 1579, the leader of the transalpine students explained that at the end of the anatomy demonstration, the remaining parts of the cadaver were carried to the Cathedral and buried and that the burial ceremony was attended "not by many professors, but by many students, among whom there was the great number of us [the transalpines]."[21] Students took up money from the spectators in order to pay for the burial of the cadaver's remains. The students were following the statutes which stipulated that the funds collected would offset the costs of the event and be given to the poor for the salvation of the dissected body. But their extra service suggests a deeper awareness of their own precarity, as foreigners, in Padua even though the Venetian Republic had a long history of protecting foreign inhabitants as well as *libertas* at the university.[22]

In Padua, by the late sixteenth century, transalpine students were clearly associated with Protestantism, but the point is that these associations shaped the engagement with anatomy inside the theater. In 1597, one transalpine student was worried about the escalation of rumors, which implied that transalpine students did not respect the dead. In that year, he wrote that he and his fellow transalpine students would collect additional money because they were "deeply moved" by rumors that they snatched or plundered graves for cadavers, that they profaned the dead inside the anatomy theater, that within

19 Scholars have developed this line of thinking in relation to the rise of political absolutism.

20 Sawday, *Body Emblazoned*, 54. For the later period, Richardson, *Death, Dissection and the Destitute*.

21 Klestinec, *Theaters of Anatomy*, 132–135.

22 *Patavina Libertas: una storia europea dell'Università di Padova (1222–2022): Libertas tra religione, politica, e saperi*, Eds. Paolo Molino, Andrea Caracausi, Denis Solari (Roma-Padova: Donzelli editore e Padova University Press, 2022).

the theater, the bodies were torn to pieces and left unburied, and finally that they joined together "like dogs" to devour the corpses. The concerns about proper burial and the loss of bodily integrity were longstanding (and perhaps indicative of a Catholic orientation), but it was the politics of the university – the relationship between native and foreign students and the context of the Counter Reformation – that motivated the charge. This politicized setting was specific to the religious tensions and multiculturalism of this northern Italian university.

This historiographical review has emphasized the different sites – theater, private settings, hospitals – in which anatomical knowledge was produced and acquired. In addition, it has emphasized the university setting for the study of anatomy. In Leiden, in Padua, in Bologna, the university setting shaped the study of anatomy, both its goals and the procedures or protocols developed to achieve those goals. This review has also underscored the relationship between the study of anatomy and long standing connections to religion. These connections suggest that northern and southern European traditions of anatomy bear important differences when it comes to the longer ritualistic proceedings around anatomy. In Italian contexts, the soul of the criminal was an object of continued concern, a feature of the historical record that suggests that southern European anatomies are ill-fitted to the parameters laid out by Foucault and pursued by scholars of the English and northern European traditions. Infamy and disgrace were still characteristics of the criminal and the dissector, but the burial ceremony in Italian contexts returned some dignity to the study of anatomy and human dissection.

2 The Case Studies of Venice and Padua

Via the Greek *theatres*, the association between spectacle, visuality, and emotion goes back to Greek tragedy, to Aristotle's arrangement of dramatic parts and their impact on the emotional response of spectators – fear and pity, catharsis, cleansing.[23] Within the anatomical tradition, this ancient theatrical past sometimes emerged, as did an intensifying curiosity about anatomical events. As Giovanna Ferrari has explained, seventeenth- and eighteenth-century chroniclers of the Bologna tradition of anatomy noted the connection between the

23 The University of Chicago's *media theory* site offers a broad definition of spectacle, encompassing "curiosity or contempt", wonders, and marvels, and eliciting affective responses related to the visual experience; the etymology derives from the Latin root *spectare* "to watch or view" and specere "to look at."

public anatomy and the time of Carnival as well as the attendance of "many people (*frequens populus*) and the curious license of masked people (*curiosa personatorum licentia*)."[24] Curiosity, as Barbara Benedict has explained, was always a transgression: if Augustine associated it with "a pride that turns the mind from God," early moderns resuscitate it, with "frenzied attention": "From 1660–1820, scientists, journalists, women, critics, collectors, parvenu middle-class consumers, and social reformers asked questions that challenged the status quo ... [and] inquired into forbidden topics: for example, physical generation and sex, the motion of the spheres and religion, social custom and human nature ..."[25] In Bologna, in the chronicle of Gaspare Mariano de Varrano Lenzi (1719), the 'curious license' of spectators in the anatomy theater also marked a transgression into forbidden realms – academic inquiries into the fabric of Nature. Ferrari places these transgressions within the framework of the Carnival, whose rituals (as Bakhtin appreciated) invite a wide variety of transgressions, particularly from popular or low cultures. Because curiosity has a history, because it changes over time, we need a careful assessment of the spectators not associated with the university in order to understand whether or how the idea of spectacle pertains to earlier traditions of anatomy and to the anatomy theater. Turning back to the fifteenth and sixteenth century, we can find two kinds of audiences at anatomy demonstrations, one conditioned by an urban, professional environment, the other conditioned by the setting of the university.

Venice offers the occasion to consider the former. Throughout the sixteenth century, anatomical events took place in Venice in various settings. The Venetian colleges of physicians and surgeons hosted annual anatomies as well as disputations and examinations for degrees and licenses.[26] Many members were also professors in Padua: Alessandro Benedetti, Vittore Trincavella, Gabriele Falloppio, and late in his career, Girolamo Fabrici; and in the seventeenth century, Santorio Santorio and Johann Veslingus were both members. According to the statutes for the College of Surgery, public anatomies were to take place annually; and in the records, we find they took place more regularly in the second half of the sixteenth century. These events were held at the church of S. Paternita, which is no longer extant, at the church of S. Stefano, and the church of S. Giovanni e Paolo in addition to pharmacies. These demonstrations were regulated by statutes that were similar to those in Padua.

24 Ferrari, "Public Anatomy Lessons", 52.

25 Barbara M. Benedict, *Curiosity: A Cultural History of Early Modern Inquiry* (Chicago: University of Chicago Press, 2001), 2–5.

26 See the work of Richard Palmer, especially *The Studio of Venice* (Padua: Lint, 1983).

In Venice, as Giovanna Ferrari explains, the anatomist Alessandro Benedetti performed anatomy demonstrations, referring to these events in his book (*Anatomice*, 1502); he invited learned Venetians to attend the dissection of the organs of digestion and reproduction because they were men "who are very moderate in eating and drinking" and prone to discuss "the intemperance of the belly." Benedetti, Ferrari continues, addressed his contemporaries, recommending they consider particular body parts that he thought would be relevant to them: Ermolao Barbaro and Antonio Corner should attend the exposition of the skull "because they always and with passion cultivate the mind." These audiences also became more important to Benedetti, who would wait for students to leave the event so he could "devote himself to deeper reflection in the company of his learned friends." These noble, learned men may have been curious, but their 'transgression' did not adhere to eighteenth-century parameters, for it hardly challenged the status-quo. Rather they viewed anatomy as an investigation into the secrets of nature, an investigation that was increasingly appropriate to their status as early humanists.

An outsider to this community would have a different experience entirely. Take, for example, the empiric, surgeon, and writer Leonardo Fioravanti who was a sharp critic of learned medicine and especially of anatomy. When he came to Venice in 1558, he encountered both learned physicians and learned surgeons. These practitioners were members of the same medical colleges in Venice that Benedetti had referred to.[27] Refused a license by these colleges, Fioravanti began to complain about the anatomy demonstration, about its role in the training of surgeons. Surgeons, he explained, "wish always to make their anatomy with knives, cutting the poor bodies [of patients] as if they were chops of a pig, they wish to scrape the bones for the fire." Unlike butchers, who are "necessary to human life," he wrote, anatomical knowledge is of little importance: dissection is unnatural, for "we see many dogs that never give themselves over to destroying the bodies of other, dead dogs." The criticism and the affective rhetoric emphasizing infamy, scandal, and cruelty pervade the history of anatomy, as Raphael Mandressi, Jonathan Sawday and others have noted, and here, they were characteristic of an outsider to the learned medical community.

The temporary anatomy theaters of fifteenth- and sixteenth-century Venice did not embrace the possibilities of openness and of greater accessibility to anatomical exercises that would become so frequent in later seventeenth and

27 See Palmer, *The Studio of Venice and its Graduates in the Sixteenth Century* (Padua: Lint, 1983); and "Physicians and Surgeons in Sixteenth-Century Venice" in *Medical History* 23 (1979): 451–60.

eighteenth-century descriptions. These anatomies were organized for the elite medical community and per Benedetti and Fioravanti, opened sometimes to additional elite historical actors: politicians, historians, philosophers, and so forth. There remains considerable distance between these events and forms of popular entertainment generated for eighteenth-century audiences. That distance might be measured in the affective responses of audiences as well as the cultural frameworks being used to structure those responses – rather than expressive curiosity and carnivalesque spectacles, we find a discourse of medical practice, occasional philosophical reflection, and an embedding of dissection into a humanist framework of erudition.

Let us turn to an academic setting for comparison. In Padua, as is well known, there were two permanent anatomy theaters, built consecutively. The second one, which still exists, was completed in 1595. Both theaters were intended to house orderly demonstrations. And both followed a clear protocol that had a basis in the statutes. For Italian universities, statutes regulated most aspects of the anatomy demonstration.[28] The statutes upheld the textual authority and the professor's authority to demonstrate it. Even when the statutes were updated or modified, as they were in the second half of the sixteenth century in Padua, they continued to enhance those two modalities of authority. A decree from the 1580s mandated that students were supposed to listen quietly to the anatomist or be excluded; that the procession into the theater would be guided by the rector, who would be followed by professors and then the students; and that no student could sit in the first row without incurring a fine. These statutes offer a protocol for the Galenic anatomy demonstration that clarifies the hierarchy of knowledge and the hierarchy in the demonstration. These features make the anatomy demonstration intelligible as a part of university culture – where professors have authority over students, and where professors derive their authority from texts. When permanent anatomy theaters were eventually constructed *as* an extension of university culture, the knowledge produced within them was inextricable from more pervasive concerns about orthodoxy, textual authority, and compliance.

Despite these regulations, disorder could happen. Some disorder pertains to overcrowding due in part to the presence of local townspeople. In 1588–1589, in Padua, the conflict emerged inside the theater because it was "besieged by many people, friends of the student-assistants [*massariorum amicis*] and members of the local community [*popularibus*]."[29] The overcrowding created spatial problems, especially for where the Syndic (a university-educated

28 For a review of the statutes, see Ferrari (1987); Carlino (1999); and Klestinec (2011).
29 Klestinec, *Theaters of Anatomy*, 90–123.

man who served as a legal overseer and sometimes secretary for the rector) would reside. But the longer episode is intriguing because students did not mention the cadaver, let alone the curiosity of the local townspeople. Rather, they were concerned with the hierarchies of power and authority that were well ensconced in university culture. In 1597, when musicians were brought into the Paduan anatomy theater, the records describe their presence as an attempt to bring tranquility to the theater and to limit the disruptions of students. As the audience widens to include musicians – which may seem to offer connective tissue to the carnivalesque paradigm of the eighteenth century – it nevertheless prioritizes the decorum of the university and emphasizes the behavior of students. The goal, as this suggests, was to maintain the extent to which the anatomy demonstration and the anatomy theater were a part of the academic culture.

The presence of townspeople in the audience, that is, did not immediately convert the event to one of entertainment, though one wonders why they attended. Even in 1595, when the anatomist Girolamo Fabrici of Aquapendente had requested that entrance into the theater be made 'free' of charge, medical students became upset by the presence of craftsmen and tradesmen who eventually came to it. One transalpine student explained: "I counsel that there should be no credence given to the opinion of those who try to introduce anatomy for free in this academic institution, a sort of disease of the humanities, and the most open window of sedition and murder, contrary to our ancient traditions that have been preserved all the way to the present age."[30] Here, the notion of an inclusive anatomy demonstration, an open theater, was resoundingly criticized on the basis that it tarnished and deteriorated the experience of gaining a university education. Such a notion of inclusivity was called "a disease" of the liberal arts, akin to sedition and murder, and it stood in stark opposition to the ancient traditions that the university preserved and passed on. The same student did not 'explore' the desires of these craftsmen and what drew them to the theater; instead, he concluded that those craftsmen diminished and impeded the students' education. Again, the popularization of the event was minimal, and even the idea of opening up the theater was subject to enthusiastic critique. Until well into the seventeenth century, the anatomical proceedings in Padua were regulated events, organized for and directed at an academic community.

30 *Atti della nazione germanica*, 1595, vol. 2, 60–61: neque eorum standum esse sententiae unquam et consulo et suadeo, qui liberam anatomiam quasi rei literariae pestem in hoc statu academic, atque fenestram seditionis ac caedis latissimam contra morem antiquum et ad nostrum hanc usqu aetatem servatum, introducere conantur.

The exclusive nature of the anatomy theater is derived from the exclusive nature of the Renaissance university, and even its *mission statement* – to prepare the next generation of elite historical actors, the physicians, lawyers and bureaucrats needed by the early modern state for its expanding infrastructure.[31] That exclusivity can be glimpsed in the audience. The entire demonstration was carefully regulated, and this extended to the audience, which consisted, in Padua, primarily of students, professors, university administrators, and *Riformatori* (civic magistrates who were charged with overseeing the functioning of the university).

Although the presence of local townspeople is occasionally recorded in sixteenth-century Padua, it was not until the later seventeenth and eighteenth centuries that audiences evolved to include, on a regular basis, other nobility and townspeople, a shift coterminous with the increasingly prominent *entertainment value* of the anatomy demonstration. In Bologna, as Ferrari has shown, as the anatomy demonstration acquired the status of spectacle, the Carnival provided a cultural framework for the anatomy theater and its demonstrations. But this was new, a new historical development. In sixteenth-century Padua, there are only a few instances in which commoners showed up in the audiences of anatomy demonstrations, and when they did, their presence was entirely disruptive. This suggests important differences in the historical record, pertaining to geography as well as periodization. If geography raises questions about religion and anatomy, periodization has highlighted the need to refine our appreciation of developments. Moreover, the historiographical review and case studies brought together in this essay urge us to consider urban and academic settings more carefully as constitutive elements shaping affective responses to anatomy and the cultural dynamics of anatomy theaters. Such findings, in conclusion, indicate the need for methodological diversity, and especially for the continued insights offered by microhistories.[32]

Bibliography

Atti della nazione germanica artista [*Acta germanicae artistarum*], ed. A. Favaro, 2 vols. Padua: Typografia Emiliana, 1911–1912.

---

31 See Anthony Grafton and Lisa Jardine, *From Humanism to the Humanities: Education and the Liberal Arts in Fifteenth and Sixteenth-Century Europe* (Mass: Harvard University Press, 1986).

32 See the helpful essay by Filippo de Vivo, "Prospect or Refuge? Microhistory, History on the Large Scale: A response", *Cultural and Social History*, 7 (2010), 387–97.

Benedict, Barbara M. *Curiosity: A Cultural History of Early Modern Inquiry*. Chicago: University of Chicago Press, 2001.

Bouley, Bradford. *Pious Postmortems: Anatomy, Sanctity, and the Catholic Church in Early Modern Europe*. Pennsylvania: University of Pennsylvania Press, 2017.

Carlino, Andrea. *Books of the Body: Anatomical Ritual and Renaissance Learning*. Chicago: University of Chicago Press, 1999.

Carlino, Andrea. *La fabbrica del corpo: libri e dissezione nel Rinascimento*. Turin: Einaudi, 1994.

Cunningham, Andrew. *The Anatomical Renaissance: The Resurrection of the Anatomical Projects of the Ancients*. Vermont: Ashgate, 1997.

De Vivo, Filippo. "Prospect or Refuge? Microhistory, History on the Large Scale: A response." *Cultural and Social History* 7 (2010): 387–97.

Edgerton, Samuel. *Pictures and Punishment: Art and Criminal Prosecution during the Florentine Renaissance*. New York: Cornell University Press, 1985.

Ferrari, Giovanna. "Public Anatomy Lessons and the Carnival: The Anatomy Theatre of Bologna." *Past and Present* 117 (1987): 50–106.

French, Roger. *Dissection and Vivisection in the European Renaissance*. Aldershot: Ashgate, 1999.

Grafton, Anthony and Lisa Jardine. *From Humanism to the Humanities: Education and the Liberal Arts in Fifteenth and Sixteenth-Century Europe*. Massachusetts: Harvard University Press, 1986.

Guerrini, Anita. *The Courtiers' Anatomists: Animals and Humans in Louis XIV's Paris*. Chicago: University of Chicago Press, 2015.

Huisman, Tim. *The Finger of God: Anatomical Practice in Seventeenth-Century Leiden*. Leiden: Primavera Press, 2009.

Klestinec, Cynthia. *Theaters of Anatomy: Students, Teachers, and Traditions of Dissection in Renaissance Venice*. Baltimore: Johns Hopkins University Press, 2011.

Klestinec, Cynthia. "The Anatomy Theater: Towards a Performative History." In *Scientiae in the History of Medicine*, eds. Fabrizio Baldassari and Fabio Zampieri. 69–88. Leiden: Brill, 2021.

Levine, George, ed. *One Culture: Essays in Science and Literature*. Wisconsin: University of Wisconsin Press, 1987.

Malland, Leslie, ed. *The Spaces of Renaissance Anatomy Theater* [sic]. Delaware: Vernon Press, 2022.

Mandressi, Rafael. "Dead Bodies and Affective and Professional Cultures in Early Modern European Anatomy." *Osiris* (2016): 119–136.

Mandressi. *Le regard de l'anatomiste: dissections et invention du corps en Occident*. Paris: Seuil, 2003.

Martinotti, Giovanni. *L'insegnamento dell'anatomia in Bologna prima del secolo XIX*. Bologna: Azzoguidi, 1911.

Molino, Paola, Andrea Caracausi, Denis Solari, eds. *Patavina Libertas: una storia europea dell'Università di Padova (1222–2022): Libertas tra religione, politica, e saperi.* Padua: Donzelli editore e Padova University Press, 2022.

Palmer, Richard. *The Studio of Venice and its Graduates in the Sixteenth Century.* Padua: Lint, 1983.

Palmer, Richard. "Physicians and Surgeons in Sixteenth-Century Venice." *Medical History* 23 (1979): 451–60.

Park, Katharine. *Secrets of Women: Gender, Generation, and the Origins of Dissection.* New York: Zone Books, 2006.

Park, Katharine. "The Life of the Corpse: Division and Dissection in Late Medieval Europe." *Journal of the History of Medicine and the Allied Sciences* 50 (1995): 111–32.

Park, Katharine. "The Criminal and the Saintly Body: Autopsy and Dissection in Renaissance Italy." *Renaissance Quarterly* 47 (1994): 1–33.

Prosperi, Adriano. "Consolation or Condemnation: Debates on Withholding Sacraments." In *The Art of Executing Well: Rituals of Execution in Renaissance Italy*, ed. N. Terpstra. 98–117. Montana: Truman State University Press, 2000.

Ragland, Evan. *Making Physicians: Tradition, Teaching and Trials at Leiden University, 1575–1639.* Leiden: Brill, 2022.

Richardson, Ruth. *Death, Dissection and the Destitute.* Chicago: University of Chicago Press, 2001.

Rinaldi, Massimo. "Organizing Pathological Knowledge." In *Pathology in Practice: Diseases and Dissections in Early Modern Europe*, eds. Silvia De Renzi, Marco Bresadola, and Maria Conforti, 39–55. New York: Ashgate, 2017.

Sawday, Jonathan. *The Body Emblazoned: Dissection and the Human Body in Renaissance Culture.* New York: Routledge, 1995.

Shotwell, Allen. "Animals, Pictures, and Skeletons: Andreas Vesalius's Reinvention of the Public Anatomy Lesson." *Journal of the History of Medicine and Allied Sciences* 71 (2015): 1–18.

Siraisi, Nancy. "Medicine and the Renaissance World of Learning." *Bulletin of the History of Medicine* 78, no. 1 (2004): 1–36.

Skaarup, Bjorn. *Anatomy and Anatomists in Early Modern Spain.* Vermont: Ashgate, 2015.

Stolberg, Michael. "Learning Anatomy in Late Sixteenth-Century Padua." *History of Science* 56, no. 4 (2018): 381–402.

Stolberg, Michael. "Bedside Teaching and the Acquisition of Practical Skills in Mid-Sixteenth-Century Padua." *Journal of the History of Medicine and Allied Sciences* (2014): 633–64.

Stolberg, Michael. "Empiricism in Sixteenth-Century Medical Practice: The Notebooks of Georg Handsch." *Early Science and Medicine* 18, no. 6 (2013): 487–516.

Sugg, Richard. *Murder after Death: Literature and Anatomy in Early Modern England.* New York: Cornell University Press, 2007.

2

Between Allegory and Instrument: the Seventeenth Century London Anatomy Theatres of Inigo Jones and Robert Hooke as Sites of Visualization

Christine Beese

In the course of the seventeenth century, two anatomical theaters were established in London for the performance of public anatomies. For the first theatre in 1636, the Barber Surgeons Company commissioned the Renaissance architect Inigo Jones, who was known for his courtly stage designs as well as for his public buildings.[1] The mathematician Robert Hooke, who was the curator of experiments at the Royal Society and among the founders of an empirical science, oversaw the construction of a second theatre for the College of Physicians from 1679.[2] The first theater can be characterized as emblematic of

1 For a detailed analysis of Jones' anatomical theatre see Susannah Bach, *The Barber-Surgeons' Anatomy Theatre* (Cambridge: University of Cambridge, 1999). Concerning Jones' work for the English court I refer to D.J. Gordon, "Poet and Architect: The Intellectual Setting of the Quarrel Between Ben Jonson and Inigo Jones," *Journal of the Warburg and Courtauld Institutes* 12, no. 1 (1949), doi:10.2307/750261; Stephen Orgel and Roy C. Strong, *Inigo Jones: The Theatre of the Stuart Court*, 2 vols. (London: Sotheby Parke Bernet, 1973), Leonard Barkan, "The Imperialist Arts of Inigo Jones," *Renaissance drama* 7 (1976); John Orrell, *The Theatres of Inigo Jones and John Webb*, 1. publ. (Cambridge: Cambridge University Press, 1985); John Peacock, *The Stage Designs of Inigo Jones The European Context*, 1. publ. (Cambridge: Cambridge Univ. Press, 1995) and Vaughan Hart, *Inigo Jones The Architect of Kings* (New Haven: Yale Univ. Press, 2011). Recently David Theodore reflected on Jones' concept of anthropomorphic architecture David Theodore, "Turning Architecture Upside-down: From Inigo Jones to Phenomenology," *Log* (*New York, N.Y. 2003*), no. 42 (2018).

2 The anatomical theatre of Robert Hooke was examined in detail for the first time by Matthew Walker, *Robert Hooke, the Early Royal Society and the Practices of Architecture*, History of Art (University of York, 2009). doi:516566. His dissertation on Hooke's architectural practice resulted in a monographic essay on the architecture of the Royal College of Physicians: Matthew Walker, "Architecture, Anatomy, and the New Science in Early Modern London: Robert Hooke's College of Physicians," *Journal of the Society of Architectural Historians* 72, no. 4 (2013), doi:10.1525/jsah.2013.72.4.475. Concerning the epistemic function of architecture, objects and images in Hooke's work I refer to Lisa Jardine, "Monuments and Microscopes: Scientific Thinking on a Grand Scale in the Early Royal Society," *Notes and records of the Royal Society of London* 55, no. 2 (2001), doi:10.1098/rsnr.2001.0145, Michael Cooper and Michael Hunter, eds., *Robert Hooke Tercentennial Studies* (Aldershot: Ashgate, 2006), Meghan C. Doherty, *Carving Knowledge: Printed Images, Accuracy, and the Early Royal Society*

 | DOI:10.1163/9789004691643_005

Renaissance culture, based on an analogous understanding of the world, and linked to practices of veiling and unveiling. By contrast, the second theater is seen to open a new path to a rational and anti-illusionistic way of perceiving nature and the role of humans within nature.

Several historical developments suggest that the approach to representation adopted in the two theaters differed considerably; between the construction of the first and the second building, the English Civil War took place, which ended the monopoly of the Church of England in matters of faith and led to a short period of parliamentary rule that was followed by the restoration of the monarchy. The loss of political and religious unity and the fragmentation of English society were accompanied by a fragmented view of the human body: After 1628, the discovery of the circulatory system by the English physician and anatomist William Harvey called into question the doctrine of the four humors, which had held sway since antiquity as the basis of the entire system of thought. In the spirit of René Descartes, the single parts and functions of the body came to be seen in isolation, and inductive reasoning gained prevalence.[3]

While both buildings as a type find their reference in the anatomical theatre of Padua or Leiden, their epistemological reference points seem to diverge. If Jones' theatre is read as an allegory, Hooke's theatre is seen as an instrument. The present text aims to explore to what extent such a distinction is accurate, to what extent it is shaped by discourses of functionality in the nineteenth and twentieth centuries. In order to clarify this question, the following section examines which concept of representation the two spaces were subject to in each case.

1 The Barber-Surgeon's Theater and the Order of the English Kingdom

In contrast to the first anatomical theatres on the continent the first anatomical theater in England was not erected by a university but by the City Company

of London (ProQuest Dissertations Publishing, 2010), Felicity Henderson, "Robert Hooke and the Visual World of the Early Royal Society," *Perspectives on science* 27, no. 3 (2019), doi:10.1162/posc_a_00312 and Alexander Wragge-Morley; *Aesthetic Science Representing Nature in the Royal Society of London, 1650–1720* (Chicago, London: The University of Chicago Press, 2020). doi:10.7208/9780226681054.

3 Paradigm shifts in the medical world of early modern London are best described in Charles Webster, *The Great Instauration: Science, Medicine and Reform 1626–1660* (London: Duckworth, 1975) and Harold J. Cook, *The Decline of the Old Medical Regime in Stuart London*, 1. publ. (Ithaca u.a: Cornell Univ. Press, 1986).

of the Barber-Surgeons, who had traditionally competed with the academic College of Physicians for royal privileges and dominance within in the medical field.[4] Instead of creating a new space within an existing building the Surgeons commissioned a separate oval-shaped building that embodied the Company's conception of the world and their place within it (fig. 2.1).

As well as playing a role as a royal guild charged with training the king's surgeons for the royal navy, the Company-members sought to advance a philosophical understanding of the world. By combining theory with manual skills, the surgeons sought to rival academically trained physicians and they claimed to have the knowledge needed to reveal the divine order of nature.[5] Thus, both the political and the intellectual spheres influenced the form of representation that was expressed in the anatomical theatre of the Royal Surgeons.

While many other guilds, and particularly the religious ones, had been dissolved during the Reformation and their property had been confiscated, Henry VIII allowed the surgeons to merge with the barbers in 1540 to form a joint trade company.[6] This strengthened their status within the city guild system, which safeguarded the social, political and religious order. The Company was also granted the right to receive for its public anatomies four bodies a year chosen among the criminals who had been publicly hanged. Executions and dissections thus became "two acts in a single drama", charged with both legal and spiritual connotations.[7] Spectacles of public punishment were demonstrations of power and quasi-religious festivals. These events were regarded as an act of restoration in a world disrupted by crime. Similar in their cathartic character to public punishment, the spectators of anatomies were involved in a universal healing process and fostered a recognition of one's mortality and a moral reflection on a godly life.[8] Corresponding to the anatomical theater of

---

4 The history of the Company of Barbers and Surgeons is well presented in Ian Burn, *The Company of Barbers and Surgeons* (London: Farrand Press London, 2000).

5 Lynda Payne, "'a Spedie Reformation'. Barber-Surgeons, Anatomization, and the Reformation of Medicine in Tudor London," in *Paracelsian Moments: Science, Medicine, and Astrology in Early Modern Europe*, ed. Gerhild Scholz Williams and Charles D. Gunnoe (Philadelphia: Penn State University Press, 2003).

6 Concerning the dissolving of religious guilds see Vanessa Harding, "Reformation and Culture 1540–1700," in *The Cambridge Urban History of Britain. Vol. 2: 1540–1840*, vol. 2, ed. Peter Clark (Cambridge: Cambridge University Press, 2000), 2.

7 Jonathan Sawday, *The Body Emblazoned Dissection and the Human Body in Renaissance Culture*, 1. publ. (London: Routledge, 1995), 66–67.

8 Richard van Dülmen, *Theater des Schreckens Gerichtspraxis und Strafrituale in der frühen Neuzeit* (München: Beck, 1985), 10.

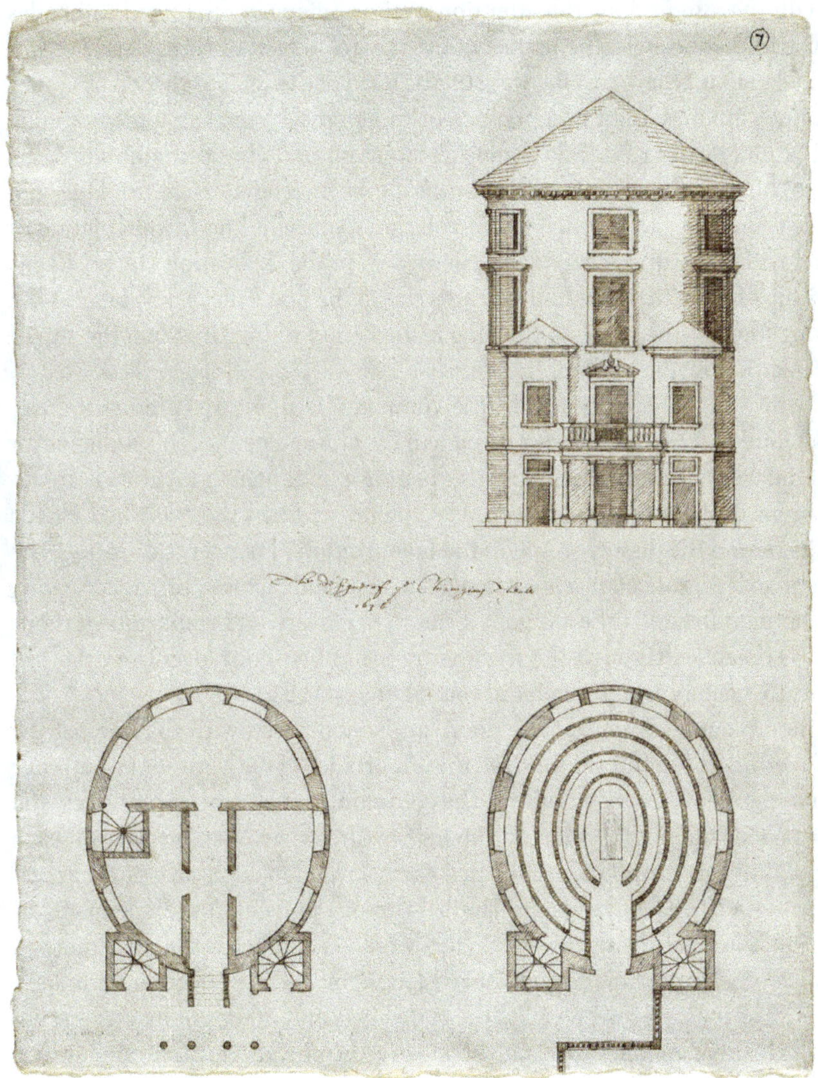

FIGURE 2.1 Inigo Jones, The Designs of the Anatomy Theater of the Barber-Surgeons' Hall, 1636

Leiden, the Barbers' auditorium in London was adorned with skeletons and human skins as *memento mori* symbols.[9]

9 Edward Hatton, *New View of London: Or, an Ample Account of That City*, 2 vols. (London: J. Nicholson, 1708), 597.

With the aim to draw the attention of the audience to the royal principles of justice that brought the bodies to the theatre, a bust of King Charles I was erected in 1641, when the king was still the head of the society chosen by God.[10] The English kings' right and practice of rule derived from the understanding that although the ruler had a mortal "body natural", he also embodied the entire "body politic".[11] It is by this anthropomorphic analogical thinking that Harvey endeavors to reconcile his revolutionary insight into the circulation of blood with the world view of English royalty. In the dedication Harvey likens the King's role in the state to the heart's role in the body: Just as the heart is the driving force of the body, so the king is the center of his kingdom, the sun of this microcosm, the heart of the state.[12]

There was a hierarchy within the company, as there was among the city guilds, and that hierarchy was reflected in the arrangement of the audience for anatomical dissections. Inigo Jones' experience in designing theatres is apparent in his design in the sophisticated sequence of arrivals established for the audience and the dissector, and in the organization of concentric seating. The lower two levels of cedar seats, arranged in an elliptical form, provided seating for the members of the Company's Court, the livery and important visitors; and was reached through the main entrance at first-floor level from the hall across the gallery and through the central door (fig. 2.2).

The broken pediment of the door can be compared with the door of the Banqueting House and emphasized the importance of the ceremonial entrance on an otherwise austere exterior.[13] The common freemen, the apprentices, and members of the public stood on the higher three tiers. A stair tower on each side of the main entrance, each with a narrow wooden door, gave direct access to the upper tier from outside. The balustrades prevented the occupants of the upper and lower tiers from mixing, which is similar to the division used in Jones' design of the Cockpit Theatre (1616–1618). The performance and the clothing of the surgeons recalled the state visits and other public ceremonies in which the Company took part, and served to heighten the dramatic and spectacular nature of the event.[14]

---

10 Hatton, *New View of London*, 597.

11 Marie-France Fortin, "The King's Two Bodies and the Crown a Corporation Sole: Historical Dualities in English Legal Thinking," *History of European ideas*, 2021, doi:10.1080/01916599.2021.1914934.

12 William Harvey, *Exercitatio Anatomica De Motu Cordis Et Sanguinis in Animalibus* (Frankfurt: Wilhelm Fitzer, 1628), 3.

13 Bach, *The Barber-Surgeons' Anatomy Theatre*, 35.

14 Bach, *The Barber-Surgeons' Anatomy Theatre*, 4–11.

FIGURE 2.2 Inigo Jones, Anatomy Theater of the Barber-Surgeons' Hall, London 1636 (Watercolour by Charles Harding, 1762)

2 The Barber-Surgeon's Theatre and the Epistemic Function of the Arts

In order to signal the Company's intellectual ambitions, Jones and the surgeons developed a complex spatial and artistic system of microcosm and macrocosm, which represented the conditions and possibilities of absolute cognition through the human senses. For Jones himself, this question was a subject close to his heart. After all, the epistemological quality of his own art had been called into question by the poet Ben Jonson with whom he had developed the royal masks. Taking up the contest of the arts known as the *Paragone*, Jonson labelled Inigo Jones' artistic work as "outward celebration" and "shew".[15] Following Jonson, the architect's work was aimed at the sensual perception of the body, while the poet spoke to the mind. Buildings, like all earthly matter, were considered corruptible bodies, whereas the word, like the spirit, was held to be immortal.[16] Jones responded to these attacks with the means of his art and created a stage set in Albion's Triumph that symbolises the connection between theory and practice through architecture. A richly decorated proscenium arch shows two pilasters supported by an old and a young woman as personifications of theory and practice. Following Jones, form and content, matter and spirit cannot be separated. In line with the surgeons Jones asserted that his profession is a liberal and not a mechanical art.[17]

In accordance with Italian architectural theory, Jones assumed that a building must correspond to the proportions of the microcosm and macrocosm in order to achieve true harmony. Human proportions in particular were read as an expression of divine rules of harmony. As Jones' drawing book from 1614 makes clear, the architect devoted a great deal of energy to capturing human proportions and anatomical details in his drawings. His exercises were based not least on Vesalius' publication *De humani corporis* and Valverde's version of this publication.[18] Concerning the anthropomorphic mindset, the architect was also in agreement with the physicians. In particular Helkiah Crooke and

15 Gordon, "Poet and Architect: The Intellectual Setting of the Quarrel between Ben Jonson and Inigo Jones", 155.

16 Christine Stevenson, *The City and the King: Architecture and Politics in Restoration London* (New Haven: Yale University Press, 2013), 28.

17 Gordon, "Poet and Architect: The Intellectual Setting of the Quarrel between Ben Jonson and Inigo Jones", 167.

18 I would like to thank Monique Kornell for these tips. The catalogue of Abraham van der Doort proves that Jones gave his edition of Vesalius's book to Charles I: Oliver Millar, ed., *Abraham Van Der Doort's Catalogue of the Collections of Charles I.*, The Walpole Society 37 (1958–60), 125. Jeremy Wood assigns the Vesalius template to individual drawings by Jones:

Robert Fludd, who were closely associated with the Surgeons' Guild, based their writings on anthropomorphic thinking. Under the influence of Neoplatonism, Crooke and Fludd divided the structure of the body and the structure of the world into three corresponding realms (fig. 2.3).

In his book *Mikrokosmographia* (1615), which he dedicated to the Barber Surgeons Company, Crooke stated that the liver, kidneys, and genitals corresponded to the sublunary world, the chest and heart to the celestial world, and finally the head as the seat of the soul to the heavenly or divine world. The human body is described as the stately mansion of the soul, containing outward walls as well as special rooms such as kitchen, office and so on.[19]

In his extensive work *Utriusque cosmi historia*, Robert Fludd, theosophist and physician who joined the London Barber Surgeons Company in 1634, linked the microcosm-macrocosm relationship to the concept of *theatrum mundi*, considering the world as Gods own theatre that could reveal truths to man and teach him about human nature.[20] In the tradition of the memory-theater, which was conceptualized by Giulio Camillo around 1550, the topical cosmos was contained in the inner room of the mind, where ideas and concepts were arranged in a spatial order.[21] Robert Fludd also attempted to locate the physiological areas of perception and knowledge-production within the human head. He imagined the inner world of the mind as a theatrical space, and the human body and mind as being a stage of the cosmos. Drawing on the scholastic theory of the three cerebral ventricles, which were supposed to lead from sensory observation to rational selection, and then to storage in the memory, Fludd addressed the question of whether true knowledge could be obtained through the human senses. According to Fludd, the *mundus sensibilis* can be thought of as a rectangular theater, on whose stage of the microcosm the five senses meet. Conversely, the *memoria visionum* can be thought of as

---

Jeremy Wood, "Inigo Jones, Italian Art, and the Practice of Drawing," *The Art bulletin* (*New York, N.Y.*) 74, no. 2 (1992), doi:10.2307/3045871, 258.

19 Helkiah Crooke, *Mikrokosmographia* (London: William Iaggard, 1615). For further inquiries cf. Jillian F. Linster, "Books, Bodies, and the 'Great Labor' of Helkiah Crooke's Mikrokosmographia" (Iowa: University of Iowa, 2017).

20 On the phenomenon of "intertheatricality", see: Christel Meier, "Enzyklopädie und Welttheater. Zur Intertheatralität von Universalwissen und weltpräsentierender Performanz," in *Enzyklopädistik 1550–1650. Typen und Transformationen von Wissensspeichern und Medialisierungen Des Wissens*, ed. Martin Schierbaum (Berlin: LIT-Verlag, 2009), 18.

21 On the memory theatre, see: Giulio Camillo, *L'Idea Del Theatro. Con 'L'idea Dell'eloquenza', Il 'De Transmutatione' E Altri Testi Inediti*, ed. Lina Bolzoni, Classici 77 (Milano: Adelphi, 2015).

FIGURE 2.3 Robert Fludd, "The Three Faculties" from *Utriusque Cosmi historia, Tomus secundus de supernaturali, naturali, praeternaturali et contranaturali Microcosmi historia*, 1619, p. 217

a round amphitheater, the macrocosmic stage that is described as a theater of display and of battles of ideas and concepts.[22]

In line with Bach I would argue that the anthropomorphic view, shared by architects and physicians also informs the shape and concept of the anatomical theatre. Assuming this, the private dissecting rooms correspond to the sublunary world, the lecture theater corresponds to the center of bodily and physical life, and the painted dome to heaven.[23] Akin to the "heavens" depicted in contemporary public playhouses such as the Fortune and Hope, the ceiling of the anatomical theater was painted with the stars, planets and signs of the zodiac.[24] The intermediate zone between the lecture theatre and the dome was adorned with the figures of the seven liberal sciences as the means to ascend to true knowledge. Following Fludd's concept, in the anatomical theatre the structure of the world was not only mirrored, but also reproduced. The lecture theatre represented both, the stage of the senses, of bodily experience, and the stage of the intellect, where ideas and concepts struggle in the generative act of creation. The room is to be understood as a kind of experimental set-up in which the interaction of art and craft, of mind and body in the realization of knowledge is demonstrated and examined at the same time.

The elliptical shape of the theatre was unique in England – only on the continent oval churches had been built before. And although it posed technical problems for the craftsmen, the Surgeons deliberately chose this form. To solve this ambitious task, Jones consulted Serlios treatise on architecture and based his construction of the oval on Serlio's specifications given in the third book, where also the depiction of the amphitheater in Verona can be found.[25] Jones' reference to the Roman amphitheater relates not only to the form, but also to the content. Similar to the plays in the roman amphitheater, public dissections revolve around judgement and death. The space creates a setting where audience and actors were part of the same physical realm and therefore constitutive for the event. Apart from specific architectural models, the oval shape was

22 Wilhelm Schmidt-Biggemann, "Robert Fludds Theatrum Memoriae," in *Ars Memorativa*, ed. Jörg J. Berns and Wolfgang Neuber (De Gruyter, 2013); Elizabeth D. Harvey (ed.), *Sensible Flesh: On Touch in Early Modern Culture* (Philadelphia: University of Pennsylvania Press, 2020), 81–91; Fludds epistemic use of images is described by Ute Frietsch, "Robert Fludd's Visual and Artisanal Episteme: A Case Study of Fludd's Interaction with His Engraver, His Printer-Publisher, and His Amanuenses," *Ambix* 69, no. 4 (2022), doi:10.1080/00026980.2022.2133809.

23 Bach, *The Barber-Surgeons' Anatomy Theatre*, 11–20.

24 Sidney Young, *The Annals of the Barber-Surgeons of London* (London: Blades East & Blades, 1890), 134.

25 Bach, *The Barber-Surgeons' Anatomy Theatre*, 20–29.

discussed at that time in connection with the Copernican theory, according to which the Earth and the planets revolve around the sun, as well as Kepler's discovery that the orbits of the planets are not circular but elliptical.[26] If one considers that the dome was equipped with planets orbiting the sun and that the sun with Harvey is to be understood as a symbol of the king, the anatomical theatre appears as a closed cosmos in which the order of the (English) world can be experienced on one's own body and is thus recognizable both sensually and rationally.

Although the anatomical theatre of the Barber-Surgeons embodies Inigo Jones' self-image as an intellectual artist in a special way, it's architecture as such has received little attention from historiography to date. Assumingly this was due in particular to the distinction between art and science as two different cultures, established in the nineteenth century.[27] While Jones' courtly and ecclesiastical works fitted into the concept of architectures as art, the anatomical theatre seemed marginal, hardly worthy of a scientific space. And it certainly didn't help that the building had already been demolished in 1784. In the case of Hooke's anatomical theatre, too, the narrative of the two cultures ensured that the building only came to the attention of researchers at a late stage. Robert Hooke was primarily seen as a mathematician and natural scientist; for a long time, the College of Physicians was attributed to Christopher Wren, whose work instead was judged as "too intellectual".[28] It was only with the dissertation of Matthew Walker, that the architectural design of Hookes anatomical theater, demolished in 1866, was examined more closely.[29]

3 Promoting the Royal College of Physicians

To put it bluntly, one could say, Inigo Jones' anatomical theatre was seen as the work of a celebrative art that did not generate further knowledge, while Robert Hooke's anatomical theatre was regarded as the work of an engineer, a scientific instrument that privileged an objective attitude that led to rational

26 Bach, *The Barber-Surgeons' Anatomy Theatre*, 20–29.

27 Caroline A. Jones and Peter Galison (eds.), *Picturing Science, Producing Art* (New York: Routledge, 1998), introduction.

28 Anthony Geraghty, "The 'Dissociation of Sensibility' and the 'Tyranny of the Intellect': T.S. Eliot, John Summerson and Christopher Wren," in *The Persistence of the Classical, Essays Presented to David Watkin*, ed. F. Salmon (London: Philip Wilson Publishers, 2008).

29 Walker, *Robert Hooke, the early Royal Society and the practices of architecture*; Walker, "Architecture, Anatomy, and the New Science in Early Modern London: Robert Hooke's College of Physicians".

judgements.[30] At first glance it seems that the anatomical theater Hooke designed for the Royal College of Physicians in 1676 could be sought of as a technical tool that was planned to represent the world without any illusionary effect or any idealization. In its elevated position, the anatomical theatre was exposed to sunlight and the large conical lantern and the carefully placed occuli provided natural light to increase visibility. When James Elmes defined the theater in 1823 as "a perfect study of acoustical and optical architecture,"[31] he expressed the nineteenth century ideal of a scientific building that creates a neutral setting in which experiments can be repeated as often as desired under the same conditions. The question is, however, what function the room actually had. In what way does the anatomical theatre of the physicians differ conceptually from that of the surgeons? What understanding of representation characterizes Hooke's space?

Given that the Barber-Surgeon's anatomical theatre had been magnificently restored by Robert Hooke after the Great Fire of 1666, the Physicians' desire for such a facility in their new college building was great. Apart from their institutional rivalry with the surgeons, the physicians needed a public venue to hold their two main lectures. Whilst the Lumleian lectures were a kind of survey lecture for candidates for admission to the College, the Gulstonian lectures dealt with the body system and organs and was aimed at a wider audience.[32] The College of Physicians saw itself as an institution that worked for the public good and Hooke expressed the client's aspirations not least through the use of a classical architectural language, taken from Dutch, French and Italian models.[33] The building design for the Royal College of Physicians agreed between the doctors and Hooke consisted of a four-winged complex around a central courtyard with the anatomical theatre on the east side (fig. 2.4).

Structured by Ionic and Corinthian columns in superposition the two-storey main building on the west side was crowned by a central triangular pediment and a lantern. Above the entrance a round-arched niche was placed that housed a statue of King Charles II.

---

30 Walker, *Robert Hooke, the early Royal Society and the practices of architecture*, 230–231.

31 James Elmes, *Memoirs of the Life and Works of Sir Christopher Wren With a Brief View of the Progress of Architecture in England, from the Beginning of the Reign of Charles the First to the End of the Seventeenth Century*, Cambridge Library Collection (Cambridge: University Press, 1823), 451–452.

32 Walker, *Robert Hooke, the early Royal Society and the practices of architecture*, 213.

33 Alison Stoesser, "The Influence of Dutch Classicist Architects on the Works of Robert Hooke, Scientist and Architect," in *Dutch and Flemish Artists in Britain 1550–1800*, ed. Juliette Roding et al. (Leiden: Primavera Pers, 2003); Walker, *Robert Hooke, the early Royal Society and the practices of architecture*, 210, 228–229.

FIGURE 2.4 Robert Hooke, Courtyard of the College of Physicians, London 1679. Frontispiece from: Henry Plumptre, *Pharmacopoeia Collegii Regalis Medicorum Londinensis*, 1746

To finance the anatomical theatre, the doctors had been able to win John Cutler, a successful grocer who had previously sponsored the Cutler Lecture at Gresham College for Robert Hooke and had been elected an honorary member of the Royal Society in 1664. Cutler expected to be duly honored for his commitment and demanded a prestigious location for his foundation. Thus, the anatomical theatre was located above the octagonal loggia that gave entrance to the college.[34] Easy to recognize even from a distance, the anatomical theatre became a gateway to pass before entering the college. In the spirit of a theatre motif, an Ionic colonnade was placed in front of the round arches of the substructure. The main entrance was marked by a portico consisting of twin columns on pedestals and a triangular pediment with an inscription in honor of the founder, which extended up to the base cornice of the upper storey. At eye level with the statue of Charles II, a niche with a statue of Sir Cutler was inserted opposite the main façade of the college. The anatomical theatre was accessed via a staircase in the side connecting wing, which was accessible from the inner courtyard. The interior had four ascending tiers, the first two of which had seats and were reserved for members of the college (fig. 2.5). A prominent seat for the president of the college was located opposite the main entrance.

This seat is reminiscent of a university professor's pulpit and emphasises the impression of an academic lecture theatre. John Evelyn and Hooke report their participation in the lectures given by Walter Charleton in the anatomical theatre on the stomach and the blood circulation respectively. Charleton presented the latest anatomical discoveries on specific parts of the body, but without conducting any experiments of his own.[35] Nevertheless the room became at least rhetorically linked to scientific observation. In his opening lecture Charleton stated how much the quality of the theatre and the weight of the client correspond.[36] Furthermore, the frontispiece of the lecture's publication from 1680 stylizes the anatomical theatre as a symbol of universal and regular research. Isolated from its architectural context and surrounded only by sky and clouds, the building presents itself according to all the rules of descriptive geometry and classical architecture (fig. 2.6).

Through images and text, the anatomical theatre becomes synonymous with empirical research aimed at discovery, which, however, does not take place in the rooms themselves.

34 Walker, *Robert Hooke, the early Royal Society and the practices of architecture*, 221–225.
35 Walker, *Robert Hooke, the early Royal Society and the practices of architecture*, 214–219.
36 Walter Charleton, *Enquiries into Human Nature*, Anatomic prælections in the new theatre of the Royal College of Physicians in London (London: Printed by M. White, for Robert Boulter ..., 1680), 5–6.

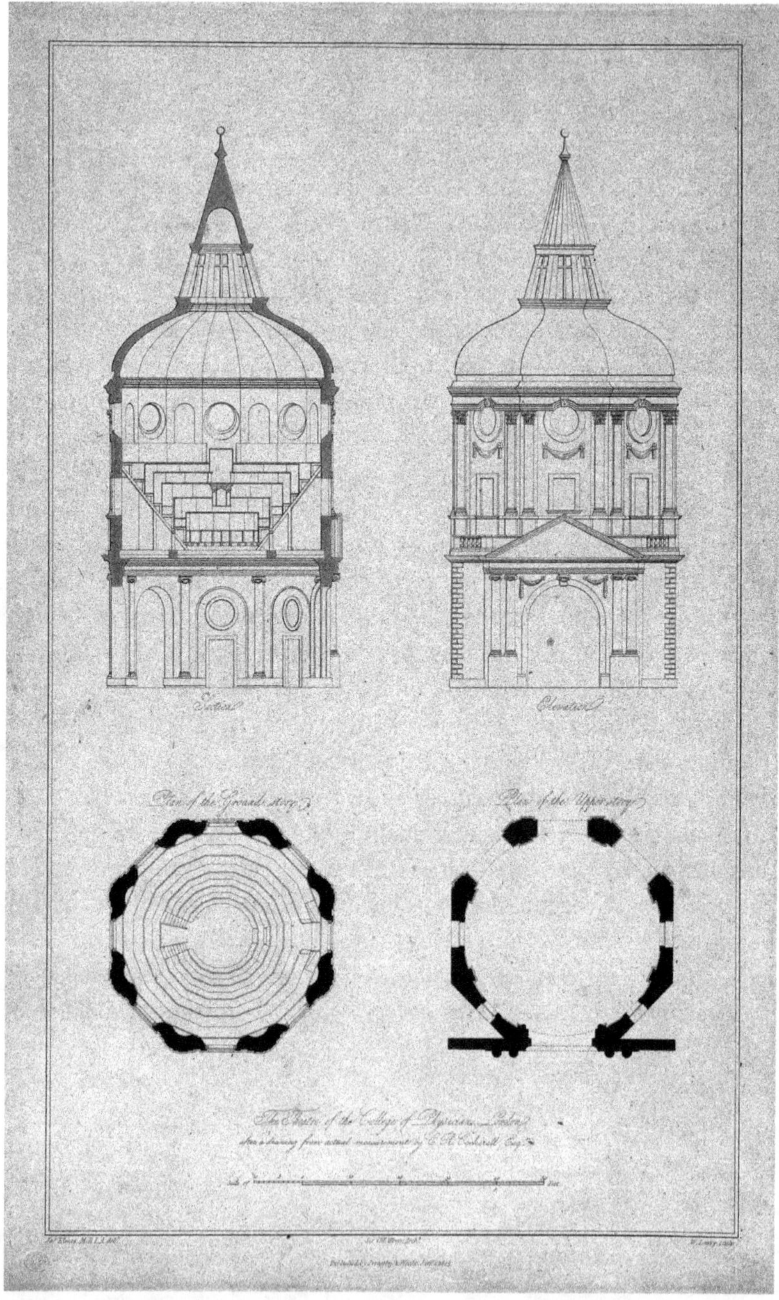

FIGURE 2.5 Robert Hooke, The Royal College of Physicians, Warwick Lane, London: The entrance and anatomical theatre, in elevation and section, with plans. Engraving by W. Lowry after J. Elmes after C.R. Cockerell, 1823

FIGURE 2.6 Robert Hooke, College of Physicians. Frontispiece from: Walter Charleton, *New Enquiries into Human Nature in* VI. *Anatomic Prælections in the New Theatre of the Royal College of Physicians in London*, 1680

4 Staging without Staging – Robert Hooke and the Detached Scientific Gaze

The anatomical theatre was thus neither a place for the all-encompassing experience of the cosmic order, like that of Inigo Jones, nor was it a place for experimental research, as conducted by the members of the Royal Society. Rather, the anatomical theatre of the College of Physicians became the place to disseminate and authenticate the new empirical method and the authority of the College as a public institution. The problem now was that the staging paradigm of the theatre had not only come under criticism from Protestants who denounced the sinful sensual pleasure of the performances.[37] The sensual public performance was increasingly seen as the antithesis of true scientific research. Sir William Petty, a physician who had studied in Leiden, stated in 1676, that the London anatomical theatre might be the most commodious one that has ever been seen in Europe, but that "the thorough knowledge of the fabrick of animals is not to be attained from the publick and promiscuous Demonstrations from a Theatre, nor from any wordy and tumultory discourses that can be made about it; but from curious and minute Disections".[38] The task for Hooke was to create a space that met both the public demands of the College and the changed image of scientific inquiry. The room therefore had to fulfil the paradox of representing scientific knowledge while at the same time creating the impression that the viewer was witnessing the discovery of the experiments as such.

This is where Hooke's interest in microscopes as a means of visualisation paid off. In his capacity as a naturalist, Hooke had studied the observation of insects and plants through different lenses and published a book in 1665 containing the first illustrations of insects and plants under the microscope. Being the first major publication of the Royal Society, *Micrographia* was disseminated far beyond the specialised public and played a major role in the acceptance of the microscope as a research instrument. In particular, the spectacular copperplate engravings of the magnified insects, which could be seen on fold-out pages, impressed viewers and conveyed the impression of actually looking through a microscope themselves and seeing the hidden beauty of the divine "machines" – as Hooke understood them. Yet, these representations are not

37 As Anthony Geraghty describes, the Protestants initially endeavoured to build the Sheldonian Theatre in Oxford in order to banish academic rites, which were considered unworthy, from the church interior. Anthony Geraghty, *The Sheldonian Theatre Architecture and Learning in Seventeenth Century Oxford* (New Haven: Yale Univ. Press, 2013).

38 William Petty, *The Petty Papers: Some Unpublished Writings of Sir William Petty*, Reprints of economic classics, ed. Henry W.E. Lansdowne (New York: Augutus M. Kelley, 1967), 173.

the reproduction of a single view, but rather different points of view merged into an "ideal" image.[39] The attempt to depict unadulterated reality thus led to another "illusion of the act of looking at the visible world".[40] In the anatomical theatre Hooke is mimicking the same effect by architectural means.

As Matthew Walker shows, Hookes design of the lantern can be traced back to several sources. First of all, Hooke consulted Serlio's fifth book of architecture and cited an ideal church design with a domed roof and a pyramidal structure at its apex.[41] But Hooke's architectural works were also closely linked to his scientific works as he used physical knowledge gained from his experiments to build instruments on a small scale and architectural designs on a large scale.[42] Thus, the lantern of the anatomical theatre resembles in some respects the *scotoscope* designed by Hooke, which was characterized by indirect incidence of light so as not to distort the object depicted. The conical shape of the lantern, with its lateral openings in conjunction with the window reveals cut deep into the structure, provided indirect lighting that was also directed towards the centre of the room. In this way, the illuminated body appeared isolated and separated from its real-world context. As demanded by Hooke and his teacher Robert Boyle, this staging evoked the sense of estrangement of the detached scientific gaze.[43] Analogue to the illustrations of Hooke's *Micrographia*, the architecture of the theatre sought to create a plain and realistic, if highly artificial, effect of direct observation of the body.

Ostensibly, Hooke seems to reject the modes of theatricality adopted in the Surgeons' theater. In contrast to the philosophical concept embodied in the Surgeon's theater as a representation and reenactment of the *theatrum mundi*, the architecture of Hooke's auditorium exhibits its functional parts and appears entirely dictated by the need to maximize visibility. But instruments like the *scotoscope* were used as generators of knowledge, whereas the anatomical theater functioned as an instrument of display and dissemination. With his anatomical theatre Hooke "attempted to facilitate the presentation of scientific discoveries through principles similar to those that had enabled the discoveries in the first place".[44] To be precise: The anatomical theatre was

39 Janice Neri described Hooke's depiction technique as "visual dissections" Janice Neri, *The Insect and the Image: Visualizing Nature in Early Modern Europe, 1500–1700*, Art history (Minneapolis: University of Minnesota Press, 2011), 115.

40 Doherty, *Carving knowledge: Printed images, accuracy, and the early Royal Society of London.*

41 Walker, *Robert Hooke, the early Royal Society and the practices of architecture*, 225.

42 Jardine, "Monuments and microscopes: Scientific thinking on a grand scale in the early Royal Society".

43 Henderson, "Robert Hooke and the Visual World of the Early Royal Society", 401.

44 Walker, *Robert Hooke, the early Royal Society and the practices of architecture*, 234.

the representation of a technical instrument – not the instrument itself. The function of space was not to enable scientific discoveries, but to simulate them by recurring to ways of visualisation that were associated with empirical knowledge making. The building restages a view through an optical instrument and at the same time utilizes the semantics associated with the microscope, namely the "curious and minute" observation to guarantee for the credibility of the knowledge presented.

In contrast to later concepts of objectivity, sensual perception should be regulated by this type of staging, but not silenced. The pleasure that the contemplation of the beauty of nature brought with it was seen as a symptom of the divinity of creation and should therefore be cultivated in the representations.[45] The naturalist (re)presentation of the body in the anatomical theater can be read as a strategy of aestheticization that served to prove God's existence through the beauty of his works. It aimed to stimulate the affective dimensions of the scientific experience, and to incorporate the philosopher's affective states into practices of scientific inquiry and representation. Conscious sensory perception served the knowledge of God and bolstered the Royal Society's claims about the moral and political utility of natural philosophy. Instead of dividing the English nation along religious lines, natural philosophy should be acceptable to different religious parties as it provides evidence of the existence of God through rational arguments. In contrast to enthusiastic passion of religious inspiration, natural philosophy was held to serve both – religious belief and the social order.[46]

The goal of employing and channeling affects connected natural philosophers beyond medical practice to classical theater, whose performances traditionally served to visualize and internalize the appropriate affects. The anatomical theater of the College of Physicians was not merely an instrument of disinterested and functional research. Instead, like its counterpart, it made use of theatrical strategies to perfect human subjective capacities and incapacities by enabling a disciplined work on oneself and on others.[47] Following Wragge-Morley, "the communicability of knowledge was to be guaranteed not only by the vividness of its representation but also by the effects of that representation on the bodies and thence the affective dispositions of readers."[48]

45 Wragge-Morley, *Aesthetic science representing nature in the Royal Society of London, 1650–1720*, 3.

46 Wragge-Morley, *Aesthetic science representing nature in the Royal Society of London*, 10.

47 Matthew L. Jones, *The Good Life in the Scientific Revolution: Descartes, Pascal, Leibniz, and the Cultivation of Virtue* (Chicago: University of Chicago Press, 2006). doi:10.7208/9780226409566, 268.

48 Wragge-Morley, *Aesthetic science representing nature in the Royal Society of London, 1650–1720*, 159.

Against this background, the ornamentation of the theatre is not to be understood as pure decoration in the Loosian sense. Rather, the arts are used specifically to influence the virtue of the visitors. Leon Battista Alberti assumed that architecture affects the human soul through its design and that it therefore also has ethical, theological and epistemic significance. The simplicity and grandeur of a church building should contribute to piety and have an effect on the individual's way of life.[49] In line with Alberti, Hooke applied the classic architectural language not only to honor his client but also to create the right setting for Self-knowledge and knowledge of God.

As Steven Shapin has shown, Hooke and his fellow scientists argued that "the validity of natural knowledge flowed from public presences at its making and public goods as its outcome".[50] Public presence was meant to guarantee that experimental knowledge was reliable and authentic. Given that the moral integrity of the audience members served to vouch for the reliability of the knowledge issuing from dissections and that perfecting human ability was held as a basic requirement for natural philosophical inquiry, it was clear that the anatomical theater would not become obsolete as venue of scientific representation after the Baconian shift. Despite their fundamental differences – Jones makes deliberate use of ceremonial staging strategies that insist of their own theatricality whereas Hooke simulates the detached scientific gaze to receive a naturalist impression – both theatres were designed to impart the respective epistemic virtues to the viewer and required elaborate forms of representation.[51] It was only when natural philosophy had lost its perceived power to cultivate the moral person that theatricality lost its function in scientific settings.

Bibliography

Primary Sources

Charleton, Walter. *Enquiries into Human Nature*. Anatomic prælections in the new theatre of the Royal College of Physicians in London. London: Printed by M. White, for Robert Boulter …, 1680.

Crooke, Helkiah. *Mikrokosmographia*. London: William Iaggard, 1615.

49 Leon Battista Alberti, *Über die Seelenruhe Oder Vom Vermeiden des Leidens in drei Büchern, Edited, Translated and Commented by Hana Gründler, Katharine Stahlbuhk, Giulia Baldelli, Victoria Lorini* (Berlin: Verlag Klaus Wagenbach, 2022), 131–132.

50 Steven Shapin, "The Place of Knowledge: The Spatial Setting and Its Relation to the Production of Knowledge," *Science in Context* 4 (1991), 11.

51 On epistemic virtues see: Lorraine Daston and Peter Galison, *Objectivity* (New York: Zone Books, 2007).

Elmes, James. *Memoirs of the Life and Works of Sir Christopher Wren With a Brief View of the Progress of Architecture in England, from the Beginning of the Reign of Charles the First to the End of the Seventeenth Century*. Cambridge Library Collection. Cambridge: University Press, 1823.

Harvey, William. *Exercitatio Anatomica De Motu Cordis Et Sanguinis in Animalibus*. Frankfurt: Wilhelm Fitzer, 1628.

Hatton, Edward. *New View of London: Or, an Ample Account of That City*. 2 vols. London: J. Nicholson, 1708.

Secondary Sources

Alberti, Leon Battista. *Über die Seelenruhe Oder Vom Vermeiden des Leidens in drei Büchern*. Edited, Translated and Commented by Hana Gründler, Katharine Stahlbuhk, Giulia Baldelli, Victoria Lorini. Berlin: Verlag Klaus Wagenbach, 2022.

Bach, Susannah. *The Barber-Surgeons' Anatomy Theatre*. University of Cambridge, 1999.

Barkan, Leonard. "The Imperialist Arts of Inigo Jones." *Renaissance drama* 7 (1976): 257–85.

Burn, Ian. *The Company of Barbers and Surgeons*. London: Farrand Press London, 2000.

Camillo, Giulio. *L' Idea Del Theatro. Con 'L'idea Dell'eloquenza', Il 'De Transmutatione' E Altri Testi Inediti*. Edited by Lina Bolzoni. Milano: Adelphi edizioni, 2015.

Cook, Harold J. *The Decline of the Old Medical Regime in Stuart London*. Ithaca u.a: Cornell Univ. Press, 1986.

Cooper, Michael, and Michael Hunter, eds. *Robert Hooke Tercentennial Studies*. Aldershot: Ashgate, 2006.

Daston, Lorraine, and Peter Galison. *Objectivity*. New York: Zone Books, 2007.

Doherty, Meghan C. *Carving Knowledge: Printed Images, Accuracy, and the Early Royal Society of London*. ProQuest Dissertations Publishing, 2010.

Fortin, Marie-France. "The King's Two Bodies and the Crown a Corporation Sole: Historical Dualities in English Legal Thinking." *History of European ideas*, 2021, 1–19. doi:10.1080/01916599.2021.1914934.

Frietsch, Ute. "Robert Fludd's Visual and Artisanal Episteme: A Case Study of Fludd's Interaction with His Engraver, His Printer-Publisher, and His Amanuenses." *Ambix* 69, no. 4 (2022): 341–73. doi:10.1080/00026980.2022.2133809.

Geraghty, Anthony. "The 'Dissociation of Sensibility' and the 'Tyranny of the Intellect': T.S. Eliot, John Summerson and Christopher Wren." In *The Persistence of the Classical, Essays Presented to David Watkin*, edited by F. Salmon, 26–39. London: Philip Wilson Pub., 2008.

Geraghty, Anthony. *The Sheldonian Theatre Architecture and Learning in Seventeenth Century Oxford*. New Haven: Yale Univ. Press, 2013.

Gordon, D.J. "Poet and Architect: The Intellectual Setting of the Quarrel Between Ben Jonson and Inigo Jones." *Journal of the Warburg and Courtauld Institutes* 12, no. 1 (1949): 152–78. doi:10.2307/750261.

Harding, Vanessa. "Reformation and Culture 1540–1700." In *The Cambridge Urban History of Britain. Vol. 2: 1540–1840*, edited by Peter Clark, 263–88. Cambridge: Cambridge University Press, 2000.

Hart, Vaughan. *Inigo Jones The Architect of Kings*. New Haven: Yale Univ. Press, 2011.

Harvey, Elizabeth D., ed. *Sensible Flesh: On Touch in Early Modern Culture*. Philadelphia: University of Pennsylvania Press, 2020.

Henderson, Felicity. "Robert Hooke and the Visual World of the Early Royal Society." *Perspectives on science* 27, no. 3 (2019): 395–434. doi:10.1162/posc_a_00312.

Jardine, L. "Monuments and Microscopes: Scientific Thinking on a Grand Scale in the Early Royal Society." *Notes and records of the Royal Society of London* 55, no. 2 (2001): 289–308. doi:10.1098/rsnr.2001.0145.

Jones, Caroline A., and Peter Galison, eds. *Picturing Science, Producing Art*. New York: Routledge, 1998.

Jones, Matthew L. *The Good Life in the Scientific Revolution: Descartes, Pascal, Leibniz, and the Cultivation of Virtue*. Chicago: University of Chicago Press, 2006. doi:10.7208/9780226409566.

Linster, Jillian F. "Books, Bodies, and the 'Great Labor' of Helkiah Crooke's Mikrokosmographia." PhD University of Iowa, 2017.

Meier, Christel. "Enzyklopädie und Welttheater. Zur Intertheatralität von Universalwissen und weltpräsentierender Performanz." In *Enzyklopädistik 1550–1650. Typen und Transformationen von Wissensspeichern und Medialisierungen des Wissens*. Vol. 18, edited by Martin Schierbaum, 3–39. Berlin: LIT-Verlag, 2009.

Millar, Oliver, ed. *Abraham Van Der Doort's Catalogue of the Collections of Charles I*. The Walpole Society 37, 1958–60.

Neri, Janice. *The Insect and the Image: Visualizing Nature in Early Modern Europe, 1500–1700*. Minneapolis: University of Minnesota Press, 2011.

Orgel, Stephen, and Roy C. Strong. *Inigo Jones: The Theatre of the Stuart Court*. 2 vols. London: Sotheby Parke Bernet, 1973.

Orrell, John. *The Theatres of Inigo Jones and John Webb*. Cambridge: Cambridge University Press, 1985.

Payne, Lynda. "'a Spedie Reformation'. Barber-Surgeons, Anatomization, and the Reformation of Medicine in Tudor London." In *Paracelsian Moments: Science, Medicine, and Astrology in Early Modern Europe*, edited by Gerhild Scholz Williams and Charles D. Gunnoe, 71–92, University Park: Penn State University Press, 2003.

Peacock, John. *The Stage Designs of Inigo Jones The European Context*. Cambridge: Cambridge Univ. Press, 1995.

Petty, William. *The Petty Papers: Some Unpublished Writings of Sir William Petty*. Reprints of economic classics, edited by Henry W.E. Lansdowne. New York: Augutus M. Kelley, 1967.

Sawday, Jonathan. *The Body Emblazoned Dissection and the Human Body in Renaissance Culture*. 1. publ. London: Routledge, 1995.

Schmidt-Biggemann, Wilhelm. "Robert Fludds Theatrum Memoriae." In *Ars Memorativa*, edited by Jörg J. Berns and Wolfgang Neuber, 154–69. Berlin: De Gruyter, 2013.

Shapin, Steven. "The Place of Knowledge: The Spatial Setting and Its Relation to the Production of Knowledge." *Science in Context* 4 (1991): 3–218.

Stevenson, Christine. *The City and the King: Architecture and Politics in Restoration London*. New Haven: Yale University Press, 2013.

Stoesser, Alison. "The Influence of Dutch Classicist Architects on the Works of Robert Hooke, Scientist and Architect." In *Dutch and Flemish Artists in Britain 1550–1800*, edited by Juliette Roding et al., 189–206. Leiden: Primavera Pers, 2003.

Theodore, David. "Turning Architecture Upside-down: From Inigo Jones to Phenomenology." *Log* (*New York, N.Y. 2003*), no. 42 (2018): 116–26.

van Dülmen, Richard. *Theater des Schreckens Gerichtspraxis und Strafrituale in der frühen Neuzeit*. München: Beck, 1985.

Walker, Matthew. *Robert Hooke, the Early Royal Society and the Practices of Architecture*. History of Art. University of York, 2009. doi:516566.

Walker, Matthew. "Architecture, Anatomy, and the New Science in Early Modern London: Robert Hooke's College of Physicians." *Journal of the Society of Architectural Historians* 72, no. 4 (2013): 475–502. doi:10.1525/jsah.2013.72.4.475.

Webster, Charles. *The Great Instauration: Science, Medicine and Reform 1626–1660*. London: Duckworth, 1975.

Wood, Jeremy. "Inigo Jones, Italian Art, and the Practice of Drawing." *The Art bulletin* (*New York, N.Y.*) 74, no. 2 (1992): 247–70. doi:10.2307/3045871.

Wragge-Morley, Alexander. *Aesthetic Science: Representing Nature in the Royal Society of London, 1650–1720*. Chicago, London: The University of Chicago Press, 2020. doi:10.7208/9780226681054.

Young, Sidney. *The Annals of the Barber-Surgeons of London*. London: Blades East & Blades, 1890.

3

Environments and Architectural Forms in the *Atlas anatómico* by Crisóstomo Martínez

Kalinka Janowski

1. Crisóstomo Martínez (*c.*1638–1694)[1] was a Valencian artist and anatomist active during the second half of the seventeenth century. Historians of Martínez's work have focused exclusively on what they have called his *Atlas anatómico*: nineteen[2] anatomical plates – two of which are unfinished – drawn, etched and in some cases annotated by the artist himself. The meagre information on Martínez's life and work was meticulously collected by the doctor and historian of science José María López Piñero in 1964. López Piñero's book set a precedent in the historiography of the artist, since up till then there had been no publication devoted to the entire portfolio of anatomical plates preserved by the municipality of Valencia. Once assembled,[3] these plates aroused the interest of historians of both art and science. While researchers have obviously concerned themselves with the contribution of these plates to the practice of anatomical study, particularly with the aid of the microscope, they have also focused on all the elements related to anatomical forms. The iconographic complexity of the plates produced by Martínez inevitably involves historians in a thorough examination of the settings and graphic structures into which the various bones and cutaway views depicted are integrated. And the form and its setting interact and surprise us both graphically and conceptually. Indeed, a particular feature of these plates is that they combine two levels of the human

---

1 José María López Piñero, *El atlas anatómico de Crisóstomo Martínez, grabador y microscopista del siglo XVII*, Publicaciones del Archivo Municipal de Valencia, Serie 2, Reproducción de textos, 1 (Valencia: Ayuntamiento de Valencia, 1964; 2nd edition, revised and expanded, 1982), 22.

2 For reasons of practicality and clarity, the plate numbers I refer to throughout this article are those assigned by López Piñero. It should be borne in mind, however, that these numbers by no means indicate an order to which I would subscribe. See López Piñero, *El atlas anatómico*.

3 Before López Piñero's book the plates had never been published all together. Nevertheless, some of them had appeared separately. Plate XIX, for example, was published in Paris around 1688 and also in Frankfurt and Leipzig in 1692, therefore during the artist's lifetime. In 1740, plate XIX was republished in Paris, accompanied by a first edition of Plate XVII, with an anonymous eulogy and two letters by Martínez. Finally, in 1780, the Royal Academy of Painting in Paris had the two previously published plates reprinted. See López Piñero, *El atlas anatómico*.

body (bones and muscles) at different scales of representation (macro- and microscopic).[4] To maintain unity between these domains, Martínez deploys his graphic ingenuity in producing complex settings, taking ample advantage of his dual roles as artist and anatomist to create them.

First, a presentation of the context in which these little-known plates were produced and of the various theories previously devoted to them is required. The article will then concentrate on how representation of the setting contributes to their graphic and epistemological utility. Particular emphasis is placed on studying the architectural forms favoured by Martínez and we will see that their presence plays an essential part in the connection between anatomical dissection and Christian faith. A representative case study from Martínez's *Atlas* will be highlighted (plate XVII, fig. 3.1), as it is accompanied by an explanatory text written by Martínez himself, enabling the subsequent analysis to adhere as closely as possible to the artist's intentions.

2. Crisóstomo Martínez and his work display various notable features that make this case study particularly interesting. Firstly, he was one of the pioneers of the use of the microscope.[5] He belonged, in fact, to a generation of European anatomists, such as Malpighi, Van Leeuwenhoek and Hooke,[6] who all played a part in democratising the use of this revolutionary instrument and in studying the microstructures of living organisms. As for Spain, the city of Valencia in the second half of the seventeenth century was a major hub of medical knowledge, where anatomical dissection was encouraged by the university authorities as a prime reflection of the Vesalian movement that represented the trends of modern medicine for Spain as a whole.[7] Valencia, overall, was an important centre for study of the human body and had already been so for over a century.[8] Despite this favourable environment, Martínez's career as an anatomist did not begin until his early forties;[9] before that he was active as a painter and printmaker.

---

4 Boris Röhrl, *History and Bibliography of Artistic Anatomy: Didactics for Depicting the Human Figure* (Hildesheim: G. Olms, 2000), 119.

5 Röhrl, *History and Bibliography of Artistic Anatomy*, 114.

6 María José López Terrada and Felipe Jerez Moliner, "El *Atlas anatómico* de Crisóstomo Martínez como ejemplo de *vanitas*", *Boletín del Museo e Instituto Camón Aznar*, 56 (1994): 5–34, p. 6.

7 Nuria Valverde, "Small Parts: Crisóstomo Martínez (1638–1694), Bone Histology, and the Visual Making of Body Wholeness", *Isis*, 100, no. 3 (September 2009): 505–36, p. 512.

8 López Piñero, *El atlas anatómico*, 15.

9 López Terrada and Jerez Moliner, "El *Atlas anatómico* de Crisóstomo Martínez", 5.

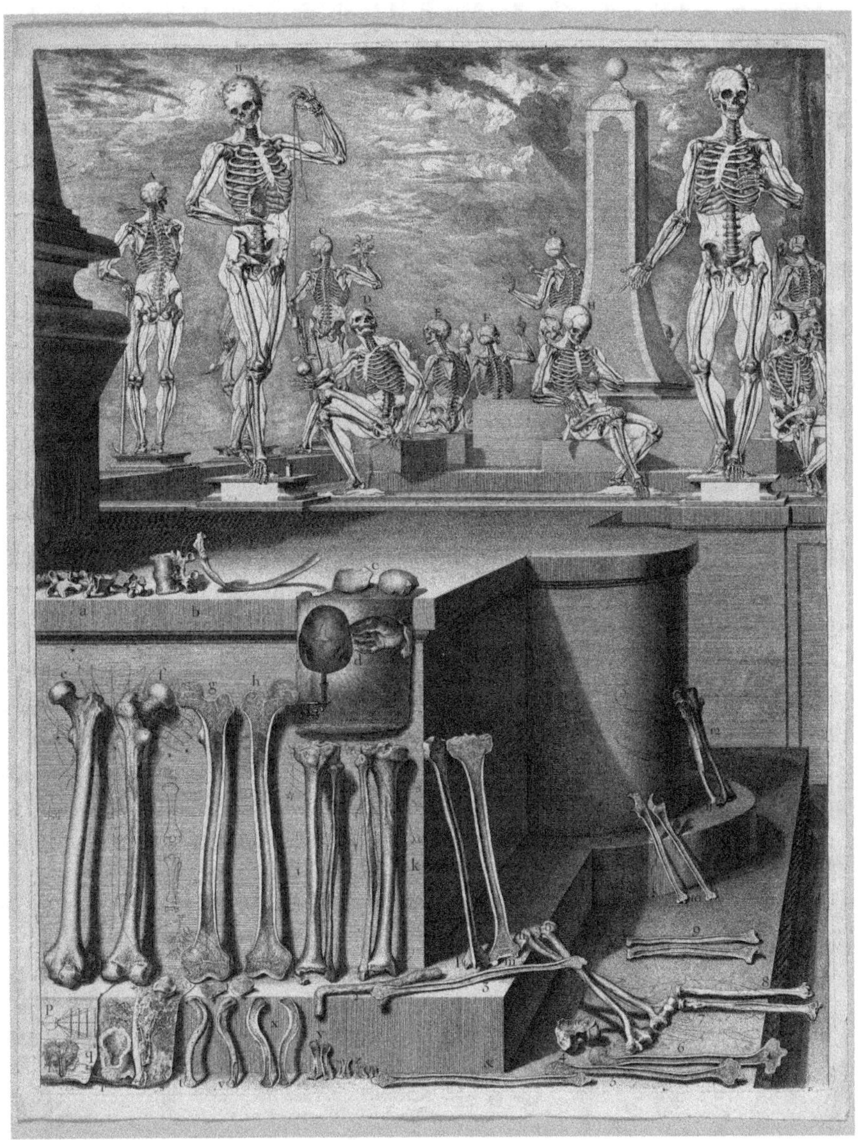

FIGURE 3.1 Crisóstomo Martínez, *Osteology*, c.1687–1689; printed in Paris c.1740; etching; 61,6 × 56 cm

Martínez can therefore be described as both an artist and an anatomist,[10] and this is his second distinctive feature, all the more so since the anatomical images produced by his hand are not copies of other plates but original works derived from his own anatomical dissections,[11] which, when published, were stated to have been done from nature.[12] He had already practised his anatomical dissections and microscopic studies in his native city, under the guidance of Juan Bautista Gil de Castelldases, professor of medicine at the University of Valencia. Gil de Castelldases was himself a microscopist and a supporter of modern medicine within the university, a good indication of how closely Martínez was in contact with modern medical ideas and practices.[13] These Valencian studies certainly gave rise to the production of some of his nineteen plates, but unfortunately it is impossible to tell which ones. Nevertheless, we can deduce that the works Martínez produced during this period of his life fell within the ambit of that active, modern medical research network which included Gil de Castelldases and, more broadly, the scientific community of the city of Valencia. As early as 1686, a project for an atlas on the microstructure of bones led several professors in the Faculty of Medicine to submit a request to King Charles II of Spain to provide financial support for Crisóstomo Martínez to stay in Paris.[14] This request arose from the lack of a contemporary Spanish anatomical atlas,[15] for even though Spain had been able to take advantage of recent discoveries through the funding of faculties of medicine, as well as the circulation of doctors and, more generally, treatises and atlases from France and Italy,[16] the last major Spanish atlas, Juan Valverde de Hamusco's *Historia de la composición del cuerpo humano* [History of the

10 Boris Röhrl, *History and Bibliography of Artistic Anatomy*, 102.

11 Fabio Cafagna, "Images of Transparency and Resurrection from Leonardo da Vinci to Crisóstomo Martínez", *Nuncius* 32, no. 1 (January 2017): 522–84, p. 61.

12 The title given to Martínez's first publication does indeed include the indication "from nature": *Nouvelles figures de proportions et d'anatomie du corps humain. Ouvrage non seulement utile aux Médecins et Chirurgiens mais encore aux Peintres, Sculpteurs, Brodeurs et généralement à toutes les personnes savantes et curieuses de connaître exactement la structure du Corps de l'Homme, dessignées d'après Nature et gravées par Chrysostome Martinez, Espagnol, Peintre, Anatomiste. París, chez l'auteur* ("New figures of proportions and anatomy of the human body. A work useful not only to doctors and surgeons but also to painters, sculptors, embroiderers and in general to all learned persons curious to acquire exact knowledge of the structure of the human body, drawn from nature and etched by Crisóstomo Martínez, a Spanish painter and anatomist. Paris, published by the author").

13 López Piñero, *El atlas anatómico*, 32.

14 Röhrl, *History and Bibliography of Artistic Anatomy*, 114.

15 Cafagna, "Images of Transparency and Resurrection", 61.

16 Röhrl, *History and Bibliography of Artistic Anatomy*, 250.

Composition of the Human Body], dated from 1556.[17] Crisóstomo Martínez's move to Paris in 1687,[18] thanks to the assistance he had just received from the Spanish monarchy, was symptomatic of the importance of modern science in Valencia.[19] Under the applicable terms, the purpose of this stay in Paris was to gather information on the current state of microscopic research and to study new printmaking techniques.[20] In view of these intentions, it is not surprising that Martínez had to flee from Paris to Flanders in 1690 under suspicion of spying, in the context of the War of the League of Augsburg.[21] He died there four years later,[22] apparently far from having completed his atlas.[23] But before that, he therefore spent four years in Paris, during which time he rubbed shoulders with the circle of the Royal Academy of Sciences in Paris,[24] and more precisely with Joseph-Guichard Du Verney, who was his teacher.[25] This period was also marked by the gout that attacked his hands and feet.[26] The effects of the illness were so incapacitating that they prevented him from making progress with his work, as he himself explains in his letter to Gil de Castelldases written from Paris on 10 July 1689:[27]

> So in 13 remaining months, with the intervals of my illness, I have been able to etch 2 large plates, one of the proportions of the human body, giving a general idea of myology and osteology; the other is pure osteology, containing twelve skeletons and many separate bones, with an order and an artifice that have been approved by those who have seen it. To explain this plate, there are another 12 plates following, which I have already etched, the same size as this one or a little larger, which, explaining themselves so clearly and mathematically, explain the large one, with the same number of explanatory folio sheets, which all together form a book.[28]

17 Cafagna, "Images of Transparency and Resurrection", 61.
18 Röhrl, *History and Bibliography of Artistic Anatomy*, 112.
19 López Piñero, *El atlas anatómico*, 32.
20 Röhrl, *History and Bibliography of Artistic Anatomy*, 114.
21 López Piñero, *El atlas anatómico*, 33.
22 López Piñero, *El atlas anatómico*, 33.
23 Röhrl, *History and Bibliography of Artistic Anatomy*, 116.
24 López Terrada and Jerez Moliner, "El *Atlas anatómico* de Crisóstomo Martínez como ejemplo de *vanitas*", 5.
25 López Piñero, *El atlas anatómico*, 50.
26 López Piñero, *El atlas anatómico*, 22.
27 López Piñero, *El atlas anatómico*, 95–96.
28 López Piñero, *El atlas anatómico*, 95–96.

Much more information has come down to us from this period in Paris than from the artist-anatomist's entire lifetime in Valencia. Besides this letter, two others have survived, also written in Paris during 1689 to Gil de Castelldases. These explanatory texts are fundamental sources for understanding Martínez's conception of anatomy as well as of images. From the above-quoted extract alone we know that at least two plates were etched in Paris itself. The first, the only one published in the artist's lifetime, is concerned with proportions (plate XIX, fig. 3.2) and presents an overview of musculature and the human skeleton, while the second (plate XVII, fig. 3.1) gives an account of osteology in both general and specific terms by depicting fragmentary bones and twelve whole skeletons clothed with a semblance of muscles. This second Paris plate, which combines micro- and macro-structures, was published in turn at the same time as the republication of the plate on proportions, in 1740. As for the other twelve plates that the artist mentions having already etched, they were never published before López Piñero's edition. Nevertheless, this extract from Martínez's own hand reveals that he was well aware of how his plates were linked together, cross-referencing each other, which allowed him to think of them as forming a single book.

The third striking feature of this case study remains the paucity of Martínez's output, both written and etched, in comparison to the richness of the few images that have come down to us. From an iconographic point of view these images are so lavishly conceived that they thereby become particularly eloquent and leave room for a range of interpretations. However, from a strictly scientific point of view the literature is agreed on one point: Martínez concentrated on the study of bones.[29] From the images he produced it is clear that he studied their microscopic structure, ossification, but also the relationship between bones and their structural systems: membranes, tendons, ligaments and muscles.[30] His approach to dissection was not that of an amateur. Indeed, Martínez practised what is known as "fresh" osteology (*osteología fresca*).[31] The bones are not dried and still benefit from all the freshness of the soft tissues: ligaments, cartilage, spinal cord, veins, etc.[32] This technique informs all his practice, since it enables him to study tissue as if it were still living. He can therefore examine a fragment of the human body (a bone) while retaining an overall structural view of the complete system to which that fragment belongs

29 López Terrada and Jerez Moliner, "El *Atlas anatómico* de Crisóstomo Martínez como ejemplo de *vanitas*", 6.
30 López Piñero, *El atlas anatómico*, 44.
31 Cafagna, "Images of Transparency", 61.
32 Cafagna, "Images of Transparency", 74.

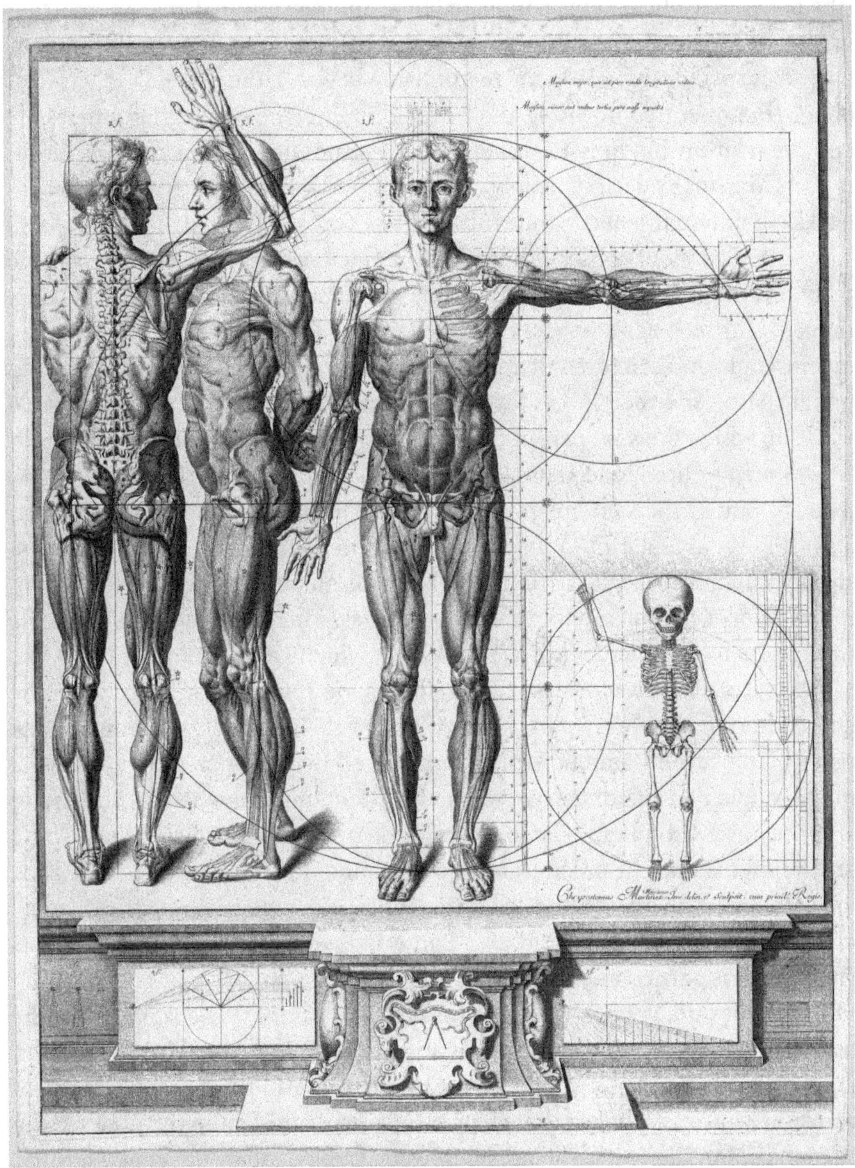

FIGURE 3.2 Crisóstomo Martínez, *Morphology*; *c.*1687–1689; printed in Paris *c.*1740; etching; 67,7 × 50,8 cm

(the body), the whole being connected by a complex internal and external network that Martínez intends to describe (bone fibres, muscle fibres, ligaments, etc.). This specific interest in the relationship between the internal structure of bones (the microscopic level), their development (the ossification process)[33] and the relationship to bone as actual body structure (the macroscopic level) reflects Martínez's desire to study the morphological structures of the body as well as their functional dynamics at different scales.[34] These dynamic and also structuring elements observed at both the microscopic and the macroscopic scale are the players in a graphic game conducted in intaglio printmaking. Indeed, Martínez demonstrates great ingenuity when it comes to showing the macroscopic and microscopic results of his research in the same representational space. And therein lies the fourth distinctive feature of his remarkable work, on which the next part of this article will focus.

3. Martínez does indeed use combinatorial graphic strategies and complex iconography in the same plate – particularly in his two Paris plates (figs. 3.1 and 3.2) – enabling him to depict the structures of the human body successively at micro- and macroscopic levels. To combine these two scales of representation, he implements various strategies. Firstly, he employs a classic trompe-l'oeil painting device: the *cartellino*, which we find in plates V to VII, X to XIV, XVII and XIX. These paper spaces are reserved exclusively for the depiction of fragmentary parts (bones) and of their internal structures (bone tissue). The second graphic strategy employed by Martínez to reconcile the macroscopic and the microscopic, the fragment and the whole, is the use of a setting or environment[35] largely composed of architectural elements. These environments make it possible, on the one hand, to accommodate the *cartellini* (producing an effect of nested spaces of representation), but also to create an ideal surface for projection of a Baroque imaginary whose touchstone is vanity. This is particularly the case in plate XVII (fig. 3.1), where Martínez himself describes the various elements that refer to vanity.[36] The *vanitas* was the first theme to engage the attention of art historians in relation to these plates. López Terrada and Jerez Moliner were the first to explore the iconography of vanity in Martínez, analysing each of the elements present in the plates:[37] the pseudo-Adam, the clock, the apple, flowers, smoke, ashes, the cypress, ruins,

33 Cafagna, "Images of Transparency", 72.
34 López Piñero, *El atlas anatómico*, 41.
35 By "environment" I mean the set of physical elements and phenomena surrounding a living organism. It is equivalent to the term *milieu*.
36 See Martínez's explanation of his plate in López Piñero, *El atlas anatómico*, 87–93.
37 See López Terrada and Jerez Moliner, "El *Atlas anatómico* de Crisóstomo Martínez como ejemplo de *vanitas*".

the temple, the obelisk, etc. In their study, they show that we do indeed have before us an image whose iconography refers directly to time passing and leading inexorably to the perishability of the body. I can only agree with them in acknowledging that the iconography favoured by Martínez offers a rich symbolic view of death as the most effective antidote to the vanity of the world.[38]

Just as he explains the elements of vanity present in plate XVII, he refers several times to the usefulness that he attributes to the graphic means he employs. In his letters, the term *artificio* (artifice) recurs repeatedly.[39] But it is in his explanation of plate XVII that Martínez gives us the most direct insight into the rationale underlying the graphic conception of the environment in which his subject is developed. He tells us:

> Consideration of the great difference between theory and practice, since the latter is the touchstone of the former, has prompted me to make this panel so large for this purpose: so that its ample decoration will make it seem practical, even though it is painted, and so that all the bones can be seen and recognised at a single glance, not only in particular and in various ways, external as well as internal and intrinsic, but also already assembled and combined in the skeleton, and so that as the skeleton is set in motion in twelve different postures, and in each of them one can see how the limbs are variously contrasted and outlined, all this creates a stir that is pleasing to the eye and that moves the mind, invigorates it and entertains it, by stimulating it to new and varied meditations, in order to obtain easy, learned and felicitous effects. Here the painter recognises where the grace of the outlines comes from, as the configuration of each bone already provides the occasion for itself, and the order, number and structure of the muscles bring certain and exact perfection. The surgeon also notes how, depending on the movement of the joints, the muscles are compressed or extended in various ways, and recognises the parts that are fleshier and the distances from the surface of the skin to contact with the bone. That is the reason why I have traced the idea and the main lines of myology on the skeletons, so as to make the combination of osteology and myology as a single whole crystal clear.[40]

---

38 López Terrada and Jerez Moliner, "El *Atlas anatómico* de Crisóstomo Martínez como ejemplo de *vanitas*", 19.

39 López Piñero, *El atlas anatómico*, 95–96.

40 López Piñero, *El atlas anatómico*, 87–88.

This explanatory note from the artist-anatomist's own hand reveals various intentions. First, he clearly says that the image must create in the viewer "a stir that is pleasing to the eye and that moves the mind, invigorates it and entertains it, by stimulating it to new and varied meditations". As we have seen, the allegorical aspect of this work is central, and it is obviously not insignificant that meditations on death are associated with dissection, in that they provide a better grasp of the logic of this process of deconstructing the body by assigning to it a certain emotional dimension typical of Baroque thought.[41] But this logic is all the more understandable if we turn to Jesuit piety,[42] in which real and metaphorical images of death are used to stimulate meditation and encourage penitence.[43] This is precisely what Martínez discreetly reveals to us in that short sentence by mentioning the mind of the viewer and the meditations that the image should arouse in us. Through his graphic devices of superimposing spaces, each relating to a scale and a state of the body, Martínez fosters reciprocity between the scientific aspect of human nature and the theological dimension of existence. In this respect, his work is in line with moralised anatomy as described by Chastel.[44] To my mind, Martínez's visual work reflects an excellent knowledge of the theological principles and political intentions of the faith in his time (possibly the result of instructions, now lost, associated with the grant he received in 1685, awarded to him by the University and the City of Valencia).[45] This proximity to the Catholic Church is confirmed when we explore his earlier output. Indeed, the few works by Martínez that are accessible today,[46] apart from his anatomical atlas, are two portraits of churchmen (Melchor Mauricio Fuster and Domingo Sarrio) and one of a saint (St Juan de Ribera), which should be seen, I suggest, as testimony to his integration into the Catholic community of his city.

In addition to these theological considerations, what this short but rich quotation reveals is mainly of a graphic nature. Martínez explains the importance of outlines and of their variations, which were tools with whose implications the painter was very familiar, as he emphasises. These graphic instruments,

41 André Chastel, "Le baroque et la mort", in *Fables, formes, figures, I*, Idées et Recherches (Paris: Flammarion, 1978), 205–22, p. 206.
42 Chastel, "Le baroque et la mort", 210.
43 López Terrada and Jerez Moliner, "El *Atlas anatómico* de Crisóstomo Martínez como ejemplo de *vanitas*", 19.
44 Chastel, "Le baroque et la mort".
45 López Terrada and Jerez Moliner, "El *Atlas anatómico* de Crisóstomo Martínez como ejemplo de *vanitas*", 5.
46 Biblioteca Digital Hispánica (BDH), accessed 15 May 2025, http://bdh.bne.es/bnesearch/Inicio.do.

the painter's preserve, make it possible to reveal what is at stake in the contact between the various structural surfaces – bone, muscle, skin – whose interest for the surgeon Martínez highlights. In my view, this extract is representative of Martínez's intentions concerning his anatomical atlas project and amply justifies his chosen title:

> New figures of proportions and anatomy of the human body. A work useful not only to doctors and surgeons but also to painters, sculptors, embroiderers and in general to all learned persons curious to acquire exact knowledge of the structure of the human body, drawn from nature and etched by Crisóstomo Martínez, a Spanish painter and anatomist. Paris, published by the author.

This title, published in Martínez's lifetime for plates XVII and XIX, shows us that he regarded himself (or was regarded) as both an artist and an anatomist. In his book on artistic anatomy, Röhrl looks closely at the case of Martínez and reveals that certain details are not drawn in an anatomically correct way but are simplified.[47] He then puts forward the hypothesis, amply borne out by the above title, that Martínez's work was intended for a range of different groups, which was usual at that time.[48] In my view, we should also consider Martínez's interest in taking advantage of the skills linked to his dual role as artist and anatomist, which are abundantly demonstrated by the graphic and conceptual ingeniousness of the plates. This awareness of the importance of the role of the visual in mediating anatomical knowledge can be detected in Martínez's text quoted above. Indeed, he tells us that the purpose of the plate is to enable us, at a glance, to grasp the structure of the human body, the inside and outside of the bones and layers of tissue of which it is composed, and all this in their morphological reactions to the movements and postures that inform the body. Martínez makes no secret of the need to use the tools of both an artist and an anatomist to attain this goal. And while he speaks of the value that outlines can have in the process of representation, he also insists on the importance of what he calls "ample decoration". It is easy to understand that this ample decoration is the environment in which these anatomical elements are developed, represented both in a fragmentary form and in their entirety and in both their macro- and their microstructure. What Martínez teaches us in this extract is that it is this ample decoration that enables him to make his work as an anatomist practical, and therefore concrete. Here he gives us the

47 Röhrl, *History and Bibliography of Artistic Anatomy*, 119.
48 Cafagna, "Images of Transparency", 65.

essence of what could have been a treatise on anatomical drawing, setting out his conception of the role of the artist in the mediation of knowledge, and more precisely the role of environment in that same process.

Environment acts here as a membrane binding the fragments to their whole (bones and body), but also binding the human body to the world in which it develops, through the representation of architectural structures. This process can be appreciated, on the one hand, in the graphic capacity of the environment as space to bring the fragment and its totality closer together, enabling them to be conceptualised on the same level of existence. On the other hand, the movement, the dynamics of bodies can only be truly appreciated when the body is understood in the space in which it functions. The environment is therefore indispensable, since movement can hardly be conceived and therefore represented without its environment, its spatial system of reference. The term *decoración* in Spanish comes from the Latin *decoratio*, derived from the noun *decus-decoris*, meaning firstly 'ornament' but also 'decency', and in that sense it refers to the idea of conformity. In the light of these definitions, we can therefore understand Martínez's phrase as follows: "ornament makes it possible [implying 'by the conformity it contributes'] to make it seem concrete." From this phrase it is easy to grasp that in Martínez's view, environment, together with the artist's own graphic tools, enables the surgeon to take in at a glance, in a practical (concrete) way, an image that nevertheless displays different fragmentary states of the body and equally different positions of that same body combined in a single image. In the foregoing quotation, he also specifies that these graphic productions aim to create a stir that is pleasing to the eye and to obtain easy, learned and felicitous effects. These goals that the image seeks to achieve are unquestionably to be classified on the aesthetic side (felicitous effects). But in enumerating them, the artist-anatomist also emphasises the mediating (facilitating) role of the image in the production of knowledge, obtaining effects that he himself calls learned. He identifies these learned effects as being made possible by the different thicknesses of lines, that crisscrossing that becomes hatching and is specific to the art of printmaking. As Cafagna and Röhrl have underlined in their respective works, this importance of drawing – and particularly of line, making it possible to create the effect of transparency and therefore to show the different superimpositions of tissues in the body and the interior/exterior relationship[49] – was conceptualised much earlier by Leonardo da Vinci in two manuscripts,

49 Cafagna, "Images of Transparency", 56.

Fogli A and the *Trattato della pittura*.[50] He considered that drawing is capable of rendering the body truly eloquent by recomposing what has been dissected on the sheet of paper.[51] As well as pursuing the parallel between the Spanish artist and Leonardo that Röhrl raises in his chapter, Cafagna develops a thesis on Martínez's graphic approach. He argues, in fact, that the effectiveness of his images rests on recomposing the fragmentary parts of the body – which he likens to the Aristotelian idea of entelechy – in which the graphic strategies of montage and change of scale are essential.[52]

Since I myself see the complexity of these images as the hallmark of precise knowledge and judicious use of the art of composition, I can only agree with Cafagna. And I suggest we should focus on the architectural elements, which, to my mind, play a key part in this play of montage and contribute to the role of knowledge mediation that the environment more broadly performs.[53] Indeed, the architectural elements can be understood, particularly in plate XVII, as pieces that mediate between and bind together the microscopic and the macroscopic, two orders of magnitude, two structuring regimes of the human body, both graphically and conceptually. This line of thought is supported by reading Nuria Valverde's article, which analyses these architectural elements in relation to the allegorical profile of the plates. More precisely, she proposes that these elements – particularly those containing individual bones (see the lower part of fig. 3.1) – should be seen in terms of how, through their shape, they serve to reinforce the theological intentions of the atlas by visually resembling "reliquaries".[54] Indeed, beyond functioning in the same way as some of Martínez's architectural elements, that is, as spaces containing bones,[55] reliquaries played a dual role in the seventeenth-century Spanish Christian community, conceptualising the relationship between the fragment and the whole, from a theological point of view.[56] Firstly, they remind us that division is not synonymous with debilitation, since the process of fragmentation of a saint's remains does not deprive them of their power; on the contrary, it multiplies the saint's ability to intercede with God in different places.[57] Secondly, the close relationship between part and whole to which relics intrinsically refer and for

50 Röhrl, *History and Bibliography of Artistic Anatomy*, 333.
51 Cafagna, "Images of Transparency", 56.
52 Cafagna, "Images of Transparency", 73.
53 Cafagna, "Images of Transparency", 68.
54 Valverde, "Small Parts", 518.
55 Ibid.
56 Ibid.
57 Valverde, "Small Parts", 521.

which the reliquary is designed is a perfect allegory of the relationship that connects the faithful to their faith community.[58] Valverde then suggests that the relationship of visual similarity between the architectural elements present in the plates of the anatomical atlas and the reliquary enables Martínez to reassure the viewer of the benefits of dissection while ensuring the symbolic link between the fragment and the whole.[59] This hypothesis seems to me more plausible when one considers the links between Martínez and the Spanish Catholic Church, but also when one examines the texts written by the artist-anatomist himself that clearly testify to an increased awareness of the importance of the viewer.

4. I would like to follow up this rich thesis put forward by Valverde and conclude by now concentrating solely on the architectural forms present in Plate XVII. It contains two architectural structures operating on the same principle of a platform, or even a catafalque. The first is used to accommodate the bones and the *cartellini*. This structure (the lower part of fig. 3.1) is indeed comparable to the form of the reliquary theorised by Valverde, whereas the twelve entire bodies within which the osteological and myological structures are visible are depicted on the podium formed by the second architectural element, positioned further back from the plane of the representation space. These two architectural structures are placed so as to seem continuous and they make it possible to create unity of place and time as well as the feeling of depth and scale that is their prime function.[60] In addition, as Martínez clearly indicates in his text, they make it possible to take in all the possible facets of his research from both a micro- and a macroscopic point of view. The connection between the whole and its part is ensured here by these two architectural elements which make it possible to bring them together in the same space while separating them through an effect of depth and strata. As for the obelisk located in the zone of the whole bodies and resting on the second architectural element, it is a funerary symbol used particularly by architects in the sixteenth and seventeenth centuries[61] that alludes, in its strict verticality, to immortality and to the possibility of salvation, or even resurrection.[62] Like the obelisk, the repertoire of architectural forms that Martínez draws upon is typical of Baroque

58 Ibid.

59 Valverde, "Small Parts", 522.

60 Hans-Konrad Schmutz, "Barocke und klassizistische Elemente in der anatomischen Abbildung", *Gesnerus* 35, 1–2 (November 1978): 54–65, p. 54.

61 López Terrada et Jerez Moliner, "El *Atlas anatómico* de Crisóstomo Martínez como ejemplo de *vanitas*", 21.

62 Ibid.

architecture. As we have already seen, the iconography of this plate, and more broadly of the *Atlas anatómico* as a whole, expresses a close link between the anatomical body and the Catholic Church, in that the latter itself embodies a community of faith. It therefore seems to me wise to turn our attention to the forms displayed by the Baroque architecture of the religious buildings of Valencia. For we must bear in mind that although Martínez produced this plate in Paris, he arrived there only at the end of his life. By the time he created this work he was already much more imbued with the forms of Spanish Baroque architecture, such as those of the Real Colegio-Seminario de Corpus Christi in Valencia. Built between 1586 and 1604 opposite the University, the Colegio was the work of the architect Guillem del Rey, under the orders of the archbishop of the city, Juan de Ribera,[63] of whom there are two posthumous portraits signed by Martínez. The main doorway of the building (fig. 3.3) illustrates a group of Baroque forms that Martínez must have been confronted with and that can easily be seen as an inspiration, particularly in the formal relationship between Martínez's obelisk and the decorations overhanging the entablature.

In the light of my analysis and those published previously, it can be affirmed that Martínez regarded scientific illustrations as a type of representation that could combine the direct experience of the dissector with the spiritual requirements of the Christian through the tools of the artist, and therefore as the place where the allegorical and the concrete, the macroscopic and the microscopic, the fragment and the whole can coexist, all being mediated by architecture. Like the membranes that hold the body together, architecture enables the image's different levels of referentiality to articulate and engage in dialogue with each other. Once again, in my view, it is architecture that binds together this whole play of dismemberment and recomposition. When we compare Martínez's work with the architecture he came into contact with, we are in a better position to understand the importance that this art acquires in its religious function by being able to bind the body to its constituent parts, but also, at the same time, to bind humans to the community of which they are part. And in doing so it acts as an ultimate bulwark against the perishability of the flesh to which death inexorably leads us.

63 Jorge Llopis Verdú, "El claustro del Colegio de Corpus Christi de Valencia. Análisis formal y compositivo", *Archivo Español de Arte*, 80, no. 317 (2007): 45–65.

FIGURE 3.3 Alonso de Vandelvira, *Libro de cortes de cantería*, 1646; ink and wash drawing; 42 × 30 cm; The work reproduced belongs to the *Biblioteca Nacional de España* collections; MSS/12719; p. 207

Bibliography

Biblioteca Digital Hispánica (BDH), accessed 15 May 2025, http://bdh.bne.es/bnesearch/Inicio.do.

Cafagna, Fabio, "Images of Transparency and Resurrection from Leonardo da Vinci to Crisóstomo Martínez", *Nuncius* 32, no. 1 (January 2017): 522–84. https://doi.org/10.1163/18253911-03201003.

Chastel, André, "Le baroque et la mort", in *Fables, formes, figures, 1*, Idées et Recherches (Paris: Flammarion, 1978), 205–22.

Llopis Verdú, Jorge, "El claustro del Colegio de Corpus Christi de Valencia. Análisis formal y compositivo", *Archivo Español de Arte*, 80, no. 317 (2007): 45–65. https://doi.org/10.3989/aearte.2007.v80.i317.32.

López Piñero, José María, *El atlas anatómico de Crisóstomo Martínez, grabador y microscopista del siglo XVII*, Publicaciones del Archivo Municipal de Valencia, Serie 2, Reproducción de textos, 1 (Valencia: Ayuntamiento de Valencia, 1964; 2nd edition, revised and expanded, 1982).

López Terrada, María José, and Felipe Jerez Moliner, "El *Atlas anatómico* de Crisóstomo Martínez como ejemplo de *vanitas*", *Boletín del Museo e Instituto Camón Aznar*, 56 (1994): 5–34.

Röhrl, Boris. *History and Bibliography of Artistic Anatomy: Didactics for Depicting the Human Figure* (Hildesheim: G. Olms, 2000).

Schmutz, Hans-Konrad, "Barocke und klassizistische Elemente in der anatomischen Abbildung", *Gesnerus* 35, nos 1–2 (November 1978): 54–65. https://doi.org/10.1163/22977953-0350102004.

Valverde, Nuria, "Small Parts: Crisóstomo Martínez (1638–1694), Bone Histology, and the Visual Making of Body Wholeness", *Isis*, 100, no. 3 (September 2009): 505–36. https://doi.org/10.1086/644627.

PART 2

From Images to Museums of Bodies

∴

Introduzione alla Parte 2

Carla Mazzarelli

La seconda parte del volume va intesa come naturale prosecuzione della sezione precedente. Con i quattro saggi qui riuniti, si propone infatti una narrazione che intende ricostruire l'evoluzione dei sistemi di fruizione dell'anatomia spostando l'attenzione sulle forme di rappresentazione e di comunicazione al pubblico tra XVII e XVIII secolo. Si tratta di un passaggio fondativo in cui la dimostrazione anatomica è messa alla prova anche attraverso forme spesso innovative della sua riproduzione, mimetica al punto da restituire, sul piano del testo, l'atto stesso della dissezione del corpo. È il caso delle *anatomical flaps*, rappresentazioni dinamiche che permettono la perlustrazione per 'strati' del corpo, fino alle viscere. I testi, qui indagati da Imma Iaccarino, sono esemplificativi del fitto dialogo tra arte e scienza ma anche delle traslazioni simboliche e religiose che, nella cultura seicentesca, porta con sé il tema del disvelamento dell'interiorità umana. Nel corso del Settecento il caso dell'artista Jacques Fabien Gautier-Dagoty e delle pubblicazioni anatomiche da lui curate, oggetto della disamina di Chiara Piva, sposta l'attenzione sul valore che assume anche in ambito medico la riproduzione scientifica al punto da rendere lo stesso arista-copista che sperimenta nuove tecniche di quadricromia uno scienziato. Tenendo come filo conduttore la questione della relazione tra arte e scienza, ci porta ad approfondire non tanto il ruolo degli artisti, quanto quello della conservazione e valorizzazione delle collezioni nel loro insieme, il caso indagato da Mariana de Figueiredo Sousa, Alice Nogueira Alves, Lia Lucas Neto e dedicato ai disegni anatomici conservati all'Università di Lisbona. In un arco temporale ampio che va dalla metà dell'Ottocento alla metà del secolo scorso, la collezione fu lo strumento principale della didattica in ambito medico. Le raccolte anatomiche danno forma, dunque, a un patrimonio, oggetto, già a partire dal XVIII secolo, di una progressiva musealizzazione. I musei anatomici sollecitano oggi nuovi interrogativi sui modelli espositivi e di fruizione per un pubblico più ampio e, di conseguenza, sull'evoluzione stessa della didattica anatomica. A questo tema e al caso in particolare del Museo di Padova è dedicato il saggio, con cui si chiude questa sezione, di Alberto Zanatta che, partendo dalla prospettiva storica amplia la sua riflessione anche sulla questione dell'eredità di una collezione anatomica e sugli strumenti di conservazione attuali per la sua valorizzazione, nonché sulle possibilità offerte dagli strumenti digitali nelle pratiche espositive.

 | DOI:10.1163/9789004691643_007

4

'Immagini viscerali'/ 'Visioni interiori' nel XVII secolo: i casi degli *anatomical flaps* e dell'*Anotomia della Sindone* di Barralis

Imma Iaccarino

1 "Penetrare tutti gli secreti delle viscere"

Nella gerarchia delle parti anatomiche, le viscere hanno da sempre occupato uno spazio centrale, non solo in ragione delle funzioni biologiche che esse espletano, ma anche in virtù del valore simbolico che la cultura popolare e gli immaginari storici hanno loro attribuito. Sin dall'antichità, le viscere sono state infatti investite di una sacralità che le ha rese spesso strumento di rituali magici e folklorici nonché fonte di virtù sovrannaturali e medicamentose[1]. La loro polivalenza anatomica e simbolica si riflette, come si vedrà, nell'ambiguità semantica del termine, che denota sia l'organo fisico sia i suoi molteplici traslati.

Il ruolo delle viscere trova una sua consistenza scientifica nella storia anatomica di prima età moderna, epoca durante la quale l'anatomia, a seguito della sua rifondazione post vesaliana, assesta il suo statuto epistemico a partire dall'ispezione cadaverica. La centralità pratica e teorica delle viscere non deriva tuttavia solo da fattori intrinseci ai progressi della medicina, ma essa va ricondotta in parte anche alle molteplici implicazioni simboliche che l'apertura e la scompaginazione dell'interno rivestono sul piano immateriale[2].

---

1 Sull'uso delle viscere nei cerimoniali sacro-profani si vedano gli studi di Piero Camporesi, *La carne impassibile* (Milano: Il Saggiatore, 1985), *Le officine dei sensi. Il corpo, il cibo, i vegetali. La cosmografia interiore dell'uomo. Le meraviglie degli elementi archetipi. Un'avventurosa esplorazione tra iconologia e antropologia* (Milano: Garzanti, 1985); *Il governo del corpo: saggi in miniatura* (Milano: Garzanti, 1995).

2 Si vedano Louis Van Delft, *Littérature et Anthropologie. Nature humaine et caractère à l'âge classique* (Parigi: PUF, 1993); Andrea Carlino, *La fabbrica del corpo. Libri e dissezione nel Rinascimento* (Torino: Einaudi, 1994); Linda Bisello, "'Intus et extra idem': l'anatomia morale nella letteratura italiana moderna," *Lettere Italiane* 68, no. 1 (2016): 3–41; *Ead.*, "'L'occhio della medicina': l'anatomia come strumento euristico nella cultura della prima età moderna," in *Letteratura e medicina*, a cura di Maria Di Maro e Valeria Merola (Pisa: ETS, 2023), 59–76.

Fatta oggetto di un costante processo di allegorizzazione morale e religiosa, l'anatomia viene infatti ripensata all'interno di un complesso sistema di corrispondenze simboliche corpo-*ethos*, in cui sono soprattutto gli organi interni sottoposti a una risemantizzazione in chiave morale, che ne comporta, di volta in volta, l'associazione a vizi e a virtù talvolta anche contrapposti. Il cuore, per esempio, per sua natura ancipite, diviene, nell'atlante anatomico e morale *L'uomo, e sue parti figurato* (1684) di Ottavio Scarlattini (1623–1699), un indicatore della dicotomia tra il Bene e il Male, capace di riflettere nella sua conformazione anatomica una determinata predisposizione d'animo: lo si vede pertanto "dilatarsi [...] per la Carità, e Sapienza" o apparire "indurato" quando "ostinato nella Malizia, e nel Peccato"[3].

Non solo le viscere si caricano di valori simbolici, ma la stessa ispezione visiva dell'interno sembra potersi allegoricamente interpretare. Nella sua valenza didattica e filosofica[4], l'anatomia si presta infatti, come vedremo, a una stratificata e traslata lettura della configurazione interna (spirituale, etica, ecc.). Si comprende il senso di un'anatomia così concepita ad esempio nel trattato anatomo-morale *Anatomia degl'Ipocriti* (1699) del domenicano Alessandro Tommaso Arcudi, dove il bisturi è brandito come un'arma contro "la febre [...] pestilenziale dell'ipocrisia"[5] e l'ispezione anatomica di "tutti gli secreti delle viscere"[6] è intesa come scandaglio finalizzato allo sradicamento della abiezione morale.

La rilevanza, anatomica e morale, delle viscere si chiarisce soprattutto in rapporto alla loro fortuna iconografica. Nella prima età moderna traspare infatti dalla rappresentazione, scientifica e artistica, dell'anatomia umana una tendenza allo sviluppo figurale della significazione del corpo che esula dalle funzioni dimostrative dell'illustrazione anatomica. Si pensi ad esempio a certe tavole (fig. 4.1) incluse nell'*Anatomia del corpo umano* (1559) di Juan Valverde (1525–1587) in cui le figure stesse sollevano i lembi di pelle per "guarda[re] e invitare a guardare dentro il [...] ventre aperto"[7]; un gesto che s'inscrive in un ampio sistema di referenze artistiche (*in primis* il modello dell'*écorché* e

3 Ottavio Scarlattini, *L'uomo, e sue parti figurato* [...] (Bologna: Giacomo Monti, 1684), 328–29.

4 Sulle differenti pratiche settorie di prima età moderna e, in particolare, sulla distinzione tra 'anatomia normale' (o filosofica) e 'anatomia medica' (o autopsia), si veda Maria Pia Donato, "Anatomia, autopsia, sectio: problemi di fonti e di metodo (secoli XVI–XVII)," in *Anatome. Sezione. scomposizione, raffigurazione del corpo nell'Età moderna*, a cura di Claudia Pancino, Giuseppe Olmi (Bologna: Bononia University Press, 2012), 137–160.

5 Alessandro Tommaso Arcudi (sotto lo pseudonimo di Candido Malasorte Ussaro), *Anatomia degl'Ipocriti* (Venezia: Girolamo Albrizzi, 1699), 2.

6 Arcudi, *Anatomia degl'Ipocriti*, 787.

7 Camporesi, *Le officine dei sensi*, 162.

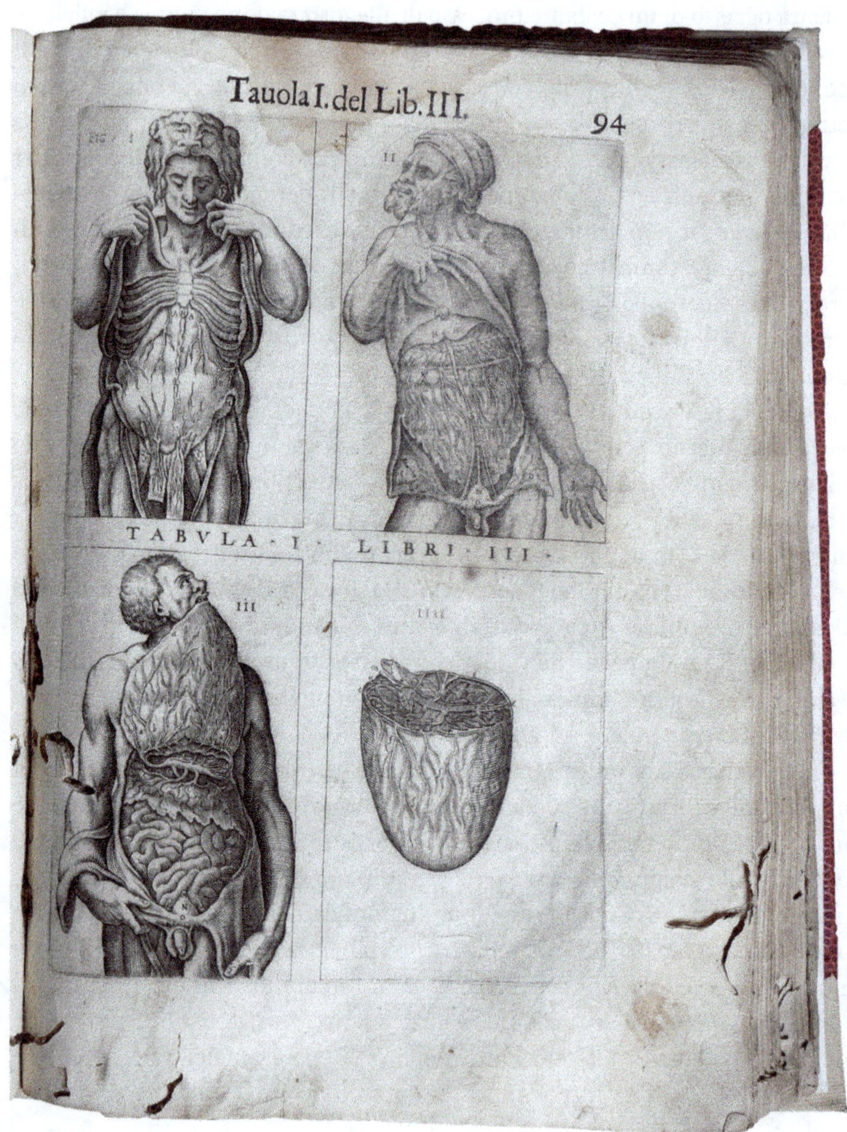

FIGURA 4.1 Juan Valverde, *La anatomia del corpo umano composta da m. Giouanni Valuerde* (1586), Tabula I, libri III, 94. Foto di Anna Petrenko per Museo Provinciale Campano di Caserta

del S. Bartolomeo di Michelangelo e a seguire il tema mitologico di Apollo e Marsia) e filosofiche[8]. Gli "splancnoesibizionisti"[9] valverdiani – per riprendere una arguta definizione di Camporesi –, oltre a riflettere un gusto propriamente barocco per il grottesco e per la *mise en scène*[10], che evoca la cornice teatrale in cui avvenivano le pubbliche ostensioni di anatomia[11], suggeriscono anche una lettura dell'autopsia come autoscopia, ovvero, come più astratta forma di conoscenza di sé[12]. Non è un caso che Helkiah Crooke, il quale dedica all'argomento un intero capitolo della sua anatomia: *How profitable and behouefull Anatomie is to the knowledge of Mans selfe* (cap. v), riprenda nel frontespizio della *Mikrokosmographia* (1631²)[13] proprio la celebre figura dello scorticato di Valverde, emblema dell'uomo che si spoglia "delle sue pelli" per offrire al suo e all'altrui sguardo "quel grande e quel meraviglioso che sott'esse si nascondea"[14].

Come si vedrà nel caso specifico delle illustrazioni anatomiche ad alette, il complesso di "stratificazioni metaforiche"[15] su cui si imperniano tali immagini evidenzia il "carattere polisemico" dell'iconografia anatomica a stampa, il cui fine "non [è] strettamente didattico", ma "ornamentale e metaforico"[16].

Immagini di questo tipo possono essere rilette alla luce di una categoria interpretativa, quella della 'visceralità', che pur poggiando su significativi

8 Juan Valverde, *La anatomia del corpo umano composta da m. Giouanni Valuerde* [1556] (Venezia: Giunti, 1586). Sulla iconografia anatomica di Valverde si veda Loris Premuda, *Storia dell'iconografia anatomica* (Milano: Ciba, 1993), 190–92.

9 Camporesi, *Le officine dei sensi*, 162.

10 Sugli "effetti di straniamento, macabri o grotteschi" delle figure valverdiane si veda Roberto Paolo Ciardi, "Il corpo, progetto e rappresentazione," in *Immagini anatomiche e naturalistiche nei disegni degli Uffizi. Secc. XVI e XVII*, a cura di Roberto Paolo Ciardi, Lucia Tongiorgi Tomasi (Firenze: Olschki, 1984), 20.

11 Cynthia Klestinec, *Theaters of Anatomy. Students, Teachers, and Traditions of Dissection in Renaissance Venice* (Baltimore: John Hopkins University, 2011).

12 Si tratta di un *topos* che ha informato la visione cinque-secentesca del corpo umano: Andrea Carlino, "Knowe Thyself: Anatomical Figures in Early Modern Europe," *RES: Anthropology and Aesthetics* 27 (Spring 1995): 52–69.

13 Helkiah Crooke, *Mikrokosmographia, or a Description of the Body of Man* [1615] (London: Thomas and Richard Cotes, 1631). Una lettura polisemica dello scorticato valverdiano è offerta da Andrea Carlino in "L'impératif métaphorique. Quelques réflexions autour de l'illustration anatomique (XV–XVIII siècles)," *Traverse* 3 (1993): 28–30.

14 Lorenzo Bellini, *Discorsi di anatomia* (Firenze: Francesco Moücke, 1741), I, 251.

15 Andrea Carlino, "Cadaveri, corpi metaforici, corpi memorabili," in *La bella anatomia. Il disegno del corpo fra arte e scienza nel Rinascimento*, a cura di Andrea Carlino, Roberto P. Ciardi e Annamaria Petrioli Tofani (Milano: Silvana Editoriale, 2009), 21.

16 Carlino, "Cadaveri, corpi metaforici, corpi memorabili", 17.

precedenti teorici[17], non ha trovato applicazione in questo ambito di studi, a parte un precedente tentativo di David Hillman in relazione alle tragedie di Shakespeare[18]. La 'visceralità' è un concetto che si può definire a partire dalla duplice accezione, materiale e figurata, delle 'viscere'[19], termine utilizzato innanzitutto come un tecnicismo medico-anatomico per designare tutti gli organi racchiusi nella cavità toracica o addominale, ma anche gli apparati preposti alla vita vegetativa come il sistema circolatorio, respiratorio e digerente. In senso lato, e soprattutto nella sua forma aggettivale, 'viscere' identifica d'altra parte un sentimento profondo e istintivo, che ha origine negli organi della sfera sensoria, sedi appunto delle passioni più genuine come l'amore, la rabbia e l'odio – affezioni dell'animo di cui la psicofisiologia cartesiana individuava il fondamento anatomico[20].

Intesa da Hillman come interiorità fisica ("bodily interiority") e spirituale ("spiritual inwardness"[21]), la visceralità è in questa sede assunta come variante concettuale della grande fortuna dell'anatomia e dei suoi strumenti nelle arti e nella letteratura di prima età moderna, tema che è al centro del progetto di ricerca FNS (100012_204399) *La civiltà dell'anatomia: il genere delle anatomie letterarie nell'Italia del Seicento*. La cultura della dissezione sembra infatti

---

17 Il riferimento va agli studi di Piero Camporesi (vedi nota 2) e Jonathan Sawday, *The Body Emblazoned: Dissection and the Human Body in Renaissance Culture* (London: Routledge, 1995).

18 David Hillman, "Visceral Knowledge: Shakespeare, Skepticism, and the Interior of the Early Modern Body," in *The Body in Parts: Fantasies of Corporeality in Early Modern Europe*, eds. David Hillman and Carla Mazzio (New York: Routledge, 1997), 81–105.

19 Il termine 'viscere' (dal lat. *viscus-visceris*), sia nell'uso scientifico corrente sia nell'antica terminologia anatomica, indica genericamente l'insieme degli organi interni. Si veda Enrico Marcovecchio, *Dizionario etimologico storico dei termini medici* (Firenze: Festina lente, 1993) *ad vocem* 'viscus', 923, che ne attesta l'occorrenza già nella prosa di Celso e Plinio. Per la prima età moderna cfr. Steven Blankaart, *Lexicon medicum renovatum* (Lugduni Batavorum: apud Samuelem Luchtmans, 1717), *ad vocem* 'viscera' (673: "sunt organa, in cavitatibus majoribus contenta, quae elaborant aliquem humorem in usum publicum & toti corpori inservientem; sic ventriculus & Intestina elaborant cibos nutrituros universum corpus, sic Cor compingit, comminuit, movet sanguinem, unde postea omnes liquores fiunt & secernuntur &c."). Blankaart ne attesta l'uso anche come sinonimo di 'cuore' (ivi, *ad vocem* 'cor', 115); cfr. inoltre il *Vocabolario degli Accademici della Crusca*, dove il termine è attestato, anche nella sua accezione traslata ("essere sviscerato, e amare uno svisceratamente"), sin dalla prima edizione del 1612 (941–942) e poi nelle successive del 1623 (931), 1691 (vol. 3, p. 1790), 1729–1738 (vol. 5, p. 285): http://www.lessicografia.it/index.jsp.

20 Nella stessa temperie storico-culturale di cui ci occupiamo s'inscrive il tentativo di Cartesio di stabilire una corrispondenza tra sede organica e universo patico: Cartesio, *Le passioni dell'anima* [1649], a cura di Salvatore Obinu (Milano: Bompiani, 2000).

21 Hillman, "Visceral Knowledge", 82.

trovare nella *imagery* delle viscere una ulteriore prova della sua effettiva pervasività.

Nel presente contributo, tenterò quindi di verificare la validità di questo strumento concettuale, riflettendo sull'adozione della figuralità viscerale negli apparati iconografici di due opere di distinta provenienza di genere – una di ambito didattico-scientifico e l'altra a carattere devozionale –, recentemente digitalizzate e pubblicate in una collezione di anatomie letterarie intitolata *Biblioteca anatomica*[22], parte del Progetto sopracitato. La prima, l'*Armonia astro-medico-anatomica*[23] (1690) di Francesco Minniti, è qui assunta quale esemplare di una tipologia di stampe anatomiche, note come *flap anatomies*, equivalenti alla trasposizione cartacea di una lettura 'stratiforme', sul piano materiale e concettuale, del corpo anatomico; la seconda, l'*Anotomia sacra per la novena della santa Sindone* (1685)[24] di Vittorio Amedeo Barralis, s'inserisce invece nel genere delle anatomie sacre e esplora l'immagine della Sindone dal duplice punto di vista anatomico e evangelico, offrendo importanti spunti di riflessione sulla interpretazione teologica della visceralità. Entrambe le anatomie, seppur con finalità e audience differenti, permettono di inquadrare la conoscenza anatomica delle viscere, soprattutto quando essa sia veicolata da immagini che innescano stimoli sensoriali nel fruitore, in un più ampio orizzonte di visualizzazione interiore.

2 Nudità e "cosmografia interiore" nei *flap anatomies*

Con l'*Armonia astro-medico-anatomica*, il locrese Francesco Minniti s'inserisce nella fiorente tradizione letteraria dei taccuini medico-astrologici, libretti

22 Linda Bisello, Sofia Bollini, Imma Iaccarino, Margherita Schellino, "La 'Biblioteca anatomica' (1552–1699): consistenza e ragioni di un corpus. Un repertorio di testi del Seicento italiano tra medicina e letteratura," *Museo Galileo* (2025, https://www2.museogalileo.it/images/biblioteca_digitale/collezioni_tematiche/Edizioni_MuseoGalileo_la_biblioteca_Anatomica.pdf).

23 Francesco Minniti, *Armonia astro medico-anatomica o sia colleganza degl'astri con il microcosmo e di questo con i vegetabili. Con un'appendice della Nautica, ed in calce un raccolto di Arcani esperimenti* (Venezia: Giovan Francesco Valvasense, 1690). L'opera viene ristampata, identica nei contenuti, nello stesso anno e presso lo stesso editore, da un certo Daniel Ricco con il titolo *Ristretto anotomico, o sia Alleanza degl'astri con l'huomo, e vegetabili. Fatica laboriosa de' medici, e chirurghi primati di Spagna, ad effetto di sollevare le oppressioni malediche di morbi incurabili, ... Hauuto per gratia nello stesso hospitale, e dispensato da noi Daniel Ricco*. La tavola incipitaria presenta leggere varianti nel numero e nel disegno delle alette.

24 Vittorio Amedeo Barralis, *Anotomia sacra per la novena della santa Sindone* (Torino: Eredi Gianelli, 1685).

a stampa in cui gli astrologi fornivano annualmente pronostici e indicazioni pratiche per la cura e la salute del vivente[25]. Medici e chirurghi sono pertanto annoverati tra i primi destinatari dell'opera, insieme ai naviganti che, come loro, devono osservare la luna e le stelle per potersi orientare. L'influenza dei pianeti e degli astri sul microcosmo condiziona la pratica medica dettandone i tempi e le modalità di esecuzione. Prima di procedere a qualsiasi operazione, soprattutto se invasiva come il salasso o la chirurgia, i medici erano infatti tenuti a consultare lunari ed effemeridi per determinare, a seconda del tema natale del paziente e di altri parametri astronomici (come lo stato e la posizione della Luna e il calcolo delle ore planetarie), le cure più efficaci e stabilire il momento più propizio (i giorni fausti e nefasti) per la loro somministrazione.

La medicina astrologica si rivela, tra Cinque e Seicento, un efficace strumento di diffusione del sapere anatomico, un sapere spesso inattuale, ma non per questo approssimativo o privo di riscontri alla scienza sperimentale[26]. Lo stesso Minniti, pur aderendo all'umoralismo ippocratico-galenico, elabora, nella parte introduttiva (*Discorso anotomico*), una sintetica descrizione del corpo umano, a partire dalla sua canonica suddivisione in tre seni ("supremo, Medio, Infimo, cioè Capo, Petto cavità del Ventre fino all'Abdome"[27]). La parte dedicata all'addome e alle viscere al suo interno è la più articolata e segue un'impostazione didascalica, per cui a ogni organo si associa una lettera dell'alfabeto (dalla A alla T, dalla canna del polmone al membro). Le lettere rinviano alla tavola anatomica (fig. 4.2) che funge da antiporta all'opera, frutto di una ingegnosa sintesi di due modelli iconografici di vastissima fortuna nel Seicento[28].

Il primo, noto come Uomo astrologico (o dello Zodiaco), rappresenta il collegamento fisico tra il micro e il macrocosmo attraverso l'associazione, secondo i principi propri della melotesia, di ogni parte del corpo con un segno zodiacale che rispettivamente la influenza; il secondo modello, che prende il nome di Uomo delle vene (o dei salassi), offre invece una guida pratica alla flebotomia,

---

25 Sulla letteratura pronosticante astrologica italiana del XVI e XVII secolo si veda Elide Casali, *Le spie del cielo. Oroscopi, lunari e almanacchi nell'Italia moderna* (Torino: Einaudi, 2003).

26 Concetta Pennuto, "La medicina astrologica: nascite, pesti e giorni critici," in *Interpretare e curare. Medicina e salute nel Rinascimento*, a cura di Maria Conforti e Andrea Carlino, Antonio Clericuzio (Roma: Carocci, 2013), 55–75.

27 Minniti, *Armonia*, 5.

28 Un precedente esempio di commistione tra l'iconografia dell'uomo delle vene e quella dello zodiaco è offerto nel *Fasciculus medicinae* [1491] (Venetijs: Impressus per Ioannes [et] Gregorius de Gregorijs fratres, 1495, c.8r) di Johannes da Ketham, che mostra sul corpo i punti per il salasso mettendoli in relazione con i segni zodiacali.

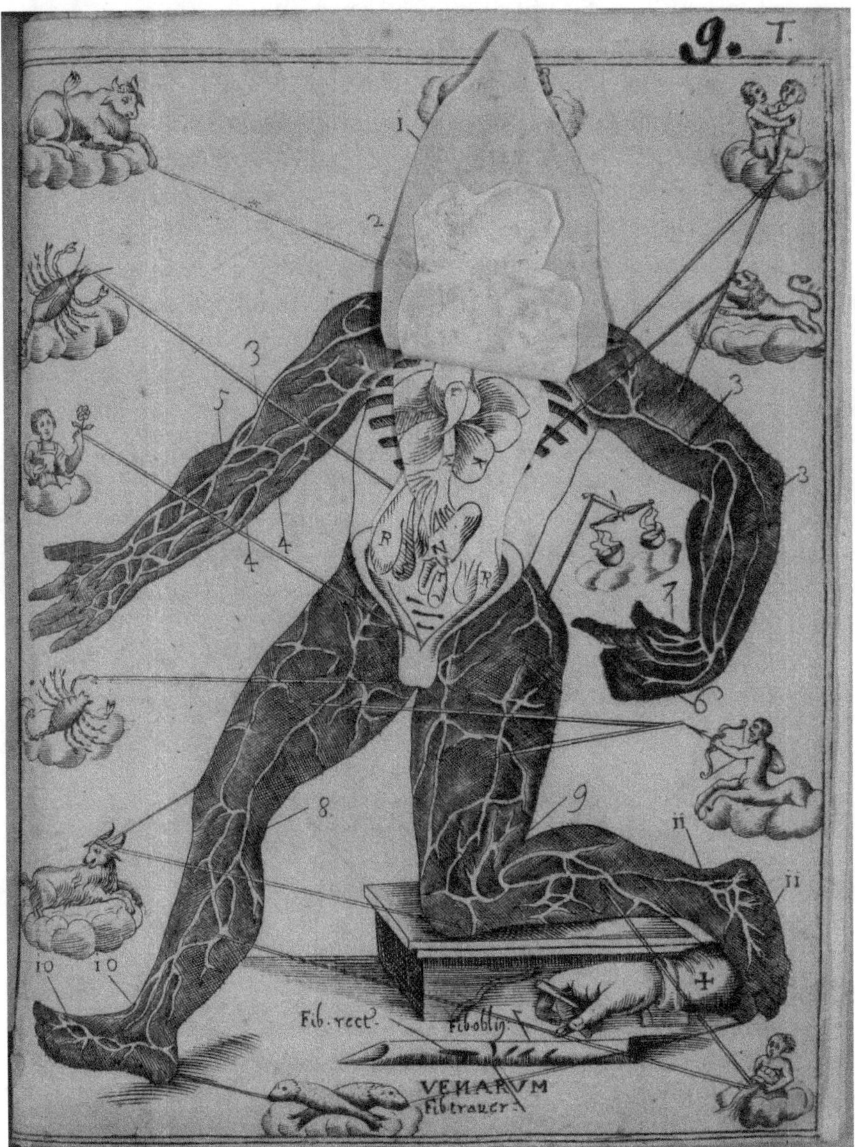

FIGURA 4.2 Francesco Minniti, *Armonia astro-medico-anatomica* (1690), frontespizio

disegnando sulla superficie del corpo una cartina del sistema venoso, con l'indicazione delle vene principali da cui cavar sangue[29]. Da questa restituzione del corpo come cartografia anatomica e celeste, si coglie il senso dell'analogia instaurata da Minniti tra l'anatomista e il navigante (categoria a cui è dedicata l'appendice sulla nautica, *Deliberazione astronomica circa il navigare*), entrambi esploratori di pericolosi abissi e terre incognite[30], come esemplifica la definizione che il frate predicatore Raffaele Maria Filamondo dà di Andrea Vesalio, "secondo Colombo scopritore del picciol Mondo ch'è l'uomo"[31].

Le esigue notizie su Minniti e sulla sua opera non permettono di individuare con esattezza il processo alla base di questa innovativa fusione, tuttavia, è comunque possibile avanzare qualche ipotesi circa le fonti iconografiche che la hanno ispirata. Il modello di partenza della tavola di Minniti parrebbe infatti potersi identificare, per la forte rassomiglianza, con un'immagine preesistente dell'uomo delle vene, su cui sono stati successivamente innestati gli elementi tipici dell'uomo dello Zodiaco. Si tratta di un foglio sciolto a stampa, intitolato *Il vero disegno degl'interiori del corpo umano*[32], risalente alla seconda metà del Seicento e oggi conservato nella collezione iconografica della Wellcome Library (fig. 4.3).

L'opera, realizzata da Antonio Moneta, viene stampata presso l'editore Federico Agnelli dopo il 1663, termine *post-quem* deducibile dalla dedica ai

29 Per un'analisi della tradizione dell'uomo astrologico si rimanda al fondamentale studio di Giovambattista della Porta, *Physiognomoniae coelestis libri sex* (Rothomagi: sumptibus Ioannis Berthelin, 1650). Si veda anche Elide Casali, "'Anatomie astrologiche'. Melotesia e pronosticazione (sec. XVI–XVII)," in *Anatome*, 161–172.

30 Van Delft, *Littérature et Anthropologie*, 190.

31 Raffaele Maria Filamondo, *La notomia del cuore: panegirico in lode di S. Filippo Neri* (Palermo: Giacomo Epiro, 1688), 5.

32 Antonio Moneta, *Il vero disegno degl'interiori del corpo umano: con instruttione, e regola, per sapere bene tagliare le vene in tutte le parti del detto corpo humano, secondo l'opinione de' medici antichi, & moderni più famosi / Di nuovo raccolte, & date in luce da Antonio Moneta* (Milano: Federico Agnelli, post 1663). Andrea Carlino ["Paper Bodies: A Catalogue of Anatomical Fugitive Sheets 1538–1687," *Medical History*, Supplement no. 19 (London: Wellcome Institute for the History of Medicine, 1999): 54] dà notizia di un altro esemplare, pressocché identico, della tavola di Moneta, con disegno a firma di Cesare Laurentio e stampato presso Filippo Ghisolfi a Milano, post 1663. Un esemplare dell'uomo delle vene affine a quello di Minniti e di Moneta, privo tuttavia del sistema ad alette, si trova anche nell'opera del barbiere napoletano Cinzio d'Amato, *Nuova, et utilissima prattica di tutto quello ch'al diligente barbiero s'appartiene* (Napoli: Ottavio Beltrano, 1630; con successiva ristampa presso Geronimo Fasulo nel 1671), che circolò anche a Venezia con il titolo *Prattica nuova, et utilissima di tutto quello, ch'al diligente barbiero s'appartiene: cioe di cavar sangue, medicar ferite; & balsamar corpi humani. Con altri mirabili secreti, e figure* (Venezia: Gio. Battista Brigna, 1669).

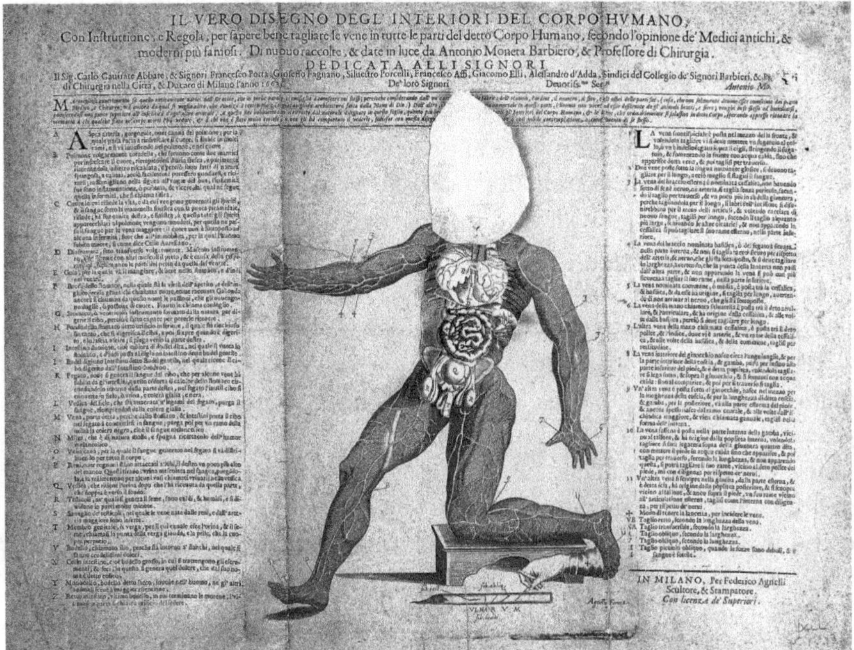

FIGURA 4.3 Antonio Moneta, *Il Vero Disegno Degl'Interiori* (post 1663)
© WELLCOME COLLECTION, LONDON – PUBLIC DOMAIN

"Sindici del Collegio dei Signori Barbieri & professori di Chirurgia di Milano". Al centro, vi appare raffigurato, a nome di Agnelli, l'uomo delle vene nella medesima postura di quello di Minniti: di profilo, con il ginocchio sinistro poggiato su uno sgabello, e al di sotto una manicula che mostra il modo corretto di impugnare la lancetta, lo strumento utilizzato per il salasso; a sinistra dell'immagine è presente una dettagliata descrizione anatomica degli organi dalla canna del polmone ai genitali, mentre, a destra, sono elencate le principali arterie.

L'elemento di maggiore interesse della tavola di Moneta, ripreso poi da quella di Minniti, è la sua struttura a piani sovrapposti. Nella zona toracica, l'immagine risulta infatti costituita da quattro lembi di carta sollevabili in verticale, al di sotto dei quali si celano le parti anatomiche interiori. Il meccanismo delle alette mobili, insieme alla sovrapposizione dei due modelli iconografici dell'uomo delle vene e dello Zodiaco, rende la tavola di Minniti un esemplare unico di una categoria di stampe anatomiche note come *flap anatomies*[33].

33 Sulla produzione di stampe interattive nella prima età moderna, e in particolare di stampe anatomiche ad alette, si vedano Umberto Calamida, "Tavole anatomiche volanti

Sebbene le prime attestazioni di tali stampe sul mercato editoriale europeo risalgano già alla fine del Quattrocento, la loro diffusione in ambito anatomico si ha soltanto a partire dal 1538, quando in Germania cominciano a circolare ad opera di Heinrich Vogtherr e Jobst de Negker tavole anatomiche di corpi maschili e femminili con il torso apribile[34]. Tali immagini, inizialmente fogli sciolti utilizzati come sussidi didattici nelle aule di dissezione o esposti nelle collezioni private, fanno la loro prima apparizione nei trattati anatomici grazie a Vesalio, che le impiega dapprima nella *Fabrica* e poi nell'*Epitome*[35].

Le tavole mobili e apribili, vere e proprie sculture di carta, rappresentano per Vesalio un primo tentativo di superamento dei limiti della rappresentazione bidimensionale, incapace di restituire sulla pagina la complessità e la materialità del corpo umano. Come ha sottolineato Thisbe Gensler in un saggio sulle rappresentazioni multidimensionali del corpo, già Leonardo da Vinci in realtà aveva nei suoi disegni tentato di imprimere su carta, in tutte le sue sfaccettature, l'anatomia umana, servendosi di immagini sequenziali in cui il corpo, al pari di una macchina, veniva scomposto, ruotato, analizzato in ogni fibra e frammento, dall'esterno verso l'interno, fino a raggiungere lo scheletro[36]. I *flap anatomies* portano la visione poliprospettica leonardiana a uno stadio successivo, che acuisce la percezione della verticalità e profondità del corpo.

Esperire l'immagine anatomica non solo osservandola ma interagendo con essa, aprendola e chiudendola a piacimento, segna il passaggio da una conoscenza prettamente visuale a una di tipo tattile, più vicina insomma all'esperienza di una reale anatomia, che coinvolge più sensi. Per la loro tangibilità, i *flap anatomies* riflettono dunque l'idea della scoperta del corpo anatomico come esperienza multisensoriale, autoptica e aptica insieme, riattivando quella che Carla Bino ha definito sinestesicamente "visualità tattile"[37]. La studiosa si serve di tale binomio sensoriale in riferimento alle icone religiose medievali, immagini che vengono esperite tramite la loro materialità e che sono "percepite

a piani sovrapposti del secolo XVII," in *Atti del III Congresso Nazionale della Società italiana di storia delle scienze mediche e naturali*, Venezia 1925 (Firenze: Olschki, 1926), 133–9; Leroy Crummer, "A check list of anatomical books illustrated with cuts with superimposed flaps," *Bull. Med. Libr. Assoc.* 20, no. 4 (Aprile 1932): 131–39; Suzanne Karr Schmidt, *Interactive and Sculptural Printmaking in the Renaissance* (Leiden: Brill, 2017).

34 Carlino, "Paper Bodies": 1–352.

35 Andrea Vesalio, *Andreae Vesalii Bruxellensis, scholae medicorum Patavinae professoris, suorum de humani corporis fabrica librorum epitome* (Basilea: Johannes Oporinus, 1543).

36 Thisbe Gensler, "Interior Visions: Representing the Body in Three Dimensions," in *Flesh and bones. The Art of Anatomy*, ed. Monique Kornell (Los Angeles: Getty Research Institute, 2022), 83–94.

37 Carla Bino, "Immagine e visione performativa nel Medioevo," *Drammaturgia* 11, no. 1 (2014): 335–46.

come corpi o simili ai corpi, per cui si muovono, parlano, possono essere ferite e sanguinare o piangere"[38]. Adottando il termine 'icona' nell'accezione con cui lo intendono gli storici dell'iconografia bizantina, cioè come sinonimo di 'performance', nel senso di immagine infusa di capacità vitalistiche e agentive, è possibile estenderne con cautela l'uso agli stessi *flap anatomies*[39]. Attivando quella che Suzanne Schmidt definisce "auto-didactic viewership"[40], l'artificio delle alette coinvolge infatti il fruitore in una sorta di *mimesis* chirurgica, una "virtual dissection"[41] (simulata anche diacronicamente nelle sue diverse fasi), che lo porta progressivamente a sostituirsi all'anatomista e a servirsi delle dita come di uno scalpello per disvelare, apprendere e memorizzare, strato dopo strato, gli organi interni. L'esperienza anatomica, incorporata nell'immagine, è così riproposta, *re-enacted*, in una prospettiva euristica e viscerale, nel senso anatomico e metaforico, corporeo e incorporeo, ripreso da Hillman.

I *flap anatomies* s'inscrivono infatti nella categoria della visceralità in quanto rappresentazioni di una visione del corpo nei suoi latiboli "aperti" dal bisturi che ha significative ricadute conoscitive sul fruitore. Nella prospettiva, *ante litteram* "radiografica", offerta dai *flaps*, il motivo dell'apertura tuttavia non interessa le sole strutture della *fabrica*, ma coinvolge l'intera "cosmografia interiore" nel suo dispiegarsi "fra l'invisibile celeste e il discernibile terrestre"[42]. Sebbene infatti Minniti concepisca le viscere in un'accezione prevalentemente medica come luogo fisico "al di dentro"[43] del corpo, l'illustrazione posta in apertura alla sua opera allude anche a una dimensione interiore immateriale, ricostruibile attraverso le connessioni tra corpo terrestre e celeste. Per Minniti l'endoscopia anatomica, condotta secondo i principi di armonia che regolano i rapporti tra mondo sublunare e astrale, agisce pertanto a vari gradi di profondità, sul modello degli antichi che "sottoposero à Pianeti ogni Membro [...], e penetrando *più avanti* schiusero gl'arcani più reconditi della Natura"[44].

Un esempio efficace per comprendere quanto anche un'illustrazione anatomica, soprattutto a uso didattico non-professionale, possa dischiudere più livelli, concreti e astratti, di interiorità è rappresentato dalle tavole anatomiche dei proto-parenti, assunti quali modelli archetipici dell'uomo e della donna nei primi *flap anatomies*. Tra i più celebri, ricordiamo quelli inclusi nell'opera

38 Bino, "Immagine e visione performativa," 335.

39 Bissera V. Pentcheva, "The Performative Icon," *The Art Bulletin* 88, no. 4 (Dicembre 2006): 631–55. Anche Carlino le definisce 'anatomical icons' in "Paper Bodies" 74.

40 Schmidt, *Interactive and Sculptural Printmaking in the Renaissance*, 1.

41 Gensler, "Interior Visions", 85.

42 Camporesi, *Le officine dei sensi*, 114.

43 Minniti, *Armonia*, 6.

44 Minniti, *Armonia*, 11. Il corsivo è mio.

di Johann Remmelin (1583–1632), il *Catoptrum microcosmicum*[45] (1619), e realizzati dall'incisore Lucas Kilian (fig. 4.4). Questi si basano su un meccanismo articolato di alette mobili, non circoscritto alla sola zona toracico-addominale, come nella maggioranza degli esemplari appartenenti al genere, ma esteso alle pudende. Si prospetta così la possibilità di mettere a nudo, sollevando un lembo di carta, anche quelle parti anatomiche solitamente associate al peccato e dunque soggette a censura. Ne consegue il prevalere sull'intento didattico-dimostrativo di una lettura moralizzata, a scopo edificante, di quei luoghi viscerali che alludono al dibattito teologico sulla nudità, un concetto inteso nella sua ambivalenza fisica e spirituale.

Dominique Brancher, la quale ha inscritto le figure anatomiche di Adamo ed Eva al crocevia tra tre domini: anatomico, teologico ed erotico, riconnette infatti alla nudità esteriore una "nudité superlative"[46], interiore, "anatomique et moral[e]", di fronte alla quale "le spectateur est invité à acquérir des connaissances sur sa constitution (créé à l'image de Dieu) et à méditer sur sa condition de pécheur (qui a abîmé sa ressemblance avec Dieu), en somme à porter un regard chaste sur sa double nature[47]." Nudità del corpo e nudità dentro il corpo concorrono a determinare la scelta di utilizzare i protoparenti, prototipi di perfezione fisica e morale, come modelli anatomici. Nel ricorso al corpo prelapsario si ravvisa infatti una tendenza, propria di tutta l'iconografia anatomica di prima età moderna, a servirsi di modelli iconografici classici o cristiani, corpi sani e canonici su cui, in coerenza con il *topos* rinascimentale dell'*homo perfectus*[48], ancora vigente in età barocca almeno fino all'avvento dell'anatomia patologica, si dimostra l'anatomia *ad maiorem Dei gloriam*, come strumento di esaltazione del Creatore attraverso la creatura.

Il confronto con il corpo innocente e perfetto tuttavia prelude, e quasi enfatizza, il passaggio da "l'humanité paradisiaque à la bestialité"[49]. Brancher ha notato infatti come l'immagine medica di Adamo ed Eva, mutuando le sue

45 Johann Remmelin, *Catoptrum microcosmicum, suis aere incisis visionibus splendens cum historia, & pinace, de novo prodit* (Aubsburg: David Franck, 1619).

46 Dominique Brancher, "Adam dénudé. Le corps de la chute sous l'oeil de la médicine (1538–1680)," in *Adam, le premier homme*, ed. Agostino Paravicini Bagliani (Firenze: SISMEL Edizioni del Galluzzo, 2012), 320.

47 Brancher, "Adam dénudé," 316–17.

48 Mimi Cazort, "Anatomia, Homo Perfectus, and the Incorruptible Bodies of Saints: How anatomical Representation Influenced the Fine Arts," in *Natura-cultura. L'interpretazione del mondo fisico nei testi e nelle immagini.* Atti del Convegno Internazionale di Studi, Mantova, 5–8 ottobre 1996, a cura di Giuseppe Olmi, Lucia Tongiorgi Tomasi, Attilio Zanca (Firenze: Olschki, 200), 395–407.

49 Brancher, "Adam denudé", 316.

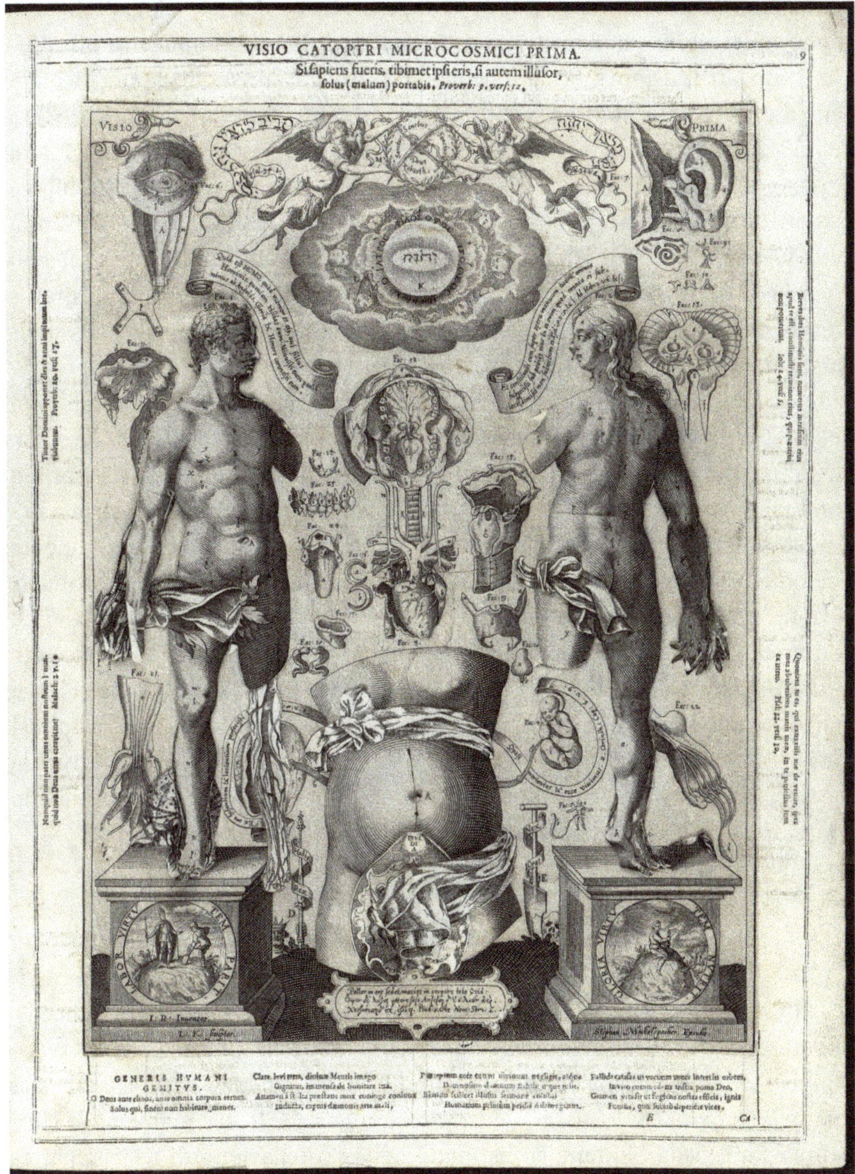

FIGURA 4.4 Lucas Kilian, *Visio Catoptri Microcosmici Prima*, incisione, in Johann Remmelin, *Catoptrum microcosmicum* [...] (1619), 9

strategie di rappresentazione dalla stampa erotica e dall'iconologia religiosa, generi nel fruitore sentimenti derivanti dalla perdita dell'innocenza primigenia: da un lato pulsioni erotiche che invitano alla trasgressione (azioni incoraggiate dal gioco delle alette); dall'altro un sentimento di pudore proprio dell'età della caduta. A rimarcare la distanza del corpo postlapsario dalla sua originaria perfezione, intervengono inoltre i numerosi addenda morali e cartigli biblici inscritti nell'immagine, contenenti ammonimenti e memoranda sulla vanità della vita umana ("Quoniam tu es, qui extraxisti me de ventre, spes mea ab uberibus matris meae in te proiectus sum ex utero Psal. 22, vers. 10"; "Breves dies Hominis sunt, numerus mensuum eius apud te est, constituisti terminos eius, qui praeteriri non potuerunt" Iob: 14, vers. 5).

Le tavole di Remmelin sono espressione di una concezione moralizzata dell'anatomia, che si fonda sulla visione del corpo "comme catalyseur de significations multiples (culturelles, sociales, symboliques)"[50]. Andrea Carlino pone tale concezione alla base di tutta l'iconografia anatomica di prima età moderna per giustificare quel processo metaforico, che abbiamo inizialmente richiamato, di sovrascrizione di temi morali e religiosi sul disegno anatomico. Si tratta di un processo di condensazione simbolica a cui non si sottraggono nemmeno le opere didascaliche di Moneta e Minniti. Entrambi concepiscono infatti l'apertura del corpo come una forma di autoconoscenza, come si legge nelle intenzioni di Moneta, il quale dichiara di aver realizzato il "ritratto [di] tutti gl'Interiori del Corpo Humano, & le Vene", al duplice scopo di "rinovare la memoria a chi qualche fiata ne' corpi l'ha vedute" e di invitare l'uomo "a nobile contemplazione e conoscimento di se stesso"[51].

3 *In visceribus Christi*: una "sacra anatomia"

Se l'innesto di temi morali e religiosi sul corpo anatomico è un procedimento sotteso a tutta l'anatomia di prima età moderna, più inusuale è invece il percorso *à rebours* tracciato dal teatino Vittorio Amedeo Barralis nella sua *Anotomia sacra per la novena della Santa Sindone*[52]. Il suo manuale di contemplazione della Sindone si distingue nella costellazione di testi appartenenti al filone della letteratura sindonologica, emersi sull'onda della prima

50 Carlino, "L'impératif métaphorique": 25.

51 Moneta, *Il vero ritratto*.

52 Un preliminare studio dell'opera è stato condotto da Armando Maggi, "Prayer Around His Body: Vittorio Amedeo Barralis's *Anatomia Sacra per la Novena della Santa Sindone* (1685)," in *Visibile Teologia. Il libro sacro figurato in Italia tra Cinquecento e Seicento*, a cura di Erminia Ardissino, Elisabetta Selmi (Roma: Edizioni di Storia e Letteratura, 2012), 149–61.

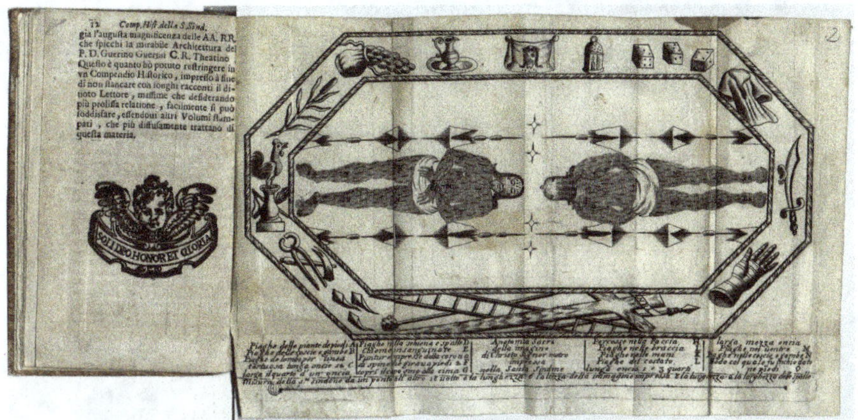

FIGURA 4.5 *Anotomia Sacra dell'imagine di Christo Signor nostro impressa nella Santa sindone*, in V.A. Barralis, *Anotomia sacra per la novena della santa Sindone* (1685)

ostensione pubblica della reliquia nel 1578, per una singolare impostazione medico-scientifica, che rende il sudario oggetto del suo discorso, prima ancora che teologico, anatomico. Sebbene infatti un precedente tentativo di descrizione scientifica della reliquia si ritrovi già nella più celebre *Esplicazione del lenzuolo ove fu involto il Signore* (1598)[53] di Alfonso Paleotti, il quale aveva tentato di ricondurre ogni segno presente sul lenzuolo a una ferita, è soltanto con Barralis che si profila la possibilità di anatomizzare l'immagine che del corpo del Nazareno si è impressa e tramandata.

Nella sua "sacra anatomia", la descrizione della Sindone è condotta pertanto *sub specie anatomica*, attraverso gli strumenti propri della dissezione. Oltre all'adozione di un modello settorio, con cui procedere alla disamina del corpo (disarticolato dalla testa ai piedi), si riscontra nell'opera un lessico anatomico della corporeità e l'inclusione, tipica dei trattati anatomici post-vesaliani, di sussidi iconografici. Rilevanti sono le tavole che aprono le due sezioni centrali del testo. La prima, intitolata 'Novena' e a sua volta suddivisa in 'affetti', è introdotta da una tavola (fig. 4.5) raffigurante la doppia immagine, accoppiata per la testa, del cadavere di Cristo impressa sul lenzuolo; la circonda una cornice ottagonale contenente tredici simboli che evocano un racconto o uno strumento della Passione (il gallo, i chiodi, la croce, ecc.). Le stigmate, ciascuna indicata con una lettera dell'alfabeto e descritta nella didascalia in basso, costituiscono l'oggetto di contemplazione della Novena, nove giorni di preghiera,

53 Alfonso Paleotti, *Esplicazione del lenzuolo ove fu involto il Signore* (Bologna: Eredi di G. Rossi, 1598).

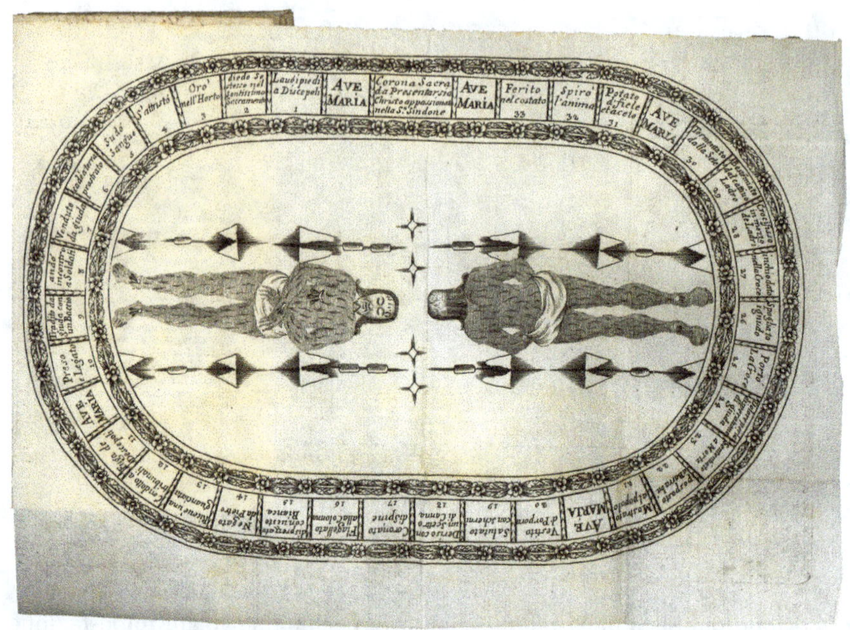

FIGURA 4.6 *Corona Sacra da Presentarsi a Christo appassionato nella S.a Sindone*, in V.A. Barralis, *Anotomia sacra per la novena della santa Sindone* (1685)

con i relativi esercizi di virtù e orazioni, in cui il penitente instaura un dialogo metodico con le parti del corpo di Cristo "appassionato": il capo trafitto, gli occhi bendati, le guance schiaffeggiate, la bocca amareggiata, le mani traforate, il costato ferito, il tergo flagellato, i piedi traforati; l'ultimo giorno, invece, si ricostruisce e adora Cristo nell'interezza del suo corpo piagato.

La contemplazione del sudario si conclude infine con una narrazione retrospettiva della Passione, condotta attraverso un esercizio di riattivazione delle "dolorose memorie"[54], a partire dalla ricostruzione delle ferite inferte al corpo divino.

Nella sezione conclusiva dell'opera, intitolata "Corona", Barralis recupera infatti una forma di devozione privata, nota come 'rosario della Passione', diffusa nelle confraternite religiose, che consiste nella narrazione, per ogni grano del rosario, di un mistero della storia evangelica. Le preghiere divengono così la cornice per meditare il racconto della morte e della resurrezione di Cristo,

54 Barralis, *Anotomia*, 14. Sulla memorabilità del corpo di Cristo si veda Andrea Torre, "'Rimirandolo coll'occhialino'. Piaga, straforo, protratto," *Testo. Studi di teoria e storia della letteratura e della critica*, no. 58 (lug.–dic. 2009): 35–56.

come mostra la tavola (fig. 4.6) che accompagna il testo, dove la Sindone appare stavolta attorniata da una cornice ovale contenente trentatré *Pater* (uno per ogni anno di vita terrena di Gesù) con interposte cinque Ave Maria. A ciascuna casella corrisponde un episodio evangelico associato a una delle piaghe di Cristo, mentre l'Ave Maria segna la fine di un'unità narrativa e di una sessione di preghiera.

La tradizione del rosario della Passione si regge sulla metafora, ricorrente in tutta la letteratura sindonologica, della Sindone come libro sacro (*liber vitae* o *liber crucis*)[55]. Ogni traccia impressa sul sudario racconta infatti una storia, non solo quella materiale dell'oggetto in sé (come gli aloni e le bruciature che ne dicono la prodigiosa sopravvivenza ai vari incendi[56]), ma anche quella evocata dall'immaginazione del fedele, che attraverso le macchie, definite da Didi-Huberman "indici di piaghe assenti"[57], ricostruisce il proprio racconto indiziario della Passione ed elabora *in absentia* la propria immagine interiore di Cristo. Nell'anatomia di Barralis, dove la Sindone è "libro di Vita posto sotto il torchio de' tormenti"[58], la metafora libraria sembra riflettersi persino nelle immagini che accompagnano l'opera: tavole pieghevoli a doppia pagina, la cui apertura sembra voler imitare il gesto di dispiegamento del lenzuolo e l'atto stesso di sfogliare un libro.

Per la sua materialità, il *linteum* è a tutti gli effetti icona anatomica e religiosa, soprattutto se intendiamo il termine nel significato più profondo attribuitogli da Carla Bino, e cioè come "memoria del corpo e prova di un fatto"[59]. La Sindone è infatti testimonianza visibile del martirio, la cui narrazione si concreta nella traccia corporea del sangue, prova anatomica – e pertanto oggetto di credenza – del mistero dell'unione ipostatica e dell'esistenza storica di Cristo. Il valore documentale dell'immagine sindonica si chiarisce soprattutto in riferimento al suo statuto iconologico, a cui Barralis dedica un'ampia riflessione nella sezione incipitaria dell'opera. L'autore riconduce infatti la

55 Ne' *Il commentario* (in *Panegirici sacri*, Venezia: Turrini, 1626, 98), Emanuele Tesauro descrive la Sindone come un libro che ha "per Autore lo stesso Re del Cielo, per Carta il lino, per inchiostro il Sangue, per caratteri le Immagini".

56 Il riferimento va ai due incendi del 1532 e del 1997, il primo scoppiato nella Sainte-Chapelle di Chambéry la notte tra il 3 e 4 dicembre e il secondo avvenuto nella Cappella della Sindone a Torino la notte dell'11 e 12 aprile. Per una storia esaustiva della reliquia si vedano Gian Maria Zaccone, *La Sindone. Storia di una immagine* (Milano: Paoline Editoriale Libri, 2010); Andrea Nicolotti, *Sindone: storia e leggenda di una reliquia controversa* (Torino: Einaudi, 2015); Paolo Cozzo, *La Sindone e i Savoia* (Torino: CELID, 2015).

57 Georges Didi-Huberman, *L'immagine aperta. Motivi dell'incarnazione nelle arti visive* (Milano: Mondadori, 2008), 169.

58 Barralis, *Anotomia*, 54.

59 Bino, "Immagine e visione", 343.

Sindone alla tradizione delle immagini acheropite[60], affiancandola ad altre due celebri icone miracolose: la Veronica e il *mandylion*, l'autoritratto donato al re siriano Abgar da Cristo in persona. Si tratta di immagini non realizzate da mano d'uomo, ma prodottesi attraverso un atto di autoimpressione della sagoma divina su una superficie; un contatto che, secondo l'iconologia bizantina, garantisce il tramandamento della fisionomia di Cristo senza alterazioni della natura divina[61]. Non copia ma *charakter* ("impronta"), la Sindone appare pertanto agli occhi del fedele non soltanto come un simulacro di Cristo, ma a tutti gli effetti come un corpo che si può anche dissezionare, scomporre in immagini atte alla meditazione, una operazione che risente verosimilmente del modello di visualizzazione dei *loci* ignaziani[62].

Molteplici studi sono stati dedicati alla natura somatica e impressiva del sudario. Didi-Huberman, per esempio, ha definito la Sindone "immagine incarnata"[63] della presenza/assenza del divino, mentre Andrew Casper, dopo averla ricondotta al genere delle "reliquie sanguinanti", allude anche alla sua portata rivoluzionaria in ambito anatomico: il tracciato del sangue sul lenzuolo comproverebbe infatti le moderne teorie sulla cinetica del sangue, mostrando come esso sgorghi non solo dal cuore, ma da tutto il corpo[64].

In quanto rappresentazione del sistema circolatorio di Cristo, riesce agevole ascrivere la Sindone al novero delle immagini viscerali. Tuttavia, per il suo valore cultuale, essa è espressione di una visceralità che ha innanzitutto una valenza teologica[65]. Teodoro De Giorgio ha evidenziato infatti come il termine 'viscere' realizzi massimamente la sua polisemia proprio nelle Sacre Scritture, dove esso solitamente compare, oltre che in riferimento alle "profondità

60 Andrea Pinotti, Antonio Somaini, *Cultura visuale. Immagini, sguardi, media, dispositivi* (Torino: Einaudi, 2016), 239.

61 Per la concezione della Sindone come autoritratto si veda Armando Maggi, "The Word's Self-Portrait in Blood: The Shroud of Turin as Ecstatic Mirror in Emanuele Tesauro's Baroque Sacred Panegyrics," *The Journal of Religion* 85, no. 4 (Ottobre 2005), 582–608.

62 Jacques Le Brun, "P.-A. Favre, Ignace de Loyola. Le lieu de l'image. Le problème de la composition de lieu dans les pratiques spirituelles et artistiques jésuites de la seconde moitié du XVIe siècle," *Revue de l'histoire des religions* 210, no. 4 (1993): 488–90.

63 Didi-Huberman, *L'immagine aperta*, 45.

64 Andrew Casper, "Blood Kinetics and Narrative Performance in Early Modern Devotions to the Shroud of Turin," *The Sixteenth Century Journal. The Journal of Early Modern Studies*, L, No. 2, (2019): 371–97: 380, 385. La cinetica ematica impressa sul lenzuolo ha reso oggi possibile la ricostruzione dell'immagine tridimensionale del corpo di Cristo nella scultura contemporanea *L'uomo della Sindone*, realizzata da Sergio Rodella in collaborazione con l'équipe scientifica dell'Università e dell'Azienda ospedaliera di Padova.

65 Sul significato teologico delle viscere cfr. Teodoro De Giorgio, "L'invenzione dell'iconografia *in visceribus Christi*. Dai prodromi medievali della devozione cordicolare alla rappresentazione moderna delle viscere di Cristo," *Comunicazioni dell'Istituto di Storia dell'Arte di Firenze* LXI, no. 1 (2019): 75.

mistiche" di Dio, in associazione a un sentimento propriamente cristiano come la misericordia, espresso attraverso la formula ricorrente "in visceribus Christi" (che significa 'commuoversi visceralmente').

Del resto, proprio un sentimento viscerale di generale commozione deve aver investito i fedeli che hanno ammirato e contemplato la Sindone, come attesta una lettera del gesuita Francesco Adorno che, nel registrare le reazioni del pubblico – grida, lacrime, giubilo e stupore – in occasione della prima ostensione avvenuta a Torino, riferisce della grande e "maravigliosa commozione interiore" avvertita da ogni uomo al cospetto della "sacra et divina effigie"[66]. Lo stesso sentimento di "commozione di viscere"[67] fu provato – secondo Barralis – dalla Vergine alla vista del figlio sfigurato.

Ma le viscere sono anche sede della fede più autentica, meta agognata di un percorso di guarigione ed espiazione che Barralis sovrappone all'esperienza contemplativa della Sindone. Fine del "fruttuoso esercizio di devozione"[68] è infatti la salute (nella doppia accezione del lat. 'salus') dell'anima del penitente, sanata dalle sue infermità da Cristo in persona. "Esercitando le parti di Medico" – scrive Barralis – Cristo "non solo [applica] opportuni rimedi, ma per curarci ripiglia [...] sopra di [sé] li dolori, e con le [sue] piaghe sana le nostre ferite"[69]. Il corpo divino, e la sua impronta, appaiono dunque intrisi di proprietà terapeutiche, per cui il sangue diviene un "collirio"[70] con cui lavare via i peccati dell'uomo, "salutifero balsamo" per le sue "viceri incancherite"[71]. Il sangue, corrotto, eccedente e quindi destabilizzante per l'equilibrio degli umori, espulso col salasso, è così purgato, quasi per sacra trasfusione, da quello salvifico e redentore di Cristo, che predispone l'anima ad accogliere l'"Angelico cibo"[72] della mensa eucaristica[73].

Sia l'immagine anatomica di Minniti – destinata a un pubblico eterogeneo di anatomisti, studenti, curiosi, collezionisti, ecc. – sia quella cultuale di Barralis – diffusa perlopiù presso un pubblico di devoti e religiosi – costituiscono media conoscitivi di un soggetto assente, il corpo, che, tuttavia,

66 La lettera (*Descrizione del viaggio di S. Carlo Borromeo per visitare la Santa Sindone*) del Padre Francesco Adorno, datata 23 ottobre 1578, è trascritta integralmente in Pietro Savio, "*Pellegrinaggio di San Carlo Borromeo alla Sindone di Torino*," *Aevum* 7, 4 (Ottobre–Dicembre 1933), 434.

67 Barralis, *Anotomia*, 118.

68 Barralis, *Anotomia*, 13.

69 Barralis, *Anotomia*, 55.

70 Barralis, *Anotomia*, 41.

71 Barralis, *Anotomia*, 60.

72 Barralis, *Anotomia*, 66.

73 Sulle virtù taumaturgiche del sangue di Cristo si veda Piero Camporesi, *Il sugo della vita. Simbolismo e magia del sangue* [1984] (Milano: Il Saggiatore, 2017).

evocato nella sua materialità attraverso una immagine vicaria, è chiamato a farsi interprete di una storia collettiva e personale. Il processo conoscitivo mediato da tali immagini si situa infatti all'interno di una cornice esperienziale, performativa, come si è visto nei *flap anatomies*, il cui dispositivo di apertura dà vita a una immedesimazione del fruitore con la figura del chirurgo. Effetti analoghi produce la vista della Sindone, la cui contemplazione sollecita la compartecipazione del fedele al dramma della Passione, coinvolgendolo in una sorta di *imitatio Christi*.

Tali forme di accesso al corpo permettono di intendere la visceralità anche come un fenomeno di costruzione e definizione di sé attraverso la mediazione dell'alterità. Esplorare e toccare il corpo dell'altro, sia esso umano o divino, significa infatti innanzitutto accedere, per via speculare, a una dimensione interiore che è normalmente preclusa, sondabile soltanto attraverso una sua riproduzione. Da qui, l'insistenza di Moneta sulla veridicità ('Il vero ritratto'), ossia l'esattezza, del suo ritratto anatomico, proposto quale modello di universale intelligibilità per chiunque desideri conoscersi. Se la verosimiglianza è la *conditio sine qua non* dell'immedesimazione, non sorprende che sia proprio lo specchio, allegoria dell'anatomia nella prima età moderna[74], il principale strumento responsabile dello slittamento dello sguardo dal corpo-osservato al corpo-osservatore. Su questa dialettica, il *Catoptrum microcosmicum*, 'Specchio microcosmico', imposta la corrispondenza tra anatomia e *sui cognitio*, una simmetria che il medico tedesco Christoph von Hellwig (1663–1721) nel riproporre, a circa un secolo di distanza, i nudi anatomici incisi da Kilian, tematizza fin dal titolo del suo *Nosce te ipsum, vel anatomicum vivum* (1720)[75].

La medesima logica di osservazione speculare ricorre nell'anatomia di Barralis, dove, in deroga al naturale regime scopico vigente tra Dio-riguardante e uomo-guardato, lo scrutinio interiore, di norma attribuito a Dio e paradigmaticamente rappresentato dall'atto di apertura delle viscere[76], e in particolare

74 Si vedano i frontespizi dei trattati anatomici di Giulio Cesare Casseri, *Tabulae anatomicae* [1627] (Frankfurt: Mattheus Merian, 1632) e di Christoph von Hellwig, *Nosce te ispum, vel Anatomicum Vivum* (Frankfurt & Leipzig: Hieronymus Philippus Ritschel, 1720), dove l'anatomia è raffigurata come una donna che regge uno specchio.

75 Hellwig, *Nosce te ispum*. L'apoftegma delfico appare anche inscritto, in maniera meno evidente, su un teschio presente nel frontespizio del *Catoptrum microcosmicum*. Il riferimento allo specchio si apprezza anche in un altro raro esemplare di uomo *delle vene*, stampato a Parigi e conservato presso la Wellcome Collection, significativamente intitolato *Katoptron*, con il sottotitolo *Speculum venarum & arteriarum*: https://wellcomecollection.org/works/sfvd2j2c/images?id=dm8brmgu.

76 Come riporta Camporesi (*Le officine dei sensi*, 139), nella predica v delle sue *Prediche quaresimali* (Venezia: Gasparo Storti, 1682, 55), il barnabita Romolo Marchelli istituisce un parallelo tra il Cristo della Parusia e un "perito Notomista, con la mano di ferro armata

del cuore ("à penetrar li più secreti nascondigli del cuore"[77]), è demandato all'uomo che, ammesso ad accedere al *Corpus Christi*, di cui è immagine, "rimira [...] con l'occhio contemplativo un specchio senza macchie"[78]. Pur rappresentando declinazioni differenti della visceralità, entrambe le anatomie di Minniti e Barralis estendono dunque il discorso sull'interiorità ben oltre i confini della disciplina anatomica per intersecare dimensioni etiche e spirituali.

Bibliografia

Letteratura primaria

Arcudi, Alessandro Tommaso. *Anatomia degl'Ipocriti*. Venezia: Albrizzi, 1699.

Barralis, Vittorio Amedeo. *Anatomia sacra per la novena della santa Sindone*. Torino: Eredi Gianelli, 1685.

Bellini, Lorenzo. *Discorsi di anatomia*. Firenze: Francesco Moücke, 1741, I.

Blankaart, Steven. *Lexicon medicum renovatum*. Lugduni Batavorum: apud Samuelem Luchtmans, 1717.

Cartesio. *Le passioni dell'anima* [1649], a cura di Salvatore Obinu. Milano: Bompiani, 2000.

Casseri, Giulio Cesare. *Tabulae anatomicae* [1627]. Frankfurt: Mattheus Merian, 1632.

Castelli, Bartolomeo. *Lexicon Medicum Graeco-Latinum*. Roterodami: apud Arnoldum Leers, 1657.

Crooke, Helkiah. *Mikrokosmographia, or a Description of the Body of Man* [1615]. London: Thomas and Richard Cotes, 1631.

D'Amato, Cinzio. *Nuova, et utilissima prattica di tutto quello ch'al diligente barbiero s'appartiene*. Napoli: Ottavio Beltrano, 1630; Napoli: Geronimo Fasulo, 1671.

D'Amato, Cinzio. *Prattica nuova, et utilissima di tutto quello, ch'al diligente barbiero s'appartiene: cioe di cavar sangue, medicar ferite; & balsamar corpi humani. Con altri mirabili secreti, e figure*. Venezia: Gio. Battista Brigna, 1669.

Della Porta, Giovambattista. *Physiognomoniae coelestis libri sex*. Rothomagi: sumptibus Ioannis Berthelin, 1650.

Marchelli, Romolo. *Prediche quaresimali*. Venezia: Gasparo Storti, 1682.

in alto, che sembra di carnefice, ed è di Giudice" che "per espor di fuori ciò che stà dentro" scruta i peccati in "tutte le viscere" (55). L'omologia tra l'atto di penetrazione chirurgica e lo sguardo onnisciente di Dio è analogamente rappresentata in un emblema (VII. *Scrutator Es Tu*, 13) del *Cardiomorphoseos sive ex corde desumpta emblemata sacra* (Verona: Bartolomeo Merlo, 1645) di Francesco Pona, dove il Divus Amor è raffigurato come un anatomista che disseziona un cuore.

77 Barralis, *Anotomia*, 23.

78 Barralis, *Anotomia*, 55.

Minniti, Francesco. *Armonia astro-medico-anatomica*. Venezia: Valvasense, 1690.

Moneta, Antonio. *Il vero disegno degl'interiori del corpo umano: con instruttione, e regola, per sapere bene tagliare le vene in tutte le parti del detto corpo humano, secondo l'opinione de' medici antichi, & moderni più famosi / Di nuovo raccolte, & date in luce da Antonio Moneta*. Milano: Federico Agnelli, post 1663.

Paleotti, Alfonso. *Esplicazione del lenzuolo ove fu involto il Signore*. Bologna: Eredi di G. Rossi, 1598.

Pona, Francesco. *Cardiomorphoseos sive ex corde desumpta emblemata sacra*. Verona: Bartolomeo Merlo, 1645.

Remmelin, Johann. *Catoptrum microcosmicum*. Aubsburg: David Franck, 1619.

Ricco, Daniel. *Ristretto anotomico, o sia Alleanza degl'astri con l'huomo, e vegetabili. Fatica laboriosa de' medici, e chirurghi primati di Spagna, ad effetto di sollevare le oppressioni malediche di morbi incurabili, ... Hauuto per gratia nello stesso hospitale, e dispensato da noi Daniel Ricco*. Venezia: Francesco Valvasense, 1690.

Scarlattini, Ottavio. *L'uomo, e sue parti figurato* [...]. Bologna: Giacomo Monti, 1684.

Tesauro, Emanuele. *Il commentario*, in *Panegirici sacri*. Venezia: Turrini, 1626.

Valverde, Juan. *La anatomia del corpo umano composta da m. Giouanni Valuerde* [1556]. Venezia: Giunti, 1586.

Vesalio, Andrea. *Andreae Vesalii Bruxellensis, scholae medicorum Patavinae professoris, suorum de humani corporis fabrica librorum epitome*. Basilea: Johannes Oporinus, 1543.

Vesalio, Andrea. *De humani corporis fabrica libri septem*. Basilea: Johannes Oporinus, 1543.

Von Hellwig, Christoph. *Nosce te ispum, vel Anatomicum Vivum*. Frankfurt & Leipzig: Hieronymus Philippus Ritschel, 1720.

Letteratura secondaria

Bino, Carla. "Immagine e visione performativa nel Medioevo." *Drammaturgia* 11, no. 1 (2014): 335–46.

Bisello, Linda. "'Intus et extra idem': l'anatomia morale nella letteratura italiana moderna." *Lettere italiane*, 68, no. 1 (2016): 3–41.

Bisello, Linda. "'L'occhio della medicina': l'anatomia come strumento euristico nella cultura della prima età moderna." In *Letteratura e medicina*, a cura di Maria Di Maro e Valeria Merola, 59–76. Pisa: ETS, 2023.

Bisello, Linda, Bollini, Sofia, Iaccarino, Imma, Schellino, Margherita, "La 'Biblioteca anatomica' (1552–1699): consistenza e ragioni di un corpus. Un repertorio di testi del Seicento italiano tra medicina e letteratura." *Museo Galileo* (2025, in pubblicazione).

Brancher, Dominique. "*Adam dénudé. Le corps de la chute sous l'oeil de la médicine* (1538–1680)." In *Adam, le premier homme*, a cura di Agostino Paravicini Bagliani, 315–342. Firenze: SISMEL Edizioni del Galluzzo, 2012.

Calamida, Umberto. "Tavole anatomiche volanti a piani sovrapposti del secolo XVII." In *Atti del III Congresso Nazionale della Società italiana di storia delle scienze mediche e naturali.* Venezia 1925. Firenze: Olschki, 1926, 133–9.

Camporesi, Piero. *Il governo del corpo: saggi in miniatura.* Milano: Garzanti, 1995 e 2008.

Camporesi, Piero. *Il sugo della vita. Simbolismo e magia del sangue.* Milano: Il Saggiatore, 2017.

Camporesi, Piero. *La carne impassibile.* Milano: Il Saggiatore, 1985.

Camporesi, Piero. *Le officine dei sensi. Il corpo, il cibo, i vegetali. La cosmografia interiore dell'uomo. Le meraviglie degli elementi archetipi. Un'avventurosa esplorazione tra iconologia e antropologia.* Milano: Garzanti, 1985.

Carlino, Andrea. "L'impératif métaphorique. Quelques réflexions autour de l'illustration anatomique (XV–XVIII siècles)." *Traverse*, 3 (1993): 23–34.

Carlino, Andrea. *La fabbrica del corpo. Libri e dissezione nel Rinascimento.* Torino: Einaudi, 1994.

Carlino, Andrea. *Paper bodies. A catalogue of Anatomical fugitive sheets (1538–1687). Medical History*, Supplement no. 19. London: Wellcome Institute for the History of Medicine, 1999.

Carlino, Andrea. "Cadaveri, corpi metaforici, corpi memorabili." In *La bella anatomia. Il disegno del corpo fra arte e scienza nel Rinascimento*, a cura di Andrea Carlino, Roberto P. Ciardi e Annamaria Petrioli Tofani. 15–24. Milano: Silvana Editoriale, 2009.

Carlino, Andrea. "Knowe Thyself: Anatomical Figures in Early Modern Europe." *RES: Anthropology and Aesthetics* 27 (1995): 52–69.

Casali, Elide. "'Anatomie astrologiche'. Melotesia e pronosticazione (sec. XVI–XVII)." In *Anatome*, 161–72.

Casali, Elide. *Le spie del cielo. Oroscopi, lunari e almanacchi nell'Italia moderna.* Torino: Einaudi, 2003.

Casper, Andrew. *Blood Kinetics and Narrative Performance in Early Modern Devotions to the Shroud of Turin, The Sixteenth Century Journal. The Journal of Early Modern Studies*, L, no. 2 (2019): 371–97.

Cazort, Mimi. "Anatomia, Homo Perfectus, and the Incorruptible Bodies of Saints: How anatomical Representation Influenced the Fine Arts." In *Natura-cultura. L'interpretazione del mondo fisico nei testi e nelle immagini.* Atti del Convegno Internazionale di Studi, Mantova, 5–8 ottobre 1996, a cura di G. Olmi, L. Tongiorgi Tomasi, A. Zanca, 395–407. Firenze: Olschki, 2000.

Ciardi, Roberto Paolo. "Il corpo, progetto e rappresentazione." In *Immagini anatomiche e naturalistiche nei disegni degli Uffizi. Secc. XVI e XVII*, a cura di P. Ciardi, L. Tongiorgi Tomasi, 9–30. Firenze: Olschki, 1984.

Cozzo, Paolo. *La Sindone e i Savoia.* Torino: CELID, 2015.

Crummer, Leroy. "A check list of anatomical books illustrated with cuts with superimposed flaps," *Bull. Med. Libr. Assoc.* 20, no. 4 (Aprile 1932): 131–39.

De Giorgio, Teodoro. "L'invenzione dell'iconografia *in visceribus Christi*. Dai prodromi medievali della devozione cordicolare alla rappresentazione moderna delle viscere di Cristo." *Comunicazioni dell'Istituto di Storia dell'Arte di Firenze* LXI, no. 1 (2019): 75–103.

Didi-Huberman, Georges. *L'immagine aperta. Motivi dell'incarnazione nelle arti visive*. Milano: Mondadori, 2008.

Donato, Maria Pia. "Anatomia, autopsia, sectio: problemi di fonti e di metodo (secoli XVI–XVII)." In *Anatome. Sezione. scomposizione, raffigurazione del corpo nell'Età moderna*, a cura di Claudia Pancino and Giuseppe Olmi. Bologna: Bononia University Press, 2012, 137–60.

Gensler, Thisbe. *Interior Visions: Representing the Body in Three Dimensions*. In *Flesh and bones. The Art of Anatomy*, edited by Monique Kornell, 83–94. Los Angeles: Getty Research Institute, 2022.

Hillman, David. "Visceral Knowledge: Shakespeare, Skepticism, and the Interior of the Early Modern Body." In *The Body in Parts: Fantasies of Corporeality in Early Modern Europe*, edited by David Hillman and Carla Mazzio, 81–105. New York: Routledge, 1997.

Klestinec, Cynthia. *Theaters of Anatomy. Students, Teachers, and Traditions of Dissection in Renaissance Venice*. Baltimora: John Hopkins University, 2011.

Laurenza, Domenico. *La ricerca dell'armonia. Rappresentazioni anatomiche nel Rinascimento*. Firenze: Olschki, 2003, 15–30.

Maggi, Armando. "The Word's Self-Portrait in Blood: The Shroud of Turin as Ecstatic Mirror in Emanuele Tesauro's Baroque Sacred Panegyrics." *The Journal of Religion*, 85, no. 4 (Ottobre 2005): 582–608.

Maggi, Armando. "Prayer Around His Body: Vittorio Amedeo Barralis's *Anatomia Sacra per la Novena della Santa Sindone* (1685)." In *Visibile Teologia. Il libro sacro figurato in Italia tra Cinquecento e Seicento*, a cura di Erminia Ardissino, Elisabetta Selmi, 149–161. Roma: Edizioni di Storia e Letteratura, 2012.

Marcovecchio, Enrico. *Dizionario etimologico storico dei termini medici*. Firenze: Festina lente, 1993.

Nicolotti, Andrea. *Sindone: storia e leggenda di una reliquia controversa*. Torino: Einaudi, 2015.

Pennuto, Concetta. "La medicina astrologica: nascite, pesti e giorni critici." In *Interpretare e curare. Medicina e salute nel Rinascimento*, a cura di Maria Conforti e Andrea Carlino, Antonio Clericuzio, 55–75. Roma: Carocci, 2013.

Pentcheva, V. Bissera. "The Performative Icon," *The Art Bulletin* 88, no. 4 (Dicembre 2006): 631–55.

Pinotti, Andrea e Somaini, Antonio. *Cultura visuale. Immagini, sguardi, media, dispositivi.* Torino: Einaudi, 2016.

Savio, Pietro. "Pellegrinaggio di San Carlo Borromeo alla Sindone di Torino." *Aevum* 7, Fasc. 4 (Ottobre–Dicembre 1933): 423–45.

Sawday, Jonathan. *The Body Emblazoned: Dissection and the Human Body in Renaissance Culture.* London: Routledge, 1995.

Schmidt, Suzanne Karr. *Interactive and Sculptural Printmaking in the Renaissance.* Leiden: Brill, 2017.

Torre, Andrea. "'Rimirandolo coll'occhialino'. Piaga, straforo, protratto." *Testo. Studi di teoria e storia della letteratura e della critica*, no. 58 (lug.–dic. 2009): 35–56.

Van Delft, Louis. *Littérature et Anthropologie. Nature humaine et caractère à l'âge classique.* Parigi: PUF, 1993.

Zaccone, Gian Maria. *La Sindone. Storia di una immagine.* Milano: Paoline Editoriale Libri, 2010.

5

"La dextérité des mains sert avec avantage le génie": Jacques Fabien Gautier-Dagoty (1716–1785) tra scienza e arte

Chiara Piva

Jacques Fabien Gautier Dagoty è noto come uno dei primi incisori ad aver sperimentato la stampa in quadricromia in Francia nella prima metà del Settecento[1], ma rappresenta senza dubbio un caso interessante per comprendere i legami tra arte e scienza nel XVIII secolo, due ambiti del sapere percepiti, ancora per poco, vicini tra loro, nei quali seppe destreggiarsi abilmente, riuscendo a sfruttare le occasioni offerte dalle connessioni e sovrapposizioni di interessi tra le due discipline.

La biografia di Gautier Dagoty è piuttosto nota, anche perché lui stesso più volte ne rivendicò la peculiarità. Vale in ogni caso la pena ripercorrerla brevemente per mettere in evidenza alcuni aspetti in particolare. Jacques Fabien nasce nel 1716 a Marsiglia, dove morirà all'età di 70 anni. Momento cruciale della sua esistenza fu l'arrivo a Parigi nel 1736, dove giunse con l'intenzione di perfezionare l'arte dell'incisione[2].

La capitale francese alla metà degli anni Trenta rappresentava senza dubbio un ambiente molto stimolante per chi intendesse sperimentare nuove tecniche di incisione: già dai primi anni Venti infatti l'*entourage* del banchiere Pierre Crozat era animato da personaggi come Pierre-Jean Mariette che

1 Corinne Le Bitouzé, *Une entreprise familiale*, in *Anatomie de la couleur. L'invention de l'estampe en couleurs*, catalogo della mostra (Parigi 1996) a cura di Florian Rodari (Paris: Édition de la Bibliothèque Nationale de France, 1996), 100–105; Elisabeth Lavezzi, "Peinture et savoirs scientifiques. Le cas des Observations sur la peinture (1753) de Jacques Gautier d'Agoty," *Dix-huitième Siècle* 31 (1999): 233–47; Ulrike Boskamp, "Contre l'harmonie des couleurs: le comte de Caylus, Jacques-Fabien Gautier d'Agoty et le retour à l'ordre dans le coloris," in *La musique face au système des arts ou les vissicitudes de l'imitation au siècle des Lumières*, eds. Marie-Pauline Martin, Chiara Savettieri (Paris: Libr. Philosophique J. Vrin, 2014), 225–241; Corinne Le Bitouzé – Morwena Joly-Parvex, "Cadavre exquis. L'Ange anatomique de Jacques Fabien Gautier d'Agoty," *Revue de la BNF* 52 (2016): 106–118; Ruth Ezra, "Corpuscular conchology: Gautier's shells and the metaphorics of mezzotint," *Nuncius* 38, no. 1 (2023): 137–64.

2 Dettagliate notizie su questo periodo della vita di Gautier Dagoty sono riferite da lui stesso in *Lettres concernant le nouvel art de graver et d'imprimer les tableaux* (Paris: Imprimerie de Broulot, 1749), 1–32.

andavano percorrendo nuove possibilità nella riproduzione a stampa dei disegni o Anton Maria Zanetti di Girolamo, interessato alla riscoperta e messa alla prova della cinquecentesca xilografia a più legni. Negli anni Venti anche John Baptist Jackson aveva soggiornato nella capitale francese e qui era stato introdotto alla stampa con più matrici in chiaroscuro, una tecnica che ne farà uno dei più originali incisori del suo tempo[3].

Se dal punto di vista della storia della grafica si tratta con tutta evidenza di metodologie diverse da quella di Gautier Dagoty, mi sembra però evidente in una prospettiva comparatistica come questo tipo di esperienze fossero accomunate dalla necessità di superare i limiti imposti dalla tradizionale riproduzione calcografica, in particolare nella traduzione a stampa delle qualità tonali dei dipinti.

Gautier Dagoty a Parigi frequentò il laboratorio dell'incisore olandese Jacob Christoph Le Blon, che proprio in quello stesso anno si era trasferito nella capitale francese per trovare fortuna, dopo che la sua impresa di stampa in tricromia, impiantata a Londra a partire dal 1719, non aveva dato gli sperati frutti[4].

È questo il periodo in cui Le Blon preparava le stampe a colori dell'autoritratto di Van Dyck e di quello del cardinale De Fleury, sulla base delle quali acquisì il 12 ottobre 1738 il privilegio del Re per esercitare la propria arte in Francia. Non va dimenticato, a mio avviso, che le ardite sperimentazioni di questi incisori inizialmente erano rivolte anche al mondo dei conoscitori e collezionisti d'arte, dove però incontrarono enormi resistenze[5].

L'esperienza di Gautier nella stamperia di Le Blon rappresenta senza dubbio un elemento cruciale per la sua biografia, tanto discusso all'epoca, quanto

---

3 Valentine Toutain-Quittelier, "Antonio Maria Zanetti à Paris: l'inspiration retrouvée," *Revue de l'art* 157 (2007): 9–22; Evelina Borea, *Lo specchio dell'arte italiana. Stampe in cinque secoli* (Pisa: Edizioni della Normale, 2009); *La vita come opera d'arte. Anton Maria Zanetti e le sue collezioni*, catalogo della mostra (Venezia 2019) a cura di Alberto Craievich. Crocetta del Montello (Treviso: Antiga Edizioni 2019); Christian Tico Seifert, "John Baptist Jackson: un incisore inglese a Venezia," in *L'arte di tradurre l'arte. John Baptist Jackson incisore nella Venezia del Settecento*, catalogo della mostra a cura di O. Braides, G.M. Fara, A. Gichery (Venezia 2024) (Firenze: Olschki 2024), 15–35.

4 Hans Wolfgang Singer, "Jakob Christoffel Le Blon and his three-colour prints," *The Studio* 28 (1903): 261–271; Georges Wildenstein, "Jakob Christoffel Le Blon ou le *secret de peindre en gravant*," *Gazette des beaux-arts* 102, no. 56 (1960): 91–100; Otto M. Lilien, *Jacob Christoph Le Blon 1667–1741: Inventor of Three and Four Colour Printing* (Stuttgart: Anton Hiersemann, 1985); Dominic Bate, "Succeeding while failing: the tapestries of Jacob Christoph Le Blon that never were, 1725–1733," *Eighteenth-century studies* 54, no. 1 (2020): 143–167; Ad. Stijnman, *Jacob Christoff Le Blon and trichromatic printing* (Amsterdam: Ouderkerk aan den Ijssel Sound & Vision Publishers, 2020).

5 Su questo aspetto in particolare Singer, "Jakob Christoffel Le Blon and his three-colour prints"; Stijnman, *Jacob Christoff Le Blon*, XLII–XLIV, note 132–134.

ancora oggi percepito come problematico dagli studi sulla storia della grafica. Il francese per tutta la vita più volte ribadirà quanto fosse stato breve il suo alunnato presso Le Blon, per dimostrare l'autonomia d'invenzione e la peculiarità di esecuzione della propria tecnica di incisione[6].

Il problema di chi avesse inventato la stampa a colori sarà per Gautier un cruccio costante, un tema scottante periodicamente riacceso dai suoi detrattori e metodicamente difeso nelle sue pubblicazioni. La stampa periodica francese, dal *Mercure de France* al *Journal de Trévoux*, venne spesso coinvolta in polemiche dai toni aspri[7].

Non si trattava di una questione di poco conto considerato che Le Blon a Parigi aveva almeno altri tre allievi che aspiravano ad ereditare la sua tecnica, ma alla morte dell'incisore olandese nel settembre del 1741 fu proprio Gautier ad acquisirne il privilegio del Re[8].

Non è questa la sede per discutere le differenze tra la procedura adottata da Le Blon e quella di Gautier, mentre credo sia interessante sottolineare come anche Jacques Fabien esordì nella sperimentazione dell'incisione quadricromatica pensando di potersi affermare nel mondo dell'arte. Come era stato anche per Le Blon, i primi tentativi di Gautier sono dedicati alla stampa di traduzione dai dipinti: attraverso l'utilizzo di quattro lastre impresse in sequenza sullo stesso foglio (nera, blu, rossa e gialla) lo stampatore francese intendeva riprodurre le opere d'arte del passato, come la testa di San Pietro, una delle sue prime stampe a colori realizzata mentre era ancora presso l'atelier di Le Blon[9].

Nel 1741 Gautier esordiva pubblicamente incidendo a mezzatinta con colori due piccoli dipinti di Chardin, *Il giovane disegnatore* e *La ricamatrice*, oggi al National Museum di Stoccolma, provenienti dalla collezione Gersaint. Interessante mi sembra osservare come la stampa a colori riproducesse quasi

6 Secondo la testimonianza di Gautier la permanenza presso l'atelier di Le Blon a Parigi sarebbe durata solo 6 settimane (dal 24 aprile all'8 giugno 1738); cfr. "Lettre à M. de Boze," in *Mercure de France*, luglio 1749, 164–165.

7 Florian Rodari, "Jacob Christoph Le Blon l'œil trichrome," in *Anatomie de la couleur. L'invention de l'estampe en couleurs*, catalogo della mostra a cura di F. Rodari (Parigi 1996) (Paris: Édition de la Bibliothèque nationale de France, 1996), 61–65; Stijnman, *Jacob Christoff Le Blon*, LXVII–LXXV.

8 L'appartenenza del privilegio viene ribadita da Gautier molto frequentemente nelle sue opere; si veda per esempio l'*Avertissement* contenuto nell'*Essai d'Anatomie* del 1745 dove è riportato: "Le Sieur Le Blond étant mort sans avoir donné ce qu'il avoit promis sur l'Anatomie, le Sieur Gautier lui a été substitué dans le même Privilege".

9 Un esemplare è conservato presso la Bibliothèque Nationale de France, Estampes, Ef 19; cfr. Rodari (ed.), *Anatomie de la couleur*, scheda 86, 108.

esattamente le dimensioni reali dei due quadri, "Al naturale" avrebbero detto in quell'epoca[10].

Anche la scelta dell'opera da riprodurre testimonia delle ambizioni di Gautier in questo periodo: *Il giovane disegnatore*, un "Tableautin exquis", come lo definirono i fratelli Goncourt, era stato presentato da Chardin al Salon del 1738, riscuotendo notevole successo; il soggetto richiamava agli occhi degli osservatori dell'epoca la rappresentazione di un artista agli esordi[11], tema che poteva ben adattarsi anche alla situazione di Gautier.

L'incisione in quadricromia del dipinto venne prontamente celebrata dal *Mercure de France* dove si sottolineava: "Gautier fait tous les jours de nouveaux progrès dans ce nouvel Art d'imprimer les Tableaux; ses Ouvreges sont très recherchés et ont un fort grand débit"[12]. Nonostante le prime reazioni positive, queste sperimentazioni di stampa a colori non riuscirono ad affermarsi nel mondo dell'incisione di traduzione. Non c'è dubbio che l'ambizione fosse quella di risolvere una volta per tutte l'annosa questione, tanto cara in quell'epoca, della restituzione a stampa dei valori del colorito; altrettanto evidente mi pare il fatto che nel raffinato *milieu* dei collezionisti, e ancor più nel mondo dei conoscitori, la quadricromia non riuscì a convincere nemmeno gli osservatori più disponibili alla sperimentazione[13].

L'occhio del conoscitore del Settecento, esercitato alla pratica sulle stampe in nero, raffinato alla valutazione dei passaggi tonali, giocati nella modulazione delle diverse tecniche di incisione, doveva essere particolarmente suscettibile

---

10 Jean Siméon Chardin, *Le jeune dessinateur*, olio su tavola, Nationalmuseum of Stockholm, inv. NM 779. Il dipinto misura cm 18 × 15,5, mentre l'incisione di Gautier misura cm 20.8 × 15.4; cfr. *Anatomie de la couleur* 1996, scheda 89, p. 111; Jean Siméon Chardin, *La jeune Brodeuse*, olio su tavola, Nationalmuseum of Stockholm, inv. NM 778. Il dipinto misura cm 19 × 16,5, mentre l'incisione di Gautier misura cm 21.5 × 15.8.

11 Chiara Gauna, *Ricerche sul vero e sul naturale* (*1710–1740*), in *Sfida al Barocco. Roma, Torino, Parigi* (*1680–1750*), catalogo della mostra (Torino 2020) a cura di Michela di Macco, Giuseppe Dardanello, Chiara Gauna (Genova: Sagep Editori, 2020), 408–9.

12 *Mercure de France* (Janvier 1743): 149–150.

13 Delphine Burlot, "La querelle des antiquaires et des graveurs: l'antiquaire, l'artiste et l'illustration savante des antiquités," In *L'artiste et l'antiquaire : l'étude de l'antique et son imaginaire à l'époque moderne*, ed. Emmanuel Lurin, Delphine Morana Burlot, 127–142, 230 (Paris: Editions Picard, 2017); Chiara Piva, "Le copie a colori delle Varie pitture a' fresco dei principali maestri veneziani di Anton Maria Zanetti," *Arte Veneta* 72 (2015): 140–151; Chiara Piva, "*Non si può parlare che agli occhi*: cataloghi e libri d'arte a colori nel Settecento," *Ricerche di storia dell'arte* 133 (2021): 16–32. D'Alconzo, Paola. "'Il pregio delle opere antiche è il disegno e non già il colorito'. Ovvero, della scartata ipotesi di illustrare a colori le Antichità di Ercolano esposte. In *Reproduire la peinture antique du XVIIIe au XXe siècle. Le site, le monument, la copie et l'artiste*, edited by L. Cuniglio, N. Lubtchansky, C. Pouzadoux et S. Sarti, 95-122. Napoli: Centre Jean Bérard 2025.

alle inevitabili imprecisioni, al tratto meno fine e talvolta impastato della stampa a colori di questi anni.

Il confronto tra la mezzatinta stampata in quadricromia da Gautier (fig. 5.1), tratta dal dipinto di Jean François De Troy con *Susanna tra i vecchioni* e lo stesso soggetto inciso ad acquaforte in nero da Laurent Cars (fig. 5.2) rappresenta bene la questione in campo e restituisce credo in modo evidente il motivo per cui tra i conoscitori europei le sperimentazioni intorno al colore apparvero presto poco appetibili[14].

Gautier intuì però rapidamente quale potesse essere un segmento di mercato in cui la sua tecnica di stampa a colori era destinata a fare rapidamente presa, rivolgendosi al mondo della scienza e in particolare agli studiosi di anatomia.

Durante il XVI secolo, infatti, nei testi scientifici le illustrazioni erano diventate progressivamente parte integrante dell'emergere di un nuovo tipo di argomentazione, in cui l'elemento visivo assumeva un ruolo fondamentale per lo studio e l'analisi della natura[15]. Nel Seicento in qualche raro caso la stampa a colori veniva così introdotta nelle pubblicazioni degli anatomisti, con l'obiettivo di mettere in evidenza le parti interne del corpo[16].

Nel 1627, per esempio, Gaspare Aselli aveva pubblicato il suo *De lactibus sive lacteis venis*, dove per distinguere con maggior precisione i vasi latteali (o vasi chiliferi) dai vasi sanguigni e dai visceri, aveva introdotto quattro xilografie stampate in nero, rosso, seppia e marrone[17]. Grazie alla tecnica utilizzata, che

---

14 Incisione di J.F. Gautier Dagoty, *Susanna tra i vecchioni*, 1741c., cm 41 × 32,1, esemplare conservato presso la Bibliothèque National de France. Il dipinto è di Jean-François De Troy, *Suzanne et les veillards*, olio su tela, 1727, cm 81,5 × 65, Musée des Beaux-Arts de Rouen, inv. 891.3. L'incisione di Laurent Cars ha dimensioni 60 × 46,9 è realizzata ad acquaforte e bulino nel 1731, è conservata nella raccolta Cooper Hewitt presso lo Smithsonian Design Museum, n. 1931-94-75. Cfr. Alessia Rizzo, "Profilo di Laurent Cars (1699–1771)," in *La sfida delle stampe. Parigi Torino 1650–1906*, ed. C. Gauna, (Torino: Editris 2017), in part. 70–71.

15 Sachiko Kusukawa, *Picturing the Book of Nature. Image, Text, and Argument in Sixteenth-Century Human Anatomy and Medical Botany* (Chicago: The University of Chicago Press, 2012).

16 Kenneth B. Roberts, J.D.W. Tomlinson, *The fabric of the body: European traditions of anatomical illustration* (Oxford New York: Clarendon Press, 1992); Loris Premuda, *Storia dell'iconografia anatomica* (Milano: Ciba Edizioni, 1993), 228–230; Rifkin, Benjamin, *Human anatomy. Depicting the body from the Renaissance to today* (London: Thames & Hudson, 2011); Karin J. Ekholm, "Fabricius's and Harvey's representations of animal generation", *Annals of Science*, 67,3 (2010): 329–352, 350–352; Dániel Margócsy, *Commercial Visions. Science, Trade, and Visual Culture in the Dutch Golden Age* (Chicago & London: University of Chicago Press, 2014).

17 Gaspare Aselli, *De lactibus sive lacteis venis quarto vasorum mesaraicorum genere* (Milano: presso Giovanni Battista Bidelli, 1627). Le quattro xilografie a colori, che compaiono solo

FIGURA 5.1 Jacques-Fabien Gautier Dagoty, *Susanna tra i vecchioni*, da Jean-François De Troy, 1741c., cm 41 × 32,1, esemplare conservato presso la Bibliothèque National de France

FIGURA 5.2 Laurent Cars, *Susanna tra i vecchioni*, da Jean-François De Troy, acquaforte e bulino, 1731, cm 46.7 × 35.2 Cooper Hewitt, Smithsonian Design Museum

sfruttava diverse impressioni sovrapposte, veniva restituita una maggiore illusione di tridimensionalità: la prima lastra applicava l'inchiostro nero, lasciando ampi spazi bianchi per le parti più dettagliate; le impressioni successive aggiungevano dettagli e ombreggiature realizzati con gli inchiostri colorati.

Negli ultimi decenni del XVII secolo, come è noto, si era avviato un rinnovamento nel metodo di rappresentazione anatomica. L'*Anatomia humani corporis* di Govard Bidloo, pubblicato ad Amsterdam nel 1685 con incisioni di Gerard de Lairesse rappresenta bene questo mutamento nella direzione del superamento dell'opera di Andrea Vesalius e un'apertura a nuove istanze scientifiche. Le tavole di de Lairesse, infatti, costituiscono tra gli esempi più significativi di inedite inquadrature del corpo umano, ricavate direttamente dalla pratica delle dissezioni o dall'osservazione al microscopio, in cui caratteristiche anatomiche interne sono restituite con un marcato effetto realistico, tanto da voler includere la rappresentazione degli strumenti dell'anatomista, come pinze e divaricatori, quasi che il lettore venisse proiettato sul tavolo anatomico[18].

A sancire una nuova centralità delle illustrazioni è da notare la comparsa sui frontespizi del nome dell'artista illustratore e l'accostamento tipografico tra la parte discorsiva "demonstrata" e la prova iconografica "illustrata"[19].

In questo contesto mi sembra dunque particolarmente significativa l'esistenza di alcune copie colorate dell'opera di Bidloo, rimaste fino ad oggi inosservate. Non si tratta di incisioni a colori, ma di esemplari colorati dopo la stampa, come quello conservato presso la Columbia University Library[20] (fig. 5.3). Anche se non è possibile stabilire con esattezza quando questi esemplari vennero colorati, la raffinatezza con cui le incisioni sono illuminate, riproducendo con toni alternativamente compatti o trasparenti le diverse consistenze dei tessuti, costituisce una ulteriore prova di quanto nel mondo degli

---

nella prima edizione, sono state attribuite a Cesare Bassano, autore del frontespizio e del ritratto di Aselli inserito nell'opera, o al suo socio Domenico Falcini.

18 Ludwig Choulant, *History and Bibliography of Anatomic Illustration* (Chicago: Chicago University Press, 1920); Paule Dumaître, *La curieuse destinée des planches anatomiques de Gerard de Lairesse, peintre en Hollande: Lairesse, Bidloo, Cowper* (Amsterdam: Rodopi, 1982); Lyckle de Vries, *Gerard de Lairesse. An artist between stage and studio* (Amsterdam: Amsterdam University Press, 1998); Mechthild Fend, "Drawing the cadaver *ad vivum*: Gérard de Lairesse's illustrations for Govard Bidloo's *Anatomia Humani Corporis*," in *Ad vivum? Visual materials and the vocabulary of life-likeness in Europe before 1800*, eds. Thomas Balfe, Joanna Woodall, Claus Zittel (Leiden-Boston: Brill, 2019), 294–327.

19 Govard Bidloo, *Anatomia humani corporis, centum & quinque tabulis, per artificiossis. G. de Lairesse ad vivum delineatis, demonstrata, veterum recentiorumque inventis explicata plurimisque, hactenus non detectis* (Amsterdam: Someren, Dyk Boom, 1685).

20 La copia conservata presso la biblioteca della Columbia University è digitalizzata e messa a disposizione senza restrizioni https://clio.columbia.edu/catalog/14410773.

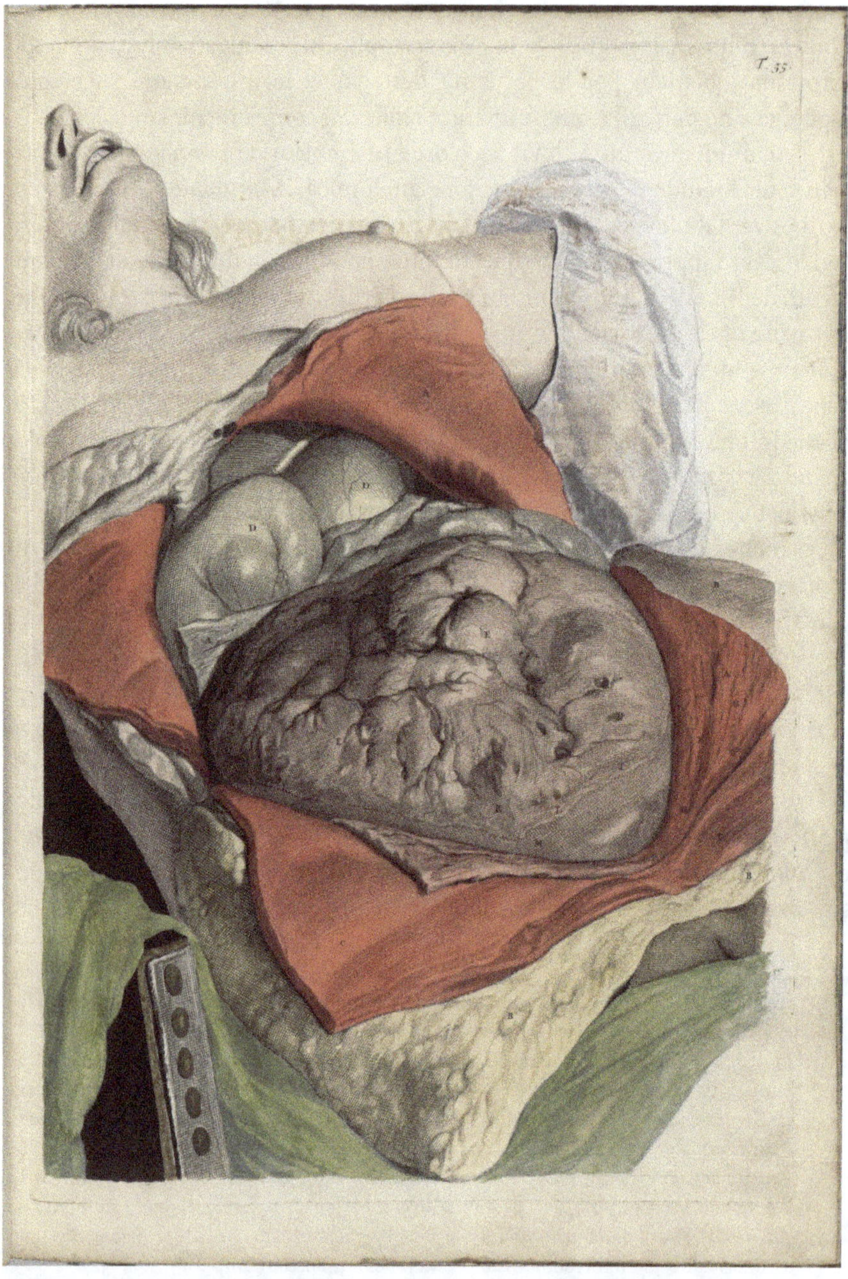

FIGURA 5.3 Govard Bidloo, *Anatomia humani corporis, centum & quinque tabulis, per artificiossis. G. de Lairesse ad vivum delineatis, demonstrata, veterum recentiorumque inventis explicata plurimisque, hactenus non detectis*, Amsterdam, Someren, Dyk, Boom, 1685, tav. 55 (copia colorata conservata presso Columbia University Library)

anatomisti stesse progressivamente affermandosi il bisogno di un nuovo modo di rappresentazione.

L'introduzione del colore nelle stampe anatomiche nei primi decenni del Settecento diventava progressivamente un aspetto cruciale per le pubblicazioni più innovative come quelle di Arent Cant, anatomista e appassionato collezionista di libri che nel suo *Impetus primi anatomici ex lustratis cadeveribus nati* del 1721 includeva sei tavole disegnate da lui stesso e stampate a colori[21].

Alla metà degli anni Trenta un altro allievo di Le Blon, Jan L'Admiral, avviava proficue collaborazioni con alcuni celebri anatomisti dell'epoca come Frederik Ruysch e Bernhard Siegfried Albinus illustrando i loro pamphlet con tavole a colori. Già nel 1736 per esempio la *Dissertatio de arteriis et venis intestinorum* di Albinus accoglieva una tavola stampata in tricromia da L'Admiral, dove l'uso del colore rappresentava un elemento essenziale per una maggiore chiarezza scientifica nella descrizione delle vene dei tessuti[22]. Nell'esordio lo scienziato stesso rivendicava questa particolarità: "Accidid quippe, ut egregius et industrius artifex Joannes Ladimiral ad me accederet, offeretque se ad icones vivis coloribus distinctas efficiendas, quadam picturae compendiariae specie"[23].

Non stupisce quindi che la prima pubblicazione anatomica di Gautier, *Essai d'Anatomie en tableaux imprimés* del 1745, contenga una lunga difesa della sua tecnica di stampa in quadricromia[24].

Basato sulle dissezioni anatomiche di Jacques-François Duverney, "Demonstrateur en Anatomie du Jardin du Roy" e dedicato a Monsieur De Lapeyronie, primo chirurgo del Re e Presidente dell'Accademia Reale di Chirurgia, il volume era in vendita presso l'atelier di Gautier in rue Saint Honoré. L'opera era costituita da otto tavole di grande formato stampate a colori, che

---

21 Arent Cant, *Impetus primi anatomici ex lustratis cadaveribus nati, quos propria consignavit manu Arent Cant, Medicinae Doctor. Lugduni Batavorum, Sumptibus Auctoris* (Amsterdam: Apud Petrum vander Aa, 1721) dove le tavole illustrative riportano in calce "A. Cant delineavit". Cfr. Peter Krivatsy, "Le Blon's Anatomical Color Engravings." *Journal of the History of Medicine and Allied Sciences* 23, no. 2 (April, 1968): 153–158; Stijnman, *Jacob Christoff Le Blon*, XLII.

22 Bernhard Siegfried Albinus, *Dissertatio de arteriis et venis intestinorum hominis. Adjecta icon coloribus distincta* (Leidae Batavorum: Theodore Haak; Amstelaedami: Jacobum Graal, & Henricum de Leth, 1736), dove la tavola è firmata "L'Admiral fecit". Cfr. Florian Rodari, "Mélanges anatomiques," in *Anatomie de la couleur. L'invention de l'estampe en couleurs*, catalogo della mostra a cura di F. Rodari (Parigi 1996) (Paris, Édition de la Bibliothèque nationale de France, 1996), 106–138.

23 Rodari, "Mélanges anatomiques," 1.

24 Jacques-Fabien Gautier Dagoty, *Essai d'Anatomie en tableaux imprimés qui representent au naturel tous les muscles de la Face, du Col de la Tête de la langue et du Larinx, d'après les Parties disséquées et preparées par Monsieur Duverney* (Paris: Chez Sieur Gautier, 1745).

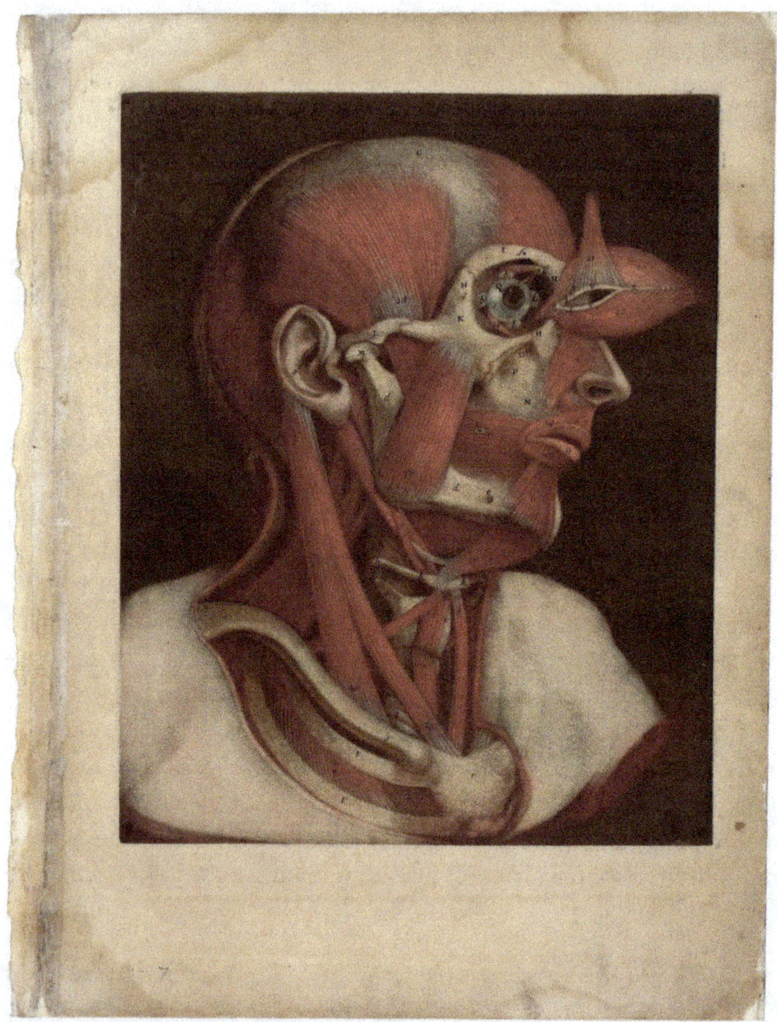

FIGURA 5.4 Jacques-Fabien Gautier Dagoty, *Essai d'Anatomie en tableaux imprimés qui representent au naturel tous les muscles de la Face, du Col de la Tête de la langue et du Larinx*, Paris: Chez Sieur Gautier, 1745, tav. 2
© INTERNET ARCHIVE CATALOGUE

riproducevano a grandezza naturale, "au naturel", la muscolatura interna della testa e del collo (fig. 5.4). A ciascuna tavola era associata una breve "explication"; la parte testuale era infatti limitata alla puntuale descrizione di ciascun muscolo richiamato attraverso le lettere introdotte nelle illustrazioni.

Nella dedica si enfatizzava la novità della stampa in quadricromia, rivendicando quanto la restituzione degli effetti naturalistici fosse particolarmente significativa per gli studi anatomici: "Le nouvel Art d'imprimer en couleur en ayant l'avantage de représenter les parties du Corps humain dans leur vraie forme et avec leur couleur naturelle, rien de paroît plus propre à contribuer à l'intelligence d'une Science aussi utile que l'est l'Anatomie"[25]. Nell'*Avertissement* Gautier Dagoty sottolineava la differenza di una simile pubblicazione rispetto alle precedenti: criticava le opere di Bourdon, perché mal disegnate, e quelle di Eustache, che aveva illustrato nella stessa tavola parti diverse del corpo con proporzioni differenti; allo stesso tempo rivendicava un notevole miglioramento rispetto alle pubblicazioni con incisioni "enluminées", colorate dopo la stampa, sottolineando come la stampa in quadricromia consentisse di riprodurre la verità anatomica *d'après*, un termine assai significativo se pensato nel contesto del dibattito sulla fedeltà di riproduzione dei dipinti. L'utilità di una pubblicazione di così elevata qualità era ricondotta agli studenti di medicina e chirurgia, ma anche a pittori e scultori e "à tous ceux en un mot qui ont pour objet la Santé et l'Etude du Corps Humain"[26].

Un anno dopo questa prima pubblicazione Gautier dava alle stampe un *Essai d'anatomie* dedicato ai muscoli del tronco e degli arti, corredato nuovamente con incisioni a colori di grande formato. Le due serie venivano diffuse anche in un unico tomo con il titolo *Myologie complette en couleur et grandeur naturelle*[27]. Anche in questo caso fin dal frontespizio veniva messa in evidenza la peculiarità delle illustrazioni a colori, a grandezza naturale, mentre la parte testuale restava decisamente più limitata, esclusivamente per spiegare i numeri di riferimento richiamati nelle immagini.

È questa l'opera più nota di Gautier: si pensi alla tavola definita "l'ange anatomique", studiata e copiata dai surrealisti francesi[28]. Contribuiscono non poco all'effetto scenografico le dimensioni delle tavole che arrivano per quelle a doppia pagina a misurare 60 × 45 centimetri.

Nel 1748 Gautier si dedica all'anatomia della testa, per completare la rappresentazione del corpo umano. Qui fin dal frontespizio è chiarito il contributo dell'artista per aver disegnato, dipinto, inciso e stampato le tavole illustrative realizzate a colori, dove le parti anatomiche erano riprodotte al naturale, nuovamente sulla base delle dissezioni di Duverney[29]. La dedica al sovrano

25 Gautier Dagoty, *Essai d'Anatomie*, 1.

26 Gautier Dagoty, *Essai d'Anatomie*, 1.

27 Jacques-Fabien Gautier Dagoty, *Suite de l'essai d'anatomie en tableaux imprimés représentant au naturel tous les muscles du pharynx, du tronc et des extrémités supérieures et inférieures, de 12 planches* (Paris: Chez Sieur Gautier, 1746); Jacques-Fabien Gautier Dagoty, *Myologie complette en couleur et grandeur naturelle composée de l'essay et de la suite de l'essay d'anatomie en tableaux imprimés ouvrage unique utile et nécessaire aux Etudians et amateurs de cette Science* (Paris: Gautier, Quillau, Lamesle, 1746).

28 Le Bitouzé, Joly-Parvex, "Cadavre exquis": 106–118.

29 Jacques-Fabien Gautier Dagoty, *Anatomie de la tête en tableaux imprimés, qui representent au naturel le cerveau sous différentes coupes, la distribution des vaisseaux dans toutes*

questa volta è firmata da Gautier stesso che sembra dunque sostituirsi come autore dell'intera opera, compresa la parte testuale. Il volume nell'insieme riproponeva un modello già sperimentato dallo stesso stampatore, dove prevalevano senza dubbio le immagini, disegnate con particolare attenzione ai dettagli, ma senza rinunciare ad inquadrature scenografiche (fig. 5.5).

Nel testo Gautier tornava a rivendicare una duplice utilità per questo tipo di pubblicazioni, sia per gli studenti di medicina e chirurgia, sia per scultori e pittori.

L'interesse degli artisti per gli studi di anatomia non era certo un fatto recente e Gautier non poteva ignorare le opere stampate nel Seicento dall'Accademia di Francia, come l'*Abregé D'Anatomie, Accommodé Aux Arts De Peinture Et De Sculpture* firmata nel 1667 da François Tortebat e voluta da Roger De Piles[30], oppure l'*Anatomia per uso e intelligenza del disegno* di Charles Errard del 1691, che nel frontespizio dichiarava di essere stata "preparata sui cadaveri" dai regio anatomista Bernardino Genga con testi di Giovanni Maria Lancisi[31]. Nonostante questa precisazione, le tavole anatomiche destinate agli artisti per tutto il Seicento e i primi decenni del Settecento non sembrano allontanarsi molto dal modello originario di Vesalio, integrato piuttosto con esempi tratti dalla statuaria antica più che dall'esperienza scientifica.

Il genere aveva continuato ad avere notevole fortuna nel Settecento negli ambienti delle Accademie, sia con la riedizione dei testi storici, sia con nuove apposite pubblicazioni. Negli stessi anni in cui Gautier metteva in campo le sue imprese a colori, venivano pubblicate *L'Anatomie nécessaire pour l'usage du*

---

les parties de la tête, les organes des sens, & une partie de la nevrologie ; d'après les piéces disséquées & préparées, par M. Duverney ... en huit grandes planches, dessinées, peintes, gravées, & imprimées en couleur et grandeur naturelle (Paris: Gautier, Quillau, Lamesle, 1748).

30 Roger De Piles, *Abregé D'Anatomie, Accommodé Aux Arts De Peinture Et De Sculpture, Et mis dans un ordre nouveau, dont la methode est tres-facile, & debarassee de toutes les difficultes & choses inutiles, qui ont toujours este un grand obstacle aux Peintres, pour arriver a la perfection de leur art. Ouvrage tres-utile, & tres-necessaire a tous ceux qui font profession du Dessein. Mis en lumiere par Francios Tortebat* (Paris: Chez ledit Tortebat, 1667).

31 Charles Errard, *Anatomia per uso e intelligenza del disegno ricercata non solo su gl'ossi, e muscoli del corpo humano; ma dimostrata ancora su le statue antiche più insigni di Roma. Delineata in più tavole con tutte le figure in varie faccie, e vedute. Per istudio della Regia Academia de Francia Pittura e Scultura sotto la direzzione de Carlo Errard direttore de essa in Roma* (Roma: Stamperia De Rossi, 1691), che viene riedito in inglese nel 1723. Cfr. Emmanuel Coquery, *L'anatomie d'une Académie*, in *L'idéal classique. Les échanges artistiques entre Rome et Paris au temps de Bellori (1640–1700)*, colloque sous la dir. de Olivier Bonfait (Rome 2000) (Paris 2002), 141–160; Stefano Pierguidi, "La 'Raccolta di statue antiche e moderne' della calcografia De Rossi e un'impresa incompiuta di Charles Errard", *Les cahiers d'histoire de l'art* 14 (2016): 108–109.

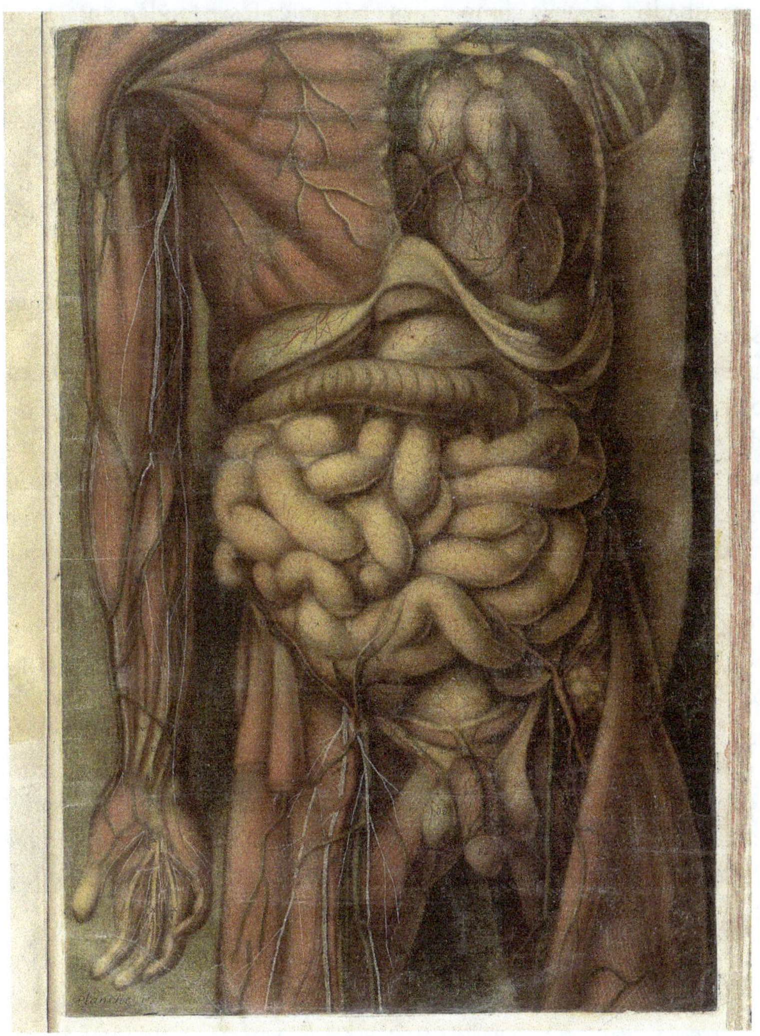

FIGURA 5.5 Gautier Dagoty Jacques-Fabien, *Anatomie générale des viscères, et de la névrologie, angéologie et ostéologie du corps humain, en figures, de couleurs et grandeurs naturelles*, Paris, Chez lui, 1754, tav. 3

dessein illustrata nel 1741 con i disegni di Edme Bouchardon[32] e *Abrégé de l'anatomie du corps de l'homme* di Jean-Joseph Sue del 1747 dove l'autore, uno dei più importanti anatomisti dell'epoca, membro dell'Académie Royale de Peinture

32 Edme Bouchardon, *L'Anatomie nécessaire pour l'usage du dessin* (Paris: J.Fr. Chereau, 1741); le incisioni sono di Gabriel Huquier.

et Sculpture, ribadiva come la competenza anatomica fosse fondamentale per gli artisti "cet art qui enseigne la structure, la figure, la situation, la connexion & les usages de toutes les parties du corps humain"[33].

In questo panorama le pubblicazioni di Gautier degli anni Quaranta dovevano sembrare decisamente interessanti soprattutto dal punto di vista delle illustrazioni, perché si allontanavano marcatamente dalla ripetitiva variazione dei modelli di Vesalio, portando una precoce attenzione all'analisi delle parti interne del corpo effettuata con la dissezione, nella direzione tracciata da Bidloo, ma consentivano una fedeltà di riproduzione decisamente enfatizzata dalla presenza dei colori.

Analogo scarto nella direzione di una maggiore attenzione ai dettagli interni del corpo si può cogliere a mio avviso ne *Les Etudes d'Anatomie à l'usage de peintres* di Charles Monnet, inciso alla "manière de crayon" in rosso da Gilles Demarteau[34]. "Persuadé de l'extrème necessité de l'étude de l'Anatomie une de parties fondamentales du dessin" Monnet scriveva nella premessa di aver preparato questo "cours complet d'anatomie relativement à la peinture", corredato da lunghe e dettagliate didascalie, perché ciascun pittore per raggiungere la correttezza nel disegno avrebbe dovuto conoscere i nomi e la forma delle ossa e dei muscoli, comprendere come questi fossero attaccati allo scheletro, quale forma potessero prendere in riposo e in movimento. Aggiungeva poi di aver semplificato le descrizioni testuali rispetto a quelle fornite dai "demonstrateurs d'anatomie", i quali essendo chirurghi non potevano comprendere le esigenze degli artisti, ma allo stesso tempo sottolineava la necessità di descrivere nel dettaglio teste, mani e piedi, nella loro costituzione interna, perché questi elementi erano stati spesso trascurati nei trattati anatomici prodotti nelle Accademie di Belle Arti[35].

---

33 Jean-Joseph Sue, *Abregé de l'anatomie du corps de l'homme ou L'Art de disséquer, préparer & conserver les parties du corps humain, par une méthode courte & facile* (Paris: C.F. Simon, 1747), 1–2. Cfr. Pierre Marty, *L'anatomie à l'usage des artistes au XVIIIe siècle : L'exemple du peintre Jacques Gamelin (1738–1803) et de son Nouveau Recueil d'ostéologie et de myologie (Toulouse, 1779)*, in *Questions de santé sur les bords de la Méditerranée : Malades, soignants, hôpitaux, représentations, en Roussillon, Languedoc & Provence, XVIe–XVIIIe siècle*, ed. Larguier Gilbert (Perpignan: Presses universitaires de Perpignan, 2015), hal-02972422.

34 Charles Monnet, *Les Etudes d'Anatomie à l'usage de peintres* (Paris: Duval & Cuyer, [1769]). Cfr. J.E. Demarteau, "Gilles Demarteau, graveur et pensionnaire du roi à Paris (1722–1776), et Gilles-Antoine, son neveu (1750 ?–1803)," *Bulletin de l'Institut archéologique liégeois* XV (1880): 63–112.

35 Monnet [1769], *Avertissement*. I disegni preparatori di Monnet sono passati in asta presso Ariane Adeline recentemente https://adeline-livresanciens.fr/items/medecine-monnet-charles-etudes-danatomie-a-la-sanguine/. Interessante osservare come fosse lui stesso a comporre testo e immagini.

L'attenzione alle singole parti del corpo è senza dubbio anche una delle caratteristiche delle *Anatomie* di Gautier, mentre la combinazione di testo e immagine, conferma l'impressione che tentasse di accontentare sia il mondo degli scienziati sia quello degli artisti.

Per comprendere il reale utilizzo di questo tipo di pubblicazioni è di grande interessante il *Projet Général des planches anathomiques* diffuso da Gautier nel 1749, tipico manifesto prodotto dagli editori/stampatori di quest'epoca come programma d'intenti, con lo scopo di suscitare la curiosità di possibili acquirenti.

Si trovano qui indicati con precisione i costi delle singole pubblicazioni e le modalità con le quali *Anatomie* di Gautier potevano essere acquistate. Seguendo una pratica piuttosto comune nel Settecento, infatti, erano vendute ad un prezzo ridotto a chi ne avesse sottoscritto in anticipo la stampa e venivano rilasciate in fascicoli progressivi.

Gautier fornisce anche precise indicazioni su come verniciare e rilegare le sue tavole: dopo aver rimosso l'eccesso di bianco, facendo attenzione a non rovinare le sfumature di colore, lo stampatore consiglia di utilizzare colla di coniglio ben stemperata in acqua tiepida per passare un piccolo strato molto leggero su tutta l'incisione. Successivamente prescrive di fondere in mezzo bicchiere di acqua due once di gomma arabica, miscelata con mezza oncia di zucchero candito e, dopo averla lasciata riposare, stenderla rapidamente sulla stampa, concludendo l'operazione con una vernice fatta di spirito di trementina e spirito di vino. Anche per la rilegatura Gautier suggerisce due metodi: stampe singole attaccate in diverse pagine, oppure stampe incollate tra loro e ripiegate in modo che possano essere aperte e costituiscano il corpo umano per intero.

Si tratta di indicazioni interessanti anche perché spiegano bene la diversità delle incisioni a colori giunte fino a noi, sia nelle qualità cromatiche, chiaramente dipendenti dalle modalità di verniciatura, sia nella impaginazione dei volumi.

Le *Anatomie* di Gautier venivano inoltre stampate in formati differenti, per accontentare un pubblico diversificato secondo la destinazione d'uso. L'edizione più grande delle tavole a colori prevedeva di comporre delle carte molto grandi, realizzate unendo 3 tavole *in folio* per formare una figura intera. Ciascuna carta con la propria spiegazione veniva stampata e messa in vendita separatamente ogni quindici giorni. Come di consueto per quest'epoca i sottoscrittori che avessero acquistato l'opera in anticipo potevano ottenerla ad un costo più contenuto, così una carta composta di tre tavole a colori poteva essere acquistata a 18 lire invece del prezzo corrente di 24. Le edizioni di formato così grande servivano essenzialmente per gli anfiteatri, le sale di dimostrazione anatomica e gli ospedali. Le edizioni intermedie, con le figure composte da due tavole unite, avevano un prezzo più contenuto ed erano destinate ai "cabinets d'amateurs" e alle biblioteche degli studiosi di medicina e chirurgia[36].

Tra il 1749 e il 1750 Gautier, terminata la sua prima grande impresa anatomica, riprende con vis polemica le sue osservazioni come critico e conoscitore di stampe. Con una serie di interventi sul *Mercure de France* e alcune pubblicazioni autonome si dedica a discutere diverse questioni scientifiche, dalla fisica, alla storia naturale, dall'arte al restauro. Nel 1749 presenta una conferenza all'Academie de Sciences intitolata *Contre le Système de Newton*, torna sulla questione dell'invenzione della stampa a colori e si inoltra nel delicato dibattito intorno alla conservazione delle pitture, in particolare scagliandosi contro il metodo di Robert Picault applicato al trasporto dei dipinti. L'ampiezza degli interessi di Gautier, spesso criticata dai suoi numerosi detrattori, mi sembra la dimostrazione del suo approccio al mondo dei *Savants*, sempre in bilico tra questioni scientifiche e temi della critica d'arte[37].

Solo a titolo di esempio mi pare interessante osservare come proprio nel mezzo dell'accesa polemica con Berthier a proposito del presunto segreto utilizzato da Picault per distaccare le pitture dal loro supporto originario, Gautier utilizzi un paragone tra il chirurgo e il pittore scrivendo:

> Les Artistes ne sont pas des Ouvriers, ce sont des Sçavans qui mettent en usage le Cizeau et la Lancette, le Piceau et le Burin, le Equierre et la Boussole, et qui font un jeu agréable de la Rime et des Sons. Je qualifie ici les Artistes du nom de Sçavans, parce qu'ils doivent l'être en effet. Un Chirurgien doit sçavoir l'Anatomie et une partie de la Médecine; un Peintre doit être Physicien et Anatomiste ; il faut que celui-ci, non seulement connoisse les Corps humains, mais ancore qu'il raisonne sur la nature de la Lumière, sur celle de l'Ombre, et sur la formation de Couleurs. [...] Ceux d'entre les Artistes, que nous venons de citer, qui ignorent les Sciences qui on rapport à leur Talens, ne sont Artistes que de nom[38].

36 *Journal de médecine, chirurgie et pharmacie*, 1770: 475–478 illustra la varietà dei prezzi, i sistemi di vendita e precisa la destinazione d'uso dei vari formati.

37 *Mercure de France* (aprile 1749): 179–181; (maggio 1750): 103–121; Jacques-Fabien Gautier Dagoty, *Observations physiques, dédiées au Roy* (Paris: Jorry, 1750–1753); Jacques-Fabien Gautier Dagoty, *Observations sur l'histoire naturelle, sur la physique et sur la peinture avec des planches imprimées en couleurs* (Paris: Delaguette, 1752–1756); Jacques-Fabien Gautier Dagoty, *Observations sur la peinture et sur les tableaux anciens et modernes* (Paris: Jorry, 1753–1754).

38 Gautier Dagoty, *Observations*, vol. I (1753), *Observation VIII*, *Réponse au R.P. Berthier l'un des Auteurs du Journal de Trévoux*, 184–204, 187; trad. it. redazionale: "Gli Artisti non sono

L'osmosi tra scienza e arte giocata proprio intorno alle competenze anatomiche rappresentava per l'incisore un terreno di costante interesse. Si può quindi ben comprendere quanta soddisfazione può aver avuto Gautier Dagoty quando nel 1753 fu nominato membro dell'Accademie de Science di Dijon, una carica che terrà a richiamare sempre negli anni successivi[39].

Negli anni Cinquanta in effetti l'incisore inizia a rivendicare le proprie competenze scientifiche anche nella dissezione dei corpi. In occasione della pubblicazione della *Anatomie general de visceres* nel 1754, con nuove sontuose illustrazioni a colori, Gautier precisava come, una volta scomparso Duverney si appoggiasse all'esperienza di Monsieur Mertrud, chirurgo del Re, ma avesse iniziato anche a condurre personalmente le dissezioni, tanto da autodefinirsi "le Démonstrateur, le Peintre, et le Graveur" dell'opera[40] (fig. 5.5). Da questo momento l'incisore sposterà le sue competenze sempre maggiormente nel campo scientifico, facendosi carico spesso anche della parte testuale delle opere che mandava in stampa.

Questa ambizione di Gautier nel transitare da un ambito del sapere all'altro non mancò di suscitare aspre critiche sia tra gli anatomisti sia tra gli incisori. In questi stessi anni, infatti, sulle pagine del *Mercure de France* Gautier de Montdorge, conoscitore di stampe quasi omonimo, muoveva dure insinuazioni di plagio rispetto a Le Blon, tanto che il nostro aggiungerà la dicitura Dagoty al proprio cognome per marcare una netta distinzione dal suo accusatore[41].

---

operai, ma degli uomini colti, che adoperano lo scalpello e il bisturi, il pennello e il bulino, la squadra e la bussola, e che giocano piacevolmente con rima e suoni. Denomino qui 'dotti' gli Artisti poiché tali devono essere in effetti. Un chirurgo deve conoscere l'anatomia e una parte della medicina; un pittore deve essere fisico e anatomista: egli deve non solo conoscere il corpo umano, ma anche saper ragionare sulla natura della luce, dell'ombra e sulla formazione dei colori. [...] Quegli artisti, fra quelli appena menzionati, che ignorano le scienze connesse al proprio talento, sono artisti solo di nome".

39 Le Bitouzé, *Une entreprise familiale*.

40 "Tout le reste de l'Anatomie a eté disse qué de ma main, et ou sous mes yeux ; de sorte que j'en suis le Démonstrateur, le Peintre, et le Graveur tout ensamble; ce qui me donne une espéce d'avantage, pour l'exécution de pareilles Pieces. [...] J'oubliois de dire que les Figures que j'ai dissequées et peintres, pour servir de modele à mes Planchee, je les ai aussi moulées en Cire, et coulées avec leurs Couleurs naturelles, de sorte que celle de l'Homme, faite sur un Invalide de l'Hôtel de Paris, est sur ses pieds, et peut servir d'étude et de curiosité à ceux que les Sujets répugnent"; Jacques-Fabien Gautier Dagoty, *Anatomie générale des viscères, et de la névrologie, angéologie et ostéologie du corps humain, en figures, de couleurs et grandeurs naturelles dediée et présentée au Roy, par M. Gautier, de l'Académie des Sciences & Belles Lettres de Dijon & Pensionnaire de sa Majesté*. Paris: Chez lui, 1754, foglio sciolto dopo tav.13.

41 Rodari, "Mélanges anatomiques," 128–29.

Nonostante queste obiezioni la produzione di anatomie stampate a colori di Gautier Dagoty andrà avanti fino agli anni Settanta con pubblicazioni dedicate agli organi genitali, alle malattie veneree e agli organi di senso[42]. In questa fase spesso le tavole illustrative sembrano sacrificare il dettaglio della restituzione scientifica per amplificare gli effetti pittorici e suggestivi.

In questo periodo Gautier mette la propria tecnica di stampa al servizio anche di un trattato di botanica, la *Collection des plantes*, copiate dal vero nei giardini reali[43]. Anche in questo caso si tratta di un'opera che ambisce a tenere insieme testo e immagini, combinando un approccio scientifico con l'abilità dell'artista incisore. Ogni tavola a colori è accompagnata da una scheda dettagliata con precisi richiami per le diverse parti della pianta, classificata secondo il sistema di Linneo, mentre nel frontespizio Gautier si dichiara "Botaniste".

Una recensione su *Le Journal de Sçavans* restituisce efficacemente l'impressione che le opere di Gautier potevano suscitare nei contemporanei: insieme a giudizi positivi sul testo, la stampa in quadricromia veniva particolarmente lodata perché assai più efficace delle tecniche con cui si coloravano le pubblicazioni botaniche fino a quel momento. Gli effetti ottenuti da Gautier, si dice nella recensione, erano molto più vicini al naturale rispetto alle pubblicazioni in cui il colore veniva aggiunto successivamente alla stampa al nero; la peculiarità delle sue tavole "c'este d'exprimer en terms de peinture, *le Flou*", i toni sfumati tipici della natura[44].

Partito da Marsiglia per fare l'incisore, Gautier Dagoty nella seconda metà del secolo riuscì dunque a sfruttare la sua abilità per affermarsi nel mondo della scienza. Dopo aver iniziato la pratica di dissezione dei corpi, già dalla

---

42 Jacques-Fabien Gautier Dagoty, *Anatomie des parties de la génération de l'homme et de la femme représentées avec leurs couleurs naturelles, selon le nouvel art, jointe à l'angéologie de tout le corps humain, et a ce qui concerne la grossesse et les accouchemens* (Paris: chez J.B. Brunet, 1773); Gautier Dagoty, *Exposition anatomique des maux vénériens sur les parties de l'homme et de la femme* (Paris: Chez lui, 1773); Gautier Dagoty, *Exposition anatomique des organes des sens, jointe à la névrologie entiere du corps humain, et conjectures sur l'électricité animale et le siège de l'âme* (Paris: Demonville, 1775).

43 Jacques-Fabien Gautier Dagoty, *Collection des plantes usuelles, curieuses et étrangères, selon les systèmes de MM. Tournefort et Linnaeus, tirées du Jardin du roi. gravées et imprimées en couleur et en leur forme naturelle* (Paris: Chez l'Auteur, 1767).

44 "Le Journal de Sçavans" (mai 1767): 413–422, 416: "La préeminence de ces figures sur toutes les autres avec les quelles on pourroit les confrodre, c'este d'expriemer en terms de peinture, le Flou, que n'ont jamais fait toutes les couleurs d'enluminure". Particolarmente interessante anche la descrizione del metodo di vendita delle tavole colorate, distribuite a fascicoli composti di quattro tavole con le relative spiegazioni e messi in vendita ogni quindici giorni; il consueto sistema di sottoscrizione anticipata avrebbe invece consentito agli "Amateurs" di avere al costo di un luigio d'oro quaranta tavole alla volta e comparire nella relativa lista dei sottoscrittori.

metà degli anni Sessanta il suo ruolo come "Anatomiste" veniva esplicitato sui frontespizi delle sue opere[45].

Non si tratta in ogni caso di orgoglio vanaglorioso, considerando le numerose recensioni che le sue opere ottengono sui periodici contemporanei, da quelli francesi più noti, fino alle *Novelle letterarie di Firenze* o al *Monthly Review*, dove spesso è citato come "celebre anatomista"[46].

Stando a queste fonti, la maggior parte dell'ambiente medico sembrava apprezzare le incisioni a colori di Gautier Dagoty proprio per la loro qualità didattica: "Les couleurs qui dessinent ses planches sont plus propres que des hachures et des simples traits à faire distinguer la forme et la position de chaque organe qu'il représente"[47]. D'altra parte, già negli anni Settanta agli occhi di alcuni anatomisti quelle incisioni a colori sembravano concedere troppo agli effetti pittorici a scapito della chiarezza scientifica[48].

Scienza e arte andavano progressivamente allontanandosi e non c'è dubbio che una carriera come quella di Gautier Dagoty, in bilico tra arte e anatomia, nei decenni successivi sarebbe stata sempre meno praticabile.

È dunque il ricordo di Jean-Félix Watin, autore di un manuale per artisti dell'epoca, che restituisce la molteplicità delle competenze di Gautier Dagoty come potevano essere percepite ancora per qualche tempo agli occhi dei contemporanei:

> Physicien, Anatomiste, Peintre, Graveur, ses ouvrages, dans tous ces genres, prouvent que la dextérité des mains sert avec avantage le génie, & qu'ils peuvent s'associer dans me même individu. Depuis près de cinquante ans,

---

45 La definizione compare sui frontespizi a partire da Gautier Dagoty 1756.

46 *Mercure de France* (août 1766): 183; "Journal de Medecine, Chirurgie, Pharmacie", XXXII (1770): 475–478; *Journal de médecine, chirurgie et pharmacie*, XXXVIII (1772): 565–566; *Annales Politiques et Civiles* (1779): 142.

47 *Journal de médecine, chirurgie et pharmacie*, XLI (1774): 15–18 in occasione dell'uscita del volume dedicato alla *Anatomie des Parties de la Generation humaine* (Gautier Dagoty 1773).

48 Antoine Portal, per esempio scriveva: "Ces planches n'ont merités l'approbation que du ceux qui n'ont aucune teinture d'Anatomie ; leurs yeux fascinés per les couleurs variées, n'ont pu reconnoître leurs nombreux défauts"; Portal 1770, vol. V, 343. Ugualmente negativa è l'opinione di Guillaume-René Le Febure: "Pour la planche gravée en couleur, elle rentre dans la classe de presque toutes celles que M.Gautier fait en ce genre, c'est-à-dire, qu'elles font fort vilaines & fort mal exécutées, le dessin n'a ni grâce ni souplesse; le ton de couleur, la manière, tout enfin est loin de la nature. Ce n'est, à proprement parler, qu'un sale barbouillage qui ne laisse distinguer aucuns objets. Pour des planches anatomiques, qu'on ouvre Bidloo, & qu'on jette les yeux fur les planches du célèbre Léreffe ; combien for burin est doux moelleux! il possède, sans couleurs, l'heureux talent de savoir en donner"; Guillaume-René Le Febure, *Le medecin de soi même ou Méthode simple et aisée pour guérir les maladies vénériennes* (Paris: de l'imprimerie de Michel Lambert, 1775), vol. 1, 251.

il parcourt la double carrière des sciences & des arts; & non-seulement il a tracé aux Artistes, aux Savans, des routes nouvelles, mais encore il leur offre pour l'avenir des guides sûrs, & des secours assurés[49].

Bibliografia

Albinus, Bernhard Siegfried. *Dissertatio de arteriis et venis intestinorum hominis. Adjecta icon coloribus distincta.* Leidae Batavorum: Theodore Haak; Amstelaedami: Jacobum Graal, & Henricum de Leth, 1736.

Anatomie de la couleur. L'invention de l'estampe en couleurs, catalogo della mostra a cura di F. Rodari (Parigi 1996). Paris: Édition de la Bibliothèque nationale de France, 1996.

Aselli, Gaspare. *De lactibus sive lacteis venis quarto vasorum mesaraicorum genere.* Milano: presso Giovanni Battista Bidelli, 1627.

Bate, Dominic. "Succeeding while failing: the tapestries of Jacob Christoph Le Blon that never were, 1725–1733." *Eighteenth-century studies* 54, no. 1 (2020): 143–167.

Bidloo, Govard. *Anatomia humani corporis, centum & quinque tabulis, per artificiossis. G. de Lairesse ad vivum delineatis, demonstrata, veterum recentiorumque inventis explicata plurimisque, hactenus non detectis*. Amsterdam: Someren, Dyk Boom, 1685.

Borea, Evelina. *Lo specchio dell'arte italiana. Stampe in cinque secoli.* Pisa: Edizioni della Normale, 2009.

Boskamp, Ulrike. "Contre l'harmonie des couleurs: le comte de Caylus, Jacques-Fabien Gautier d'Agoty et le retour à l'ordre dans le coloris." In *La musique face au système des arts ou les vissicitudes de l'imitation au siècle des Lumières*, edited by Marie-Pauline Martin, Chiara Savettieri, 225–241. Paris: Libr. Philosophique J. Vrin, 2014.

Bouchardon, Edme. *L'Anatomie nécessaire pour l'usage du dessin.* Paris: J.Fr. Chereau, 1741.

Burlot, Delphine. "La querelle des antiquaires et des graveurs : l'antiquaire, l'artiste et l'illustration savante des antiquités". In *L'artiste et l'antiquaire : l'étude de l'antique et*

49 "Fisico, anatomista, pittore, incisore, le sue opere in tutti questi generi dimostrano che l'abilità manuale si mette al fruttuoso servizio del genio, e che ambedue possono convivere in un solo individuo. Da circa cinquant'anni percorre la doppia via delle scienze e delle arti; e non solo ha segnato nuove vie ad artisti e studiosi, ma ancor più porge loro delle guide sicure per l'avvenire e affidabili aiuti" (trad. it. redazionale). Conclude: "Quatre fils, dont il a formé les talens, marchant sur ses traces, transmettront à la postérité un nom illustré par un siécle de travaux & de gloire"; Jean-Félix Watin, *L'art du peintre, doreur, vernisseur, ouvrage utile aux artistes et aux amateurs qui veulent entreprendre de peindre, dorer et vernir toutes sortes de sujets en bâtimens, meubles, bijoux, equipages seconde édition revue, corrigée et considérablement augmentée* (Paris: Grangé, 1773), 19.

son imaginaire à l'époque moderne, edited by Emmanuel Lurin, Delphine Morana Burlot, 127–142, 230. Paris: Editions Picard, 2017.

Cant, Arent. *Impetus primi anatomici ex lustratis cadaveribus nati, quos propria consignavit manu Arent Cant, Medicinae Doctor. Lugduni Batavorum, Sumptibus Auctoris.* Amsterdam: Apud Petrum vander Aa, 1721.

Choulant, Ludwig. *History and Bibliography of Anatomic Illustration.* Chicago: Chicago University Press, 1920.

Colorful Impressions. The Printmaking Revolution in Eighteenth-Century France, catalogo della mostra (Washington 2003–2004), edited by Margaret Morgan Grasselli et al. Washington, DC: National Gallery of Art, 2003.

Coquery, Emmanuel. *L'anatomie d'une Académie*, in *L'idéal classique. Les échanges artistiques entre Rome et Paris au temps de Bellori (1640–1700)*, colloque sous la dir. de Olivier Bonfait (Rome 2000), Paris 2002, 141–160.

D'Alconzo, Paola. "'Il pregio delle opere antiche è il disegno e non già il colorito'. Ovvero, della scartata ipotesi di illustrare a colori le Antichità di Ercolano esposte. In *Reproduire la peinture antique du XVIII*[e] *au XX*[e] *siècle. Le site, le monument, la copie et l'artiste*, edited by L. Cuniglio, N. Lubtchansky, C. Pouzadoux et S. Sarti, 95–122. Napoli: Centre Jean Bérard 2025.

De Piles, Roger. *Abregé D'Anatomie, Accommodé Aux Arts De Peinture Et De Sculpture, Et mis dans un ordre nouveau, dont la methode est tres-facile, & debarassee de toutes les difficultes & choses inutiles, qui ont toujours este un grand obstacle aux Peintres, pour arriver a la perfection de leur art. Ouvrage tres-utile, & tres-necessaire a tous ceux qui font profession du Dessein. Mis en lumiere par Francios Tortebat.* Paris: Chez ledit Tortebat, 1667.

Demarteau, J.E. "Gilles Demarteau, graveur et pensionnaire du roi à Paris (1722–1776), et Gilles-Antoine, son neveu (1750 ?–1803)." *Bulletin de l'Institut archéologique liégeois* XV (1880): 63–112.

Dumaître, Paule. *La curieuse destinée des planches anatomiques de Gerard de Lairesse, peintre en Hollande: Lairesse, Bidloo, Cowper.* Amsterdam: Rodopi, 1982.

Ekholm, Karin J. "Fabricius's and Harvey's representations of animal generation", *Annals of Science*, 67,3 (2010): 329–352.

Errard, Charles. *Anatomia per uso e intelligenza del disegno ricercata non solo su gl'ossi, e muscoli del corpo humano; ma dimostrata ancora su le statue antiche più insigni di Roma. Delineata in più tavole con tutte le figure in varie faccie, e vedute. Per istudio della Regia Academia de Francia Pittura e Scultura sotto la direzzione de Carlo Errard direttore de essa in Roma.* Roma: Stamperia De Rossi, 1691.

Ezra, Ruth. "Corpuscular conchology: Gautier's shells and the metaphorics of mezzotint." *Nuncius* 38, no. 1 (2023): 137–164.

Fend, Mechthild. "Drawing the cadaver *ad vivum*: Gérard de Lairesse's illustrations for Govard Bidloo's *Anatomia Humani Corporis*". In *Ad vivum? Visual materials and the vocabulary of life-likeness in Europe before 1800*, edited by Thomas Balfe, Joanna Woodall, Claus Zittel, 294–327. Leiden Boston: Brill, 2019.

Gauna, Chiara. *Ricerche sul vero e sul naturale (1710–1740)*, in *Sfida al Barocco. Roma, Torino, Parigi (1680–1750)*, catalogo della mostra (Torino 2020) a cura di Michela di Macco, Giuseppe Dardanello, Chiara Gauna. Genova: Sagep Editori, 2020, 408–409.

Gautier Dagoty, Jacques-Fabien. *Essai d'Anatomie en tableaux imprimés qui representent au naturel tous les muscles de la Face, du Col de la Tête de la langue et du Larinx, d'après les Parties disséquées et preparées par Monsieur Duverney*. Paris: Chez Sieur Gautier, 1745.

Gautier Dagoty, Jacques-Fabien. *Suite de l'essai d'anatomie en tableaux imprimés représentant au naturel tous les muscles du pharynx, du tronc et des extrémités supérieures et inférieures, de 12 planches*. Paris: Chez Sieur Gautier, 1746(a).

Gautier Dagoty, Jacques-Fabien. *Myologie complette en couleur et grandeur naturelle composée de l'essay et de la suite de l'essay d'anatomie en tableaux imprimés ouvrage unique utile et nécessaire aux Etudians et amateurs de cette Science*. Paris: Gautier, Quillau, Lamesle, 1746(b).

Gautier Dagoty, Jacques-Fabien. *Anatomie de la tête en tableaux imprimés, qui representent au naturel le cerveau sous différentes coupes, la distribution des vaisseaux dans toutes les parties de la tête, les organes des sens, & une partie de la nevrologie ; d'après les piéces disséquées & préparées, par M. Duverney … en huit grandes planches, dessinées, peintes, gravées, & imprimées en couleur et grandeur naturelle*. Paris: Gautier, Quillau, Lamesle, 1748.

Gautier Dagoty, Jacques-Fabien. *Observations physiques, dédiées au Roy*. Paris: Jorry, 1750–1753.

Gautier Dagoty, Jacques-Fabien, *Observations sur l'histoire naturelle, sur la physique et sur la peinture avec des planches imprimées en couleurs*. Paris: Delaguette, 1752–1756.

Gautier Dagoty, Jacques-Fabien. *Observations sur la peinture et sur les tableaux anciens et modernes*. Paris: Jorry, 1753–1754.

Gautier Dagoty, Jacques-Fabien. *Anatomie générale des viscères, et de la névrologie, angéologie et ostéologie du corps humain, en figures, de couleurs et grandeurs naturelles dediée et présentée au Roy, par M. Gautier, de l'Académie des Sciences & Belles Lettres de Dijon & Pensionnaire de sa Majesté*. Paris: Chez lui, 1754.

Gautier Dagoty, Jacques-Fabien. *Collection des plantes usuelles, curieuses et étrangères, selon les systèmes de MM. Tournefort et Linnaeus, tirées du Jardin du roi. gravées et imprimées en couleur et en leur forme naturelle*. Paris: Chez l'Auteur, 1767.

Gautier Dagoty, Jacques-Fabien. *Anatomie des parties de la génération de l'homme et de la femme représentées avec leurs couleurs naturelles, selon le nouvel art, jointe à l'angéologie de tout le corps humain, et a ce qui concerne la grossesse et les accouchemens*. Paris: chez J.B. Brunet, 1773(a).

Gautier Dagoty, Jacques-Fabien. *Exposition anatomique des maux vénériens sur les parties de l'homme et de la femme*. Paris: Chez lui, 1773(b).

Gautier Dagoty, Jacques-Fabien. *Exposition anatomique des organes des sens, jointe à la névrologie entiere du corps humain, et conjectures sur l'électricité animale et le siège de l'âme*. Paris: Demonville, 1775.

Krivatsy, Peter. "Le Blon's Anatomical Color Engravings." *Journal of the History of Medicine and Allied Sciences* 23, no. 2 (April, 1968): 153–158.

Kusukawa, Sachiko. *Picturing the Book of Nature. Image, Text, and Argument in Sixteenth-Century Human Anatomy and Medical Botany*. Chicago: The University of Chicago Press, 2012.

La vita come opera d'arte. Anton Maria Zanetti e le sue collezioni, catalogo della mostra (Venezia 2019) a cura di Alberto Craievich. Crocetta del Montello (Treviso): Antiga Edizioni 2019.

Lavezzi, Elisabeth. "Peinture et savoirs scientifiques. Le cas des Observations sur la peinture (1753) de Jacques Gautier d'Agoty." *Dix-huitième Siècle* 31 (1999): 233–247.

Le Bitouzé, Corinne. *Une entreprise familiale*, in *Anatomie de la couleur*, in *Anatomie de la couleur. L'invention de l'estampe en couleurs*, catalogo della mostra (Parigi 1996) a cura di Florian Rodari, Paris: Édition de la Bibliothèque Nationale de France, 1996, 100–105.

Le Bitouzé, Corinne – Joly-Parvex, Morwena. "Cadavre exquis. L'Ange anatomique de Jacques Fabien Gautier d'Agoty." *Revue de la BNF* 52 (2016): 106–118.

Le Febure, Guillaume-René. *Le medecin de soi même ou Méthode simple et aisée pour guérir les maladies vénériennes*. Paris: de l'imprimerie de Michel Lambert, 1775.

Lilien, Otto M. *Jacob Christoph Le Blon 1667–1741: Inventor of Three and Four Colour Printing*. Stuttgart: Anton Hiersemann, 1985.

Margócsy, Dániel, *Commercial Visions. Science, Trade, and Visual Culture in the Dutch Golden Age*. Chicago & London: University of Chicago Press, 2014.

Marty, Pierre. *L'anatomie à l'usage des artistes au XVIIIe siècle : L'exemple du peintre Jacques Gamelin (1738–1803) et de son Nouveau Recueil d'ostéologie et de myologie (Toulouse, 1779)*. In *Questions de santé sur les bords de la Méditerranée : Malades, soignants, hôpitaux, représentations, en Roussillon, Languedoc & Provence, XVIe–XVIIIe siècle*, edited by Larguier Gilbert, Perpignan: Presses universitaires de Perpignan, 2015, hal-02972422.

Monnet, Charles. *Les Etudes d'Anatomie à l'usage de peintres*. Paris: Duval & Cuyer, [1769].

Mulholland, Richard. "The mechanism and materials of painting colour *ad vivum* in the eighteenth century." In *Ad vivum? Visual materials and the vocabulary of life-likeness in Europe before 1800*, edited by Thomas Balfe, Joanna Woodall, Claus Zittel, 328–355. Leiden Boston: Brill, 2019.

Pierguidi, Stefano. "La 'Raccolta di statue antiche e moderne' della calcografia De Rossi e un'impresa incompiuta di Charles Errard." *Les cahiers d'histoire de l'art* 14 (2016): 106–114.

Piva, Chiara. "Le copie a colori delle Varie pitture a' fresco dei principali maestri veneziani di Anton Maria Zanetti." *Arte Veneta* 72 (2015): 140–151.

Piva, Chiara, "*Non si può parlare che agli occhi*: cataloghi e libri d'arte a colori nel Settecento." *Ricerche di storia dell'arte* 133 (2021): 16–32.

Portal, Antoine. *Histoire de l'anatomie et de la chirurgie, contenant l'origine & les progrès de ces sciences*. Paris: P.-F. Didot le jeune, 1770.

Premuda, Loris. *Storia dell'iconografia anatomica*. Milano: Ciba Edizioni, 1993.

Rifkin, Benjamin. *Human anatomy. Depicting the body from the Renaissance to today*. London: Thames & Hudson, 2011.

Rizzo, Alessia. "Profilo di Laurent Cars (1699–1771)." In *La sfida delle stampe. Parigi Torino 1650–1906*, edited by C. Gauna, 61–84. Torino: Editris 2017.

Roberts, Kenneth B. Tomlinson, J.D.W. *The fabric of the body: European traditions of anatomical illustration*. Oxford New York: Clarendon Press, 1992.

Rodari, Florian. "Jacob Christoph Le Blon l'œil trichrome." In *Anatomie de la couleur. L'invention de l'estampe en couleurs*, catalogo della mostra a cura di F. Rodari (Parigi 1996), Paris, Édition de la Bibliothèque nationale de France, 1996, 52–65(a).

Rodari, Florian. "Mélanges anatomiques." In *Anatomie de la couleur. L'invention de l'estampe en couleurs*, catalogo della mostra a cura di F. Rodari (Parigi 1996), Paris, Édition de la Bibliothèque nationale de France, 1996, 106–138 (b).

Seifert, Christian Tico. "John Baptist Jackson: un incisore inglese a Venezia." In *L'arte di tradurre l'arte. John Baptist Jackson incisore nella Venezia del Settecento*, catalogo della mostra a cuta di O. Braides, G.M. Fara, A. Gichery (Venezia 2024), Firenze, Olschki 2024, 15–35.

Singer, Hans Wolfgang. "Jakob Christoffel Le Blon and his three-colour prints." *The Studio* 28 (1903): 261–271.

Stijnman, Ad. *Jacob Christoff Le Blon and trichromatic printing*. Amsterdam: Ouderkerk aan den Ijssel Sound & Vision Publishers, 2020.

Sue, Jean-Joseph. *Abregé de l'anatomie du corps de l'homme ou L'Art de disséquer, préparer & conserver les parties du corps humain, par une méthode courte & facile*. Paris: C.F. Simon, 1747.

Toutain-Quittelier, Valentine. "Antonio Maria Zanetti à Paris: l'inspiration retrouvée." *Revue de l'art* 157 (2007): 9–22.

Vries, Lyckle. *Gerard de Lairesse. An artist between stage and studio*. Amsterdam: Amsterdam University Press, 1998.

Watin, Jean-Félix. *L'art du peintre, doreur, vernisseur, ouvrage utile aux artistes et aux amateurs qui veulent entreprendre de peindre, dorer et vernir toutes sortes de sujets en bâtimens, meubles, bijoux, equipages seconde édition revue, corrigée et considérablement augmentée*. Paris: Grangé, 1773.

Wildenstein, Georges. "Jakob Christoffel Le Blon ou le *secret de peindre en gravant*." *Gazette des beaux-arts* 102, no. 56 (1960): 91–100.

6

The Anatomical Drawing Collection of the University of Lisbon

Mariana Sousa; Alice Nogueira Alves; Lia Lucas Neto

Anatomy teaching in Lisbon, accessible to anyone wishing to master the art of healing, began at the end of the fifteenth century and the beginning of the sixteenth century, with the introduction of a public Anatomy and Surgery class. This class was located at the Hospital de Todos-os-Santos, the first large public hospital center in the Portuguese capital, where several shelters and infirmaries were gathered, guaranteeing the training of anatomists and surgeons. The destruction of this Hospital with the earthquake that devastated the city of Lisbon (1755) led to the transfer of its patients, classes and infirmary, during the 1770s, to the new Hospital de S. José in the city center.[1] The Royal School of Surgery was founded at the Hospital de S. José in 1825 and later changed to the Medical-Surgical School of Lisbon (1836).

The School began by being installed within the Hospital itself, in its anatomical amphitheater and infirmaries, later occupying an old building, attached to the Hospital, remodeled and adapted for theoretical classes, with practical teaching remaining in its wards. Between its school building and the Hospital, the Anatomical Theater was built, with the House of Dissections attached and the Botanical Garden with medicinal plants also nearby. It was in these places that Anatomy lessons were given, with a strong practical component in which students observed and dissected human cadavers, acquired in abundance from unclaimed deceased people collected in asylums and nursing homes.[2] The Medical-Surgical School also housed an impressive anatomy museum with a vast collection of over 500 anatomical specimens, selected and prepared in the Anatomical Theatre when they were cases worthy of note and interest for study, in addition to some models and prints acquired outside Portugal. This collection, organized into normal and pathological anatomy, had

---

1 Luís Damas Mora, "O Dr. Manoel Constâncio (1726–1817) e a reestruturação do ensino cirúrgico em Portugal," *Revista Portuguesa de Cirurgia* 8 (2009): 88.

2 Maria Rita Lino Garnel, "Da Régia Escola de Cirurgia à Faculdade de Medicina de Lisboa," in *A Universidade de Lisboa nos séculos XIX e XX, vol. II*, ed. Jorge Ramos do Ó and Sérgio Campos Matos (Lisboa: Universidade de Lisboa e Tinta-da-china, 2013), 542–548.

natural anatomical models preserved of embryos, fetuses, skeletons, wax models, bones, joint ligaments, muscles, and organs.[3] This collection was expanded over the years and is currently included and preserved by the Institute of Anatomy of the Faculty of Medicine of Lisbon.[4] In this room, the Museum's own, all the collections accessible to teaching and the public were on display, strategically placed next to the Anatomical Theatre, where several pieces and models were prepared, allowing the progressive increase of this collection.

The remarkable transformations that took place, starting from the European Renaissance, in several cultural areas, driven by logic and scientific knowledge, placed the study of Human existence in a prominent place. In this context, the partnerships made between anatomists and artists stand out in a relationship of mutual help and interdisciplinary complementation,[5] in which, in one way, we have the graphic support that drawing and engraving provide for the dissemination and illustration of scientific knowledge, on the other, the use of anatomical and morphological knowledge directed towards artistic production, supporting it with scientific knowledge. This relationship was particularly notable in the work of Leonardo da Vinci with his rigorous anatomical drawings, in the work of Albrecht Dürer and the human proportions or in the work *De Humani Corporis Fabrica* by Andreas Vesalius, one of the most widely disseminated anatomy atlases.[6]

This meeting point between the two fields of knowledge was also felt in Portugal, facilitating understanding and myological precision and proportion, with the correct representation of the volume, movement, and behavior of the human body for its reliable representation in artist production. However, collaborative relationships of rapprochement and mutual assistance between Art and Science became noticeable late in Portugal, with the history and widespread study of Artistic Anatomy still being little known and researched.

The establishment of the Academies of Fine Arts in Lisbon and Porto in 1836 marked a pivotal moment aimed at organizing and elevating artistic training

3 Teixeira Marques, *Catalogo das peças do Museu D'Anatomia da Eschola Medico-Cirurgica de Lisboa* (Lisboa: Typ. da Sociedade Typographica Franco-Portugueza, 1862).

4 Maria João Neto and Marta *Lourenço, Património da Universidade de Lisboa – Ciência e Arte* (Lisboa: Universidade de Lisboa and Tinta-da-china, 2011), 70–76.

5 Manuel Valente Alves, Gabinete de Anatomia – *Arpad, Vieira e os desenhos anatómicos do Museu de Medicina* (Lisboa: Museu de Medicina da FMUL e Fundação Arpad Szenes-Vieira da Silva, 2011), 21–26.

6 Albrecht Dürer, *Vier Bücher von Menschlicher Proportion* (Nuremberg: Hieronymus Formschneider, 1528); Andrea Vesalius, *De humani corporis fabrica*, 2ª ed. (Basileae: per Ioannem Oporinum, 1555).

in Portugal.[7] Before this, the country's artistic education was notably scattered and lagging behind its European counterparts. Italian academies, for instance, had been founded in the sixteenth century, while French academies emerged in the seventeenth century. This delay in national artistic education significantly impacted artistic production, leading to stagnation in the evolution of plastic language, aesthetics, and theoretical and stylistic aspects.[8]

In its early stages, the instruction provided by these academies leaned heavily towards practical aspects, with limited attention given to theoretical knowledge, mainly centered around drawing and the classical tradition. This pedagogical approach stemmed from the conservative teaching and the lack of resources such as quality manuals and rigorous models, as well as the poor training of many of its teachers, reducing artistic production to crafts and copies.[9] Since the foundation of the Academy of Fine Arts, anatomical knowledge has been a mandatory component of drawing classes. However, this program reveals notable theoretical and scientific gaps, with only the inclusion of "brief notions of anatomy" explicitly defined in its curriculum.[10]

Approximately a year after the Academy's founding, several surgeons proposed independently and voluntarily teaching the Anatomy class to painting and sculpture students, providing them with access to anatomical knowledge. All these proposals were consistently rejected by the government or ignored, reflecting the disinterest in national culture. The deficient teaching methods, characterized by a lack of qualification and scientific specialization, faced significant criticism in the subsequent decades. This critique came from the Lisbon academic and intellectual community, from doctors, surgeons, and journalists who recognized the undeniable importance of anatomical knowledge in artistic education.[11]

7 Manoel da Silva Passos, "Estatutos para a Academia de Belas-Artes," *Diário do Governo*, no. 257 (1836): 1207.

8 Margarida Calado and Hugo Ferrão, "Da Academia à Faculdade de Belas-Artes," in *A Universidade de Lisboa nos séculos XIX–XX*, ed. António Nóvoa (Lisboa: Tinta-da-China, 2013), 1107.

9 José Maria Ferreira, "A reforma da Academia das Belas-Artes de Lisboa," *Diário de Lisboa*, no. 23 (January 28, 1860): 91.

10 Manoel da Silva Passos, "Estatutos para a Academia de Belas-Artes," *Diário do Governo*, no. 257 (1836): 1208; Margarida Calado, "O ensino do Desenho: 1836–1987," in *O caderno do desenho: o risco inadiável*, ed. Carlos Amado (Escola Superior de Belas-Artes de Lisboa, 1988), 77.

11 José Maria Ferreira, "A reforma da Academia das Belas-Artes de Lisboa," *Diário de Lisboa*, no. 23 (January 28, 1860): 91.

It was only in 1865, with the partnership formed between the Medical-Surgical School and the Royal Academy of Fine Arts, that the discipline of Anatomy began to be taught by surgeons as an independent discipline, and the official creation of an Artistic Anatomy lesson took place in 1872.[12] Dr. José Maria Alves Branco (1825–1885) was its first professor, initiating a fruitful partnership between the two educational institutions. Classes for the observation of cadavers took place in the Anatomical Theater, bringing together students from both fields and schools.[13] From 1885 onwards, the teaching of Anatomy became the responsibility of Professor António Serrano (1851–1904), the most significant anatomist of the nineteenth century in Portugal, and the author of an important Osteology Treatise.[14] Professor Serrano was considered rigorous and extremely demanding, with his discipline being the first and most difficult in medical education. Despite his passion and talent for teaching medical students, he was considered an inadequate professor of Artistic Anatomy.[15]

This particularity highlights a crucial fact that we must take into consideration regarding the pedagogy involved in the intersection of these two areas of knowledge: a teacher proficient in teaching Anatomy for Medicine may not be suitable for Artistic Anatomy.[16]

The implementation of the Republic (1910) brought about significant changes in Portuguese education, with the Medical-Surgical School becoming the Faculty of Medicine of Lisbon (1911) and the teaching reorganization of the School of Fine Arts (1911). During this period, the medical school was relocated to a splendid new building next to S. José Hospital due to the evident deterioration of the former school's conditions.

This new building, located next to the old one, was richly designed and decorated, with the participation of various professors and artists from the Fine

12 Maria Helena Lisboa, *As Academias e Escolas de Belas-Artes e o Ensino Artístico* (1836–1910) (Lisboa: Edições Colibri, 2007), 31–83.

13 Jayme Victor, "O Dr. Alves Branco," *OCCIDENTE*, no. 236, July 11 (1885):154.

14 José António Serrano, *Tratado de osteologia humana: morphologia – Phylogenia – ontogenia.* 2 vols (Lisboa: Por ordem e na typographia da Academia Real das Sciencias, 1895–1897).

15 Henrique Vilhena, "Trinta e três anos no ensino da Anatomia Artística," in *Arquivo de Anatomia e Antropologia*, ed. Henrique Vilhena (Lisboa: Imprensa Libânio da Silva, 1947), 525–589.

16 Henrique Vilhena, "Documentos sobre o ensino de Anatomia Artística na Escola de Belas-Artes de Lisboa. A reorganização das Escolas de Belas-Artes," in *Arquivo de Anatomia e Antropologia*, ed. Henrique Vilhena (Lisboa: Imprensa Livraria Ferin, 1924), 246.

Arts, housing the old collections transferred from the Anatomy Museum of the former Medical-Surgical School.[17]

Despite the several location changes witnessed in the history of medical education in Lisbon, the same did not happen with the Royal Academy of Fine Arts, remaining until today in the same building in the city center. From 1905, with the death of Professor Serrano, the teaching of Anatomy to artists became the concern of the young anatomist Henrique Vilhena (1879–1958), an individual who also became one of the main Portuguese anatomists of the first half of the twentieth century. He was a professor of Anatomy at the Faculty of Medicine, and founder of the Institute of Anatomy of Lisbon (1911), an institution within the faculty that became responsible for the Anatomical Theater and Anatomy teaching, directing it until his retirement in 1948. He was also responsible for the creation of the annual publication "Archive of Anatomy and Anthropology" an important scientific journal, known nationally and internationally.[18]

These educational institutions were close, and Fine Arts students only needed to walk about fifteen minutes to attend classes in the Anatomical Theater, both the old and new medical schools.

It is with Professor Vilhena that the teaching of Artistic Anatomy changes drastically and begins its period of greatest productivity, performance, and quality.

This professor was characterized by their multidisciplinary, with a medical background combined with an education and taste for culture, evidenced by their artistic abilities united with their dedication to human Anatomy knowledge. These characteristics led to the primacy of teaching at that time, an important incentive for scientific research, and the beginning of the anatomical drawing collection of the Institute of Anatomy of the Faculty of Medicine of Lisbon.

From the partnership between the two Schools, two collections of Anatomical Drawing emerged, belonging to the current Faculties of Fine Arts and Medicine of the University of Lisbon, they can be dated between the 1840s and the 1970s.[19]

---

17 Luiz da Silveira Botelho, "A Escola Médica do Campo Santana," *Acta Médica Portuguesa*, no. 8 (1995): 259–261.

18 António Gonçalves Ferreira, "O Instituto de Anatomia – Breve História com quase um Século," in *Circulação*, ed. António Barbosa and Manuel Valente Alves (Lisboa: Faculdade de Medicina de Lisboa, 2004), 105–107.

19 Olga Pombo, Catarina Nabais, and Sara Fuentes, *CorpoIMAGEM: representação do corpo na ciência e na arte* (Lisboa: Fim de Século, 2019), 60–81.

The collection was inherited by the actual Faculty of Fine Arts from its predecessor institutions[20] consists of about one hundred elements,[21] included in the Old Drawing Collection, already cataloged, inventoried, and accessible to the public.[22] This collection represents the oldest core, dating from the nineteenth century to the 1910s, featuring a limited range of exercises, such as skeleton studies from different perspectives, two *Écorché* sculptures, and plaster representations of body parts, including the upper and lower limbs and the trunk.

In turn, the Institute of Anatomy of the Faculty of Medicine inherited more than 2300 drawings, in addition to the remaining collections from the former Anatomy Museum of the old Medical-Surgical School. These drawings reflect classes taught simultaneously to students from both schools, which allowed the observation and representation of natural models with total plastic freedom. Among them, we can find works by some of the main Portuguese artists of the twentieth century (Alfredo Lopo, Leopoldo de Almeida, Adelina Berta de Oliveira, Helena Vieira da Silva, Joaquim de Matos, José Tagarro, Estrela Faria, Carlos Bonvalot, Helena Bourbon, Santos Jesus, Américo Marinho, Raúl Maria Xavier, Atila Mendly Vetyemy, Elisa Bermudes Jorge Valadas, Magalhães Filho, Maria Keil, Frederico George, Ayres de Carvalho, José Quaresma e João Fragoso).[23]

In addition to their artistic value, these collections, formed from the donation of drawings chosen by the professor due to their plastic quality and scientific rigor among the Fine Art students' works, were used in the teaching of medicine, as scientific illustration examples for the better understanding of the human body and its anatomy.

The museological collection of the Faculty of Medicine is considerably superior in terms of size and quality, compared to the collection of Fine Arts that survived several adversities, because, despite sharing part of the same history, Professor Vilhena gathered and ensured its preservation and enhancement,

20 Fernando Guterres, "Do Património Cultural da Escola," *Boletim da Escola Superior de Belas-Artes*, 1974, 28.

21 Luísa Arruda, *Desenho antigo: na coleção da Faculdade de Belas-Artes da Universidade de Lisboa* (Lisboa: Faculdade de Belas-Artes da Universidade de Lisboa, 2010), 23.

22 Alberto Faria, *A coleção de desenho antigo da Faculdade de Belas-Artes de Lisboa (1830–1935): tradição, formação e gosto* (Lisboa: Fim de século, 2011), 157–161.

23 Mariana Sousa, Lia Neto and Alice Alves, "Duas coleções de desenho anatómico da Universidade de Lisboa," in *Colóquio Expressão Múltipla v: teoria e prática do desenho: atas das conferências*, ed. Artur Ramos (Lisboa: Centro de Investigação e de Estudos em Belas Artes, Faculdade de Belas-Artes, Universidade de Lisboa, 2022), 172–173.

protecting it in the Institute's facilities throughout 33 years of teaching, were those classes were taken, as referred before.[24]

This professor's awareness regarding the need for the conservation and protection of this collection demonstrates his dedication and sensitivity to the diverse cultural branches. As he recognized the importance of these drawings for the materialization and representation of Anatomy teaching to artists, he preserved the didactic and pedagogical testimony of an important practice in Portuguese academic teaching from the early twentieth century.

Today, this collection holds exceptional anatomical illustrations, beautiful from an aesthetic standpoint and in the content represented. It strikingly balanced practical and theoretical elements, combining important material for scientific illustration with extreme anatomical precision, where we find the celebration of the exceptional result that arises from the union and cooperation between Science and Art.

The collection has other two distinct parts that originated from activities conducted within the Institute of Anatomy and its Anatomical Theater, in a total of three different moments. The first consists of the referred exercises by Fine Arts students who visited the Institute for the observation and copying of natural anatomical models. This group, with a substantial number of authors, is further subdivided based on the type of exercise assigned by the teacher. In this category, we find representations with detailed written descriptions of cadavers, muscles, bones (fig. 6.1), and organs observed and drawn during Anatomy Classes in the Anatomical Theater.

In addition to these exercises, students were tasked with copying anatomical prints and reproducing sculptures with flaying exercises, enabling the representation of the bones or muscles from classical statuary (fig. 6.2). These sculptures included works such as *Perseus* by Frederick William Pomeroy, *Discobolus* and *Doryphoros* by Polyclitus, *Hercules and Lichas* and *Perseus with the head of Medusa* by Canova, *Danaide* and the *Dying Gaul* by Auguste Rodin, *Apollo Belvedere* by Leocares, *David* by Bernini or *The Laocoonte Group* by Agesandros, Athanodoros and Polydoros.

Nude model classes also served the live observation and reproduction of the musculature of available models (fig. 6.3).[25] These exercises were conducted within the Academy or during visits to Lisbon's national museums, allowing

24 Henrique Vilhena, "Trinta e três anos no ensino da Anatomia Artística," in *Arquivo de Anatomia e Antropologia*, ed. Henrique Vilhena (Lisboa: Imprensa Libânio da Silva, 1947), 525–89.

25 Rogério Ribeiro and Clemente Augusto, *A aula de desenho: Academias dos séc. XIX e XX das Escolas de Belas-Artes* (Almada: Câmara Municipal de Almada, 1989), 32–56.

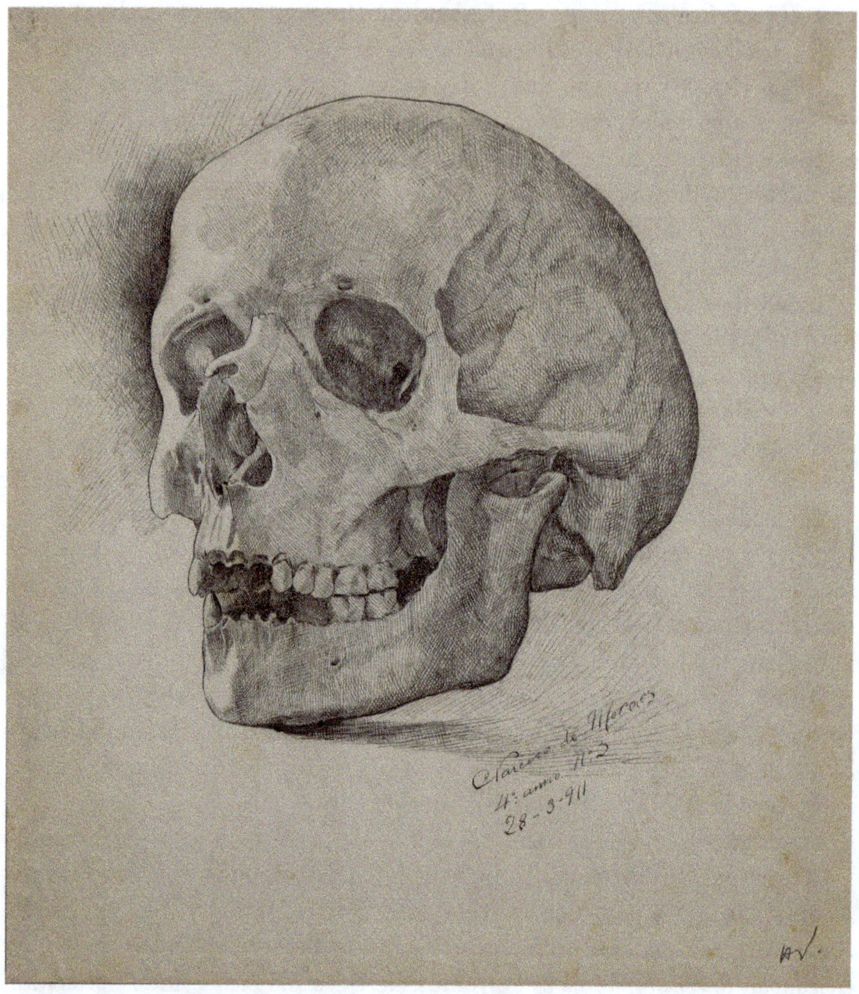

FIGURE 6.1 Narciso Alfredo de Moraes, 28/03/1911; Indian ink on paper; Representation of the skull (anterior three quarter view) with author's signature in the lower right corner; 34,6 × 30,9 cm
© FACULTY OF MEDICINE OF LISBON, FMUL/IA-MM-DA-1183; PHOTOGRAPHED BY MARIANA SOUSA

students the challenge of analyzing and detecting anatomical and proportional errors.

The second and third provenances stem from two distinct purposes but share the same authors, albeit in smaller numbers than the previous group. These are the hired drafters employed by the Institute of Anatomy to create drawings and preserve their collections, including wax, natural, or plaster models.

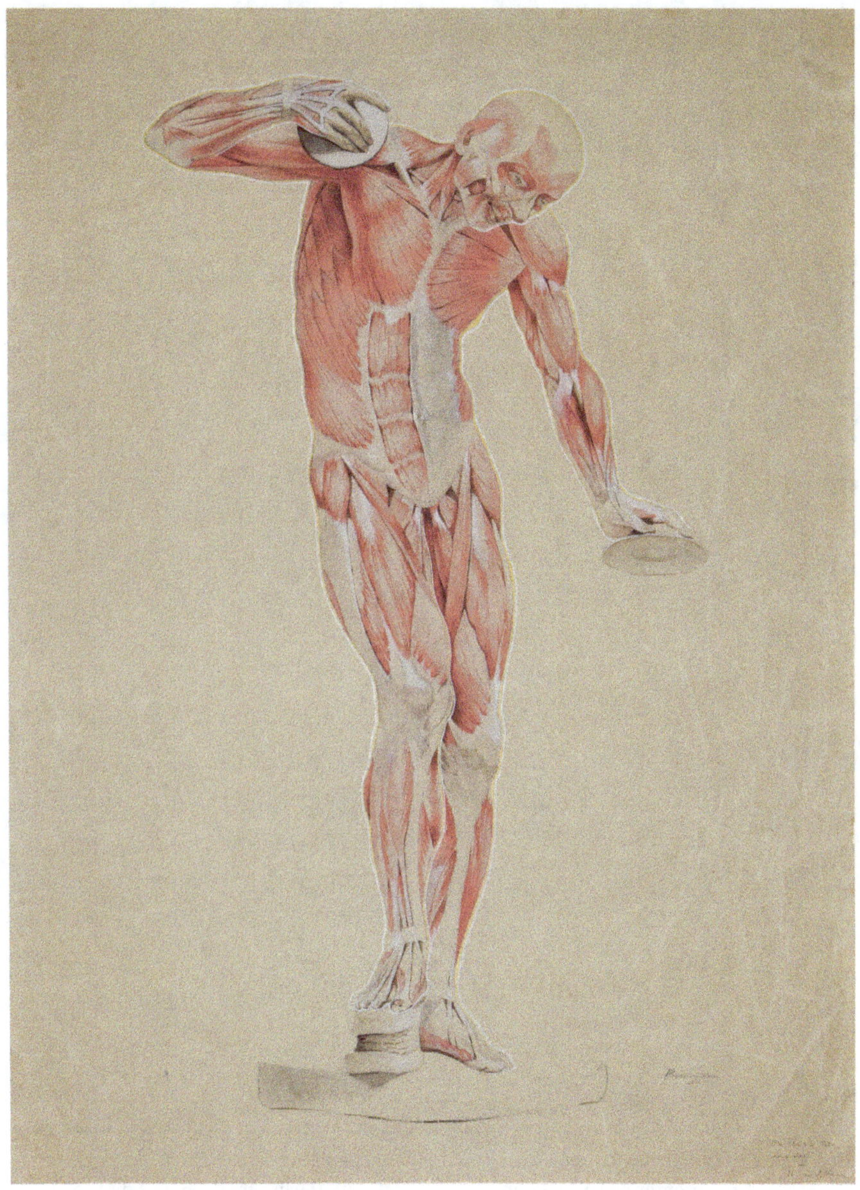

FIGURE 6.2 Elisa Bermudes, undated; Watercolor blue and white pencil on paper; Representation of the sculpture "Dancing Faun" in the anterior view with a flaying exercise; 65 × 48,2 cm

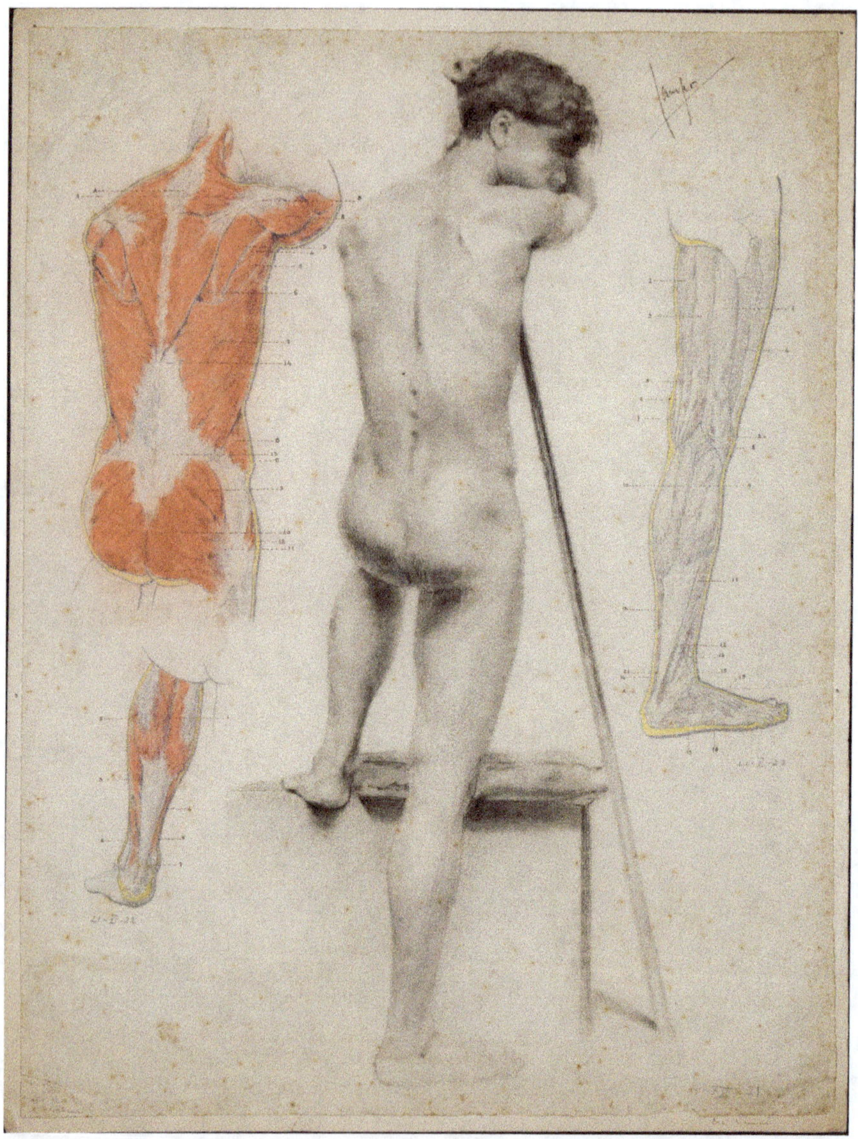

FIGURE 6.3 Henrique de Campos, 1921; Pencil, colored pencil, charcoal; Three distinct representations of the same nude model, with the live model representation in the center (posterior view), the muscles of the back on the left, and the representation of the muscles of the right leg on the right; 62,5 × 48 cm

Artistas such as Helena Bourbon de Menezes, Jorge Valadas, and Saavedra Machado were engaged for this specific purpose, among others. These artists, hired as drafters, were mostly former Fine Arts students who primarily focused on creating drawings that accompanied scientific articles based on research conducted at the Institute, under the guidance of individual researchers. These case studies of interest, such as anatomical variations, were predominantly published in the scientific journal "Archive of Anatomy and Anthropology", as we can see in this illustration that accompanies part of the doctoral thesis of Dr. Cesina Bermudes (fig. 6.4).[26] In this group, we also find drawings by doctors who drew and illustrated their research and publications, such as Helena Calado, António Augusto da Silva Martins and Luís de Pina.

Finally, these drafters created drawings, often copies of illustrations, and prints from important anatomy manuals and publications, to be exhibited in classrooms, allowing constant visual didactic support, important for the understanding of the oral explanations. Accordingly, the collection of anatomical drawings emerges from teaching, learning, or anatomical research.

One of the most important testimonies of this pedagogical practice and teaching methodologies is the large-scale painting by the artist Carlos Bonvalot, a student of Professor Henrique Vilhena, a collaborator of the Institute as a drafter, and his close friend. In this painting, titled "The Master" (1914), we are faced with a representation of a class in the Anatomical Theater (fig. 6.5). The scene is dominated by clear natural light coming from the large windows that compose this room, where, on one of the tables, there is a dissected female cadaver and a group of students surrounding Professor Vilhena. These students, who attentively observe the professor's explanation, are from Medicine and Fine Arts, with the last group represented exclusively by female students, in a symbolic representation of the joint progressive spirit for the exclusive advancement of knowledge.

These collections have been exhibited several times, one of the earliest held at the National Society of Fine Arts in 1947, at the beginning of the celebrations of Professor Henrique Vilhena's jubilation, organized by himself. This exhibition featured hundreds of anatomical drawings from his Fine Arts students, displayed to showcase the results of his 33 years of teaching to artists.[27]

---

26 Cesina Bermudes, "Os músculos radiais externos, estudados nos Portugueses de condição humilde," *Arquivo de Anatomia e Antropologia* 25 (1948): 263.

27 Artur Portela, "Uma curiosa exposição de anatomia artística dos alunos do professor Henrique Vilhena," *Diário de Lisboa*, June 3, 1947, 2, http://casacomum.org/cc/visualizador?pasta=05780.044.11166#!2.

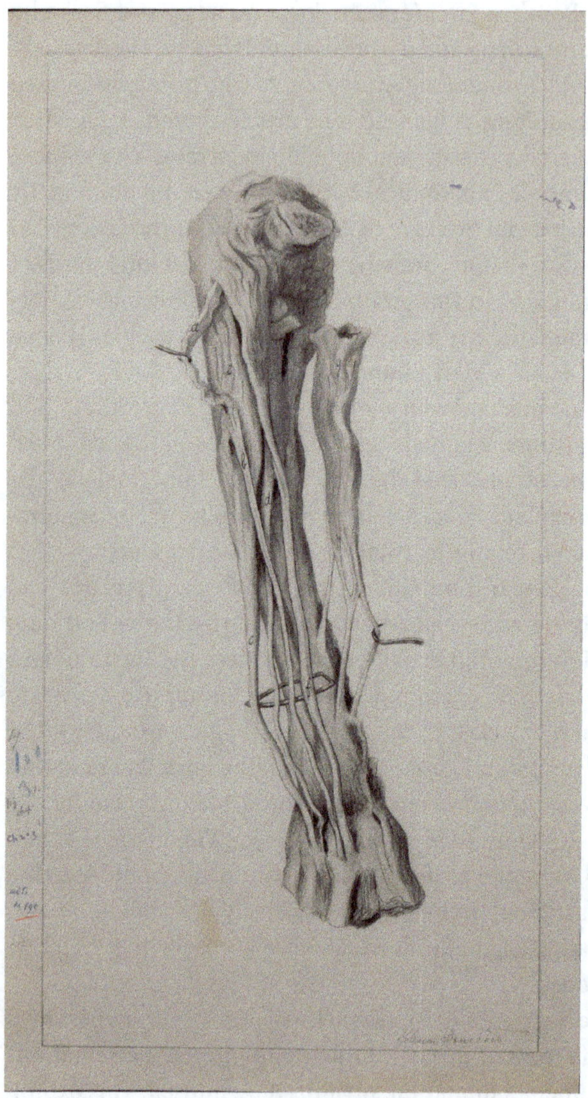

FIGURE 6.4 Helena Bourbon, undated; Graphite on paper; Representation of the external radial muscles, with an indication of: a – bundle formed by the union of their origins, which extends to the upper part of the tendon of the second radial at the point where some of its superficial fibers form an intermediate radial; f – first radial; d – intermediate radial; c – insertion of the second radial; 47,2 × 26 cm

FIGURE 6.5 Carlos Bonvalot, The Master (1914). Representation of an Anatomy lesson at the Anatomical Theatre of Lisbon, taught by Professor Henrique de Vilhena (1879–1958), with the teacher dissecting the corpse accompanied by a group of students and collaborators (Helena Calado, Pedro Roberto Chaves, Joaquim, and Victor Fontes, António Augusto da Silva Martins, António Rita Martins and Barbosa Sueiro, from Medicine; Aurora Bermudes, Maria da Assunção Leoni Pereira and Luísa de Ornelas e Vasconcelos, Fine Arts students; Pais Laranjeira, from Law and the Institute's preparator, Bernardo de Oliveira Morgado)

It was with Professor Vilhena that this pedagogical practice came to an end. Although the Artistic Anatomy class remains part of artistic education, his successors neither encouraged the collection's expansion nor promoted artists' visits to the Anatomical Theatre. This was likely due to advances in artistic conceptions, which shifted away from the mimesis of the body. As a result, the established drawing collection was also eventually forgotten.

1 Study and Preservation of the Anatomical Drawing Collections

This impressive interdisciplinary collection, characterized by the union of Science and Arts, led to a collaboration between institutions and professionals from different fields to develop a project for the safeguarding and preservation of this heritage.

This collection, along with other collections from the Faculty of Medicine of Lisbon, was under the guardianship of an institution established for its protection and promotion, the Museum of Medicine, created in 2005 and lasting only eight years.[28] The various initiatives of this museum had little impact on the collections. The inventory of the drawing collection and its conservation were initiated but not completed, resulting in their total loss.

In 2019, we became aware of this collection, which had remained in a cabinet with poor conservation conditions for decades. The initiation of its study led us to understand the importance and richness of this heritage, along with its fascinating history, yet to be discovered.

These shortcomings led to the acquisition of two financial supports, with proposals submitted in a competition, the first from the Portuguese Directorate-General for the Arts with the project "Between Arts and Medicine". In this work, developed over five months, the preservation of the collection was initiated, with the analysis of conservation, risk, and pathology, the cataloging, and the beginning of the inventorying process, allowing, in turn, the computerization and organization of the digitization of thousands of drawings. From this project arises the creation of an important database for specialists to allow its future dissemination and online accessibility, as well as the beginning of the process of enhancing this unique heritage that materializes the teaching of Anatomy in Portugal, and its methodologies, and results, for several generations of artists.

This type of heritage, which simultaneously includes both Art and Science, with guardianship and preservation under an institution dedicated to medicine, without any knowledge of preservation, faces some additional daily challenges, adding to its evident historical gap.[29]

The cultural interest of this project led to the doctoral grant (2021.08408.BD) for their study, preservation, and dissemination.[30] This doctoral research project, developed over four years, starting in 2022, pretends to develop the

---

28 Manuel Valente Alves, *Passagens: 100 peças para o Museu de Medicina* (Lisboa: Museu de Medicina da FMUL, 2005), 19.

29 Mariana Sousa, Lia Neto and Alice Alves, "Duas coleções de desenho anatómico da Universidade de Lisboa," in *Colóquio Expressão Múltipla V: teoria e prática do desenho: atas das conferências*, ed. Artur Ramos (Lisboa: Centro de Investigação e de Estudos em Belas Artes, Faculdade de Belas-Artes, Universidade de Lisboa, 2022), 173–76.

30 This work is financed by national funds through FCT – Foundation for Science and Technology, I.P, in the scope of the project "IUDB/04042/2020", and a doctoral grant (2021.08408.BD).

systematic study of anatomy teaching in two educational institutions, the Faculties of Fine Arts and Medicine, for the intended historical narrative, with the characterization of about one hundred years of Artistic Anatomy in Lisbon and the two collections of anatomical drawing that emerged from it. This work goes through several additional phases of historical research, such as the characterization and intersection between collections, the survey of authorship from signatures and dating to outline author biographies. Our primary objectives include understanding the intricate relationship between the two fields, and exploring how they mutually support and complement each other. We aim to delve into the impact of Art on national Medicine and scientific research, examining how the teaching of Anatomy has influenced artistic production within a specific context and era. This project holds significance in fostering fresh perspectives and investigations into its subject matter, models, and raw materials.

Both projects and the involvement of various sectors from the faculty allowed the gathering of the entire collection, bringing together drawings scattered in storage rooms and libraries, now consolidated at the Institute of Anatomy. In this space, were provided the necessary conditions for the preventive conservation proposal, involving organization into acid-free cardboard folders and storage in a suitable cabinet, as well as the removal of harmful elements such as staples and tape. These measures will ensure their durability and survival in good conditions so that they can fulfill their purpose as educational pedagogical testimony to Anatomy. Finally, a proposal for a virtual gallery has been made for the dissemination and accessibility of this important heritage. The use of digital media for access and exhibition of these collections and their history will facilitate their management, maintenance, and use of human and material resources, promoting knowledge and sustainability, so that this heritage can once again fulfill its pedagogical and didactic purpose related to this interdisciplinary fields crossed in an unquestionable historical-artistic and scientific importance.

Bibliography

Alves, Manuel Valente. *Gabinete de Anatomia – Arpad, Vieira e os desenhos anatómicos doMuseu de Medicina.* Lisboa: Museu de Medicina da FMUL e Fundação Arpad Szenes-Vieira da Silva, 2011.

Alves, Manuel Valente. *Passagens: 100 peças para o Museu de Medicina.* Lisboa: Museu de Medicina da FMUL, 2005.

Arruda, Luisa. *Desenho antigo: na coleção da Faculdade de Belas-Artes da Universidade de Lisboa.* Lisboa: Faculdade de Belas-Artes da Universidade de Lisboa, 2010.

Bermudes, Cesina. "Os músculos radiais externos, estudados nos Portugueses de condição humilde." *Arquivo de Anatomia e Antropologia* 25 (1948): 1–281.

Botelho, Luiz da Silveira. "A Escola Médica do Campo Santana." *Acta Médica Portuguesa*, no. 8 (1995): 259–64.

Calado, Margarida. "O ensino do Desenho: 1836–1987." In *O caderno do desenho: o risco inadiável*, edited by Carlos Amado, 77–113. Lisboa: Escola Superior de Belas-Artes de Lisboa, 1988.

Calado, Margarida and Hugo Ferrão. "Da Academia à Faculdade de Belas-Artes." In *A Universidade de Lisboa nos séculos XIX–XX*, edited by António Nóvoa, 1108–1151. Lisboa: Tinta-da-China, 2013.

Dürer, Albrecht. *Vier Bücher von Menschlicher Proportion.* Nuremberg: Hieronymus Formschneider, 1528.

Faria, Alberto. *A coleção de desenho antigo da Faculdade de Belas-Artes de Lisboa (1830–1935): tradição, formação e gosto.* Lisboa: Fim de século, 2011.

Ferreira, António Gonçalves. "O Instituto de Anatomia – Breve História com quase um Século." In *Circulação*, edited by António Barbosa and Manuel Valente Alves, 101–109. Lisboa: Faculdade de Medicina de Lisboa, 2004.

Ferreira, José Maria. "A reforma da Academia das Belas-Artes de Lisboa." *Diário de Lisboa*, no. 23, January 28, 1860. https://digigov.cepese.pt/pt/jornais/listbyyearmonthday?ano=1860&mes=1&tipo=a-diario&pm=&res=.

Garnel, Maria Rita Lino. "Da Régia Escola de Cirurgia à Faculdade de Medicina de Lisboa." In *A Universidade de Lisboa nos séculos XIX e XX, vol. II*, edited by Jorge Ramos do Ó and Sérgio Campos Matos, 539–650. Lisboa: Universidade de Lisboa e Tinta-da-china, 2013.

Guterres, Fernando. "Do Património Cultural da Escola." *Boletim da Escola Superior de Belas-Artes*, 1974.

Lisboa, Maria Helena. *As Academias e Escolas de Belas-Artes e o Ensino Artístico (1836–1910).* Lisboa: Edições Colibri, 2007.

Lourenço, Marta, e Maria João Neto. *Património da Universidade de Lisboa – Ciência e Arte.* Lisboa: Universidade de Lisboa and Tinta-da-china, 2011.

Marques, Teixeira. *Catalogo das peças do Museu D'Anatomia da Eschola Medico-Cirurgica de Lisboa.* Lisboa: Typ. da Sociedade Typographica Franco-Portugueza, 1862.

Mora, Luís Damas. "O Dr. Manoel Constâncio (1726–1817) e a reestruturação do ensino cirúrgico em Portugal." *Revista Portuguesa de Cirurgia*, no. 8 (2009): 87–94.

Passos, Manoel S. "Estatutos para a Academia de Belas-Artes." *Diário do Governo*, no. 257 (1836): 1207–11.

Pombo, Olga, Catarina Nabais, and Sara Fuentes. *CorpoIMAGEM: representação do corpo na ciência e na arte.* Lisboa: Fim de Século, 2019.

Portela, Artur. "Uma curiosa exposição de anatomia artística dos alunos do professor Henrique Vilhena." Diário de Lisboa, June 3, 1947. http://casacomum.org/cc/visualizador?pasta=05780.044.11166#!2.

Ribeiro, Rogério, and Clemente Augusto. *A aula de desenho: Academias dos séc. XIX e XX das Escolas de Belas-Artes.* Almada: Câmara Municipal de Almada, 1989.

Serrano, José António. *Tratado de osteologia humana: morphologia – Phylogenia – ontogenia.* 2 vols. Lisboa: Por ordem e na typographia da Academia Real das Sciencias, 1895–1897.

Sousa, Mariana, Lia Neto and Alice Alves. "Duas coleções de desenho anatómico da Universidade de Lisboa." In *Colóquio Expressão Múltipla V: teoria e prática do desenho: atas das conferências*, edited by Artur Ramos, 170–179. Lisboa: Centro de Investigação e de Estudos em Belas Artes, Faculdade de Belas-Artes, Universidade de Lisboa, 2022.

Vesalius, Andrea. *De humani corporis fabrica.* 2ª ed. Basileae: per Ioannem Oporinum, 1555.

Victor, Jayme. "O Dr. Alves Branco." *O OCCIDENTE*, no. 236, July 11, 1885. https://hemerotecadigital.cm-lisboa.pt/obras/ocidente/1885/N236/N236_master/N236.pdf.

Vilhena, Henrique. "Documentos sobre o ensino de Anatomia Artística na Escola de Belas-Artes de Lisboa. A reorganização das Escolas de Belas-Artes." In *Arquivo de Anatomia e Antropologia*, edited by Henrique Vilhena, 245–264. Lisboa: Imprensa Livraria Ferin, 1924.

Vilhena, Henrique. "Trinta e três anos no ensino da Anatomia Artística." In *Arquivo de Anatomia e Antropologia*, edited by Henrique Vilhena, 525–589. Lisboa: Imprensa Libânio da Silva, 1947.

7

Anatomia in mostra: percorsi storici della museologia medica a Padova dal Rinascimento all'età digitale

Alberto Zanatta

L'Università di Padova rappresenta uno dei più antichi e prestigiosi atenei d'Europa. La sua lunga storia accademica ha contribuito in modo decisivo allo sviluppo della medicina occidentale, non solo attraverso la formazione di medici e ricercatori, ma anche grazie alla creazione di spazi dedicati alla conservazione, esposizione e didattica dei saperi medici. Questo articolo intende ricostruire lo sviluppo storico della museologia medica padovana, analizzando l'evoluzione delle collezioni scientifiche e anatomiche dal Rinascimento fino all'epoca contemporanea, mettendo in luce il loro ruolo educativo, scientifico e culturale.

Negli ultimi anni, la storia della museologia medica e scientifica ha ricevuto crescente attenzione da parte della storiografia internazionale. In particolare, sono stati esplorati in profondità il rapporto tra cultura materiale, pratiche di visualizzazione del corpo e sviluppo delle collezioni mediche in età moderna, evidenziando come le collezioni anatomiche non fossero semplicemente strumenti didattici, ma anche dispositivi epistemici attraverso cui medici, artisti e filosofi strutturavano nuove forme di sapere corporeo, intrecciando scienza, arte e religione[1].

L'Università di Padova fu fondata nel 1222 quando diversi docenti e studenti lasciarono l'Università di Bologna, alla ricerca di maggiore libertà per condurre le proprie ricerche e il proprio insegnamento. Inizialmente nacque come centro di studi di Giurisprudenza, anche se lo studio delle "arti liberali", cioè filosofia, teologia, grammatica, retorica e medicina, era attivo in scuole private già dal XII secolo[2]. L'Università di Padova è generalmente considerata la terza università più antica del mondo occidentale, dopo Bologna (1088) e Parigi (1170).

Nel corso del XV secolo la Repubblica di Venezia fece dell'Università di Padova il principale centro didattico della Repubblica. Per assicurarsi lo status

---

1 Marieke Hendriksen, *Elegant Anatomy: The Eighteenth-Century Leiden Anatomical Collections* (Leiden and Boston: Brill, 2015).

2 Lucia Rossetti, *The University of Padua. An Outline of Its History* (Trieste: Edizioni Lint, 1983).

di centro leader di eccellenza accademica, la Repubblica reclutò alcuni dei principali studiosi di tutta Europa per perseguire la loro missione di "*Libertas docendi et investigandi*" (libertà di ricerca e insegnamento) ai massimi livelli. Ancora oggi l'Università opera all'insegna del servizio "*Universa Universis Patavina Libertas*" (La libertà di Padova è universale e per tutti)[3].

In questo clima di libertà ebbe inizio la museologia scientifica padovana con la fondazione, nel 1545, dell'Orto Botanico, detto Giardino dei Semplici. Il termine "semplici" si riferisce alle piante singole che venivano utilizzate talvolta in modo isolato e, altre volte combinate tra loro in varie modalità, costituendo la base per la creazione di farmaci complessi. L'Orto Medicinale padovano, primo nella storia, oggi è riconosciuto come patrimonio UNESCO, un giardino botanico universitario dedicato specificamente alla coltivazione, allo studio e alla sperimentazione di diverse varietà vegetali.

L'Orto nacque appunto con uno scopo strettamente medico, ma la missione del progetto aveva una portata più ampia, in linea con le aspirazioni delle scienze mediche dell'epoca.

Nel 1591 fu pubblicato a Venezia un testo dal titolo *L'horto dei semplici di Padova*[4], documento che descrive la finalità museologica della raccolta.

L'autore descrive diverse stanze da costruire attorno al muro del Giardino, alcune dedicate ad esperimenti "su questioni mediche" e altre a una raccolta di anatomia, storia naturale ed etnografia. Descrivendo la funzione di questi ambienti, Porro usò la parola "museo" e intese chiaramente con tale termine un microcosmo rappresentante il macrocosmo: "Si formerà perciò uno strano e meraviglioso museo, con sì diversi ordini di cose, a beneficio degli studiosi di questa rara professione. In questo teatrino, come in un piccolo mondo, saranno rappresentati tutti gli oggetti meravigliosi della natura"[5]. Questo progetto, di chiara derivazione dalla cultura rinascimentale, era incentrato sulla riscoperta della natura e perseguiva implicitamente la convinzione che l'uomo potesse possedere e dominare la natura raccogliendo e catalogando la sua produzione. Sfortunatamente, questi dati storici suggeriscono che tale iniziativa si è conclusa subito dopo essere stata inizialmente concepita. Oggi l'Orto Botanico è nuovamente considerato un museo vivente, continuando da

3 Fabio Zampieri, Alberto Zanatta, Mohamed Elmaghawry, Maurizio Rippa Bonati, Gaetano Thiene, "Origin and Development of Modern Medicine at the University of Padua and the Role of the 'Serenissima' Republic of Venice," *Global Cardiology Science and Practice*, 3, 21 (2013): 1–14.

4 Girolamo Porro, *L'horto dei semplici di Padoua, ove primieramente la forma di tutta la Pianta con le sue misure, e indi i suoi Partimenti distinti per Numeri in ciascuna Arella, Intagliato in rame* (Venice: Appresso Girolamo Porro, 1591).

5 Girolamo Porro, *L'horto dei semplici di Padova*, 6.

un lato ad esporre un gran numero di piante, dall'altro ad evidenziare il suo legame con la storia della medicina grazie alla recente creazione di un museo botanico dell'università.

Sempre nel Cinquecento a Padova l'anatomia cominciò a diventare la regina delle scienze ottenendo uno status autonomo e focalizzandosi non solo sulle necessità pratiche della chirurgia, ma anche sui principi fondamentali della struttura del corpo umano, esplorando nuove possibili strutture e funzioni.

L'ascesa della disciplina fu evidenziata dalla creazione del primo teatro anatomico stabile al mondo, fondato nel 1595 e utilizzato per la prima volta da Girolamo Fabrici d'Acquapendente (1533–1619)[6]. L'anatomia non solo divenne la disciplina fondamentale per la medicina, perché rivelava una complessità interna straordinaria, ritenuta rappresentativa del microcosmo nel macrocosmo, e costituiva la prova dell'esistenza di un artefice divino. Considerando l'uomo come la creazione superiore di Dio, lo studio della struttura del cadavere consentiva di contemplare il suo capolavoro.

Infine, l'anatomia era strettamente legata alla celebre massima greca "conosci te stesso", poiché l'osservazione del cadavere rappresentava l'esperienza della mortalità. Comprendere la propria mortalità poteva tradursi nella consapevolezza dell'importanza di ogni singolo istante della vita terrena, sottolineando la necessità di impiegare il tempo concesso nel modo più significativo possibile.

Antonio Vallisneri senior (1661–1730), professore di Medicina Pratica a Padova, istituì ad inizio Settecento il Museo di Filosofia Naturale[7]. Vallisneri iniziò la sua collezione con rari reperti biologici e varie rappresentazioni d'arte raccolti durante i suoi viaggi in Europa alla fine del XVII secolo. Infatti, il suo museo aveva lo scopo di educare gli studenti dimostrando quella che Vallisneri chiamava "curiosità filosofica", utilizzando la cultura materiale come stimolo per provocare la comprensione della natura. Si trattava di un allontanamento dal modello del Gabinetto di curiosità tipico della cultura rinascimentale e dove le collezioni avevano come unico scopo quello di celebrare il potere, l'influenza e lo status sociale dei proprietari[8].

---

6 Cynthia Klestinec, "A History of Anatomy Theaters in Sixteenth-Century Padua", *Journal of the History of Medicine and Allied Sciences*, 59, 3 (2004): 375–412.

7 Alberto Zanatta e Maurizio Rippa Bonati, "Preparati di interesse dermatologico dal Museo di Anatomia Patologica dell'Università di Padova", in *Beni culturali di ambito dermatologico. Giornate di Museologia medica*, eds. Beatrice Messeri, Katia Manetti (Firenze: Pegaso, 2016), 184–6.

8 Oliver Impey and Arthur McGregor, *The Origins of Museums. The Cabinet of Curiosities in Sixteenth- and Seventeenth-Century Europe* (New York: Oxford University Press, 1985).

Nel 1733, dopo la morte di Vallisneri, il figlio Antonio Vallisneri junior (1708–1777) donò la collezione all'Università di Padova, che sarebbe poi diventata il primo museo universitario ufficiale, impegnato nella raccolta continua di reperti durante il XVIII secolo. Molte di queste collezioni formarono anche il cuore di quello che avrebbe poi costituito il Museo Zoologico dell'Università di Padova, altre invece furono inserite nelle collezioni anatomiche universitarie (Centro Musei Scientifici 2000). Seguendo l'esempio di Vallisneri, Giovanni Poleni (1683–1761), fisico e matematico dell'Università di Padova, istituì nel 1740 il "Teatro di Filosofia Sperimentale", il primo museo-laboratorio di fisica in un'Università (CMS 2000).

Sulla base di queste testimonianze storiche è ormai chiaro che i gabinetti scientifici e i laboratori sperimentali dell'Università di Padova del XIX secolo costituirono un logico ampliamento iniziato con le collezioni che diedero vita al Museo di Vallisneri e al Teatro di Poleni.

Il teatro anatomico di Palazzo Bo fu sempre operativo dall'anno della sua costruzione fino al 1874 e, oltre a essere il luogo in cui si affermava lo studio dell'anatomia normale e che contribuiva alla nascita della fisiologia attraverso le opere di Fabrici e Harvey, giocò un ruolo cruciale nell'emersione e nella diffusione a livello internazionale dell'anatomia patologica. Questo fu reso possibile grazie al lavoro di Giovan Battista Morgagni (1682–1771), il quale incise cadaveri e insegnò nel teatro per quasi sessant'anni (1715–1771). Come è noto, con la pubblicazione del suo *De sedibus et causis morborum per anatomen indagatis* nel 1761, Morgagni presentò in modo sistematico la dimostrazione che i sintomi delle malattie potevano essere ricondotti alle lesioni interne riscontrabili nei cadaveri dei pazienti. Con ciò, fondò il metodo della correlazione anatomo-clinica, sottolineando il legame diretto tra le manifestazioni cliniche delle malattie e le alterazioni anatomiche interne. Questa opera di Morgagni fu cruciale per la definizione e l'istituzione, qualche decennio più tardi, dell'anatomia patologica[9].

Un altro ruolo importante che ha avuto Morgagni è quello di aver iniziato la museologia medica a Padova. Nel 1756, infatti, lo studioso pensò ad un museo di esemplari anatomici e patologici e incaricò l'architetto veneziano Giorgio Domenico Fossati (1705–1785) di progettarne la struttura.

La collezione del museo era prevista in una stanza nell'antico Palazzo Bo vicino al teatro anatomico, i progetti dell'edificio includevano una stanza ovale

---

9 Fabio Zampieri, Alberto Zanatta, Gaetano Thiene, "An etymological 'autopsy' of Morgagni's title: De sedibus et causis morborum per anatomen indagatis (1761)", *Human Pathology*, 45 (2014): 12–6.

con una volta sospesa, ornata alla base e con dettagli specifici di decorazioni lignee intagliate e, al centro, una piccola lanterna[10].

Nonostante il museo non fu mai realizzato, Morgagni preparò molti esemplari anatomici per l'esposizione. Sembra avesse una particolare predilezione per orecchie e ossa, mostrando con orgoglio le sue ultime creazioni ai colleghi che lo visitavano a casa. Nel 1771, pochi giorni prima della morte di Morgagni, un giovane cappuccino descrisse il suo studio come una sorta di museo: "Soddisfacevo Morgagni visitandolo a volte; e lo incontravo nel suo Museo, seduto a un tavolo di noce con un cappello a cono in testa. Di fronte, teneva uno scheletro alto che aveva fatto con un cadavere di un poliziotto, ucciso[11]." L'Università di Padova fu anche sede di un altro progresso negli studi museali derivante dall'attività di Luigi Calza (1737–1794), autore del *De morbis mulierum, puerorum et artificum* nel 1765. Calza fondò il primo "Gabinetto di Ostetricia" per i medici nel 1769 e una scuola privata per levatrici, la Scola Ostetrica, nel 1774. Il museo era composto da una serie di modelli anatomici in cera e argilla, utilizzati da Calza per supportare le sue pratiche di insegnamento. I modelli in cera includevano modelli anatomici a grandezza naturale degli organi riproduttivi femminili, modelli che illustravano la fisiologia e la patologia della gravidanza, del parto e dell'allattamento. I modelli in argilla mostravano posizioni fetali sia fisiologiche che patologiche nell'utero materno. La prospettiva tridimensionale di questi modelli sostituì le illustrazioni bidimensionali nei libri e atlanti medici comuni all'epoca. Questi modelli offrivano opportunità sia visive che tattili per l'apprendimento, suggerendo una strategia di insegnamento più realistica basata su artefatti[12]. Calza comprese il "valore dell'apprendimento dagli oggetti", una prospettiva coerente con l'approccio anatomo-clinico dominante del suo tempo. La collezione di artefatti didattici di Calza è ora conservata presso il Dipartimento di Salute della Donna e del Bambino dell'Università di Padova.

Prima della fondazione del Museo di Anatomia Patologica nella seconda metà del 1800, la Scuola Medica di Padova possedeva diverse collezioni di patologia, conservate in vari edifici della città. Ad esempio, c'era una collezione di cere oftalmiche conservata presso la Clinica Oftalmica fino al 1971, quando fu trasferita all'Istituto di Storia della Medicina dell'Università di Padova. La

10 Alberto Zanatta, Fabio Zampieri, "Origin and Development of Medical Museum in Padua", *Curator*, 61 (2018): 401–14.

11 Umberto Tergolina Gislanzoni Brasco, *G.B. Morgagni nei ricordi di un cappuccino coevo* (Venezia: Le Veneziane Francescane, 1936), IV 3–4: 1–3.

12 Loris Premuda, *Personaggi e vicende dell'Ostetricia e della Ginecologia nello Studio di Padova* (Padova: La Garangola, 1958).

collezione era composta da due diverse raccolte: una sviluppata da Johann Nepomuk Hoffmayer (†1863) di Vienna e l'altra curata da Pietro Gradenigo (1831–1904) di Padova. La prima consiste in 32 modelli realizzati a Vienna e donati alla Clinica Oftalmica di Padova tra il 1819 e il 1821; essi furono creati in un periodo di evoluzione sia per le specialità mediche che per la patologia degli organi e soprattutto servivano ad illustrare le tipiche malattie oculari del periodo, in particolare quelle che interessano le parti esterne, che potevano essere indagate senza la necessità di strumenti specifici ideati per l'osservazione dell'anatomia interna e posteriore dell'occhio, non ancora disponibili in quel periodo[13]. Le cere di Gradenigo, invece, realizzate tra il 1884 e il 1889, consistevano in 18 modelli di malattie degli occhi e di operazioni chirurgiche oftalmologiche come la blefaroplastica[14].

Nei primi anni del XIX secolo, Leopoldo Marco Antonio Caldani (1725–1813), successore di Morgagni alla cattedra di Anatomia, lasciò in eredità un gabinetto anatomico[15] e Francesco Luigi Fanzago (1764–1836), titolare della cattedra di Patologia e Medicina Legale, creò un gabinetto patologico per conservare esemplari da lui preparati. I primi di questi esemplari provenivano dalle autopsie che descriveva così: "Ero felice di depositare i primi esemplari del nostro gabinetto, considerandoli non più di mia proprietà, ma di dominio pubblico"[16].

Fanzago ampliò la sua collezione con materiali provenienti dall'ospedale, ospizi regionali e donazioni di suoi colleghi, come ad esempio la collezione di calcoli renali del Gabinetto di Scienze Naturali di Vallisneri. Fanzago sottolineò l'importanza di raccogliere campioni per sviluppare una collezione completa di patologia. Si adoperò molto per convincere medici e chirurghi a inviargli esempi di organi malati, fece appelli al governo per incoraggiare la comunità medica a raccogliere esemplari di interesse patologico ed educativo. Questo interesse spinse Fanzago a continuare ad arricchire la sua collezione: "Malgrado le difficoltà sinora incontrate ho nondimeno la compiacenza di averne già riempiti quattro armadj; e se non v'è ancora da far pompa di copia,

13 Fabio Zampieri, Francesco Comacchio, Alberto Zanatta, "Ophthalmologic Wax Models as an Educational Tool for Eighteenth Century Vision Scientists," *Acta Ophthalmologica*, 95 (2018): 852–7.

14 Fabio Zampieri, Alberto Zanatta, "Surgery, Pathology, and Art in Pietro Gradenigo's Ophthalmologic Waxworks," *Jama Ophthalmology*, 131 (2013): 1474–5.

15 Alberto Zanatta, Gaetano Thiene, Marialuisa Valente, Fabio Zampieri, Testo atlante di patologia nella storia. Dal Museo di Anatomia Patologica dell'Università di Padova (Treviso: Antilia, 2015).

16 Francesco Luigi Fanzago, *Memorie sopra alcuni pezzi morbosi conservati nel Gabinetto Patologico dell'I.R. Università di Padova* (Padova: Tipografia del seminario, 1820).

puossi però far conto di un numero di pezzi per la loro qualità assai pregevoli, e molto opportuni alla pubblica istruzione"[17].

Singolare è il fatto che Fanzago menzioni un interesse "pubblico" nella collezione, qualcosa che si discosta dalle tipiche descrizioni di queste raccolte come strumenti didattici o a scopo strettamente accademico. Tuttavia, ciò non sembrerebbe insolito, poiché gli spettatori delle lezioni anatomiche nel Rinascimento includevano membri dell'élite cittadina oltre a studenti e professori di medicina.

Rivelare la complessità delle strutture organiche nell'anatomia umana era considerato un valore religioso perché offriva una visione del "progetto del Creatore"[18]. La collezione di Fanzago, però, non era puramente anatomica; conteneva anche esempi di organi malati. Sembrerebbe che ne comprendesse l'interesse pubblico offrendo una visione dei progressi terapeutici basati sullo studio degli organi malati.

Francesco Cortese (1802–1883), professore di anatomia, sviluppò a metà Ottocento la collezione di anatomia patologica collocandola presso l'anticamera del teatro anatomico e facendola crescere non solo numericamente con l'aggiunta di reperti da lui preparati a Venezia, ma anche fisicamente con ampliamenti all'edificio e delle stanze di Palazzo Bo per poter esporre meglio i preparati.

Nel 1844 Tosoni scriveva: "Già troppo esiguo per il numero di preparati che conteneva, che nei sei anni trascorsi dall'incarico del professor Cortese è cresciuto fino a superare i cinquecento"[19].

La collezione anatomica all'interno del museo allestito da Cortese ha alcune caratteristiche uniche che vale la pena menzionare.

La leggenda narra che una serie di otto crani di questa collezione appartenessero a famosi professori dell'Università di Padova che donarono i loro corpi alla scienza medica, tra i quali c'erano Santorio Santorio (1561–1636) e Floriano Caldani (1772–1836). Cortese in realtà ha avviato questa collezione personale di crani, la maggior parte appartenenti ai suoi colleghi dell'Università, con l'obiettivo di portare avanti i suoi studi sulla frenologia, anche se questi personaggi non erano affatto disposti a donare il proprio corpo alla scienza. Ancora oggi si

---

17 Fanzago, *Memorie sopra alcuni pezzi morbosi*, 2.

18 Fabio Zampieri, "Andreas Vesalius' Epistemological Revolution," in *Andreas Vesalius, 500 Years Later. Proceedings of the 2nd International Meeting on Medicine and Pathology, Working Group History of Pathology of the European Society of Pathology, Padua 2015*, eds. Fabio Zampieri, Alberto Zanatta, Gaetano Thiene (Padua: Cleup, 2018), 89–134.

19 Pietro Tosoni, *Della anatomia degli antichi e della scuola anatomica padovana, memoria* (Padova: Della tipografia del Seminario, 1844), 127.

possono notare i segni lasciati sui crani per le misurazioni antropometriche e per le analisi frenologiche[20].

La transizione dal gabinetto patologico a un museo contemporaneo avvenne quando Lodovico Brunetti (1813–1899), assistente del patologo Karl von Rokitansky (1804–1878) a Vienna, ottenne la prima cattedra di Anatomia Patologica a Padova nel 1855. Brunetti rinvigorì la tradizione classica degli studi di anatomia patologica, un approccio fondato da Morgagni e sviluppato da Rokitansky a Vienna, basato principalmente su studi morfologici degli organi, degli apparati e sull'analisi delle lesioni macroscopiche[21]. Brunetti inoltre lavorò per creare il Museo di Anatomia Patologica e un laboratorio completamente attrezzato per la conservazione degli esemplari, con l'obiettivo di migliorare le opportunità di apprendimento, consentendo agli studenti di vedere e toccare con le proprie mani organi e tessuti malati. Nel 1881, scrisse: "Nella mia Scuola io sono esigentissimo, ma in che? Le mie stanze, quelle dei miei assistenti sono modestissime, né io me ne lagno mai, ove io sono incontenibile è nel teatro di sezione e nel museo"[22].

Al suo arrivo a Padova, Brunetti trovò circa trecento preparati lasciati dai precedenti professori di medicina, inclusi alcuni conservati dallo stesso Morgagni. Questi preparati erano conservati sia in alcool che essiccati. Tuttavia, Brunetti considerò questi preparati inadatti a scopi didattici: "Li studiai, li rifeci e ridussi il loro numero a circa centotrenta. Il resto consegnai alla terra, e chi può sapere quanto grande fu il sacrilegio che commisi o quanto disonorai lo spirito di Morgagni! Ma chiedo perdono: aborro l'incertezza"[23]. Basandosi sul suo lavoro fondamentale, nei primi anni del 1870 Brunetti istituì il Museo di Anatomia Patologica. Riuscì anche ad ampliare la collezione utilizzando un nuovo metodo di conservazione dei tessuti chiamato tannizzazione, un processo che prevedeva l'uso di acido tannico per evitare la decomposizione dei tessuti. Sviluppò questo metodo di conservazione basandosi sulla premessa che i patologi avessero bisogno di creare soluzioni per una conservazione

20 Alberto Zanatta, Giuliano Scattolin, Gaetano Thiene, Fabio Zampieri, "Phrenology between Anthropology and Neurology in a Nineteenth-Century Collection of Skulls", *History of Psychiatry*, 27, 4, (2016): 482–92.

21 Alberto Zanatta, Gaetano Thiene, Marialuisa Valente, Fabio Zampieri, Testo atlante di patologia nella storia. Dal Museo di Anatomia Patologica dell'Università di Padova (Treviso, Antilia, 2015).

22 Lodovico Brunetti, *Propedeutica ossia guida per il dissettore al tavolo di sezione* (Padova, Tipografia del Seminario, 1881).

23 Lodovico Brunetti, *Propedeutica ossia guida per il dissettore*, 10.

"veloce, completa, economica" con la sicurezza che il campione non si deteriorasse nel tempo[24].

Brunetti brevettò questo sistema nel 1867 chiamandolo tannizzazione e per il quale ricevette il primo premio nella sezione "Arti e mestieri" all'Esposizione Internazionale di Parigi dello stesso anno.

La tannizzazione consisteva in quattro fasi: iniettare nelle arterie acqua per lavare il letto vascolare rimuovendo il sangue; rimuovere il grasso dagli organi mediante lavaggio dei tessuti con etere solforico; iniettare una soluzione di acido tannico, sciolto in acqua distillata o piovana a 40 °C per fissare i tessuti; asciugare organi e tessuti usando aria calda e asciutta compressa[25].

Una volta istituito, il museo continuò a crescere grazie agli sforzi dei successori di Brunetti, Augusto Bonome (1857–1922) e Giovanni Cagnetto (1874–1943). Queste tre figure sono le principali responsabili della collezione attuale, una collezione che si ampliò fino alla fine degli anni '60 quando fu acquisito un gran numero di esemplari relativi alle malattie cardiache[26].

In origine, gli esemplari erano disposti all'interno di vetrine di fine Ottocento con struttura in legno, ma questa esposizione non era funzionale. Dopo un restauro avvenuto negli anni '70, i reperti sono stati distribuiti in 28 grandi armadi con vetrate e intelaiatura in alluminio, suddivisi anatomicamente sia per funzione che per tipologia di patologia. I reperti poi sono stati nuovamente ricollocati in concomitanza con il restauro delle esposizioni e della sala del museo avvenuto tra il 2016 e il 2018. La maggior parte dei reperti è conservata in vasi di vetro, immersi in alcool o formalina, mentre altri sono stati mummificati da Brunetti durante il suo periodo di insegnamento. Oggi, il Museo di Anatomia Patologica contiene oltre 1300 esemplari, molti di grande rarità e che coprono una vasta gamma di patologie, rendendo questa collezione una delle più importanti e preziose del suo genere[27].

24 Fabio Zampieri, Alberto Zanatta, Maurizio Rippa Bonati, "L'enigma della 'Suicida punita'. Un grottesco preparato anatomico di Lodovico Brunetti (1813–1899) vincitore della medaglia d'oro all'Esposizione Universale di Parigi del 1867", *Physis – Rivista Internazionale di Storia Della Scienza* 48(1–2), (2011–2012), 297–338.

25 Giovanni Magno, Michael Allen Beck De Lotto, Fabio Zampieri, Alberto Zanatta, "The tannization of human tissues: A nineteenth-century educational preservation technique at the Morgagni Museum", *Curator* 66, 4 (2023): 665–673.

26 Alberto Zanatta, Fabio Zampieri, Maurizio Rippa Bonati, Carla Frescura, Giuliano Scattolin, Roberto Stramare, Gaetano Thiene, "Situs Inversus with Dextrocardia in a Mummy Case." *Cardiovascular Pathology* 23, 1 (2014): 61–4.

27 Ivan Cenzi, Carlo Vannini, Alberto Zanatta, *Sua Maestà Anatomica. Museo Morgagni di Padova* (Modena: Logos Edizioni, 2016); Francesca Monza, Gabriella Gusella, Roberta Ballestriero, Alberto Zanatta, "New life to Italian university anatomical collections: Desire

Tra questi esemplari, due hanno una storia molto particolare: la *Suicida punita* e il *Situs inversus viscerorum*. La *Suicida Punita*, preparata nel 1863 proprio da Lodovico Brunetti con il suo metodo della tannizzazione, è il busto di una ragazza di diciotto anni, che si suicidò gettandosi in un fiume che scorreva vicino all'Istituto di Anatomia Patologica.

Durante l'autopsia Brunetti fece un calco in gesso del volto e successivamente tannizzò i tessuti cutanei per poterli poi applicare sul calco, ricreando così le fattezze della ragazza. A completare l'opera, Brunetti aggiunse dei serpenti imbalsamati come una sorta di allegoria per rappresentare la punizione riservata nell'inferno ai colpevoli di suicidio. L'opera finale ricevette molte attenzioni tanto da essere esposta all'Esposizione Universale di Parigi del 1867, vincendo appunto il primo premio nella sezione "Arti e Mestieri"[28]. Questo della Suicida Punita rappresenta uno straordinario caso studio che ci ricorda come il nostro atteggiamento nei confronti della morte e del corpo privo di vita sia cambiato negli ultimi 150 anni.

Il *Situs inversus viscerorum* è un altro esempio di reperto molto raro: si tratta di un busto tannizzato di una donna morta per salpingite tubercolare. Solo però al momento dell'autopsia del 1915 è avvenuta la scoperta da parte del professor Bonome che la giovane era destrocardica e aveva una trasposizione degli organi, speculari rispetto alla norma ("mirror-image position")[29].

Bonome non continuò con le indagini anatomiche sul corpo, conservandolo invece per il museo di anatomia patologica. La tannizzazione di questo reperto, tuttavia, ha offerto l'opportunità di indagare ulteriormente su questa condizione medica. Una TAC effettuata sul busto mummificato ha evidenziato un difetto del setto interventricolare di 0,5 cm di diametro, oltre a diffusi depositi calcifici sul pericardio viscerale e sulla parete aortica, causati probabilmente da una precedente pericardite di origine tubercolare[30].

Il Museo di Anatomia Patologica, nel corso del tempo, ha costantemente mantenuto la sua missione originale, che fu fortemente voluta da Brunetti: essere un luogo dedicato alla ricerca scientifica e uno strumento didattico nell'ambito medico-scientifico[31]. Tuttavia, il museo ha suscitato notevole

---

to give value and open museological issues. cases compared." Polish Journal of Pathology, 70, 1 (2019): 7–13.

28 Fabio Zampieri, "L'enigma della Suicida Punita", 322.

29 Alberto Zanatta, "Situs inversus", 62.

30 Alberto Zanatta, "Situs inversus", 62.

31 Giovanni Magno, Lucas Boer, Roelof-Jan Oostra, Alberto Zanatta, "The role of the University of Padua medical school in the study of conjoined twins between eighteenth and early nineteenth century." American Journal of Medical Genetics Part A, 188A (2022): 3423–3431.

FIGURA 7.1 Ingresso del nuovo Museo Morgagni di Anatomia Patologica, sulla sinistra parte della sezione di anatomia artistica
© FOTOGRAFIA SCATTATA DALL'AUTORE

interesse non solo tra gli addetti ai lavori ma anche tra le scolaresche e il pubblico in generale e, per soddisfare ciò, nel 2016 sono stati avviati i lavori di restauro degli spazi, introducendo nuove strutture espositive e, soprattutto, nuovi strumenti didattici. L'obiettivo di tali interventi era rivolto a migliorare la fruibilità dei reperti esposti, favorendo l'interazione con i visitatori.

La ristrutturazione del Museo di Anatomia Patologica (fig. 7.1), culminata con l'inaugurazione del nuovo Museo Morgagni nel novembre 2018, ha comportato non solo la realizzazione di un sistema di condizionamento per garantire la conservazione ottimale dei reperti, ma anche l'implementazione di un innovativo supporto didattico basato su nuove tecnologie digitali, come i codici QR e la realtà aumentata (AR). Tali aggiornamenti hanno consentito ai visitatori di approfondire gli argomenti in modo personalizzato, da una conoscenza di base alla ricerca specifica in anatomia patologica.

Il Museo Morgagni tra i molti obiettivi ha quello di stimolare l'interesse del pubblico su tematiche come la storia della medicina e l'evoluzione della lotta alle malattie, ma anche l'antropologia medica, offrendo così un'opportunità di studiare e comprendere le condizioni di vita della popolazione tra 800 e 900. Per rendere l'esperienza del museo accessibile a un pubblico più ampio e non troppo specializzato, ogni visita è guidata da membri del personale del museo, creando un dialogo scientifico col visitatore che può anche interagire con tecnologie digitali come codici QR, realtà aumentata e itinerari virtuali.

L'impiego di queste tecnologie ha apportato un miglioramento nell'accessibilità e nell'esperienza di fruizione dell'esposizione museale, consentendo

FIGURA 7.2 Itinerario di Arte e anatomia all'interno del Museo Morgagni di Anatomia Patologica
© FOTOGRAFIA SCATTATA DALL'AUTORE

ai visitatori di interagire digitalmente con i reperti e di vivere un'esperienza inclusiva e approfondita.

Di recente sono stati sviluppati percorsi virtuali dedicati alla storia della medicina e al connubio tra arte e anatomia. Questa terza fase di approfondimento ha consentito di creare un autentico network tra museo, Università e la città di Padova.

L'utilizzo di tali itinerari non solo amplia l'accessibilità e l'inclusività digitale, ma consente anche a visitatori con disabilità o impossibilitati a recarsi fisicamente in città di compiere una visita virtuale approfondita. L'interazione tra il Museo, la città e la comunità mediante l'itinerario virtuale contribuisce allo sviluppo di aspetti di interesse sociale, esperienziale ed economico, promuovendo la partecipazione mediata con il territorio locale.

In aggiunta, sono stati creati percorsi di approfondimento tra arte e anatomia specificamente concepiti per gli studenti di medicina, mirati a sviluppare le loro competenze diagnostiche (fig. 7.2).

Queste attività utilizzano dipinti e opere d'arte raffiguranti situazioni anatomiche o patologiche, e successivamente vengono valutate le abilità degli studenti mediante una visita mirata al museo in modo da riconoscere tra i reperti le tematiche viste nelle opere artistiche. Questa attività è volta al miglioramento delle capacità di osservazione e diagnostiche degli studenti che è infatti considerato fondamentale nella diagnosi delle patologie, specialmente oggi, quando le competenze nell'esame fisico e nell'approccio empatico al paziente sono in diminuzione[32].

L'integrazione di nuove modalità digitali per migliorare il processo di apprendimento nel Museo Morgagni di Anatomia Patologica ha dimostrato risultati positivi, specialmente in termini di efficacia didattica, sostenibilità, inclusività ed accessibilità. Questo ha orientato gli sforzi verso l'obiettivo costante di affinare le attuali modalità al fine di offrire visite sempre più arricchite di contenuti educativi e culturali.

Bibliografia

Brunetti, Lodovico. *Propedeutica ossia guida per il dissettore al tavolo di sezione*. Padova: Tipografia del Seminario, 1881.

Cenzi, Ivan, Vannini, Carlo, Zanatta, Alberto. *Sua Maestà Anatomica. Museo Morgagni di Padova*. Modena: Logos Edizioni, 2016.

Fanzago, Francesco Luigi. *Memorie sopra alcuni pezzi morbosi conservati nel Gabinetto Patologico dell'I.R. Università di Padova*. Padova: Tipografia del Seminario, 1820.

Hendriksen, Marieke. *Elegant Anatomy: The Eighteenth-Century Leiden Anatomical Collections*. Leiden and Boston: Brill, 2015.

Impey, Oliver, McGregor, Arthur, *The Origins of Museums. The Cabinet of Curiosities in Sixteenth- and Seventeenth-Century Europe*. New York: Oxford University Press, 1985.

Klestinec, Cynthia, "A History of Anatomy Theaters in Sixteenth-Century Padua". *Journal of the History of Medicine and Allied Sciences*, 59, 3 (2004): 375–412.

Magno, Giovanni, Beck De Lotto, Michael Allen, Zampieri, Fabio, Zanatta, Alberto, "The tannization of human tissues: A nineteenth-century educational preservation technique at the Morgagni Museum." *Curator* 66(4), (2023): 665–73.

Magno, Giovanni, Boer, Lucas, Oostra, Roelof-Jan, Zanatta, Alberto. "The role of the University of Padua medical school in the study of conjoined twins between eighteenth and early nineteenth century." *American Journal of Medical Genetics Part A*, 188A (2022): 3423–3431.

32 Sheila Naghshineh, Janet P. Hafler, Alexa R. Miller, Maria A. Blanco, Stuart R. Lipsitz, Rachel P. Dubroff, Shahram Khoshbin, Joel T. Katz, "Formal art observation training improves medical students' visual diagnostic skills", *Journal of general internal medicine*, 23, 7 (2008): 991–97.

Monza, Francesca, Gusella, Gabriella, Ballestriero, Roberta, Zanatta, Alberto. "New life to Italian university anatomical collections: Desire to give value and open museological issues cases compared." *Polish Journal of Pathology*, 70, 1 (2019): 7–13.

Naghshineh, Sheila, Hafler, Janet P., Miller, Alexa R., Blanco, Maria A., Lipsitz, Stuart R., Dubroff, Rachel P., Khoshbin, Shahram, Katz, Joel T. "Formal art observation training improves medical students' visual diagnostic skills." *Journal of general internal medicine* 23(7), (2008): 991–97.

Porro, Girolamo. *L'horto dei semplici di Padoua, ove primieramente la forma di tutta la Pianta con le sue misure, e indi i suoi Partimenti distinti per Numeri in ciascuna Arella, Intagliato in rame*. Venezia: Appresso Girolamo Porro, 1591.

Premuda, Loris. *Personaggi e vicende dell'Ostetricia e della Ginecologia nello Studio di Padova*. Padova: La Garangola, 1958.

Rossetti, Lucia. *The University of Padua. An Outline of Its History*. Trieste: Edizioni Lint 1983.

Tergolina Gislanzoni Brasco, Umberto. *G.B. Morgagni nei ricordi di un cappuccino coevo*. Venezia: Le Veneziane Francescane, 1936, IV 3–4: 1–3.

Tosoni, Pietro. *Della anatomia degli antichi e della scuola anatomica padovana, memoria*. Padova: Della tipografia del Seminario, 1844.

Zampieri, Fabio. "Andreas Vesalius' Epistemological Revolution." In *Andreas Vesalius, 500 Years Later. Proceedings of the 2nd International Meeting on Medicine and Pathology, Working Group History of Pathology of the European Society of Pathology, Padua 2015*, eds. Fabio Zampieri, Alberto Zanatta, Gaetano Thiene, 89–134. Padua: Cleup, 2018.

Zampieri, Fabio, Comacchio, Francesco, Zanatta, Alberto. "Ophthalmologic Wax Models as an Educational Tool for Eighteenth Century Vision Scientists." *Acta Ophthalmologica* 95, (2018): 852–57.

Zampieri, Fabio, Zanatta, Alberto. "Surgery, Pathology, and Art in Pietro Gradenigo's Ophthalmologic Waxworks." *Jama Ophthalmology* 131, (2013): 1474–5.

Zampieri, Fabio, Zanatta, Alberto, Elmaghawry, Mohamed, Rippa Bonati, Maurizio, Thiene, Gaetano. "Origin and Development of Modern Medicine at the University of Padua and the Role of the 'Serenissima' Republic of Venice." *Global Cardiology Science and Practice* 3, 21 (2013): 1–14.

Zampieri, Fabio, Zanatta, Alberto, Rippa Bonati, Maurizio. "L'enigma della 'Suicida punita'. Un grottesco preparato anatomico di Lodovico Brunetti (1813–1899) vincitore della medaglia d'oro all'Esposizione Universale di Parigi del 1867." *Physis – Rivista Internazionale di Storia Della Scienza* 48(1–2), (2011–2012), 297–338.

Zampieri, Fabio, Zanatta, Alberto, Thiene, Gaetano. "An etymological 'autopsy' of Morgagni's title: De sedibus et causis morborum per anatomen indagatis (1761)." *Human Pathology* 45, 2014: 12–16.

Zanatta, Alberto, Rippa Bonati, Maurizio. "Preparati di interesse dermatologico dal Museo di Anatomia Patologica dell'Università di Padova." In *Beni culturali di ambito dermatologico. Giornate di Museologia medica*, eds. Beatrice Messeri, Katia Manetti, 184–86. Firenze: Pegaso, 2016.

Zanatta, Alberto, Scattolin, Giuliano, Thiene, Gaetano, Zampieri, Fabio. "Phrenology between Anthropology and Neurology in a Nineteenth-Century Collection of Skulls." *History of Psychiatry*, 27(4), (2016): 482–92.

Zanatta, Alberto, Thiene, Gaetano, Valente, Marialuisa, Zampieri, Fabio. *Testo atlante di patologia nella storia. Dal Museo di Anatomia Patologica dell'Università di Padova*, Treviso: Antilia, 2015.

Zanatta, Alberto, Zampieri, Fabio. "Origin and Development of Medical Museum in Padua." *Curator* 61 (2018): 401–14.

Zanatta, Alberto, Zampieri, Fabio, Rippa Bonati, Maurizio, Frescura, Carla, Scattolin, Giuliano, Stramare, Roberto, Thiene, Gaetano. "Situs Inversus with Dextrocardia in a Mummy Case." *Cardiovascular Pathology* 23(1), (2014), 61–4.

PART 3

Architectures and Anatomies of Knowledge

∵

Introduzione alla Parte 3

Linda Bisello

Nella terza sezione “Architetture e anatomie del sapere”, l’anatomia ricorre come modello mentale di scomposizione e organizzazione di dati della conoscenza. A questa astrazione si arriva in seguito a una traduzione epistemologica (dall’apertura dei corpi a strumento euristico) che soprattutto nell’età di Vesalio ha esteso la pratica medica a quasi tutte le forme di sapere. Come ha indicato Mario Vegetti, fin dalla Grecia classica il gesto anatomico di tagliare sta infatti alla base dello studio della natura (Vegetti 1979); in particolare, l’atto della dissezione fonda la razionalità medico-scientifica con Aristotele e Galeno, e con essa anche la classificazione funzionale delle varie materie ai fini dell’insegnamento. L’anatomia dà luogo a un metodo fondato sulla divisione e seriazione delle parti e nella prima età moderna entra come criterio tassonomico nei *Teatri* e nelle *Fabricae*, quei teatri della memoria che equivalgono a tecniche di memorizzazione e di potenziamento della facoltà naturali grazie all’uso di immagini, spazi e ordine.

In questa terza parte, l’anatomia trattata da Tommaso Ghezzani e Massimo Rinaldi corrisponde a uno schema gnoseologico per la memorizzazione e l’apprendimento, composto ora da immagini ora da parole, e il cui filo conduttore è la memoria, in una duplice direzione di ricerca: da un lato la mnemotecnica rinascimentale, e dall’altro la didattica dei manuali di anatomia.

Tommaso Ghezzani, col suo studio sull’*Idea del teatro*, riporta l’opera di Giulio Camillo nell’alveo delle architetture della conoscenza, nelle forme peculiari di fabbrica e teatro della memoria, richiamando la frequentazione di Camillo con Serlio nel contesto dell’Accademia padovana degli Infiammati. In questa stessa cerchia Camillo avrebbe forse potuto assistere alle dissezioni di Berengario da Carpi, mutuandone il metodo («Così fatto corpo, dalle ossa sostenuto, io assomiglio al modello della eloquenzia dalla materia e dal disegno solo sostenuto»).

Nei modi di trasmissione dell’anatomia, un ruolo centrale rivestono le strategie retoriche e stilistiche di comunicazione didattica, e in particolare gli schemi sinottici come forme alternative e più attuali di testualità. Tali strumenti si prestano infatti alla visualizzazione del sapere anatomico per l’apprendimento e la memorizzazione.

In questo ambito, Massimo Rinaldi illustra il dispositivo della sinossi anatomica impiegata nella didattica dell’anatomia, dove si saldano le immagini alle parole in schemi a forma di albero, col vantaggio di unire il rigore logico

© LINDA BISELLO, 2026 | DOI:10.1163/9789004691643_012

con la bellezza della raffigurazione grafica. Come il corpo anatomizzato, così i compendi anatomici sono scomposti, afferma Rinaldi, «in unità discorsive discrete per giungere alla costruzione di una topica facilmente memorizzabile». Si torna in tal modo al tema della memoria, agevolata dall'integrazione di immagini e parole, queste ultime non soppiantate dalla più intuitiva illustrazione anatomica, ma *medium* sempre efficace che consente una visualizzazione simultanea del corpo (raffigurato in immagini) e del sapere sul corpo (la descrizione discorsiva delle teorie mediche).

8

Teatri della memoria e Teatri del corpo: tra "*natura*" e "*ars*" nel XVI secolo

Tommaso Ghezzani

La storiografia è ormai concorde sulla centralità culturale di Giulio Camillo (1480 ca.–1544). Retore, filosofo, cabalista, mago, alchimista, la sua visione del mondo e dell'essere umano si inseriva totalmente in una delle correnti culturali più ferventi del Rinascimento europeo: il consolidamento della tradizione platonica, saldata con la tradizione ermetica e cabalistica[1]. Lo scopo di questo lavoro è di partire da tale terreno culturale e di sondarne più a fondo alcune intercapedini che la storiografia non ha approfondito come meriterebbero. In questo senso, un ruolo centrale è giocato dal peso che la nascente enfasi sull'indagine anatomica ha esercitato relativamente alla riflessione di Camillo, oltre che dei suoi *successori*, e, viceversa, l'influenza delle esperienze culturali, a cui Camillo e i suoi circoli fanno riferimento, sull'anatomia e sui suoi strumenti *materiali*. Risulta infatti possibile tracciare dei legami bidirezionali tra la mentalità specificamente magico-analogica e le aspirazioni e le pratiche strumentali medico-scientifiche propriamente dette che vanno sviluppandosi tra Cinquecento e Seicento.

1 Le fondamenta del progetto di Camillo

Il grandioso progetto sul quale Camillo lavora per tutta la vita, la costruzione (mentale e materiale) di un grande Teatro della memoria, o volendo del mondo, si inserisce pienamente nell'ideologia delle Accademie, soprattutto quelle padane[2]. Di questo imponente dispositivo mnemonico-enciclopedico

---

1 Si propone qui una versione riadattata e condensata del mio studio "Theatres of Memory and Anatomical Theatres: notes on Giulio Camillo, Rhetoric, Magic and Anatomy between the sixteenth and the seventeenth century", uscito per *Galilaeana* 23, no. 2 (2024). Si ringrazia l'editore per la gentile concessione. Sull'assai ampia bibliografia relativa a Camillo cfr. la ricca introduzione di Lina Bolzoni a Giulio Camillo, *L'idea del theatro, con "L'idea dell'eloquenza", il "De transmutatione" e altri testi inediti* (Milano: Adelphi, 2015), 9–128.

2 Cfr. Cesare Vasoli, "Le Accademie fra Cinquecento e Seicento e il loro ruolo nella storia della tradizione enciclopedica," in Cesare Vasoli, *Immagini umanistiche* (Napoli: Morano, 1983),

 | DOI:10.1163/9789004691643_013

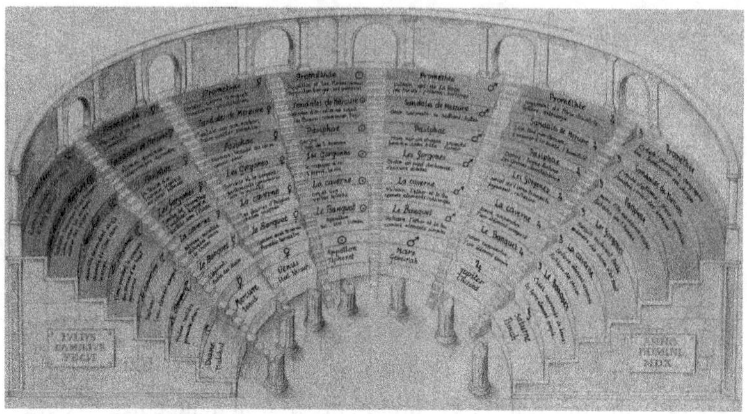

FIGURA 8.1 Ricostruzione immaginaria anonima del Teatro di Camillo (XVII secolo)
© GALILÆANA. STUDIES IN RENAISSANCE AND EARLY MODERN SCIENCE

si sono tentate varie ricostruzioni, spaziando dalla pianta del teatro a quella dell'anfiteatro e oltre[3] (fig. 8.1).

Camillo si era formato come retore e aveva dunque una grande familiarità coi metodi classici e moderni dell'arte della memoria. Questo tipo di formazione gli permette di osservare da un punto di vista privilegiato la trasformazione che la stessa arte stava compiendo durante la prima età moderna, ossia una maggiore attenzione verso il tema dell'"ordine" mnemotecnico. Se l'arte della memoria antica ricorreva infatti alla strutturazione della memoria artificiale attraverso la collocazione delle immagini-ricordo entro precise

---

429–65, e Simone Testa, *Italian Academies and their Networks, 1525–1700. From Local to Global* (London-New York: Palgrave Macmillan, 2015).

3 Cfr. la tavola fuori testo in Frances A. Yates, *L'arte della memoria*, trad. Albano Biondi (Torino: Einaudi, 1972). Per comodità qui si prenderà come riferimento la ricostruzione più classica del Teatro proposta da Yates, sebbene non si escluda che ulteriori ricerche possano confermare che la pianta a cui Camillo fa riferimento sia in realtà basata non su quella del teatro vitruviano bensì su quella di un anfiteatro. Per un punto sulla questione cfr. Oscar Seip, "Giulio Camillo's Theatre of Knowledge Revisited. On the Locality of Renaissance Knowledge Production in The Digital Age," *Nuncius* 37 (2022): 59–83, che si relaziona ai risultati raggiunti da Elena Putti, *Il Theatro Universale di Giulio Camillo Delminio: dall'inedito manoscritto genovese a nuove prospettive critiche fra storia, filosofia e contemporaneità* (GBE: Roma, 2020), la quale, sulla base di precise testimonianze documentarie, riesce a rilevare la continuità tra il prototipo del teatro camilliano e la struttura, all'epoca ancora effimera, del teatro anatomico ligneo, appunto di forma circolare.

architetture mentali che ne richiamassero l'ordine, la cultura del Quattrocento e del Cinquecento inizia a radicalizzare proprio il tema dell'*ordine*[4].

Nell'*Idea del theatro*, edito postumo nel 1550, Camillo traccia un rapido schizzo di come doveva essere strutturato questo Teatro. Nel suo sistema l'osservatore delle immagini non è seduto sugli spalti ma si trova sul palco del Teatro, dove può osservare davanti a sé lo spettacolo delle immagini memorabili disposte secondo l'ordine cosmologico-astrologico: dall'intellegibile, al celeste, al terrestre. La struttura si imposta su due sistemi: uno verticale fatto di salite, dove ogni salita corrisponde a una *sefirah*-pianeta[5], e uno orizzontale di gradi, dove ogni grado rappresenta uno stato ontologico secondo la gerarchia dell'essere. Tramite l'intersezione dei gradi e delle salite si formano dunque ben quarantanove luoghi[6]. In ogni luogo sono poste più immagini, dietro alle quali dovevano essere stipate delle carte contenenti i luoghi testuali degli autori esemplari, soprattutto Cicerone, sull'argomento rappresentato. Tuttavia il fine di questo progetto era ben più complesso di quello meramente retorico e per coglierlo ci dobbiamo rivolgere sia ai testi editi che, soprattutto, a quelli inediti di Camillo.

2 Oltre la superficie del teatro e del corpo umano

Partendo dai testi editi, bisogna soffermarsi sul *Trattato della Imitazione* (1530 ca.). Qui Camillo illustra come *imitare* i testi esemplari della tradizione letteraria. Per imitare correttamente, spiega Camillo, lo scrittore non deve rubare le parole o le figure retoriche tali e quali compaiono nei classici, ma, dopo

4 Cfr. Paolo Rossi, *Clavis universalis. Arti della memoria e logica combinatoria da Lullo a Leibniz* (il Mulino: Bologna, 2000), tenendo conto del problema storiografico di fondo che condivide anche con Yates, *L'arte della memoria*, ossia l'eccessiva estensione del genere del trattato di arte della memoria a testi che, di fatto, non lo sono, come ad esempio proprio il testo di Camillo. Infatti il trattato di arte della memoria tra 1400 e 1500 diventa un genere specifico, consistente in una serie di insegnamenti empirici su come il lettore può memorizzare il materiale che preferisce. Testi come quello di Camillo invece riprendono gli strumenti della mnemotecnica per far memorizzare al lettore delle informazioni precise, selezionate a priori sulla base di un ben determinato progetto ideologico o filosofico. Su questa importante distinzione che, ancora oggi, dà luogo a notevoli fraintendimenti, cfr. in particolare Marco Matteoli, *Nel tempio di Mnemosine. L'arte della memoria di Giordano Bruno* (Pisa: Edizioni della Normale – Istituto Nazionale di Studi sul Rinascimento, 2019), 23–5.

5 Le sefirot (plurale di *sefirah*) sono un sistema di principi archetipici, codificati dalla qabbalah. Sull'assorbimento delle sefirot ebraiche entro la cultura platonica del Rinascimento ci si limita a rimandare a Giulio Busi, *La Qabbalah* (Roma-Bari: Laterza, 2011).

6 Cfr. Camillo, *L'idea del theatro*, 150–55.

averle spogliate del contingente, deve farle risalire all'ordine topico da cui si originano, ossia al meccanismo logico che le produce[7]. In questo modo si può creare il nuovo sulla base della bellezza raggiunta dal modello letterario preso come riferimento. Camillo esorta dunque a eseguire una *dissezione* anatomica sui testi esemplari per scovare le norme logiche universali che li governano. Di fatto questo processo viene paragonato a un vero e proprio esperimento anatomico, a cui egli stesso aveva personalmente assistito, sebbene, nell'argomentazione, questo parallelismo sembrerebbe essere solo un'immagine metaforica. In ogni caso, aggiunge appunto che:

> Ricordami già in Bologna che uno eccellente anatomista chiuse un corpo umano in una cassa tutta pertugiata e poi la espose ad un corrente d'un fiume, il qual per que' pertugi nello spazio di pochi giorni consumò e portò via tutta la carne di quel corpo, che poi di sé mostrava meravigliosi secreti della natura negli ossi soli et i nervi rimasi. Così fatto corpo, dalle ossa sostenuto, io assomiglio al modello della eloquenzia dalla materia e dal disegno solo sostenuto[8].

Probabilmente il misterioso anatomista doveva essere Berengario da Carpi, che con Camillo condivideva la frequentazione dell'Accademia degli Infiammati, oltre che la profonda amicizia con l'architetto Sebastiano Serlio[9]. In ogni caso, così come l'anatomista, per cogliere il funzionamento nascosto e universale del corpo umano, ha dovuto rimuoverne gli strati superficiali, lo stesso vale per l'oratore che voglia scoprire gli ordini topici dei propri modelli letterari.

Comparazioni di analogo tenore si possono inoltre trovare nella lettera a Marcantonio Flaminio (1525 ca.), di diversi anni precedente, nella quale viene delineata tra l'altro una primigenia versione del sistema mnemonico, in cui il modello strutturale non era fornito né da un'opera architettonica né dal sistema astrologico, come invece accade nell'*Idea del theatro*. Troppo umile la prima, troppo complesso il secondo:

> da una parte avevamo la maniera in alcuno edificio da Cicerone principalmente tenuta; dall'altra quella di Metrodoro ne' dodici segni del cielo,

7 Cfr. Giulio Camillo, "Trattato della imitazione," in Camillo, *L'idea del teatro*, 170–7 sgg.

8 Camillo, "Trattato della imitazione", 192.

9 Sui comuni ambienti di Camillo, Vesalio e Serlio cfr. Andrea Carlino, "Anatomia umanistica: Vesalio, gli Infiammati e le arti del discorso," in *Interpretare e curare. Medicina e salute nel Rinascimento*, a cura di. Maria Conforti, Andrea Carlino, Antonio Clericuzio (Roma: Carocci, 2013), 77–94.

> dove trecentosessanta luoghi secondo il numero de' gradi gli erano famigliarissimi. Ma veggendo ne l'una poca dignità, ne l'altra molta difficultà, et ambedue forse più alla recitazione che alla composizione acconcie[10].

Dunque, scrive a questo il giovane Camillo,

> rivolgemmo tutto 'l pensiero alla meravigliosa *fabrica* del corpo umano. Avvisando, se questa è stata chiamata picciol mondo per avere in sé parti che con tutte le cose del mondo si confacciono, potersi a qualunque di quelle accommodare secondo la sua natura alcuna cosa del mondo, e conseguentemente le parole quella significanti[11].

In quanto microcosmo, il corpo umano poteva fornire la corrispondenza universale riguardo ogni cosa del creato. Del resto, continua,

> or quale opra uscì mai fuori delle mani dell'eterno mastro più divina dell'uomo? Certo niuna. E ciò sicuramente posso dire non solamente per aver con alcuna diligenza corso più volte il divino *Timeo*, in che Platone è tutto d'intorno all'umano corpo con grande meraviglia occupato, le opere di Galeno sopra ciò, Aristotele, Cornelio Celso, Marco Tullio nel secondo della *Natura dei Dei*, Plinio, Lattanzio e molti altri che sopra tale *fabrica* con divini pensieri sono dimorati; ma per essermi ancora da uno eccellente anatomista omai in due corpi umani, di membro in membro, il divino magistero mostrato[12].

Se da un lato l'impiego del corpo umano come luogo mnemonico era una pratica in realtà abbastanza abituale, sia nel Medioevo che nel Rinascimento, quello che è significativo sottolineare nel passo è come, ancora una volta, l'impatto visivo e l'ordine che emergono dal corpo *anatomizzato* illustrino l'operazione mnemonica a cui Camillo vuole puntare, oltre a rivelare alcune sue importanti fonti specificamente mediche.

Tuttavia, il tema dell'essere umano come microcosmo acquista qui una dimensione di *artificialità*. Camillo utilizza infatti, per connotare il corpo, il lemma *fabrica*, di ciceroniana memoria (del resto la fonte ciceroniana è dichiarata esplicitamente nel passo), impiegato, tra le altre occorrenze, in ambito

10 Giulio Camillo, "A M. Marc'Antonio Flaminio," in Camillo, *L'idea del teatro e altri scritti di retorica*, a cura di Rossana Sodano, Domenico Chiodo, 6 (corsivo mio).

11 Giulio Camillo, "A M. Marc'Antonio Flaminio," 6 (corsivo mio).

12 Camillo, "A M. Marc'Antonio Flaminio," 7 (corsivo mio).

architettonico: la *fabrica* è il processo di costruzione dell'edificio. Cicerone, relativamente al corpo degli animali, parlava infatti di "admirabilis fabrica membrorum" e, relativamente al corpo umano, di "incredibilis fabrica naturae[13]." Il corpo inizia dunque a essere visto come un composto su cui l'essere umano può radicalmente agire attraverso un'arte specifica. Un altro noto frequentatore dell'Accademia degli Infiammati, l'eruditissimo Daniele Barbaro, per arricchire questa triangolazione che abbiamo istituito tra corporeità/parola/architettura, nella sua fortunata edizione commentata al *De architecura* di Vitruvio, parla esplicitamente dei retori come "Architetti dell'oratione[14]." L'*ut pictura poesis* viene così rielaborato come *ut architectura oratio*: "*Fabrica* essere continuo, et essercitato, et via trita, et battuta da passaggieri frequentato pensiero d'indirizzare le cose a fine conveniente [...]. *Discorso* è quello che le cose fabricate prontamente, et a ragione di proportione può dimostrando manifestare[15]."

Tuttavia, come abbiamo osservato, alla fine nell'allestimento definitivo del sistema mnemonico di Camillo prevarranno i due modelli che erano stati scartati nella lettera a Flaminio. Il Teatro è impostato infatti sul modello architettonico teatrale, fuso col sistema astrologico delle immagini celesti, rievocando un motivo già vitruviano di corrispondenza tra la pianta teatrale e il sistema zodiacale[16]. Ciononostante, viene anche descritto come una "mentem" o un "animum fabrefactum[17]," serbando dunque certe istanze del sistema *corporeo*. Nella più tarda concezione del progetto viene dunque chiaramente conservato anche il modello mnemonico basato sull'essere umano come microcosmo. Il lemma *fabrica* ci fa capire come Camillo ponesse già l'accento sul carattere *artificiale* sia del corpo, aperto dall'anatomista, sia dell'anima, aperta dal retore-filosofo. Si ricordi che, quasi venti anni dopo questa lettera, Andrea Vesalio (1514–1564) pubblicherà il suo fondamentale *De humani corporis fabrica* (1543), con chiaro riferimento a tutta quella tradizione culturale sopra toccata.

Tuttavia, per quanto coperti da un velo di ambiguità, alla luce della lettera dei testi, quelli che si sono osservati sino a questo momento non sono altro

13 Cicerone, *De natura deorum* (Cambridge, Mass.-London: Harvard University Press, 1967), ed. Harris Rackham, 238, 256.

14 Vitruvio, *I dieci libri dell'Architettura di M. Vitruvio, Tradotti & commentati da Mons. Daniel Barbaro* (Venezia: F. de' Franceschi, 1567), 115.

15 Vitruvio, *I dieci libri dell'Architettura*, 9 (corsivi miei). Su Barbaro cfr. Annarita Angelini, *Sapienza, prudenza, eroica virtù. Il mediomondo di Daniele Barbaro* (Firenze: Olschki, 1999).

16 Cfr. Yates, *L'arte della memoria*, 157–8.

17 Viglius ab Aytta, "From Viglius Zuichemus," in *Opus Epistolarum Des. Erasmi Roterodami* (vol. 10), eds. H.M. Allen, H.W. Garrod (Oxford: Clarendon, 1941), 29–30; l'autore dell'epistola cita delle parole di Camillo.

che esempi. Il velame della metafora viene tuttavia fatto cadere grazie a un importante scritto inedito, l'*Idea dell'eloquenza* (1530 ca.). Il lemma *Idea* è da leggersi, anche in questo caso, in tutto il suo peso platonico. Camillo esplicita qui buona parte dei suoi presupposti filosofici; egli indaga infatti come le singole bellezze, che permeano ogni specifica opera letteraria, facciano capo a un archetipo eterno e trascendente, appunto l'Idea, di cui l'anima umana reca in sé un'impronta[18]. Dunque la memoria finisce per collimare con l'anamnesi platonica. Il sistema mnemonico camilliano, con tutto il suo ordinato apparato di immagini allegoriche risulta così finalizzato a *grattare* via l'oblio dall'anima umana incarnata. Tramite questa operazione l'anima può essere ricondotta, attraverso la presa di coscienza delle proprie tracce ideali interiori, verso il modello di bellezza ideale al di là del mondo, che il Teatro vuole riprodurre visivamente. Qui sta il nodo fondamentale, dal momento che tale Idea di bellezza è in realtà quella che dà la struttura non solo all'eloquenza ma anche a tutte le altre arti (figurative e non). Camillo esplicita, infatti, descrivendo la discesa dell'Idea dal trascendente al sensibile: "dipingerò l'idea universale non pur de la eloquentia e de la grammatica, ma de l'architettura, de la scultura, de la pittura e de la militia, ed il medesimo giudicar potrete essere ne le idee di tutte l'altre facoltà[19]." Tutti i saperi e tutte le arti fanno capo dunque a un'unica chiave, dalla quale deriva un dominio senza precedenti. Condizione di tutto ciò è riplasmare il tessuto mnemonico-immaginativo, predisponendolo all'anamnesi del trascendente.

Ma è soprattutto nel *Discorso in materia del suo Teatro* (1530 ca.), sotto la maschera dell'innocente parallelismo, che egli rivela:

> Ho già letto, credo in Mercurio Trismegisto, che in Egitto già erano fabricatori di statue tanto eccellenti che, condotta che aveano alcuna statua alla perfetta proporzione, ella si trovava animata da spirito angelico, perché tanta perfezione non poteva star senz'anima. Simili a così fatte statue io trovo le parole per virtù della composizione, l'ufficio della quale è, com'io dissi, di tenere in proporzion grata all'orecchio tutte le parole che possano vestir concetto umano, preponendo, posponendo, et interpretando. Le quai parole, subito che sono messe nella loro proporzione, si trovano sotto l'altrui prononzia quasi animate d'armonia[20].

18 Cfr. Giulio Camillo, "L'idea dell'eloquenza," in Camillo, *L'idea del theatro, con "L'idea dell'eloquenza"*, a cura di Lina Bolzoni, 249–50 sgg.

19 Camillo, "L'idea dell'eloquenza," 272.

20 Giulio Camillo, "Discorso in materia del suo teatro," in Camillo, *L'idea del teatro e altri scritti di retorica*, 31.

Il riferimento è alle statue magiche descritte nell'*Asclepius*, fondamentale trattato del *Corpus Hermeticum*[21]. Le misteriose misure capaci di catturare la vita, di cui si parla nel testo ermetico, sono rielaborate da Camillo in ottica *estetica*: la struttura della bellezza, codificata dalla parola, capace di fissarsi nella memoria e di rivelarne i contenuti più profondi, indipendentemente dall'ambito di applicazione, risulta così la chiave della vita stessa.

E del resto, che proprio l'eloquenza sia il punto di accesso privilegiato all'Idea della bellezza, dunque superiore alle altre arti, sembrerebbe confermato in uno degli scritti più oscuri e intricati di Camillo, il *De transmutatione* (1540 ca.). Qui viene delineato, proprio in apertura, un parallelismo tra quelle che egli reputa le tre arti *metamorfiche*, ossia la deificazione, l'eloquenza e l'alchimia[22]. Tutte e tre si rispecchiano reciprocamente grazie al medesimo meccanismo che le accomuna, ossia la rimozione dell'*impurità superficiale*. L'eloquenza è significativamente posta in mezzo alle altre due, come se il linguaggio, finalizzato al raggiungimento del mondo delle idee, sia un ponte che da un lato permette di raggiungere Dio, e dall'altro permette il dominio sulla quintessenza estratta dal mondo materiale inferiore. Parola e cosa, *res* e *verba*, vengono a coincidere in una dialettica di visualità fisica, visualità immaginifica e visualità intellettuale. Il sapiente retore-filosofo, padrone di tutte le arti, deve dunque attivamente scavare nelle profondità del reale, sezionare e anatomizzare il mondo al di là degli strati superflui della creazione; solo in questo modo le misure divine, contenute nell'essere umano come microcosmo, possono venire alla luce, andando a rafforzarne l'azione.

3 Visualità: un ponte tra la memoria *occulta* e le pratiche naturalistiche

In fin dei conti entro l'esperienza culturale incarnata dalle indagini di Camillo, che affonda le sue condizioni di esistenza nel linguaggio visivo della memoria e nell'autocontrollo dell'immaginario, collimano molte delle più grandi esperienze della cultura Cinquecentesca, tutte relazionate tra loro, e lo stesso Camillo lo esplicita in più circostanze:

1) La produzione retorico-poetica
2) La rivalutazione e l'emancipazione delle arti figurative
3) I nuovi approcci anatomici

---

21 Cfr. Ermete Trismegisto, "Asclepius," in Ermete Trismegisto, *Corpus hermeticum* (Milano: Bompiani, 2018), a cura di Ilaria Ramelli, 556–8, 582–6.

22 Cfr. Giulio Camillo, "De transmutatione," in *L'idea del theatro, con "L'idea dell'eloquenza"*, 281.

Si pensi al celebre passo della *Poetica* di Aristotele la quale, al tempo di Camillo, viene finalmente riscoperta nella sua genuinità testuale e ampiamente diffusa presso il vasto pubblico degli intellettuali, rimarcando il peso filosofico e veritativo della produzione letteraria[23]:

> La poesia è cosa più filosofica e più seriamente impegnativa della storia: la poesia dice infatti piuttosto le cose universali, la storia quelle particolari. È universale che a uno di una certa qualità convenga di dire o di fare cose di una certa qualità secondo verisimiglianza o necessità: ed è ciò a cui mira la poesia aggiungendo poi i nomi; il particolare è invece che cosa Alcibiade fece o subì[24].

Dunque, il compito del poeta non è quello di riuscire a imitare pedissequamente la realtà quale appare, bensì è quello di *purgarla* da tutto ciò che non è verosimile o necessario, cioè tutti gli eventi accidentali. Nell'imitazione poetica, di fatto un'imitazione *perfettiva*, deve essere rappresentata l'essenza dell'essere umano in tutta la sua purezza, che non si dà nell'esperienza ordinaria. A contribuire alla perfezione dell'idealità rappresentata intervengono continuamente nella *Poetica* paragoni figurativi, e in questo senso compare un assai significativo paragone tra l'opera letteraria e il corpo organico, radicalizzando il legame tra testualità, memorabilità e visualità:

> Inoltre, quel che è bello, sia un animale, sia ogni cosa che è composta da certe parti, deve non solo avere queste ordinate, ma anche essere dotato di una grandezza non qualsiasi [...]. Di conseguenza, come per i corpi e gli animali bisogna che abbiano una grandezza, ma che questa sia facile ad abbracciarsi con lo sguardo, così anche per i racconti: devono avere un'estensione, ma questa deve essere facile da ricordare[25].

Non risulta certo di secondaria importanza che l'esperienza letteraria di cui parla Aristotele sia appunto la rappresentazione teatrale, capace di svelare l'ordine ideale che si cela sotto la superficie apparente del caos mondano, e di imprimerlo con forza nella memoria dello spettatore. La scelta di Camillo dell'edificio teatrale per il suo sistema si fa dunque più chiara. Ma l'assenza di barriere tra l'esperienza letteraria-teatrale e l'arte della memoria in senso stretto è, come si diceva, preponderante.

---

23 Cfr. Bernard Weinberg, *A History of Literary Criticism in the Italian Renaissance* (2 voll.) (Chicago: University of Chicago Press, 1961).

24 Aristotele, *Poetica*, trad. Pierluigi Donini (Torino: Einaudi, 2008), 61–3 (IX, 1451).

25 Aristotele, *Poetica*, 51–3 (VII, 1450–1451).

Parallelamente alla riflessione aristotelica sulla giusta dimensione del *corpo* letterario, si può infatti leggere in uno dei trattati di arte della memoria più significativi (e controversi) del secolo, il *Cantus Circaeus* (1582) di Giordano Bruno, che, relativamente alla dimensione delle immagini mnemoniche,

> Quod vero ad quantitatem continuam attinet, caveto a parvis imaginibus et ab immodicis. Illae enim sensum non excitant, istae vero extensione sua visum internumque obtutum dispergunt. Extrinsecum quippe oculum non movet vel lente movet musca; aegre vero formam suam insinuat gigas in magno pariete depictus[26].

In realtà gli esempi potrebbero essere moltiplicati dato che qui Bruno non fa altro che riprendere un motivo molto tradizionale tra i trattatisti di arte della memoria. Ma ancora, riguardo alla giusta dimensione per una corretta comprensione e memorizzazione in ambito mnemotecnico, parla Giovan Battista Della Porta (1535–1615), con esplicito riferimento all'esperienza teatrale. Infatti:

> At si historiae, aut fabulae, in quibus plures personae introducuntur, historiam in personarum et rerum compendium reducemus, locisque accomodabimus. Id vehementer placet quod a poëtis tragicis et comicis observatum video, ut quam paucis personis possint, fabulam monstrent, neque ulla erit tam rerum varietate referta historia, quam novem aut decem personae optime repraesentent[27].

---

26 Giordano Bruno, "Cantus Circaeus," in Giordano Bruno, *Opere mnemotecniche* (vol. 1), a cura di Marco Matteoli, Rita Sturlese, Nicoletta Tirinnanzi (Milano: Adelphi, 2004), 698; trad. it 699: "per quanto concerne le dimensioni delle forme, bada di assumere immagini né troppo piccole, né troppo grandi. Le prime non esercitano infatti alcuno stimolo sul senso; le seconde, al contrario, confondono l'acume della vista interiore proprio per l'eccessiva estensione. L'occhio esterno non presta infatti attenzione – o almeno lo fa molto lentamente – all'apparire di una mosca; ma è ugualmente difficile cogliere la figura di un gigante dipinto sopra una grande parete".

27 Giovan Battista Della Porta, *Ars reminiscendi* (Napoli: G.B. Sottile, 1602), 10; trad. it. di Lina Bolzoni, *La stanza della memoria. Modelli letterari e iconografici nell'età della stampa* (Torino: Einaudi, 1995), 220: "se ci vogliamo ricordare di una storia o di una favola dove compaiono diversi personaggi, ridurremo la storia in un compendio che comprende le persone e le cose, e lo adatteremo ai luoghi. Apprezzo molto la regola seguita dagli scrittori di tragedie e commedie, che rappresentano la loro opera con il minor numero di personaggi possibile, e non ci può essere una storia così piena di varietà di cose che nove o dieci persone non la possano ottimamente rappresentare".

In realtà, come si diceva, la riscoperta dei precetti poetico-teatrali classici non va separata rispetto ad altre importanti rivoluzioni culturali, tra cui rientra a pieno titolo la progressiva emancipazione professionale e intellettuale degli *artisti* figurativi rispetto al ruolo dei meri *artigiani*[28]. Tra i primi protagonisti di questo non facile né rapido percorso rientra Leon Battista Alberti (1404–1472) che, in un passo del *De Pictura*, si rivela come la reale fonte di Della Porta. Parlando di come il pittore debba rappresentare un determinato avvenimento, specifica infatti che "atque in historia id vehementer approbo quod a poetis tragicis atque comicis observatum video, ut quam possint paucis personatis fabulam doceant. Meo quidem iudicio nulla erit usque adeo tanta rerum varietate referta historia, quam novem aut decem homines non possint condigne agere[29]." Teatralità, memoria e pittura si compenetrano profondamente nell'ottica di una forte visualità gnoseologica dell'essere umano. Del resto l'artista figurativo, come si diceva, si fa inoltre carico di una precisa ricerca intellettuale e veritativa. Come illustra icasticamente, ad esempio, Michelangelo in un celebre sonetto, lo scopo dell'artista è quello di rimuovere il "superchio", il superfluo che tiene prigioniera l'opera d'arte entro una materialità sterile[30], rievocando così la necessità, che avevamo visto agire nell'attività drammaturgica, di ripulire l'esperienza mondana dalle accidentalità per risalire alla trama ideale dell'essere.

Non stupisce a questo punto osservare l'interesse degli artisti figurativi verso le indagini anatomiche le quali, a loro volta, come Camillo aveva riassunto nel suo ricordo dell'esperimento anatomico, si focalizzavano sulla rimozione dell'esteriorità superficiale, per rivelare, vedere e memorizzare i segreti del corpo. Ma la stessa anatomia, nel corso del Cinquecento, non si sottrae rispetto a tutte queste temperie culturali. Tra gli strumenti più rivoluzionari del secolo hanno sicuramente un ruolo privilegiato le tavole anatomiche e i cosiddetti teatri anatomici. Vengono appunto costruite immagini anatomiche di natura schiettamente mnemotecnica, chiaramente codificate secondo i dettami dell'arte della memoria, che racchiudono inoltre una valenza propriamente estetica e genuinamente transdisciplinare, rivelatoria di un uso e di

28 Cfr. Paul O. Kristeller, *Il pensiero e le arti nel Rinascimento* (Roma: Donzelli, 2005), 179–244.

29 Leon Battista Alberti, *De pictura* (Roma-Bari: Laterza, 1980), 71; trad. it. di Bolzoni, *La stanza della memoria*, 221: "nella storia apprezzo molto la regola che vedo seguita dagli autori di tragedie, per cui usano per comunicarci la loro opera il minor numero di personaggi possibile. A mio parere infatti non ci può essere una storia piena di tanta varietà di cose che non possa degnamente essere rappresentata con nove o dieci personaggi".

30 Cfr. Michelangelo Buonarroti, *Rime* a cura di Enzo Noè Girardi (Bari: Laterza, 1960), 82.

un pubblico di riferimento assai variegato[31]. Come si può osservare ad esempio in molte delle tavole che illustrano il *De humani corporis fabrica* di Vesalio (fig. 8.2), i corpi anatomizzati sono messi in impressionanti pose drammatiche, collocate in luoghi ben definiti, paesaggi o architetture, caricate di sensi metaforici, tutto per sollecitare la memoria attraverso una specifica coreografia visiva. Anche l'immagine didattica, chiunque fosse il suo fruitore, finisce così per inserirsi nella zona grigia delle facoltà immaginifiche: visualità, memorabilità e drammaticità si ritrovano di nuovo a compenetrarsi. Ovviamente fu essenzialmente grazie alla rivoluzione della stampa che si poteva accompagnare il testo anatomico con puntuali illustrazioni, le quali, tuttavia, non erano limitate a un uso meramente professionale da parte di medici e anatomisti ma, come si diceva, catturavano l'interesse degli artisti e, più in generale, del pubblico dei *curiosi*. Del resto tali immagini rappresentano pienamente il risultato della collaborazione tra anatomisti e artisti.

Dunque, le scoperte naturalistiche e anatomiche vengono come *allestite* a teatro, non solo per le strategie di visualizzazione adottate nelle tavole ma anche, letteralmente, per gli edifici che ne accoglievano le lezioni e le pubbliche dimostrazioni. Proprio verso la fine del XVI secolo i cosiddetti teatri anatomici iniziano appunto a dotarsi di strutture stabili e non effimere[32]. Questo, tra l'altro, accade proprio a partire dagli ambienti padani presso i quali l'esigenza della nuova *enciclopedia* del sapere era così sentita, e presso i quali Camillo aveva circolato a lungo. Del resto anche l'anatomia era stata assorbita nel progetto umanistico di rifondazione del sapere, perpetrato dalle accademie.

Assai emblematico per i nostri scopi è il caso del teatro anatomico di Bologna[33]. Progettato nel 1637 da Antonio Paolucci, detto il Levanti, la parte su cui è necessario soffermarsi è il soffitto a cassettoni decorato nel 1645, ad opera dello stesso Levanti (fig. 8.3).

Esso rappresenta le allegorie di quattordici costellazioni a cui si aggiunge, al centro di tutto, Apollo. Il dio protettore della medicina è dunque circondato da tutta una serie di costellazioni, ognuna delle quali doveva avere un preciso effetto su una specifica parte del corpo umano, secondo determinate associazioni tradizionali. Tale sistema astrologico di relazioni era tra l'altro richiamato anche nell'*Idea del theatro* di Camillo. Al quinto grado del suo Teatro,

---

31 Cfr. Andrea Carlino, "Cadaveri, corpi metaforici, corpi memorabili," in *La bella anatomia. Il disegno del corpo fra arte e scienza nel Rinascimento*, a cura di Andrea Carlino, Roberto Paolo Ciardi, Annamaria Petrioli Tofani (Milano: Silvana Editoriale, 2009), 15–24.

32 Cfr. Cynthia Klestinec, *Theaters of Anatomy: Students, Teachers, and Traditions of Dissection in Renaissance Venice* (Baltimore: John Hopkins University Press, 2011).

33 Cfr. Chiara Mascardi, "I Teatri anatomici di Bologna. Parte 1. Il Teatro anatomico dell'Archiginnasio," *Nuova rivista di storia della medicina* 1 (2020): 293–335.

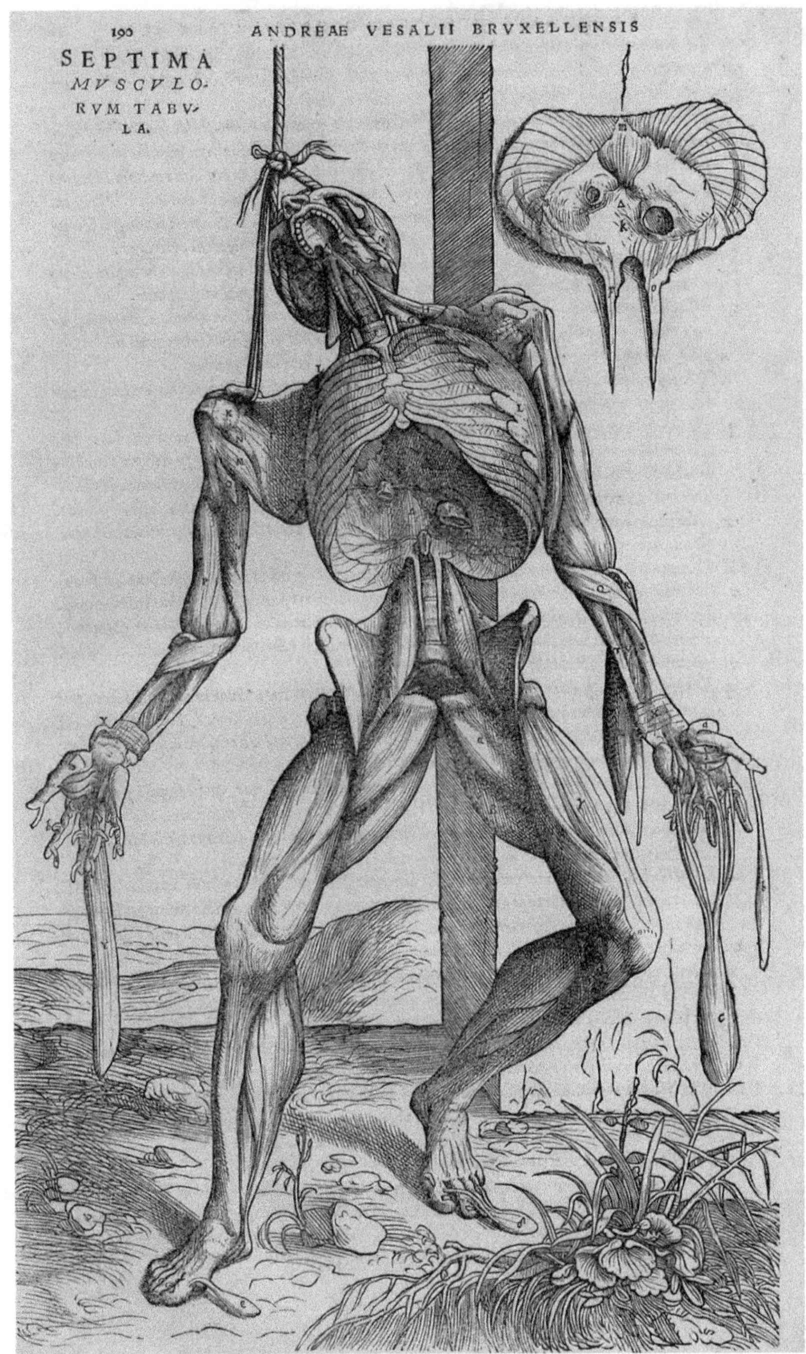

FIGURA 8.2 Andrea Vesalio, *De humani corporis fabrica* (Basel, 1543)

FIGURA 8.3 Dettaglio del soffitto del Teatro Anatomico di Bologna (Antonio Levanti, 1645)
© BIBLIOTECA COMUNALE DELL'ARCHIGINNASIO

emblematizzato dall'immagine di memoria generale di *Pasifae e il toro*, si tratta appunto dell'unione dell'anima col corpo. Ad ognuno dei sette pianeti-sefirot viene affidata una precisa parte del corpo insieme ai segni zodiacali che la influenzano[34]. Un altro particolare significativo è quello per cui, nel Teatro di Camillo, il corridoio centrale era dedicato al Sole, conferendo dunque anche in questo caso un ruolo centrale all'immagine di Apollo, che emblematizza l'astro[35]. Ovviamente non si pretende, in questa sede, di rintracciare un'influenza di Camillo su Levanti, diretta o mediata, bensì di rilevare la presenza di certe istanze culturali e figurative, evidentemente ancora ben presenti nel XVII secolo.

Nella stessa direzione va un fatto ancora più significativo, dato appunto dal fatto che le costellazioni sovrastino lo spazio inferiore della struttura vera e propria del teatro anatomico. Per capire l'importanza di questo fattore bisogna spostarsi più avanti di quasi un secolo rispetto all'attività di Camillo e cambiare paese di riferimento, andando in Inghilterra. Qui troviamo il filosofo ermetico Robert Fludd (1574–1637). Nella seconda sezione del secondo volume della sua monumentale opera, l'*Utriusque Cosmi* (1617–1521), trattando delle tecniche

34 Cfr. Camillo, *L'idea del theatro*, 219–28.
35 Camillo, *L'idea del theatro*, 156–7, 171.

umane, vi è un capitolo dedicato all'arte della memoria[36]. L'architettura della memoria di riferimento è ancora una volta un teatro e, ancora una volta, si fonde rispetto al sistema astrologico. Fludd distingue infatti tra un'*ars rotunda* e un'*ars quadrata*. La prima fa riferimento a elementi *naturali*, ossia incorporei, la seconda a elementi artificiali, ossia corporei[37]; egli propone una fusione tra questi due sistemi. Nel suo sistema di memoria l'*ars rotunda* fornisce le orbite celesti come luoghi mnemonici, mentre l'*ars quadrata* fornisce, sempre come luoghi, le architetture reali[38]. Viene dunque resa *naturalizzata*, cioè più vicina al disegno metafisico del reale, l'*ars* specificamente umana. Se Camillo utilizzava dunque un solo teatro, già intrinsecamente fuso con un sistema astrologico, il sistema sapienziale-mnemonico edificato da Fludd diverge poiché, al di là della pianta non certo classica del suo teatro tipicamente elisabettiano, impiega più di un teatro; questi teatri di Fludd si pongono inoltre in modo più estrinseco rispetto al sistema astrale.

Per capire meglio questo sistema ci vengono in aiuto le ricche immagini che corredano l'opera. Fludd propone appunto il disegno di un teatro che però deve essere impiegato in modo duplice (fig. 8.4).

Lo stesso teatro fornisce infatti lo schema per creare due teatri, uno *orientale* e uno *occidentale*, con la stessa pianta ma di colori diversi, uno con colori diurni, l'altro con colori notturni. Tali teatri vanno poi fisicamente posti nel sistema astrale; il disegno adiacente mostra solo l'esempio dei due teatri entro il segno dell'Ariete. Tuttavia, come ha rilevato Yates, relativamente all'immagine del teatro, bisogna prestare attenzione al fatto che nel disegno di Fludd non sia incluso il soffitto[39]. In generale, molto probabilmente Fludd si basa sull'edificio reale del Globe Theatre, e solitamente i teatri di quel periodo avevano un soffitto decorato proprio con il sistema delle sfere celesti. Considerando dunque che, aggiunge Yates, nel testo di Fludd sia il disegno delle sfere celesti sia quello del teatro mnemonico sono impaginati in modo tale che, chiudendo il volume, si sovrappongano perfettamente, quasi a voler ribadire il reciproco rispecchiamento dei due sistemi, non risulta fuori luogo affermare come questo giustifichi proprio l'assenza del soffitto; solo chiudendo il volume il teatro acquista il proprio soffitto affrescato. Non solo i teatri di Fludd vanno dunque immaginati

36 Per una panoramica su questa sezione dell'opera cfr. Yates, *L'arte della memoria*, 297–316. Fondamentale inoltre Frances A. Yates, *Theatrum Orbis*, trad. Tiziana Provvidera (Torino: Aragno, 2002).

37 Cfr. Robert Fludd, *Utriusque Cosmi* (vol. 2-II) (Frankfort: E. Kempferi, 1621), 50 sgg.

38 Fludd, *Utriusque Cosmi*, 54 sgg.

39 Yates, *L'arte della memoria*, 321 sgg.

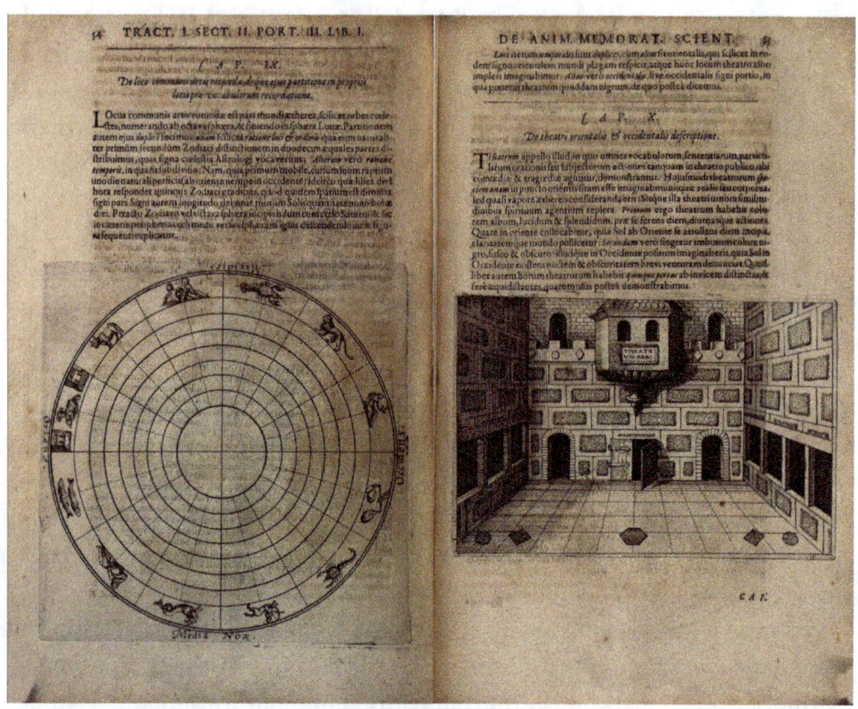

FIGURA 8.4 Robert Fludd, *Utriusque Cosmi*, vol. 2-II (Frankfort, 1621)

come estrinsecamente inseriti nelle orbite celesti ma, internamente, rispecchiano a loro volta il medesimo sigillo di quelle orbite attraverso il loro soffitto.

Tornando a Bologna, risulta dunque estremamente significativo osservare, proprio a sovrastare il teatro anatomico, un soffitto-cielo pregno di rimandi astrologici. Tuttavia, come abbiamo già detto più volte, allo stato attuale della ricerca non è ancora possibile cercare una rete più precisa di influenze e di obiettivi da parte dei diversi artisti coinvolti nella sua costruzione, sebbene l'influenza della temperie culturale ermetico-platonica e accademica sia a questo punto difficilmente negabile. Si può così osservare una preziosa testimonianza di un dialogo ancora attivo tra due mondi: quello della rivoluzione scientifica e quello della cultura ermetica, a questa altezza cronologica ancora difficilmente separabili in modo assoluto. La forza della visualità e il potere estetico e memorativo delle facoltà immaginifiche dell'anima, spettatrice dinnanzi al complesso spettacolo della natura e del corpo umano, rimangono ancora strumenti fondamentali sia per gli anatomisti che per i filosofi della natura (ermetici o non ermetici).

In ogni caso, risulta significativo soffermarsi ancora su un dettaglio del soffitto, sul quale gli interpreti non hanno posto la dovuta attenzione, ossia la forte dinamicità conferita dalla collocazione diagonale di Apollo entro il suo cassettone ottagonale. Bloccare la danza di Apollo in tale posizione trasmette un andamento *circolare* alla figura, come se il dio dovesse, progressivamente, indicare tutte le immagini astrologiche che lo circondano. Nella stessa direzione, l'adozione di un cassettone ottagonale centrale rende più naturale un moto come quello circolare entro una cornice quadrata. Se questo andamento ci riconduce ancora più vicini all'andamento circolare delle illustrazioni delle orbite celesti che si sono viste in Fludd, ma rintracciabili d'altra parte anche nel Teatro di Camillo, ci riconduce anche ad un'altra tradizione: quella delle ruote lulliane che, all'epoca, erano state assorbite sia da certi trattatisti di arte della memoria sia dai maggiori filosofi. La rappresentazione grafica della combinatoria lulliana entro ruote poste in movimento aveva infatti catturato l'attenzione degli intellettuali rinascimentali che le fusero nei più disparati contesti[40]. Se lo sperimentatore più radicale riguardo la fusione tra i sistemi mnemotecnici tradizionali e le ruote combinatorie fu indubbiamente Bruno[41], in realtà questo connubio era in qualche modo già presente nel XV secolo, in uno dei primi (e assai fortunati) trattati a stampa di arte della memoria, l'*Ars memorativa* di Jacobus Publicius. In un complesso sistema di costruzione sillabica, egli propone infatti una figura fatta di ruote combinatorie, in cui il dinamismo rotatorio è rimarcato all'occhio mentale, che deve ricordarsi questo sistema, attraverso il *vermis* messo al centro che, fissato alla pagina con dello spago, può ruotare liberamente[42] (fig. 8.5).

Più vicino al caso di Apollo sembra tuttavia l'immagine utilizzata da Bruno negli *Articuli adversus mathematico* (1586) per indicare le diverse tipologie di luoghi mnemonici (fig. 8.6): al centro vi è una figura umana, stavolta immobile nella pagina, ma la cui disposizione diagonale (sia del corpo che delle braccia aperte) suggerisce un analogo dinamismo circolare, per quanto la figura sia inserita in uno spazio quadrato.

Ancora una volta non si pretende di rintracciare un legame diretto ma, quantomeno, di rilevare la scelta di analoghe soluzioni iconografiche in contesti e

40 Cfr. Rossi, *Clavis universalis*, 63–102.

41 Cfr. Matteoli, *Nel tempio di Mnemosine*, 187–273.

42 Sulla ruota cfr. Matteoli, *Nel tempio di Mnemosine*, 155–8. In realtà in alcune edizioni del testo al posto del *vermis* compaiono altri oggetti, mentre in altre non compare niente. Sulla complessità della tradizione testuale a stampa di questa opera cfr. Luis Merino Jerez, "Iacobus Publicius's *Ars Memorativa*: an approach to the history of the (printed) text," *AUC Philologica* 2 (2020): 85–105.

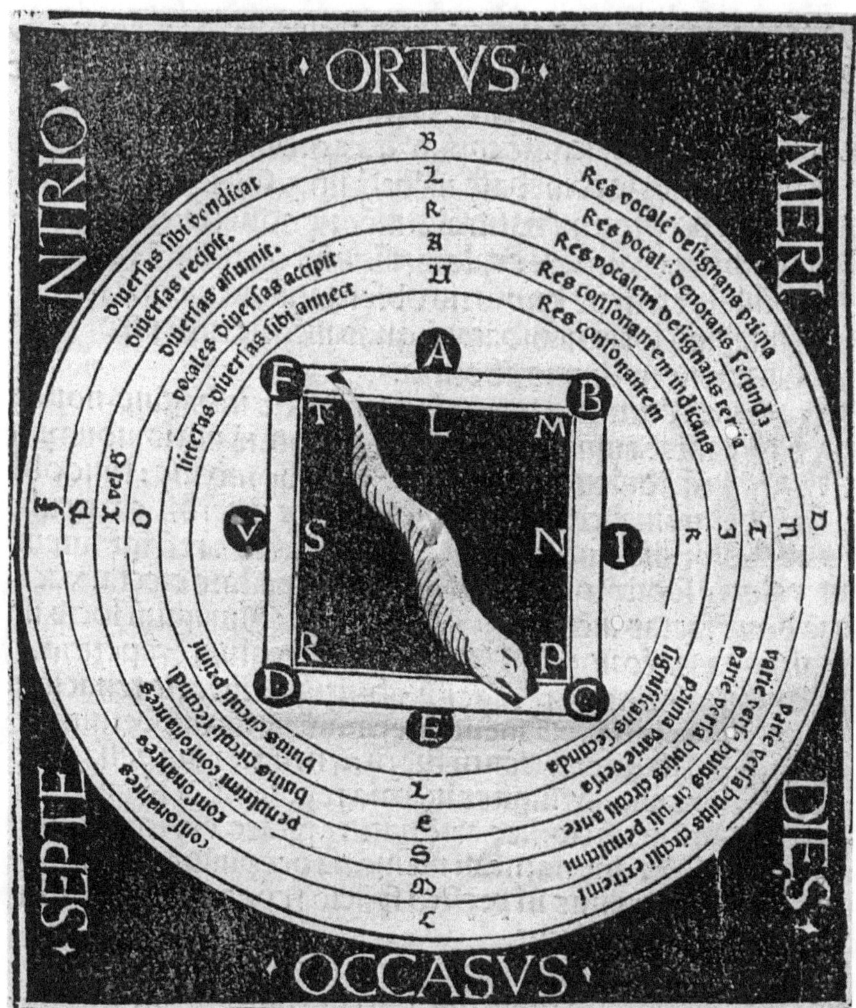

FIGURA 8.5 Jacobus Publicius, *Ars memorativa* (Venezia, 1485)
© MÜNCHENER DIGITALISIERUNGSZENTRUM

pratiche culturali che finiscono per richiamarsi continuamente: il dinamismo delle ruote combinatorie, la loro forza visuale, il loro riassorbimento entro sistemi mnemotecnici basati sulla rotazione delle sfere celesti, il rispecchiamento tra mondo celeste, teatro e corpo umano. Lo spettatore dello spettacolo anatomico, entro il teatro bolognese, aveva costantemente sotto gli occhi non solo il progressivo dispiegarsi del meccanismo del corpo umano, ma anche la danza rotante di Apollo e delle costellazioni; *fabrica* corporea e *fabrica* celeste

FIGURA 8.6 Giordano Bruno, *Articuli adversus mathematicos* (Prag, 1586)

si ritrovavano insieme nella *fabrica* teatrale, luogo di formazione e di controllo della visualità immaginifica e mnemonica.

Per concludere, si può dunque affermare che, se in Camillo rimane vivo il paradigma platonico dell'essere umano come microcosmo, immagine del mondo, d'altra parte lo spostamento da tale forma naturale verso la forma artificiale architettonica del Teatro, nuova immagine del mondo, si può leggere come una radicalizzazione della fiducia dell'epoca verso l'*ars* umana. Per quanto sopravviva, per tutto il XVI secolo, la metafora del teatro del mondo intesa in senso dispregiativo, per indicare il carattere ingannevole della rappresentazione teatrale, parallela all'impossibilità di comprendere la radice ultima della realtà mondana[43], sopravvive anche questa nuova concezione. Il registro teatrale, con tutti i suoi slittamenti semantici, diventa la chiave del creato; come voleva Aristotele, il testo drammatico riesce a depurare la realtà dal caos superficiale, così come la dimensione visiva del dramma riesce a fare ordine nei pensieri, e dunque nella memoria, degli spettatori. Sulla base di quello che potremmo definire il paradigma teatrale *veritativo*, che sostituisce la figura umana come *imago mundi*, si può così osservare la trasformazione del mondo e dell'essere umano da *corpi viventi* a *macchine viventi*, come suggerisce anche il titolo dell'opera di Vesalio; il segreto dei loro ingranaggi è in mano all'*homo loquens*, edificatore di mondi mentali e fisici tramite un visibile e memorabile parlare. In questa temperie viene meno la distanza disciplinare e, soprattutto, metodologica, a cui la contemporaneità ci ha ormai abituato, mostrando il legame profondo tra le prassi operative dei filosofi-maghi, dei fisiologi e degli anatomisti. Del resto non è Mnemosyne la madre di tutte le Muse?

Bibliografia

Letteratura primaria

Alberti, Leon Battista. *De pictura* a cura di Cecil Grayson. Roma-Bari: Laterza, 1980.

Aristotele. *Poetica*, a cura di Pierluigi Donini. Torino: Einaudi, 2008.

Bruno, Giordano. *Opere mnemotecniche*, vol. 1, a cura di Marco Matteoli, Rita Sturlese, Nicoletta Tirinnanzi. Milano: Adelphi, 2004.

Camillo, Giulio. *Pro suo de eloquentia theatro, ad Galloso Oratio*. Venezia: G.B. Somaschi, 1587.

Camillo, Giulio. *L'idea del teatro e altri scritti di retorica*, a cura di Rossana Soano, Domenico Chiodo. Torino: RES, 1990.

Camillo, Giulio. *L'idea del theatro, con "L'idea dell'eloquenza", il "De transmutatione" e altri testi inediti*, a cura di Lina Bolzoni. Milano: Adelphi, 2015.

Cicerone. *De natura deorum*, ed. Harris Rackham. Cambridge, Mass.-London: Harvard University Press, 1967.

Della Porta, Giovan Battista. *Ars reminiscendi*. Napoli: G.B. Sottile, 1602.

Ermete Trismegisto. *Corpus hermeticum*, a cura di Ilaria Ramelli, Milano: Bompiani, 2018.

Fludd, Robert. *Utriusque Cosmi*, vol. 2-II. Frankfort: Erasmeri Kempferi, 1621.

Michelangelo. *Rime*, a cura di Enzo Noè Girardi, Bari: Laterza, 1960.

43 Cfr. Lynda G. Christian, *Theatrum Mundi. The history of an idea* (New York-London: Garland, 1987).

Viglius ab Aytta. “From Viglius Zuichemus.” In *Opus Epistolarum Des. Erasmi Roterodami*, vol. 10, a cura di H.M. Allen and H.W. Garrod. Oxford: Clarendon, 1941.

Vitruvio. *I dieci libri dell'Architettura di M. Vitruvio, Tradotti & commentati da Mons. Daniel Barbaro*. Venezia: F. de' Franceschi, 1567.

Letteratura secondaria

Angelini, Annarita. *Sapienza, prudenza, eroica virtù. Il mediomondo di Daniele Barbaro*. Firenze: Olschki, 1999.

Bolzoni, Lina. *La stanza della memoria. Modelli letterari e iconografici nell'età della stampa*. Torino: Einaudi, 1995.

Busi, Giulio. *La Qabbalah*. Roma-Bari: Laterza, 2011.

Carlino, Andrea. “Cadaveri, corpi metaforici, corpi memorabili.” In *La bella anatomia. Il disegno del corpo fra arte e scienza nel Rinascimento*, a cura di Andrea Carlino, Roberto P. Ciardi, Annamaria Petrioli Tofani, Milano: Silvana Editoriale, 2009, 15–24.

Carlino, Andrea. “Anatomia umanistica: Vesalio, gli Infiammati e le arti del discorso.” In *Interpretare e curare. Medicina e salute nel Rinascimento*, a cura di Maria Conforti, Andrea Carlino, Antonio Clericuzio. Roma: Carocci, 2013, 77–94.

Christian, Lynda G. *Theatrum Mundi. The history of an idea*. New York-London: Garland, 1987.

Klestinec, Cynthia. *Theaters of Anatomy: Students, Teachers, and Traditions of Dissection in Renaissance Venice*. Baltimore: John Hopkins University Press, 2011.

Kristeller, Paul O. *Il pensiero e le arti nel Rinascimento*. Roma: Donzelli, 2005.

Mascardi, Chiara. “I Teatri anatomici di Bologna Parte I. Il Teatro anatomico dell'Archiginnasio.” *Nuova rivista di storia della medicina* 1 (2020): 293–335.

Matteoli, Marco. *Nel tempio di Mnemosine. L'arte della memoria di Giordano Bruno*. Pisa: Edizioni della Normale – Istituto Nazionale di Studi sul Rinascimento, 2019.

Merino Jerez, Luis. “Iacobus Publicius's *Ars Memorativa*: an approach to the history of the (printed) text.” AUC *Philologica* 2 (2020): 85–105.

Rossi, Paolo. *Clavis universalis. Arti della memoria e logica combinatoria da Lullo a Leibniz*. Bologna: il Mulino, 2000.

Seip, Oscar. “Giulio Camillo's Theatre of Knowledge Revisited. On the Locality of Renaissance Knowledge Production in The Digital Age.” *Nuncius* 37 (2022): 59–83.

Testa, Simone. *Italian Academies and their Networks, 1525–1700. From Local to Global*. London-New York: Palgrave Macmillan, 2015.

Vasoli, Cesare. *Immagini umanistiche*. Napoli: Morano, 1983.

Weinberg, Bernard. *A History of Literary Criticism in the Italian Renaissance*, 2 voll. Chicago: University of Chicago Press, 1961.

Yates, Frances A. *L'arte della memoria*, trad. Albano Biondi. Torino: Einaudi, 1972.

Yates, Frances A. *Theatrum Orbis*, a cura di Tiziana Provvidera. Torino: Aragno, 2002.

9

Con gli occhi della mente: sinossi anatomiche e rappresentazione dei saperi sul corpo nel Cinquecento

Massimo Rinaldi

1. Quando Louis-Sebastien Mercier, nel sogno utopico narrato ne *L'an 2440*, viene accompagnato a vistare la biblioteca del re, è colto da un moto di profondo stupore: invece di una grande sala, un piccolo studiolo; pochi libri, ordinatamente disposti all'interno di armadi tutt'altro che maestosi contengono ora tutto il sapere elaborato dagli uomini nel corso del tempo. Spiega il bibliotecario: "Era necessario ricostruire l'edificio delle conoscenze umane"; "un progetto apparentemente infinito. Ma non abbiamo fatto altro che scartare le cose superflue, sacrificando tutti gli autori che avevano seppellito i loro pensieri sotto un ammasso prodigioso di parole". Tuttavia, prima di bruciare i libri ritenuti "frivoli, inutili o dannosi", prosegue il bibliotecario, "uomini saggi hanno distillato l'essenza di mille volumi in folio, travasandola interamente in un piccolo in dodicesimo. [...] In effetti, che cosa conteneva tutta quella moltitudine di volumi? Per la maggior parte, nient'altro che la ripetizione delle stesse cose"[1].

Il racconto di Mercier, nel dare voce a quella "tensione tra l'esaustivo e l'essenziale"[2] con cui si misura ogni impresa di conservazione, trasmissione e riconfigurazione del sapere, dà rilievo ad alcune questioni centrali nella storia della cultura scritta della modernità: innanzitutto l'idea della biblioteca come catalogo degli errori umani da depurare[3]; secondariamente, il problema

1 Louis-Sébastien Mercier, *L'an 2440. Rêve s'il en fuit jamais*, ed. R. Trousson (Bordeaux: Ducros, 1971), XXVIII, citato in Roger Chartier, "Biblioteche senza pareti," in Roger Chartier, *L'ordine dei libri*, trad. Margherita Botto (Milano: Il Saggiatore, 1994), 82.

2 Così Chartier, "Biblioteche senza pareti," 82, nel commentare il brano di Mercier.

3 Cfr. Peter Burke, *L'arte della conversazione*, trad. Andrea Tuveri (Bologna: Il Mulino, 1997), 91–140. Sul libro come scrigno degli errori umani si veda la *De incertitudine et vanitate scientiarum declamatio invectiva* (s.l, s.t., 1537) di Heinrich Cornelius Agrippa von Nettesheim, su cui è ancora fondamentale Paola Zambelli, "A proposito del *De vanitate scientiarum et artium* di Cornelio Agrippa," *Rivista critica di storia della filosofia* 2 (1960): 166–80; ma si veda anche il disincantato pirronismo di Montaigne, su cui cfr. Jean Starobinski, *Montaigne. Il paradosso dell'apparenza*, trad. Mario Musacchio (Bologna: Il Mulino, 1984).

dell'utilità pratica e della legittimità etica delle parole impiegate per comunicare quel sapere[4]; infine, la preoccupazione per l'incontrollabile proliferare di libri, dati e nozioni che susciterà lo sgomento di Leibniz e l'ironia di Diderot[5].

Se i problemi evocati dal racconto di Mercier riguardano il complesso delle conoscenze e delle discipline, è in particolare intorno al sapere medico, dove la raffinatezza della riflessione teorica dei libri e delle Scuole risulta spesso in stridente contrasto con l'effettiva efficacia della pratica curativa, che il dibattito si fa serrato. Come è noto, almeno a partire dal XIV secolo i processi di rinnovamento teorico e terapeutico che investono il pensiero medico ne fanno contemporaneamente emergere la sostanziale fragilità e incertezza[6]. Da Petrarca a Pico, da Vives a Bacon e oltre, attraverso il recupero delle filosofie scettiche antiche, la medicina è investita da un fascio di istanze polemiche che conduce alla sistematizzazione di un'ampia e dettagliata topica antimedicale: essa appare come un insieme di conoscenze irrimediabilmente segnate da una sostanziale ambiguità nelle premesse teoriche, nelle procedure inferenziali,

---

4 Si veda, ad esempio, Thomas Hobbes (*Leviathan*, IV, 46) – come ricorda Burke, *L'arte della conversazione*, 118 – dove si parla di "canting of schoolmen".

5 Si veda Gottfried Wilhelm Leibniz, *Precepts for advancing the sciences and arts*, ed. Philip Wiener (New York: Charles Scribner's sons, 1951), 32, dove il filosofo parla dell'incontrollabile proliferare dell'"orribile massa di libri" che rischia di rendere il disordine quasi "insormontabile"; il timore di Diderot per il "sovraccarico informativo", espresso alla voce "Enciclopedia" dell'*Encyclopédie* (1755), è ricordato e commentato in Daniel Rosenberg, "Early modern information overload," *Journal of the history of ideas* 64, no. 1 (January 2003): 1–9.

6 Le critiche contro la medicina costituiscono un elemento caratteristico già della tradizione scettica antica: cfr. Richard H. Popkin, *Storia dello scetticismo antico* (Milano: Mondadori, 2000), A. Carlo Viano, "Lo scetticismo antico e la medicina," in *Lo scetticismo antico*, a cura di Gabriele Giannantoni (Napoli: Bibliopolis, 1981), 563–656, e Mario Vegetti, *Tra Edipo e Euclide. Forme del sapere antico* (Milano: Il Saggiatore, 1983), 139–49. Per l'età moderna, cfr. Luciano Floridi, "The Diffusion of Sextus Empiricus' Works in the Renaissance," *Journal of the History of Ideas* 56 (January 1995): 63–85, e Ellen Spolsky, *Satisfying Skepticism: Embodied Knowledge in the Early Modern World*, (Aldershot: Ashgate, 2001). Per l'ambito medico, esamina le posizioni di Pico, Agrippa e Vives Nancy G. Siraisi, "Renaissance Critiques of Medicine, Physiology, and Anatomy," in Nancy Siraisi, *Medicine and the Italian Universities 1250–1600* (Boston-Leiden-Köln: Brill, 2001), 184–202; Andrea Carlino, "Afflizione e scetticismo: Montaigne e la letteratura *contra medicos*," *Medicina nei secoli* 142, no. 2 (2002): 479–97; si veda anche Andrea Carlino, "Petrarch and the early modern critics of medicine," *Journal of Medieval and Early Modern Studies*, no. 35 (2005): 559–82. Inoltre, cfr. Salvatore Serrapica, *Per una teoria dell'incertezza tra filosofia e medicina. Studio su Leonardo di Capua (1617–1695)* (Napoli: Liguori, 2003), e Stephen Pender, "Examples and Experience: the Uncertainty of Medicine," *British Journal for the History of Science* 39, no. 1 (2006): 1–28; Christopher Hill, "The medical profession and its radical critics," in *Change and Continuity in Seventeenth-Century England* (New Haven: Yale University Press, 1991): 157–78; Winfried Schleiner, *Medical Ethics in the Renaissance* (Washington, D.C.: Georgetown University Press, 1995).

nelle pratiche terapeutiche, mentre la sua eccessiva complessità spesso sembra costituire un alibi invocato da chi la esercita per mascherarne l'inconsistenza e per giustificare le insufficienze dell'atto terapeutico. E sempre più spesso viene rimproverato alla corporazione medica di utilizzare il gergo professionale non solo come discorso utilitaristico teso a generare codici espressivi efficaci e non ridondanti, ma soprattutto come discorso-spettacolo, impiegato al di fuori dei suoi ambiti di legittimità per produrre distanza e distinzione, anche quando quest'ultima è frutto di comportamenti dissimulatori[7].

Come distillare il grande libro del sapere medico, dunque, per liberarlo dalle incongruenze e dalle ripetizioni? Come purgare il discorso sul corpo dal superfluo per riaffermarne, ad un tempo, l'utilità e la dignità? Se la precettistica comportamentale prodotta dalla corporazione medica aveva da tempo messo in campo numerosi tentativi di disciplinamento linguistico e di educazione al controllo della parola nel rapporto col paziente improntati al rispetto della sobrietà del dire[8], è sul fronte della scrittura medica e delle forme di trasmissione delle conoscenze teoriche che si gioca la partita più rilevante del processo di riassestamento disciplinare che investe la medicina del Cinquecento; il dibattito non risparmia nemmeno l'emblema stesso della medicina filosofica dell'Occidente, Claudio Galeno, il cui asianesimo inizia ad apparire fortemente stridente con la rinnovata sensibilità stilistica dell'umanesimo europeo. Ma soprattutto – si rileva – l'insufficiente chiarezza e l'eccessiva artificiosità retorica dei testi galenici ne rendono arduo, quando non controproducente, l'utilizzo nella formazione degli studenti[9].

Ridondanze, incongruenze, scarsa coerenza interna concorrono alla determinazione di un giudizio fortemente negativo nei confronti dello stile di scrittura del *princeps medicorum*. Tra le voci più severe, quelle di Giovanni Argenterio e di Girolamo Cardano, per i quali il tentativo di demolizione del sistema fisiologico di Galeno passa anche, inevitabilmente, per una severa reprimenda dei suoi modi di comunicazione e del suo indulgere alle sottigliezze retoriche e

---

7 Sulle categorie di *shop talk* e di *show talk*, cfr. Walter Nash, *Jargon. Its Use and Abuse* (Oxford: Blackwell, 1993), 9–12.

8 Sulla disciplina della parola in età moderna cfr. Burke, *L'arte della conversazione*, 141–63, Roberto Mancini, *La lingua degli dei. Il silenzio dall'Antichità al Rinascimento* (Vicenza: Angelo Colla, 2008). Per l'ambito medico, cfr. Massimo Rinaldi, "*Ars muta. Etica del silenzio, disciplina della parola e un verso di Virgilio nella medicina del Seicento*", *Studi filosofici*, no. 40 (2017): 71–95.

9 Ne ho discusso in "*Perspicuitas* ed *evidentia* nella letteratura medica e anatomica dell'età moderna," in *Anatome. Sezione, raffigurazione e scomposizione del corpo fra Medioevo e Età moderna*, a cura di Giuseppe Olmi e Claudia Pancino (Bologna: Bononia University Press, 2012), 45–57.

ai lenocini formali, che impediscono l'appropriazione dei contenuti e gettano discredito sulla disciplina[10]. Il problema, tuttavia, è ben presente anche a chi desidera mantenere aperto il dialogo con la tradizione galenica, come Andrés de Laguna, il celebre medico-umanista spagnolo allievo di Jacques Dubois a Parigi, il quale deve riconoscere che il grande Pergameno ha trasmesso il proprio pensiero in modo confuso e prolisso[11]. Mettere ordine nelle opere del maestro, eliminando il sovrappiù, è ormai avvertito come un atto necessario ai fini della loro corretta comprensione; è necessario in altre parole, conferire al testo una leggibilità che lo renda atto alla trasmissione delle conoscenze, sottoponendolo a un complesso processo di riscrittura che lo riporti alla dimensione scientifica e utilitaristica che lo stesso Galeno avrebbe desiderato, se non fosse stato costretto a fare altrimenti "a causa della malignità degli avversari"[12].

Nell'ambito dell'anatomia – tra i settori maggiormente investiti dalle ansie di rifondazione della medicina cinquecentesca – il problema si innesta sul processo di rivisitazione della lezione galenica conseguente alla rivoluzione vesaliana: anche i più strenui difensori del Pergameno sono costretti ad ammettere che, soprattutto per quanto riguarda il corpus delle ricerche anatomiche, il testo galenico deve quantomeno essere manomesso per far emergere ciò che giace nascosto sotto un coacervo di inutili prolissità, come sostengono il collega e collaboratore di Dubois Johann Guinther e il medico e naturalista di Tubinga Leonhart Fuchs: dispersi e mescolati a materiali scarsamente significativi per la pratica anatomica, i dati galenici risultano difficilmente utilizzabili per l'avanzamento del sapere e la formazione dei novizi[13].

10 Giovanni Argenterio, *Varia opera de re medica* (Firenze: Lorenzo Torrentino, 1550), 8–9. Sull'autore si veda Nancy G. Siraisi, "Giovanni Argenterio and sixteenth-century medical innovation. Between princely patronage and academic controversy," *Osiris* 6, s. II (1990): 161–80. Girolamo Cardano, *De subtilitate* (Lione: Barthelémy Honorat, 1580), 570.

11 Cfr. la lettera dello stampatore Guillaume Rouille premessa ad Andrés de Laguna, *Epitomes omnium Galeni Pergameni operum* (Lione: Guillaume Rouille, 1553), 2r–v. Su Laguna cfr. José Pardo Tomás, "Andrés Laguna y la medicina europea del Rinascimiento," *Actas de la Fundacion Canaria Orotava de Historia de la Ciencia* 11–12 (2001): 45–67, e i saggi contenuti negli atti del convegno *Andrés Laguna: humanismo, ciencia y política en la Europa renacentista*, ed. Juan Luis García Hourcade e Juan Manuel Moreno Yuste (Valladolid: Consejería de Educación y Cultura, 2001).

12 Rouille in Laguna, *Epitomes*, 2v: "non tam suo iudicio ac voluntate, quam aemulorum perversitate, temporumque suorum iniquitate in macrologiam illam incidisse".

13 Johan Guinther, *Institutionum anatomicarum secundum Galeni sententiam ad candidatos medicinae libri quatuor* (Basilea: Lasius e Platter, 1536), dedica: "Galenus autem noster, vel in libris anatomicis, vel in iis quos de particularium usum inscripsit, aliisque non paucis, tam prolixus variusque existit (pace illius dixerim) ut qui nuper medicinam adierunt, non assequantur". L. Fuchs, *De humani corporis fabrica epitomes* (Lione: Jean Frellon, 1551),

2. Nel corso del Cinquecento, dunque, la medicina e l'anatomia sono chiamate a fare i conti con la necessità di reagire agli abusi retorici della tradizione attraverso l'adozione di nuove forme di testualità tese a una semplificazione dei canali di trasmissione delle conoscenze antiche che trovano nel laconismo di una scrittura breve e compendiosa lo strumento in grado di restituire chiarezza all'opera galenica.

Se le esigenze espresse dai numerosi compilatori di compendi del medio Cinquecento possono essere rintracciate nel desiderio condiviso di coniugare concisione e chiarezza, le soluzioni compositive e stilistiche adottate non sono tuttavia le medesime[14]. Nella letteratura anatomica del periodo sembrano affermarsi almeno tre divergenti modelli: il primo cerca di mantenersi fedele all'andamento argomentativo-sequenziale del testo originale presentando la materia secondo la tradizionale forma dell'esposizione verbale e lineare propria dell'epitome, come fa il citato Guinther nelle sue *Institutiones anatomicae*.

Il secondo modello accompagna e/o sostituisce il registro discorsivo con una transcodificazione pittorico-figurativa dei materiali galenici, nella convinzione che la rappresentazione iconografica delle nozioni tràdite giovi alla comprensione intuitiva degli snodi concettuali in funzione di una alfabetizzazione anatomica di base, arrivando anche a ridurre l'elemento verbale alla sola enunciazione di organi, parti e apparati, come avviene nei tanti fogli anatomici volanti del periodo, ma anche nelle *Tabulae* vesaliane del 1538, dove i dati galenici sono portati a un livello eminentemente figurativo[15].

Una terza via, infine, è rappresentata da quei compendi che optano per una restituzione simultaneamente visiva e verbale, ottenuta non con il semplice accostamento di testo e illustrazione, ma attraverso la rielaborazione grafica degli elementi ricavati dalla fonte utilizzata ritenuti scientificamente e didatticamente importanti: una forma estrema di riduzione, che organizza i materiali testuali in diagrammi atti a mettere in immediata evidenza le relazioni tra le nozioni grazie all'impalcatura arboriforme in cui essi sono distribuiti. Fondata sull'uso platonico della *divisio* come processo logico ed euristico, ripresa da Aristotele, che a sua volta precisa il rapporto tra *divisio* e *compositio* nel processo di acquisizione della conoscenza, riformulata da Cicerone, Quintiliano e Boezio, tale strategia di organizzazione dei dati appare a Porfirio, che pure non

3–12: "[Galenus] non uno in libro, sed sparsim in multis, idque prolixe admodum, dissectionis rationem tradiderit".

14 La questione è affrontata in Massimo Rinaldi, *Arte sinottica e visualizzazione del sapere nell'anatomia del Cinquecento* (Bari: Cacucci, 2008), 36–41.

15 Su questo materiale è fondamentale lo studio di Andrea Carlino, *Paper Bodies. A Catalogue of Anatomical Fugitive Sheets 1538–1687*, trans. Noga Arika (London: Wellcome Institute for the History of Medicine, 1999).

ne nasconde l'insufficienza argomentativa, particolarmente efficace dal punto di vista didattico. Infatti, data la facilità con cui può essere rappresentata graficamente, la *divisio* integra la potenza logica conferitale dalla progressiva discesa dal *genus generalissimus* alla *species infima* con la forza che le deriva dalla visualizzazione del procedimento stesso. Ma è nel corso del Cinquecento che, soprattutto grazie alla diffusione delle istanze di rinnovamento logico e dialettico di Melantone e Ramo, l'ordinamento dicotomico e tabellare del sapere trova nuovo slancio[16].

Le schematizzazioni sinottiche, in sostanza, propongono al lettore, a partire dalla lettura di un testo, la progressiva segmentazione dell'argomentazione – sintatticamente destrutturata e stilisticamente semplificata – in unità discorsive discrete per giungere alla costruzione di una topica facilmente memorizzabile; la pratica della compendiazione delle fonti si traduce quindi in un processo di razionalizzazione dei dati anatomici rafforzato dalla contemplazione visiva della struttura logica del discorso. Lo schema, insomma, rappresenta una sorta di scorciatoia verso la perfetta e simultanea comprensione delle cose e delle parole[17].

Il medico tedesco Theodor Zwinger, mettendo a confronto la testualità del trattato e quella degli schemi sinottici, ne sottolinea l'utilità: se il primo, in virtù della ricchezza verbale e degli stratagemmi stilistici che lo caratterizzano, offre certamente spiegazioni più persuasive potendo ricorrere ad ausili retorici

---

16 Per i riferimenti citati, cfr. Platone, *Phaedrus*, 265D–277C; *Philebus*, 16C–17A; *Politicus*, 262B–265B; Aristotele, *De anima*, III, 6, 430a26; *Metaphisica*, x, 1, 1051b1; Cicerone, *Topica*, 5, 28; Quintiliano, *Institutio*, 7, 11; Boezio, *In categorias*, 1, 169D–170C, e *In isagogen Porphyrii commentarius*, 1, 9. Su *divisio* e *compositio* nella cultura medica dell'età moderna, cfr. Ian Maclean, "Logical Division and Visual Dichotomies: Ramus in the Context of Renaissance Legal and Medical Writing," in *The Influence of Petrus Ramus. Studies in Sixteenth and Seventeenth Century Philosophy and Science*, ed. Mordechai Feingold, Joseph S. Freedman e Wolfgang Rother (Basilea: Swhabe Philosophica, 2001), 229–49. Con particolare riferimento alla diffusione del filippo-ramismo e al suo ruolo nel rinnovamento della filosofia naturale del Cinquecento: Sachiko Kusukawa, *The transformation of natural philosophy. The case of Philip Melancthon* (Cambridge: Cambridge University Press), 1995.

17 Rinaldi, *Arte sinottica*, 41–52. Sul problema della visualizzazione del sapere nella scienza della prima età moderna, sono ora da tener presenti le ricerche di Sachiko Kusukawa, "Introduction to Making Visible: The Visual and Graphic Practices of the Early Royal Society," *Perspectives on Science* 27/3 (2019): 345–349, e di Sietske Fransen, "Objects, drawings and texts as tools of persuasion: the interactions of three Dutch microscopists with the Royal Society around 1670," *Notes and Records: the Royal Society Journal of the History of Science*, https://doi.org/10.1098/rsnr.20240045 (2025). Più in generale, sull'uso degli schemi arboriformi nella cultura del Cinquecento, si veda il fondamentale studio di Lina Bolzoni, *La stanza della memoria. Modelli letterari e iconografici nell'età della stampa* (Torino: Einaudi, 1995).

che le tavole non possono restituire, la sinossi, aliena dalle artificiose prolissità dei sofisti e scarsamente ricettiva nei confronti di divagazioni e pleonasmi in quanto dominio esclusivo della logica, si mostra maggiormente funzionale all'insegnamento, poiché si limita alla nuda e semplice esposizione delle questioni nei loro termini essenziali. La schematizzazione offre, allora, una rappresentazione certamente meno elegante della persuasiva discorsività del testo originario, ma il difetto di squisitezza formale è ben compensato dalla sua maggiore comprensibilità[18].

3. Al ben poco noto medico catalano Loys Vasse, allievo di Dubois a Parigi, sembra spettare il merito di aver pubblicato il primo manuale di anatomia in forma schematica. Le sue *Tabulae* del 1540, stando a quanto l'autore sostiene nell'epistola introduttiva, sono originate dalla consuetudine privata di organizzare all'interno di diagrammi arboriformi ciò che, giovane neofita, andava imparando dallo studio del *De usu partium* galenico[19]. La lezione degli antichi si trova così a essere sottoposta al trattamento di frammentazione del testo in blocchi concettualmente coerenti, ai fini di una successiva ricomposizione del testo maggiormente adeguata alla memorizzazione. Al fondo di tale procedimento vi è la percezione che il modo in cui la fonte utilizzata ha sviluppato l'argomentazione non è sempre il più funzionale dal punto di vista logico e pedagogico[20].

L'insistenza di Vasse sull'origine domestica delle tavole schematiche ci avverte che siamo in presenza di un vero e proprio protocollo di lettura[21]: una pratica di lettura efficace deve essere in grado di operare una selezione nel corpus delle fonti disponibili per restituire alle nozioni che vi sono contenute piena fruibilità attraverso la loro sistematizzazione all'interno di strutture

---

18 T. Zwinger, *In artem medicinalem Galeni, tabulae et commentarii* [...] *Ex quibus medici, longae artis compendium, philosophi, cognitionem naturae in corpore humano, tanquam in microcosmo, logici denique, artificiosam ordinis definitivi dialysin, magna cum utilitate et facilitate haurire potuerunt* (Basilea, Giovanni Oporino, 1561), *epistola nuncupatoria.*

19 Loys Vasse, *In anatomen corporis humani, tabulae quatuor* (Parigi: Vivant Gaultherot, 1540).

20 Vasse, *In anatomen corporis humani, tabulae*, dedica: "Ab hac [anatomia] ad caeteras medicinae partes progressus, cum in eis pro ingenii nostri tenuitate versatus essem, ac de singulis commentarios mihi privatim confecissem, ut essent veluti memoriae subsidium: ad eandem redire statui, repetiturus exactius quae veluti in acervum a me congesta fuerant, et quasi novum studiorum initium facturus. Ordinem ergo, qui maxime necessarius est in formandis studiis, sequutus anatomen primum, quae fusissime a Galeno tractata est, in tabellas conieci, idem in aliis, cum per otium licebit, tentaturus". Il passo è discusso in Rinaldi, *Arte sinottica*, 53–89.

21 Cfr. Roger Chartier, "Du livre au lire," in *Pratiques de la lecture*, ed. Roger Chartier (Marseille: Payot et Rivages, 1993), 8.

grafiche chiare e semplici. Il dispendio di energie intellettuali richiesto dalla comprensione del testo deve essere bilanciato da forme di lettura sincopate, in grado di cogliere i nodi concettuali essenziali del discorso e di evitare una seconda immersione integrale nel testo.

L'efficacia del metodo avrebbe poi spinto l'autore, divenuto docente, ad applicarlo nella pratica didattica, trasferendo la schematizzazione prodotta in gioventù per scopi privati su grandi tavole parietali, attraverso le quali i suoi studenti avrebbero potuto ripercorrere e memorizzare quanto il maestro veniva man mano spiegando. Assistiamo, dunque, all'instaurarsi di un triplice movimento: dal testo antico allo schema di lettura ad uso personale, dallo schema alla tavola parietale e da questa alla stesura di un nuovo testo "in enchiridii formam"[22].

Il libro dell'anatomista catalano è costruito a partire da una specifica ed esclusiva tradizione testuale, vale a dire il corpus degli scritti galenici. Appare a questo punto interessante vedere come lo schema arboriforme sia in grado di trovare applicabilità anche nella trasmissione di tradizioni scientifiche alternative, o quantomeno non del tutto omogenee, alla lezione antica; in che modo, cioè, esso diventi funzionale all'affermazione e al consolidamento di quel percorso di rinnovamento disciplinare che ha in Vesalio il proprio riconosciuto iniziatore.

A percorrere tale strada è, ad esempio, il medico basileese Johann Jacob Wecker (1528–1586), autore di una raccolta straordinaria, per mole e coerenza formale, di schemi arboriformi dedicati alla repertoriazione delle conoscenze sull'intero corpo della medicina nelle sue tradizionali partizioni, teorica e pratica, a loro volta suddivise nelle diverse specialità (fisiologia, igiene, patologia, semeiotica, da un lato; dietetica, farmaceutica, chirurgia, dall'altro)[23]. Nell'impianto complessivo delle *Medicae sintaxes*, pubblicate in prima edizione nel 1562, le oltre quaranta pagine in-folio dedicate all'anatomia sono inserite all'interno della sezione fisiologica. Se le prime tavole sono dedicate al confronto sulle parti del corpo tra la descrizione galenica e le teorie arabe, il seguito è quasi esclusivamente costruito a partire dal testo della *Fabrica*

22 Lo afferma il curatore dell'edizione veneziana (Venezia: Vincenzo Valgrisi, 1549) Antonius Stupanus nell'epistola al lettore: "quas [tabulas] olim ipse reverendus Lodoicus studiosae iuventuti parietibus affigiendas fecerat, et modo in eorundem studiosorum iuvenum gratiam, ex usu parietum in enchiridii formam redactas".

23 Johann Jacob Wecker, *Medicae syntaxes medicinam universam ordine pulcherrimo complectentes, ex selectoribus medicis, tam Graecis quam Latinis et Arabibus collectae et concinnatae* (Basilea: Jacopo Parco, 1562). Cfr. Rinaldi, *Arte sinottica*, 65–117.

vesaliana[24]. La nuova anatomia si salda alle acquisizioni tradizionali, le integra o le soppianta ridisegnando i confini del sapere e gli spazi del corpo. I procedimenti di riduzione del testo originario non si discostano da quelli visti finora: Wecker procede allo smembramento dell'argomentazione di Vesalio distribuendo i blocchi testuali nelle caselle del diagramma senza apportarvi sostanziali variazioni, se non nelle strutture sintattiche.

La scomposizione weckeriana, insomma, riprende fedelmente e rimette in circolo il testo di Vesalio ma a un differente livello di fruizione; ne permette dunque una lettura più agevole e certamente più innocente, in quanto esso viene depurato dalla carica polemica originale: il sapere moderno – semplificato, riassunto e consegnato ai luoghi di uno schema esattamente come avviene per le conoscenze ricavate dalle autorità del passato – può così inserirsi senza sconci nel corpo delle acquisizioni consolidate, diventare patrimonio condiviso e funzionale all'addestramento professionale dei giovani medici.

Un ulteriore passaggio ci viene proposto dall'anatomista olandese Volcher Coiter, studente a Padova con Falloppia, a Roma con Eustachio, a Bologna con Aldrovandi e poi docente di chirurgia nell'ateneo felsineo e a Perugia, prima di essere costretto a riparare in terra riformata *religionis causa*[25]. Le agili raccolte di sinossi pubblicate da Coiter tra il 1564 e il 1566 sono interessanti non solo perché l'autore appartiene, per età e formazione, ad una generazione ormai ampiamente aderente al paradigma vesaliano, ma anche perché i blocchi testuali che compongono gli schemi sono arricchiti da un accurato sistema di rimandi interni che moltiplica gli accessi alle varie unità informative e ne amplifica l'utilità didattica[26]. Non basta: nella riedizione del 1572 delle tavole precedentemente pubblicate, Coiter aggiunge un consistente corpus di immagini anatomiche di evidente ispirazione vesaliana[27], e giustifica l'operazione con il richiamo alla necessità di produrre strumenti di formazione rispettosi della natura eminentemente visuale dell'anatomia, che privilegia lo sguardo rispetto alle parole, coniugando la nuda semplicità del disegno eseguito davanti ai reperti autoptici con la limpida chiarezza dello schema tratto da

---

24 Nell'edizione che si è qui tenuta presente (Basilea: Episcopio, 1582) gli schemi anatomici occupano le pagine 16–88.

25 Robert Herrlinger, *Volcher Coiter 1534–1576* (Norimberga: Edelmann, 1952), 50–3; Dorothy M. Schullian, "New Documents on Volcher Coiter," *Journal of the History of Medicine and Allied Sciences* 6 (1951): 176–94.

26 Volcher Coiter, *Tabulae externarum partium humani corporis, in quibus unaquaeque pars variis nominibus et etymologiis breviter, et dilucide explicatur* (Bologna: Alessandro Benacci, 1564); Volcher Coiter, *De ossibus, et cartilaginibus humani corporis tabulae* (Bologna: Giovanni Rossi, 1566).

27 Cfr. Herrlinger, *Volcher Coiter*, 74–83.

antiche e moderne *auctoritates* e l'efficacia espressiva della definizione *brevis et perspicua* fondata sul processo osservativo *propriis oculis*[28].

Ad insistere sulla necessità di creare dispositivi testuali in grado di saldare la sensuale potenza della suggestione visiva e la viva forza del rigore logico giungono nel 1583 le *tabulae methodicae de corporis humani structura et usu* del medico e anatomista svizzero Felix Platter, docente di medicina pratica a Basilea[29].

Platter desidera approdare ad una modalità di presentazione delle conquiste della ricerca anatomica che si fondi su quello che altrove ho chiamato "regime di visibilità assoluta"[30], ovvero la visualizzazione simultanea del corpo e del sapere sul corpo. L'opera del medico basileese – basata su un repertorio di fonti che annovera esclusivamente i testi di Vesalio, Colombo, Falloppia ed esclude programmaticamente ogni riferimento a Galeno e agli anatomisti antichi – è pensata per essere rilegata in due tomi separati: al volume di diagrammi arboriformi si accompagna il volume contenente il relativo apparato iconografico. La ragione di tale espediente – spiega l'autore – risiede nel desiderio di offrire al lettore l'opportunità di una consultazione dei disegni ritmata sulla lettura delle descrizioni contenute negli schemi, permettendo quindi il confronto e la verifica immediati tra quanto viene percepito dalla mente e ciò che viene percepito dallo sguardo[31].

Secondo Platter, gli schemi da soli non bastano a produrre una visualizzazione sufficientemente chiara dell'oggetto di studio, ma nemmeno le figure sono in grado autonomamente di fornire una conoscenza approfondita delle forme e delle funzioni del corpo. Solo mettendo insieme le due tipologie di comunicazione è possibile giungere a una rappresentazione compendiosa superiore a ogni forma di organizzazione testuale argomentativo-sequenziale e capace di guidare lo studente alla corretta acquisizione delle procedure della *anatomica administratio* (figg. 9.1–9.2). Le tavole di Platter, dunque, non fanno

28 Volcher Coiter, *Externarum et internarum principalium humani corporis partium tabulae, atque anatomicae exercitationes observationesque variae, novis, diversis, ac artificiosissimis figuris illustratae, philosophis, medicis, in primis autem anatomico studio addictis summe utiles* (Norimberga: Theodor Gerlatzen, 1572), epistola al lettore, che ho visto nell'emissione del 1573. Cfr. Rinaldi, *Arte sinottica*, 118–28.

29 Thomas Platter, *Felix Platter, Thomas und Felix Platter, zwei Autobiographien*, ed. Daniel Albert Fechter (Basilea: Seul e Mast, 1840); Emmanuel Le Roy Ladurie, *Le siècle des Platter* (Paris: Fayard, 1995).

30 Rinaldi, *Arte sinottica*, 15.

31 Felix Platter, *De corporis humani structura et usu Felicis Plateri Bas. medici antecessoris libri III, tabulis methodice explicati, iconibus accurate illustrati* (Basilea: Ambrose Froeben, 1583).

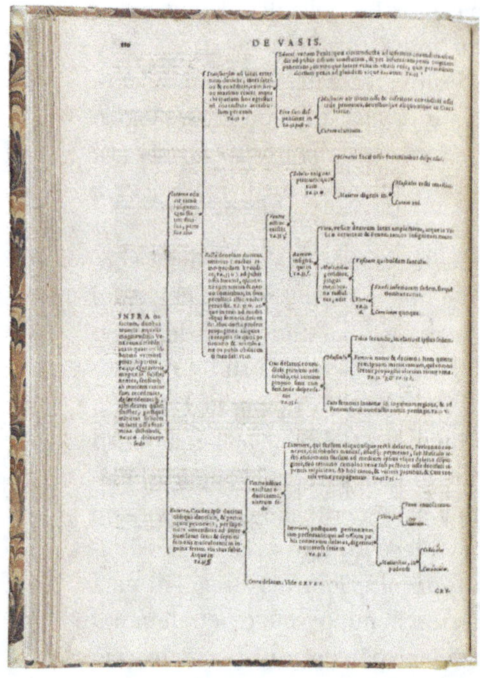
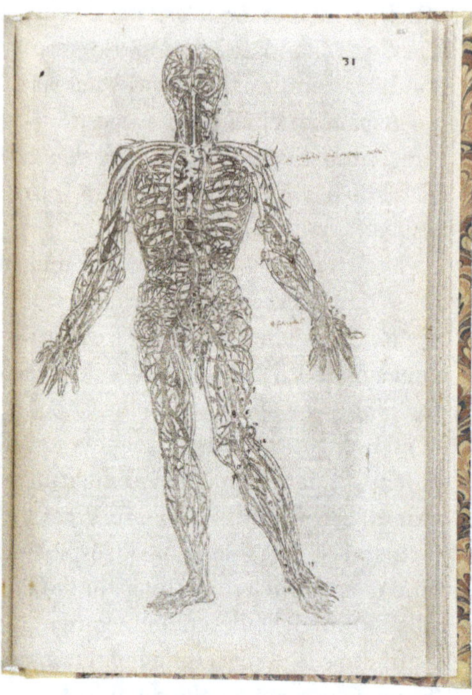

FIGURE 9.1 E 9.2 Felix Platter, *De corporis humani structura et usu*, Ex Officina Frobeniana, per Ambrosium Frobenium, 1583, l. I, p. 110 e l. III, tab. 31

altro che rendere immediatamente percepibile l'ordine razionale scandito dalle tappe di appropriazione del sapere sul corpo, rafforzato e confermato dal simultaneo riscontro offerto dalle immagini[32].

Di rilievo è anche l'operazione compiuta da Barthélemy Cabrol, chirurgo reale e dissettore a Montpellier fortemente impegnato nell'elaborazione di

32 Platter, *De corporis humani structura et usu*, epistola al lettore: "Eoque magis, cum commodissimo doctrinae genere, per bimembram divisionem res explicando (quae docendi ratio semper mihi prae coeteris ad res intelligendas aptior visa est, sed quam facilius reprehendere quam imitari liceat) hic usus sum, eaque corpus humanum in sua membra, veluti per anatomicam analysin, dissecuerim, eandemque rursum per philosophica genesin in unum composuerim, singularumque non tantum formam, sed et usum pari ratione exposuerim. [...] Separatim autem icones in hoc libro excudi fecimus, ut si ita usum fuerit, separatim liber hic compingi, et sic lectioni prioris partis commodius adhiberi queat, nec sit necesse (quod si singulis locis suas figuras adiecissem, accidisset) ad cuiuslibet loci notitiam toties librum evolvere. [...] Cum variam illam singularum partium formam, quam exposuimus, difficile sit citra inspectionem mente concipere, rariusque se humani corporis sectio offerat: icones sequentes, qui nobis ea quae illic describuntur, ob oculos ponant, hic subiicere volui".

diverse strategie di trasmissione e divulgazione del sapere medico (sua, ad esempio, è l'epistola apologetica premessa alla seconda parte degli *Erreurs populaires* di Joubert), il quale fa uscire nel 1594 un elegante in-quarto intitolato *Alphabet anatomic*[33]. Si tratta di un'agile raccolta di tavole sinottiche che riprendono materiali di autori come Platter, Du Laurens, Paré (peraltro mai citati), riorganizzati secondo l'ordine della dissezione[34], convertiti in forma diagrammatica e, ove il caso, sottoposti a una attenta procedura di traduzione dal latino al francese. Il testo avrà una larga diffusione e, come testimoniano le numerose edizioni successive, diventerà uno dei manuali per chirurghi di più duraturo successo fino alla seconda metà del '600[35]. Nella lettera al lettore, Cabrol si sofferma sulle infinite controversie che agitano la medicina, la cui origine risiede – a suo dire – nella insufficiente intelligenza dell'anatomia del corpo umano, vero fondamento di tutto il sapere medico. Per tale ragione, risulta quanto mai necessario approntare dei mezzi di trasmissione delle nozioni che permettano ai giovani discenti di far fronte alla complessità della materia. Le tavole sinottiche rispondono a questa esigenza: grazie ad esse gli aspiranti medici e chirurghi potranno facilmente impadronirsi delle conoscenze necessarie e conservarle più a lungo nella memoria. Certo, prosegue Cabrol, gli schemi non sembrano poter aggiungere "rien de nouveau" a quanto detto con ben altra profondità da tanti altri autori, in quanto si limitano a riordinare conoscenze già assodate[36]; ma l'importanza della riconfigurazione sinottica va cercata altrove, sul fronte, cioè, della sua rilevanza culturale,

---

33 Barthélemy Cabrol, *Alphabet anatomic auquel est contenue l'explication exacte des parties du corps humain, reduits en tables selon l'ordre de la dissection ordinaire* (Tournon: C. Michel et G. Linocier, 1594). Su Cabrol si veda il *Dictionnaire des sciences médicales. Biographie médical* (Paris: Panckoucke, 1821), 108–9. La lettera in difesa di Joubert si può leggere in Laurent Joubert, *La premiere et la seconde partie des erreurs populaires et propos voulgaires touchant la medicine et le regime de santé* (Paris: Claude Micard, 1579).

34 La scelta di adeguare la struttura del manuale all'ordine della dimostrazione anatomica, rinunciando alla 'logica compositiva' che si va affermando nella letteratura anatomica a partire dai sette libri *De naturali parte medicinae* di Jean Fernel (Paris: S. de Colines, 1542) costituisce di per sé una indicazione già altamente prescrittiva sugli usi del testo. Sulla questione, fondamentali le pagine di Rafael Mandressi, *Le régard de l'anatomiste. Dissection et invention du corps en Occident* (Paris: Seuil, 2003), 118–32.

35 Ho potuto vedere le seguenti: Génève et Montpellier: F. Chouet, 1603; Lion: Pierre Rigaud, 1614; Génève: P. et J. Chouet, 1624; in *Collegium anatomicum* (Hanovia: Le Blon, 1654, e Francoforte, H. a Sande, 1668); tr. olandese: *Ontleedingh des menschelychen lichaems* (Amsterdam: H. Laurentsz, 1633 e 1648); tr. latina: *Alphabeton anatomikon, hoc est Anatomes elenchus* (Génève: I. Chouet, 1604). Il Panckoucke dà notizia di altre due edizioni: Lione 1624, in francese, e Montpellier 1606, in latino, di cui non ho potuto avere riscontro.

36 Cabrol, *Alphabet anatomic*, "Au lecteur".

piuttosto che scientifica: consentendo l'acquisizione salda e completa dell'anatomia attraverso l'armonizzazione di tutto quello che si può sparsamente trovare "dans le labyrinth d'un million d'autheurs", le tavole sinottiche parlano anche a chi non ha gli strumenti per penetrare nelle articolate riflessioni teoretiche della tradizione testuale antica e moderna, e permettono la circolazione di quei saperi a differenti livelli sociali e professionali[37].

4. Gli schemi di anatomia godranno ancora di una lunga fortuna: dopo l'esperienza di Platter, molti altri medici e docenti si impegneranno nella produzione di tavole diagrammatiche arboriformi per presentare "metodicamente" i contenuti del sapere disciplinare, come Carl Ludwig Welsch o Lorenz Heister[38]; fino ad arrivare al cuore dell'Ottocento, con il polemico radicalismo di sapore saintsimoniano del celebre fisiologo francese Jean-Baptiste Sarlandrière, il quale, nel presentare come una novità la sua riduzione tabellare di tutto il sapere anatomico necessario alla conoscenza del corpo umano, ribadirà l'efficacia di un metodo che avrebbe consentito "a tutti coloro che danno più importanza alle cose che alle parole" di saltare l'inutile ed estenuante mediazione dell'artificio retorico per avere immediatamente sotto lo sguardo solo il nudo dato scientifico[39].

I pochi esempi presentati, tuttavia, consentono di trarre alcune approssimative conclusioni: in primo luogo, mi pare che il processo di normalizzazione del nuovo paradigma della ricerca anatomica cinquecentesca non passi esclusivamente per la diffusione, pur rapidissima e assai larga, del capolavoro vesaliano: come ha sottolineato Vivian Nutton[40], gli alti costi della *Fabrica* ne limitavano pregiudizialmente la circolazione all'interno del corpo accademico o degli ambienti cortigiani, costringendo gli studenti a rivolgersi alle scarne descrizioni anatomiche dell'*Epitome* o al profluvio di rifacimenti più o meno dignitosi che uscirono nei decenni successivi dalle tipografie di tutta Europa[41]. Riproduzioni, riscritture o plagi che tuttavia non riguardarono solo l'apparato

---

37 Rinaldi, *Arte sinottica*, 154–157.

38 *Tabulae anatomicae LXI universam corporis fabricam perspicue ac succincte exhibentes* (Lipsia: Martin Theodoror Heybey, 1698); Lorenz Heister, *Compendium anatomicum totam rem anatomicam brevissime complectens* (Altdorf e Norimberga: Iodocus Wihlelm Kohlesii e Georg Christoph Weber, 1727).

39 Jean-Baptiste Sarlandrière, *Anatomie méthodique ou organographie humaine, en tableaux synoptiques avec figures. A l'usage des universités* (Parigi: presso l'autore, 1829), *Indicatione preliminaire*. Cfr. Rinaldi, *Arte sinottica*, 174–75.

40 Vivian Nutton, "Representation and memory in Renaissance anatomical illustration," in *Immagini per conoscere. Dal Rinascimento alla Rivoluzione scientifica*, eds. Fabrizio Meroi, e Claudio Pogliano (Firenze: Leo Olschki, 2001), 74.

41 Su cui si veda Carlino, *Paper bodies*.

iconografico dell'originale, riprodotto, integrato, corrotto in base alle più varie esigenze didattiche, scientifiche e commerciali: gli schemi sinottici dimostrano che anche i contenuti meramente testuali dell'opera, svincolati dunque dalla potente suggestione pittorica che ebbe un ruolo così importante nella loro affermazione, trovarono percorsi di diffusione capaci di prescindere dal contesto discorsivo in cui erano stati originariamente pensati e generati.

In secondo luogo, gli esempi a cui si è fatto riferimento sembrano testimoniare che la soluzione diagrammatica, nel proporre in forma tabellare ora i contenuti delle ricerche anatomiche del passato, ora i risultati della moderna pratica dissettoria, contribuisca a ridurre il coefficiente eversivo delle teorie vesaliane, favorendone un'integrazione sempre meno traumatica nel corpo del sapere accettato e condiviso. Vale a dire: le soluzioni testuali impiegate nella comunicazione didattica, le forme materiali utilizzate nell'esposizione delle conoscenze, i processi intellettuali di inventariazione delle nozioni agiscono sulla natura stessa dei contenuti e sulle modalità della loro appropriazione, ricordandoci una volta di più che – come avverte Chartier – "un testo è investito di un significato nuovo allorché cambiano i dispositivi che lo propongono all'interpretazione"[42].

Bibliografia

Agrippa von Nettesheim, Heinrich Cornelius. *De incertitudine et vanitate scientiarum declamatio invectiva.* S.l: s.t., 1537.

Argenterio, Giovanni. *Varia opera de re medica.* Firenze: Lorenzo Torrentino, 1550.

Aristotele. *De anima.* Edited by William David Ross. Oxford: Oxford University Press, 1956.

Aristotele. *Metaphisica.* Edited by William David Ross. Oxford: Clarendon Press, 1924.

Boezio, Anicio Manlio Severino. *Opera.* Turnholt 1957–1999.

Bolzoni, Lina. *La stanza della memoria. Modelli letterari e iconografici nell'età della stampa.* Torino: Einaudi, 1995.

Burke, Peter. *L'arte della conversazione.* Traduzione di Andrea Tuveri. Bologna: Il Mulino, 1997.

Cabrol, Barthélemy. *Alphabet anatomic auquel est contenue l'explication exacte des parties du corps humain, reduits en tables selon l'ordre de la dissection ordinaire.* Tournon: C. Michel et G. Linocier, 1594; Génève et Montpellier: F. Chouet, 1603; Lion: Pierre Rigaud, 1614; Génève: P. et J. Chouet, 1624; in *Collegium anatomicum.* Hanovia:

42 Chartier, *L'ordine dei libri*, 17.

Le Blon, 1654, e Francoforte, H. a Sande, 1668; tr. olandese: *Ontleedingh des menschelychen lichaems*. Amsterdam: H. Laurentsz, 1633 e 1648; tr. latina: *Alphabeton anatomikon, hoc est Anatomes elenchus*. Génève: I. Chouet, 1604.

Cardano, Girolamo. *De subtilitate*. Lione: Barthelémy Honorat, 1580.

Carlino, Andrea. "Afflizione e scetticismo: Montaigne e la letteratura *contra medicos.*" *Medicina nei secoli* 142, 2 (2002): 479–97.

Carlino, Andrea. "Petrarch and the early modern critics of medicine." *Journal of Medieval and Early Modern Studies* 35 (2005): 559–582.

Carlino, Andrea. *Paper Bodies. A Catalogue of Anatomical Fugitive Sheets 1538–1687*. Translated by Noga Arika. London: Wellcome Institute for the History of Medicine, 1999.

Chartier, Roger. "Biblioteche senza pareti." In Roger Chartier, *L'ordine dei libri*. Traduzione di Margherita Botto. Milano: Il Saggiatore, 1994, 75–101.

Chartier, Roger. "*Du livre au lire.*" In *Pratiques de la lecture*, edited by Roger Chartier, 81–118. Marseille: Payot et Rivages, 2003.

Cicerone, Marco Tullio. *Topica*. Edited by Tobias Reinhardt. Oxford: Oxford University Press, 2003.

Coiter, Volcher. *De ossibus, et cartilaginibus humani corporis tabulae*. Bologna: Giovanni Rossi, 1566.

Coiter, Volcher. *Tabulae externarum partium humani corporis, in quibus unaquaeque pars variis nominibus et etymologiis breviter, et dilucide explicatur*. Bologna: Alessandro Benacci, 1564.

Coiter, Volcher. *Externarum et internarum principalium humani corporis partium tabulae, atque anatomicae exercitationes observationesque variae, novis, diversis, ac artificiosissimis figuris illustratae, philosophis, medicis, in primis autem anatomico studio addictis summe utiles*. Norimberga: Theodor Gerlatzen, 1572; 1573.

Dictionnaire des sciences médicales. Biographie médical. Paris: Panckoucke, 1821, s.v. Cabrol, Barthélemy, 108–9.

Fernel, Jean. *De naturali parte medicinae*. Paris: S. de Colines, 1542.

Ferretto, Silvia, *Maestri per il metodo di trattaer le cose. Bassiano Lando, Giovan Battista da Monte e la scienza della medicina nel XVI secolo*. Padova: Cleup, 2012.

Floridi, Luciano. "The Diffusion of Sextus Empiricus' Works in the Renaissance." *Journal of the history of ideas* 56, no. 1 (January 1995): 63–85.

Fransen, Sietske. "Objects, drawings and texts as tools of persuasion: the interactions of three Dutch microscopists with the Royal Society around 1670." *Notes and Records: the Royal Society Journal of the History of Science*, https://doi.org/10.1098/rsnr.20240045 (2025).

Fuchs, Leonhart. *De humani corporis fabrica epitomes*. Lione: Jean Frellon, 1551.

Garcia Hourcade, Juan Luis – Moreno Yuste, Juan Manuel, ed. *Andrés Laguna: humanismo, ciencia y política en la Europa renacentista*. Valladolid: Consejería de Educación y Cultura, 2001.

Guinther, Johan, *Institutionum anatomicarum secundum Galeni sententiam ad candidatos medicinae libri quatuor*. Basilea: Lasius e Platter, 1536.

Heister, Lorenz. *Compendium anatomicum totam rem anatomicam brevissime complectens*. Altdorf e Norimberga: Iodocus Wilhelm Kohlesii e Georg Christoph Weber, 1727.

Herrlinger, Robert. *Volcker Coiter 1534–1576*. Norimberga: Edelmann, 1952.

Hill, Christopher. "The medical profession and its radical critics." In *Change and Continuity in Seventeenth-Century England*, edited by Christopher Hill, 157–78. New Haven: Yale University Press, 1991.

Joubert, Laurent. *La premiere et la seconde partie des erreurs populaires et propos voulgaires touchant la medicine et le regime de santé*. Paris: Claude Micard, 1579.

Kusukawa, Sachiko. *The transformation of natural philosophy. The case of Philip Melancthon*. Cambridge: Cambridge University Press, 1995.

Kusukawa, Sachiko. "Introduction to Making Visible: The Visual and Graphic Practices of the Early Royal Society." *Perspectives on Science* 27/3 (2019): 345–349.

Laguna, Andres de. *Epitomes omnium Galeni Pergameni operum*. Lione: Guillaume Rouille, 1553.

Le Roy Ladurie, Emmanuel. *Le siècle des Platter*. Parigi: Fayard, 1995.

Leibniz, Gottfried Wilhelm. *Precepts for advancing the sciences and arts*, edited by Philip Wiener. New York: Charles Scribner'sons, 1951.

Maclean, Ian. "Logical Division and Visual Dichotomies: Ramus in the Context of Renaissance Legal and Medical Writing." In *The Influence of Petrus Ramus. Studies in Sixteenth and Seventeenth Century Philosophy and Science*, edited by Mordechai Feingold, Joseph S. Freedman e Wolfgang Rother, 229–249. Basilea, Swhabe Philosophica, 2001.

Mancini, Roberto. *La lingua degli dei. Il silenzio dall'Antichità al Rinascimento*. Vicenza: Angelo Colla, 2008.

Mandressi, Rafael. *Le régard de l'anatomiste. Dissection et invention du corps en Occident*. Paris: Seuil, 2003.

Mandressi, Rafael. "Dividere per conoscere. La 'parte' come concetto nel pensiero anatomico in Età Moderna." In *Anatome. Sezione, raffigurazione e scomposizione del corpo fra Medioevo e Età moderna*, a cura di Giuseppe Olmi e Claudia Pancino, 117–35. Bologna: Bononia University Press, 2012.

Mercier, Louis-Sébastien. *L'an 2440. Rêve s'il en fuit jamais*, edited by R. Trousson. Bordeaux: Ducros, 1971.

Nash, Walter. *Jargon. Its Use and Abuse*. Oxford: Blackwell, 1993.

Nutton, Vivian. "Representation and memory in Renaissance anatomical illustration." In *Immagini per conoscere. Dal Rinascimento alla Rivoluzione scientifica*, a cura di Fabrizio Meroi, 61–80. Claudio Pogliano. Firenze: Leo Olschki, 2001.

Pardo Tomás, Josè. "Andrés Laguna y la medicina europea del Rinascimiento," *Actas de la Fundacion Canaria Orotava de Historia de la Ciencia* 11–12 (2001): 45–67.

Pender, Stephen. "Examples and Experience: the Uncertainty of Medicine." *British Journal for the History of Science* 39, no. 1 (2006): 1–28.

Platone. *Opera*, edited by John Burnet. Oxford: Clarendon, 1863–1928.

Platter, Felix. *De corporis humani structura et usu Felicis Plateri Bas. medici antecessoris libri III, tabulis methodice explicati, iconibus accurate illustrati*. Basilea: Ambros Froeben, 1583.

Platter, Thomas e Platter, Felix. *Thomas und Felix Platter, zwei Autobiographien*, edited by Daniel Albert Fechter. Basilea: Seul e Mast, 1840.

Popkin, Richard H. *Storia dello scetticismo antico*. Milano: Mondadori, 2000.

Quintiliano, Marco Fabio. *Institutio oratoria*, a cura di Rino Faranda. Torino: Utet, 1968.

Rinaldi, Massimo. "*Ars muta*. Etica del silenzio, disciplina della parola e un verso di Virgilio nella medicina del Seicento," *Studi filosofici* 40 (2017): 71–95.

Rinaldi, Massimo. "Divulgazione e formazione nella cultura medica del Settecento: il Dizionario di Robert James." In *Locating Subjects/Soggetti e saperi in formazione. Identità e differenza tra premoderno e tarda modernità*, a cura di Marilena Parlati, Eleonora Federici e Manuela Coppola, 41–59. Roma: Aracne, 2009.

Rinaldi, Massimo. "*Perspicuitas* ed *evidentia* nella letteratura medica e anatomica dell'età moderna." In *Anatome. Sezione, raffigurazione e scomposizione del corpo fra Medioevo e Età moderna*, a cura di Giuseppe Olmi e Claudia Pancino, 45–57. Bologna: Bononia University Press, 2012.

Rinaldi, Massimo, *Arte sinottica e visualizzazione del sapere nell'anatomia del Cinquecento*. Bari: Cacucci, 2008.

Rosenberg, Daniel. "Early modern information overload." *Journal of the history of ideas* 64, no. 1 (January 2003): 1–9.

Sarlandrière, Jean-Baptiste. *Anatomie méthodique ou organographie humaine, en tableaux synoptiques avec figures. A l'usage des universités*. Parigi: presso l'autore, 1829.

Schleiner, Winfried, *Medical Ethics in the Renaissance*. Washington, D.C.: Georgetown University Press, 1995.

Schullian, Dorothy M. "New Documents on Volcher Coiter." *Journal of the History of Medicine and Allied Sciences* 6 (1951): 176–194.

Serrapica, Salvatore. *Per una teoria dell'incertezza tra filosofia e medicina. Studio su Leonardo di Capua (1617–1695)*. Napoli: Liguori, 2003.

Siraisi, Nancy G. "Giovanni Argenterio and sixteenth-century medical innovation. Between princely patronage and academic controversy." *Osiris* 6, s. II (1990): 161–80.

Siraisi, Nancy G. "Renaissance Critiques of Medicine, Physiology, and Anatomy." In Nancy G. Siraisi. *Medicine and the Italian Universities 1250–1600*, 184–202. Boston-Leiden-Köln: Brill, 2001.

Spolsky, Ellen. *Satisfying Skepticism: Embodied Knowledge in the Early Modern World*. Aldershot: Ashgate, 2001.

Starobinski, Jean. *Montaigne. Il paradosso dell'apparenza*. Traduzione di Mario Musacchio. Bologna: Il Mulino, 1984.

Vasse, Loys. *In anatomen corporis humani, tabulae quatuor*. Parigi, Vivant Gaultherot, 1540.

Vasse, Loys. *In anatomen corporis humani, tabulae quatuor*. Venezia: Vincenzo Valgrisi, 1549.

Vegetti, Mario. *Tra Edipo e Euclide. Forme del sapere antico*. Milano: Il Saggiatore, 1983.

Viano, A. Carlo. "Lo scetticismo antico e la medicina." In *Lo scetticismo antico*, a cura di Gabriele Giannantoni, 563–656. Napoli: Bibliopolis, 1981.

Wecker, Johan Jacob. *Medicae syntaxes medicinam universam ordine pulcherrimo complectentes, ex selectoribus medicis, tam Graecis quam Latinis et Arabibus collectae et concinnatae*. Basilea: Episcopio, 1582.

Wecker, Johann Jacob. *Medicae syntaxes medicinam universam ordine pulcherrimo complectentes, ex selectoribus medicis, tam Graecis quam Latinis et Arabibus collectae et concinnatae*. Basilea: Jacopo Parco, 1562.

Welsch, Christian Ludwig. *Tabulae anatomicae* LXI *universam corporis fabricam perspicue ac succincte exhibentes*. Lipsia: Martin Theodor Heybey, 1698.

Zambelli, Paola. "A proposito del *De vanitate scientiarum et artium* di Cornelio Agrippa." *Rivista critica di storia della filosofia* 2 (1960), 166–80.

Zwinger, Thomas. *In artem medicinalem Galeni, tabulae et commentarii* [...] *Ex quibus medici, longae artis compendium, philosophi, cognitionem naturae in corpore humano, tanquam in microcosmo, logici denique, artificiosam ordinis definitivi dialysin, magna cum utilitate et facilitate haurire potuerunt*. Basilea: Giovanni Oporino, 1561.

PART 4

Poetics and Rhetorics of Anatomy

∴

Introduzione alla Parte 4

Linda Bisello

Uno degli assunti del volume è che l'anatomia non solo ha costruito una sua "Civiltà", esportando un metodo e un modo di vedere in ogni forma della cultura; ma anche che istanze extrascientifiche – siano etiche, estetiche, religiose – hanno agito a loro volta sul pensarsi stesso della medicina, e nello specifico sull'anatomia. Nella prima età moderna, in sintesi, l'anatomia diviene un «un mito culturale [che] ingloba la stessa teoria medica» (La Vergata, 1993).

Uno scenario di questo genere si verifica quando interviene, prima ancora della causa medica, la giustificazione filosofica nella ricerca delle cause nascoste di un male, che è fatto dipendere dalla necessità di conoscere se stessi, nell'interiorità più profonda. Come ricorda Martin Kemp, il principio *nosce te ipsum* «could stand as the emblematic justification for the production of virtually every image […] during the humanist medicine, to justify the dissections performed by the anatomists» (Kemp 2000). Un'altra prova dell'imporsi dell'anatomia moralizzata su quella scientifica è il frontespizio dell'opera di Giulio Cesare Casseri, *Tabulae anatomicae* (1627), dove l'allegoria dell'anatomia si presenta con uno specchio in mano e il bisturi, segno della *sui cognitio* attraverso la dissezione dell'interiorità. Questa funzione "riflessiva" dell'anatomia (il rispecchiamento della propria immagine nell'altro, cfr. Lassek 1958), che trova il suo vertice nella letteratura e nell'arte barocca, viene tuttavia rovesciata da una diversa postura assunta più tardi da anatomisti quali Lancisi e Morgagni. Come osserva Maria Pia Donato, nelle relazioni delle loro autopsie essi adottano una retorica che "mette a distanza", oggettiva il cadavere, mostrandolo in tutta la sua alterità, a volte nella sua abiezione morale, sulla base di differenze sociali che rivelano, anche nell'esercizio del sapere/potere medico, inevitabili rapporti di forza.

Letteratura e mito danno, in sintesi, identità e rendono riconoscibile l'attività scientifica, anche nel più tardo caso del pietrificatore Girolamo Segato, studiato da Sofia Bollini.

Il ruolo del preparato anatomico nell'Ottocento viene storicamente inquadrato da Bollini come portato di un'epoca in genere propensa, per ragioni civili, alla conservazione e alla musealizzazione dei reperti (Carli 2004), ma non meno sul piano scientifico i preparati anatomici rappresentano uno strumento didattico crescente per la formazione dei futuri medici. Segato non solo diventa un personaggio letterario, ma viene raffigurato nel monumento funebre di Santa Croce come la Medusa, grazie alla forza di condensazione simbolica del mito.

Nei generi letterari l'anatomia viene declinata variamente, come ricostruisce Maria Di Maro in una disamina di testi fino a oggi poco perlustrati dalla critica, su tutti il poema didascalico e la lirica italiana del Sei e primo Settecento. In particolare, nella lirica erede di Marino, l'immaginario anatomico, la dimensione visuale (si pensi alla descrizione al microscopio di enti di natura) sono usati come strumento per descrivere la realtà, oppure, come per Federico Meninni, il fatto scientifico diventa spunto per un'anatomia moralizzata.

10

Forme e usi della topica anatomica nella produzione in versi del XVII secolo: prime indagini

Maria Di Maro

In una lunga orazione pronunciata in occasione dell'inaugurazione del teatro anatomico di Venezia nel 1671, Iacopo Grandi tesse gli elogi di questo luogo "onde si apprendono i principi del vero sapere"[1] e insiste a più riprese sulla centralità dello sguardo nella pratica autoptica e sull'impiego del suo paradigma in tutti i campi del sapere. L'anatomia, infatti, "abbraccia il gran circolo di tutte le scienze"[2] perché:

> dall'Anotomia prende la Logica l'arte delle buone divisioni; la Fisica il modo di ritrovare il principio del moto e le cagioni delle meteore [...] dalla cognizione del corpo umano imparò la Geometria le sue misure, l'Aritmetica le forme de' numeri, la Meccanica gli ordigni delle sue macchine, e la Statica l'invenzione de' pesi. [...] dalle proporzioni degli ossi apprese la simmetria de' suoi cinque ordini l'Architettura civile; il come assicurare le fortezze la militare, e su che fondamenti edificar la nautica i suoi vascelli. [...] dal numero de' venti e delle viscere principali del corpo raccolse l'Astronomia, quello de' cieli e de' pianeti, e l'Astrologia il dominio de' segni celesti su caduna parte dell'uomo. [...] dalle diversità delle parti dell'occhio investigò l'Optica le regole delle refrazioni; [...] dalla visibile figura dell'orecchio compose la Musica l'invisibile figura del suono. [...] dall'armonia e uffizio delle parti del corpo umano trasse la Politica il fondamento delle leggi civili, l'origine sua la Medicina e la Teologia le più convincenti prove per dimostrar l'onnipotenza della mano divina[3].

1 Iacopo Grandi, *Orazione nell'aprirsi il nuovo Teatro di Anatomia in Venezia il giorno 11 febraro 1671* (Giuliani: Venezia, 1671), 8.

2 Grandi, *Orazione*, 17.

3 Grandi, *Orazione*, 17–18.

Se la descrizione di questa "'archi-anatomia' generativa"[4] esemplifica il suo uso come "heuristic tool"[5], come paradigma conoscitivo, euristico e interpretativo di un'epoca[6], e chiarisce la proliferazione del genere delle 'anatomie letterarie' nel XVII secolo[7], nelle pagine successive, poi, l'elogio della pratica autoptica sottolinea il legame tra questo strumento e il senso della vista:

> Era noto agli uomini scevri dal volgo che l'anotomia (così appunto la chiama Galeno) è l'*occhio della medicina* che senza l'aiuto di quella invano cerca i rimedi dei mali. Si accorgevano i purgatissimi ingegni de' nobili che il corpo umano è un oriuolo da ruota che giustamente, muovendosi mercé degli interni ordigni delle parti vitali l'ore della vita e la regolata circolazione del sangue da cui pende la sanità del corpo vivente, mostra nelle battute del polso e che disgiustato che sia e sregolato il suo battere ad aggiustarlo *vi vogliono artefici che benissimo sappiano il numero, la figura, l'uso e il sito delle parti che lo compongono*. Consideravano i dotti che essendo il corpo umano l'abitazione dell'anima non si può riparare e tener concia in colmo *se non si sa la positura delle sue parti* e, che per

4 Linda Bisello, Sofia Bollini, Imma Iaccarino, Margherita Schellino, "La 'Biblioteca anatomica' (1552–1699): consistenza e ragioni di un corpus. Un repertorio di testi del Seicento italiano tra medicina e letteratura", *Museo Galileo*, (2025, in pubblicazione).

5 Jonathan Sawday, *The body emblazoned. Dissection and the human body in Renaissance culture* (London: Routledge, 1995), IX.

6 Sulla pervasività del paradigma anatomico in età moderna si vedano almeno Andrea Carlino, *La fabbrica del corpo. Libri e dissezione nel Rinascimento* (Torino: Einaudi, 1994); id., "Opacità e contemplazione. Visioni del corpo anatomico nella medicina della prima metà del Cinquecento," in *Le corps transparent*, a cura di Victor I. Stoichita (Roma: L'Erma di Bretschneider, 2013), 37–50; Jonathan Sawday, *The body emblazoned*; Andrew Cunningham, *The anatomical Renaissance* (Brookfield: Scolar Press, 1997); Rafael Mandressi, *Le regard de l'anatomiste: dissections et invention du corps en occident* (Paris: Editions du Seuil, 2003); Linda Bisello, "'Intus et extra idem': l'anatomia morale nella letteratura italiana moderna," *Lettere italiane* 68, no. 1 (2016): 3–41; ead., "The 'Civilization of Anatomy': the reception of anatomical knowledge," *Intersezioni*, XLII, 1 (2022): 5–24; ead., "Osservare e curare. Autopsia e salute del vivente tra letteratura e medicina nella prima età moderna," in *Il racconto della malattia. Intersezioni tra letteratura e medicina*, a cura di Daniela De Liso, Valeria Merola e Sebastiano Valerio (Brussels: Peter Lang, 2023), 65–78; ead., "'L'occhio della medicina': l'anatomia come strumento euristico nella cultura della prima età moderna," in *Letteratura e medicina*, a cura di Maria Di Maro e Valeria Merola (Pisa: ETS, 2023), 59–76.

7 Sulle anatomie letterarie cfr. Louis Van Delft, "Littérature / Anatomie," in *Testo letterario e sapere scientifico*, a cura di Carmelina Imbroscio (Bologna: CLUEB, 2003), 146–69; Louis Van Delft, *Frammento e anatomia. Rivoluzione scientifica e creazione letteraria* (Bologna: Il Mulino, 2004); Erminia Ardissino, "Anatomia e letteratura nel primo Seicento," in *Studi per Gian Paolo Marchi*, a cura di Raffaella Bertazzoli, Fabio Forner, Paolo Pellegrini e Corrado Viola (Pisa: ETS, 2011), 93–107; Bisello, "The 'Civilization of Anatomy'"; ead., "Osservare e curare".

> difendere la piazza reale dell'uomo dagli insulsi ostili dei mali che l'assaltano, *è necessario averne sotto gli occhi la pianta, saperne la grandezza e la forma per considerare i siti più esposti al pericolo*[8].

Dopo la rivoluzione scientifica, la vista "assume una funzione assai più intellettuale, gnoseologica e quantitativa"[9], facendosi veicolo di una nuova epistemologia applicata a tutti i campi del sapere: l'occhio è uno strumento ermeneutico utile per l'interpretazione dei fenomeni naturali e per la comprensione della "fabbrica umana". Infatti, Grandi sottolinea il contributo fornito dall'anatomia agli studi medici, l'importanza di guardare nei corpi e analizzare gli "interni ordigni delle parti vitali" per capire come aggiustare la macchina rotta e, infine, riconoscere sempre grazie a questo sguardo interno e divisivo i "siti più esposti al pericolo", alle malattie sia fisiche sia morali.

Queste qualità richiamate dal Grandi pervadono non solo le 'anatomie letterarie', ma rappresentano anche alcune tendenze tematiche della lirica barocca italiana che aggiunge questo sapere all'elenco delle materie poetabili, in un momento della storia della poesia in cui "la spettrografia dei temi si estende a dimensioni inclusive"[10]. Del resto, un ulteriore tassello per definire la diffusione e la fortuna dell'anatomia e del sapere ad essa connesso in età moderna è costituito proprio dalla produzione in versi; una produzione ancora priva di studi sistematici utili sia per ricostruire un quadro complessivo sull'argomento sia per definire gli scambi tematici e di metodo tra i due campi del sapere. Pertanto, queste pagine, senza pretese di esaustività, si propongono di tracciare gli usi della topica anatomica nella poesia italiana del XVII secolo e, offrendo una prospettiva di indagine poco esplorata[11], tratteggiare di sbieco la

---

8 Grandi, *Orazione*, 21–22; corsivo mio.

9 Ezio Raimondi, "Verso il realismo," in *Il romanzo senza idillio* (Torino: Einaudi, 1974), 3. Sulla centralità della vista nel XVII secolo si veda anche Andrea Battistini, "Da Argo alla lince: potere della vista e mondo naturale nella cultura scientifica del Seicento," *Studia Borromaica: saggi e documenti di storia religiosa e civile della prima età moderna*, 30 (2017): 241–59.

10 Andrea Battistini, "Caos semantico e tassonomie verbali nella poesia barocca," *Seicento e Settecento: rivista di letteratura italiana* XIV (2019): 19.

11 L'analisi della materia medico-anatomica in versi è stata affrontata per la prima volta da Andrea Cristiani in uno studio fondativo per questo campo di indagine. Nel saggio sono esaminati sette poemi didascalici sull'anatomia e fisiologia del corpo umano: Andrea Cristiani, "'... altri su gli egri suda con argomenti che non seppe Coo'. La medicina in versi tra Barocco e Illuminismo," in *Esortazioni alle storie. Atti del Convegno Parlano un suon che attenta Europa ascolta: poeti, scienziati, cittadini nell'ateneo pavese tra riforme e rivoluzione. Università di Pavia, 13–15 dicembre 2000*, a cura di Angelo Stella e Gianfranca Lavezzi (Pavia: Istituto editoriale Cisalpino, 2001), 155–233. Si vedano anche Fabrizio

sua pervasività. I testi qui analizzati sono infatti esemplificative tessere di un esteso mosaico meritevole, senz'altro, non solo di ulteriori indagini ma anche di essere arricchito con uno spoglio sistematico di un numero cospicuo di canzonieri e poemi barocchi. D'altra parte, nella loro eterogeneità qualitativa e di intenti, questi versi, sia nella forma della lirica breve (sonetti, odi, madrigali) sia nella forma distesa del poema, non solo chiariscono forme e usi del sapere anatomico in poesia, ma mettono in rilievo il loro *trait d'union*: la centralità assegnata al senso della vista.

Nella poesia del Seicento la topica anatomica viene declinata tra encomio (elogio e presentazione dei vantaggi della pratica anatomica e di coloro che la padroneggiano), rappresentazione (descrizione in versi dell'anatomia del corpo umano) e paradigma (strumento euristico per la lettura del reale e dell'ideale). Queste tre forme includono i significati attribuiti alla voce 'anatomia' nella prima edizione del *Vocabolario della Crusca* (1612): è il "minuto tagliamento che si fa delle membra de' corpi umani da' medici per veder la compositura interna di essi corpi" e l'operazione sottesa ad un'analisi condotta "minutamente ed esquisitamente"[12]. Sulle potenzialità didattiche del "tagliamento" è, ad esempio, incentrato un sonetto di Bartolomeo Dotti[13] dedicato *Al signor Giacopo Grandis, fisico eccellentissimo e lettor d'anotomia*:

> Grandi, tu leggi e i tumuli scoperti
> di funesto Liceo t'apron le porte,
> dove i feriti in cattedre converti,
> ed hai l'ulive infra i cipressi attorte.
>
> Uno scheletro è libro. Ivi gl'incerti
> arcani osservi de l'umana sorte,

Bondi, "Seicento poesia anatomia. Digressioni scientifiche nei poemi di G. Murtola, G.B. Marino, N. Villani," in *L'elmo di Mambrino: nove saggi nove saggi di letteratura*, a cura di Giovanni Ronchini e Andrea Torre (Lucca: M. Pacini Fazzi, 2006), 61–82, in cui l'autore esamina gli inserti sensoriali dei poemi di Murtola, Marino e Villani e denuncia l'esigenza di una reimpostazione radicale nello studio dei rapporti tra poesia e saperi scientifici nel Seicento, e Maria Di Maro, "'La fatica de i corpi egri mortali / la sua meraviglia ora a me narra': per uno studio sul sapere anatomico nella produzione in versi di età barocca," *Critica Letteraria*, 199, II, (2023): 263–83.

12 *Vocabolario degli Accademici della Crusca* (Venezia: appresso Giovanni Alberti, 1612), 59–60.

13 Cfr. Valter Boggione, *"Poi che tutto corre al nulla". Le rime di Bartolomeo Dotti* (Torino: RES, 1997).

e de l'ossa spolpate i fogli aperti
segnan dogmi di vita in faccia a morte.

Da lingue di coltelli interrogato,
con la bocca di più d'una ferita,
ti risponde un cadavere piagato.

Indi l'egra Natura apprende aita,
indi a farsi più mite impara il Fato.
Tue discepole sono e Morte e Vita[14].

Il sonetto encomiastico è costruito intorno al binomio vita-morte. I due campi semantici non sono mai messi in contrapposizione, ma dialogano e si arricchiscono vicendevolmente, uniti, "attorti" appunto, come i cipressi, simbolo di morte, e gli ulivi, simbolo di sapienza, sulla cattedra di Grandi. Nelle quartine, il dedicatario è colto mentre svolge due azioni condotte da un professore di anatomia: legge i cadaveri e li trasforma in sapienza. Del resto, il suo oggetto di studio ("Uno scheletro è libro") "risponde", è strumento di conoscenza per l'"umana sorte", "aita" per la "Natura"[15], e soprattutto dimostra "dogmi di vita in faccia a morte" (nel *Vocabolario della Crusca*, "segnare" è inteso come "far segno per dimostrare"). Nella prima terzina, poi, Grandi 'parla' con il "cadavere piagato" che, interrogato con "lingue di coltelli", risponde eloquentemente attraverso le sue ferite. In una struttura circolare volta a sottolineare il valore didattico dalla pratica settoria, nell'ultima terzina ritorna l'encomio al lavoro dell'anatomista che ha come discepole la vita e la morte.

Il valore euristico dell'anatomia è centrale anche in un sonetto di Marco Antonio Maria Ginanni[16]:

Vidi l'uom come nasce e chi lo sostiene,
del freddo cranio il necessario umore
onde i nervi ramosi uscendo fuore
son de la membra mie salde catene.

---

14 Bartolomeo Dotti, *Delle Rime* (Venezia: Ciotti, 1689), 29.

15 Si intende "principio del moto, e della quiete, e anche ordine divino, per lo quale tutte le cose si muovono, e nascono, e muoiono", in *Vocabolario degli Accademici della Crusca*, 550.

16 Sono scarsissime le notizie biografiche sul Ginanni, "figliuolo del Conte Girolamo. Nacque nel 1644 e morì il 17 di marzo del 1710. Lasciò questo alquante opere di poesia ancora inedite". Francesco Saverio Quadrio, *Della storia e della ragione d'ogni poesia* (Milano: per Francesco Agnelli, 1741), vol. 2, 390.

Vidi per quali strade il sangue viene
ne le fucine a ribollir del core,
e per l'arterie il conservato ardor
col perpetuo girar torni a le vene.

Vidi pronto a nodrir chilo vitale,
e come prenda un sonnacchioso obblio
in sì bella prigion l'alma immortale.

Venga chiunque ha di mirar desio
la Providenza eterna in corpo frale,
e osservi l'uom chi non conosce Iddio[17].

Il poeta ravennate descrive il corpo avvalendosi delle nuove acquisizioni scientifiche fornite dalle dissezioni anatomiche. Il titolo del sonetto (*Anatomia*), infatti, esplicita lo strumento di lettura utilizzato per tracciare l'immagine del corpo qui proposta, mentre il dettato del testo è ritmato dalla centralità della vista come strumento conoscitivo[18], sottolineata dall'anafora "vidi" in apertura delle quartine e della prima terzina. Il lettore/spettatore ha osservato i "nervi ramosi" che dal "cranio" si estendono per tutto il corpo, ha seguito il "perpetuo girar" del sangue intorno al "cor", scoperto da William Harvey, e controllato il processo di digestione. Nell'ultima terzina, l'io lirico invita gli interessati a guardare questa *anatomia* per "mirare" il lavoro della Provvidenza divina: se non è possibile conoscere direttamente Dio, si può invece contemplare il suo operato nell'attenta osservazione del Creato.

Nel teatro anatomico, dunque, la morte diventa una possibilità di apprendimento sia fisico sia metafisico. Un'occasione offerta anche dalle collezioni dei musei anatomici, come si legge in questo sonetto di Carlo Sernicola[19] volto a celebrare la pinacoteca allestita da Giovanni Caldesi:

Più che al ricco tesor del Re Toscano,
che meraviglie ha d'immortal Pittura

---

17 Marco Antonio Maria Ginanni, "Anatomia," in *Miscellanea poetica de gli Accademici Concordi di Ravenna. Alla sacra maestà di Leopoldo primo d'Austria re de' romani* (Bologna: per l'erede del Benacci, 1687), 427.

18 Sul rapporto tra vista e autopsia cfr. Sara Miglietti, "Tesmoings oculaires. Storia e autopsia nella Francia del secondo Cinquecento," *Rinascimento*, 50 (2010): 1–40.

19 Sernicola fu "letterato, nacque a Napoli nel febbraio del 1659 e vestì l'abito carmelitano". In Camillo Minieri Riccio, *Memorie storiche degli scrittori nati nel regno di Napoli* (L'Aquila: Puzziello, 1844), 327.

e Imagini più rare di Scoltura,
qui fermi il guardo l'intelletto umano.

Ed a confonder l'Ateista insano,
contempli ben sua nobile struttura,
ch'argomento sia degno di Natura
per confessar l'Artefice sovrano.

E qui s'avvien che della vita apprenda
il frale e ammiri di colui ch'ordio
sì bei portenti la virtù stupenda.

Egli all'Eterno Ben volga il desio,
e per sì degne e nobili opre ascenda
la Sapienza a contemplar di Dio[20].

Il poeta cilentano invita i lettori a "ferm*are* l'intelletto" sul tesoro raccolto in questa galleria e allontanare di conseguenza lo sguardo da "pitture", "immagini" e "scolture" che invece sono soliti ammirare in siffatti luoghi. Qui, di contro, potranno esaminare la "nobile struttura" del proprio corpo, apprendere la propria fragilità e – come in Ginanni – contemplare l'opera dell' "Artefice sovrano".

Nondimeno questo principio conoscitivo può essere applicato anche a situazioni quotidiane e private. Ad esempio, in un sonetto di Innocenzo Maria Fioravanti[21], intitolato *In occasione da alcune Dame che in tempo di Carnevale andavano a vedere la notomia che si faceva sul pubblico studio invita ancora la sua donna a concorrervi*, la donna amata è invitata – come eloquentemente è dichiarato nel titolo – ad assistere allo spettacolo anatomico organizzato durante le feste di Carnevale:

Vieni, o Cinzia, ove un saggio in corpo esangue
cartilagini esplora arterie e vene
e con la man che non ha pari ottiene
scorrer le vie de l'aggiacciato sangue.

20 Carlo Sernicola, *Poesie* (Firenze: Vangelitti, 1690), 85.

21 Membro dell'Accademia dei Gelati, Fioravanti studiò "retorica e filosofia" e si dedicò alla pratica delle "Leggi". Vedi Valerio Zani, *Memorie imprese, e ritratti de' signori Accademici Gelati di Bologna* (Bologna: Manolessi, 1672), 287–88.

Vieni e forma ancor tu cruda qual angue
in questo core anatomia di pene
ma in quel luogo i tormenti ei non sostiene,
in qual parte ferito egli non langue.

Tu 'l sai che brami che rinasca e abbonde
come quel di Prometeo a crucci suoi
mentre son le sue piaghe a te gioconde.

Vieni, o barbara Cinzia, e dimmi poi
se faccian meglio anatomie profonde
que' vitali strumenti o gli occhi tuoi[22].

L'io lirico esorta Cinzia ad osservare l'esperta mano di un "saggio" che esplora "cartilagini", "arterie e vene" – un invito reiterato attraverso l'anafora, in apertura di stanza, dell'imperativo "vieni". Ma se il "corpo esangue" sul tavolo dell'anatomista non "langue", il "core" dell'amato è "anatomia di pene" alla mercé della donna che, forte della natura prometeica dell'organo che stringe tra le mani, gode delle sue piaghe. Il valore didattico dello spettacolo anatomico viene dunque esteso alla topica amorosa, diventa un pretesto per dialogare con l'amata, i cui occhi, al pari degli strumenti dell'anatomista, possono operare "anatomie profonde". In quest'operazione metaforica, però, non manca la sovrapposizione e la comunione di vita e morte presente negli altri sonetti, qui sottolineate dall'espressione "vitali strumenti" per indicare i bisturi usati per vivificare un cadavere.

I "ferri vitali" ritornano, poi, in un sonetto di Leone Alberici[23], *Per un apparato anatomico e spargirico*:

Queste di scheletro esangue aride vene
eran d'un uomo fral fonti animati,
quei di nervi spettacoli spolpati
d'una macchina umana eran catene.

Questo di dotto acciar gelide scene
son medicina a tirannie de' fati,

22 Innocenzo Maria Fioravanti, *Giardino poetico* (Bologna: Longhi, 1682), 34.

23 Alberici fu accademico Umorista e membro dell'Accademia dell'Arcadia con il nome di Alcamide Purio. cfr. Sperandio Pompei, *Ritratti poetici* (Orvieto: presso Sperandio Pompei, 1841), 78–79.

e quelle d'erba vil chiome de prati
eran del verde April lascivie amene.

Quindi impara a frenar l'ore più corte
se t'assale, o mio cor, giusto terrore
ch'a tal fin ti destina un'empia sorte;

che reso il viver tuo trofeo d'orrore
son quei ferri vital falce di morte.
Tu sei, mentre ei ti miete, un'erba, un fiore[24].

Il poeta si rivolge al suo cuore e lo invita a trarre insegnamenti dall'osservazione di un *apparato anatomico* – la centralità dello sguardo è qui sottolineata dall'iterazione dei dimostrativi. La contemplazione di uno "scheletro esangue" diventa una medicina per affrontare la tirannia del Fato e la paura della morte. L'osservazione diretta di quest'ultima diventa quindi strumento di preservazione della vita, come si legge anche nell'ultima stanza di una lunga ode di Francesco Rovai[25] dedicata all'anatomico Giovan Battista Bellavita:

Dianzi nel grembo a bel Teatro assiso,
mirabile stupore,
con saggio incrudelir su corpo anciso
e riportò d'alta pietade onore.
All'or dentro all'orrore
di membri di sua man recisi e sparsi
imparar mille vite a conservarsi[26].

Del resto, la continuità tra vita e morte nella pratica autoptica determina l'uso dell'"occhio della medicina" come strumento di cura, aprendo progressivamente la strada al "pieno dispiegamento del legame eziologico tra lesione anatomica *post mortem* e sintomo clinico, che si affermerà più tardi con Giambattista Morgagni, il cui *De sedibus et causis morborum per anatomen indagatis* (1761) sancirà il principio della diagnosi fondata nell'ispezione dei cadaveri affetti da malattie[27]."

---

24 Leone Alberici, *Poesie* (Orvieto: per il Giannori, 1679), 27^{r}.

25 Notizie su Rovai, accademico fiorentino, si leggono in Salvino Salvini, *Fasti consolari dell'Accademia fiorentina* (Firenze: Tartini, 1717), 520–523.

26 Francesco Rovai, *Poesie* (Firenze: Stamperia SAS, 1652), 314.

27 Bisello, "Osservare e curare", 65.

L'utilità diagnostica della pratica anatomica, tuttavia, è già accennata nel poemetto didascalico *L'Institutioni dell'anatomia del corpo umano* di Agostino Coltellini[28], pubblicato tra il 1651 e il 1652 con il nome anagrammatico di Ostilio Contalgeni e oggetto di un importante studio di Andrea Cristiani in cui è presentato il primo repertorio di poemi didascalici medico-anatomici[29]. In Coltellini, la necessità di ridurre in "buon inchiostro" (v. 40) questa materia, "che vive, è nutrita e non nutrisce" (v. 53), è mossa dalla convinzione che una perfetta conoscenza del corpo favorisca la sicurezza del curarlo. Per questo,

> Come a suo luogo di ciascuna instrutto
> sarai lettor, s'asorta non ti stanchi,
> vedendo a quel ch'ella s'adopra in tutto.
> vv. 61–63[30]

Come già osservato da Cristiani, la materia è organizzata in tre sezioni e segue l'ordine di dissezione galenico[31]: la prima, che si apre con un discorso generale sull'utilità dell'anatomia, descrive le parti e le funzioni del basso ventre; la seconda analizza gli organi del torace; la terza, infine, esamina la cavità cerebrale e gli organi sensoriali. Nelle pagine dell'*Institutioni*, le terzine dantesche seguono i nervi, i vasi sanguigni, la cartilagine, le ossa, i muscoli e gli organi

---

28 Coltellini è il fondatore dell'Accademia degli Apatisti; fu anche Accademico della Crusca. Cfr. Edoardo Benvenuti, *Agostino Coltellini e l'Accademia degli apatisti a Firenze nel secolo 17* (Pistoia: Tip. Cooperativa, 1910) e Martino Capucci, "Coltellini, Agostino," in *Dizionario Biografico degli Italiani* (Roma: Istituto della Enciclopedia italiana), vol. 27, 1982, *ad vocem*.

29 Lo studio di Cristiani – fondamentale punto di partenza delle riflessioni proposte in queste pagine – illustra sette lunghi articolati poemi dedicati al racconto in versi "della struttura anatomica e fisiologica del corpo umano", distribuiti "su un'area geografica che va dalla Sicilia al Veneto": Andrea Trimarchi, *Discorso anatomico. Capriccio* (Messina, 1644); Agostino Coltellini, *L'institutioni dell'anatomia del corpo umano* (Firenze, 1651–1652); Tommaso Campailla, *L'Adamo, ovvero il mondo creato* (Messina, 1709); Camillo Brunori, *Il medico poeta* (Fabriano, 1726); Pier Francesco Canneti, *La macchina umana. Poema* (Verona, 1732); Lucio Francesco Anderlini, *L'anatomico in Parnaso* (Pesaro, 1739); Francesco Caselli, *La struttura del corpo umano* (Firenze, 1757). In Cristiani, "La medicina in versi", 156. Ai poemi qui elencati va affiancato un poemetto organizzato in 72 ottave intitolato *Anatomia del corpo umano, cavata dalla prosa, ristretta e spiegata in ottava rima* (Padova: Penada, 1772) da me individuato nella Biblioteca Civica di Padova. Il testo, che arricchirà la collezione della 'Biblioteca Anatomica', è costruito sullo stesso proposito didascalico dei poemi anatomici analizzati da Cristiani ed è attualmente oggetto di uno studio sistematico.

30 Agostino Coltellini, *L'institutioni dell'anatomia del corpo umano* (Firenze: nella Stamperia d'Amadore Massi, 1652), 11.

31 Cristiani, "La medicina in versi", 165 e 208–12 per un sunto dell'organizzazione del poemetto e la descrizione dettagliata degli argomenti trattati.

del corpo umano: ribaltando l'emistichio dottiano, "Uno scheletro è libro", nei versi di Coltellini il libro diventa scheletro. Ogni sezione, inoltre, è preceduta da un'introduzione in prosa in cui l'autore difende le scelte tematiche, stilistiche e linguistiche adottate e sottolinea l'utilità della poesia didascalica. Nella prima lettera, *Ad alcuni lettori*, l'autore giustifica la scelta linguistica adottata attraverso posizioni di galileiana memoria e a favore di quei "pover uomini [...] che non intendono la lingua latina e pur son tanti"[32], sottolineando l'utilità mnemonica della scrittura in versi. Nella breve lettera d'apertura della seconda parte (*A chi ha gradito la prima parte*) sposta l'attenzione sulle scelte stilistiche e retoriche. Solo le persone "discrete" accetteranno i difetti dell'opera perché sanno bene che "nelle cose didascaliche non si dee ricercar quella leggiadria e gentilezza che si richiede nelle liriche"[33]. Infine, nell'introduzione in prosa della prima sezione della terza parte, indirizzata *Ai benigni e amorevoli lettori*, imbastisce una difesa dell'autonomia culturale della poesia didascalica ribadendo la bontà (e l'utilità) della sua operazione. Del resto, come in altri "epici poemi, senza favola tessuti", per usare una fortunata formula di Francesco Saverio Quadrio[34], il testo rispetta tutte le caratteristiche di siffatto genere letterario: la narrazione non ricopre un ruolo primario, sono presenti digressioni ed *excursus* (es. elogio della bellezza femminile), lo spazio concesso alla soggettività del poeta è ridotto, centrale è la presenza del destinatario[35], invitato a più riprese ad ammirare il "mirabile microcosmo" del corpo umano. Eppure, se l'impianto teorico del poema è innovativo, poiché è costruito intorno ad un'operazione didascalica complessa e ben organizzata, nulla di notabile presenta la materia trattata. Come evidenzia Cristiani, Coltellini, infatti, traduce in versi i primi tre libri dell'*Anatomia reformata* di Caspar e Thomas Bartholin (1651)[36], seguiti pedissequamente sia nell'indice sia nella disposizione della materia[37], come si vede ad esempio nella prima parte dei versi dedicati agli occhi:

32 Coltellini, *L'institutioni dell'anatomia del corpo umano*, parte I, c. 2r–v.

33 Coltellini, *L'institutioni dell'anatomia del corpo umano*, parte II, 7.

34 Francesco Saverio Quadrio, *Della storia e della ragione d'ogni poesia* (Milano: per Francesco Agnelli, 1749), vol. 6, 1.

35 Per le caratteristiche della poesia didascalica si veda Matteo Motolese, "La poesia didascalica," in *Storia dell'italiano scritto*, ed. Giuseppe Antonelli, Matteo Motolese, Lorenzo Tomasin (Roma: Carocci, 2014), vol. I., 223–55.

36 Thomas Bartholin, Caspar Bartholin, *Anatomia* (Batav: Franciscum Hackium, 1651).

37 "Se messi a confronto, la dipendenza delle *Institutioni dell'Anatomia* dal trattato del medico danese risulta stretta a tal punto da configurarsi come un vero e proprio calco non solo dal punto di vista dell'impianto generale, quanto, e soprattutto, come trasposizione fedele e letterale di ogni singolo argomento." In Cristiani, "La medicina in versi",

[...]
In antri d'osso, quas'in due latebre,
cinti dal *periostio*, per difesa
quai *sentinelle* dall'ingiurie crebre
stann'a guardar che non ricev'offesa
questo nostro mirabil edifizio.
Come l'esperienza ci palesa
i coperchi del nobil'artifizio
constan di cute e *membrana carnosa*
e perché *faccian meglio il loro uffizio*
la parte ch'è di dentro più nascosa
si veste d'una *tunica assai molle*
dal pericranio, acciò non sia
dannosa.

parte III, vv. 20–31[38]

[...]
Siti sunt in loco eminenti, ceu *speculatores, in antris osseis periostio* succinctis, munimenti tutioris ergo.
[...]
Membrana carnosa hoc loco est tenuior, una cum musculis, instar alterius membranae simplicis tenuis; quamobrem Philosophus palpebrae cutim absque carne esse pronunciavit et discissa ut praeputium non coalescit. *Tunica* interiori vestiuntur a *pericranio* enata, *tenuissima et mollissima, ne laedantur oculi quos tangunt.*

Liber III, cap. VIII[39]

Questi pochi endecasillabi messi a confronto con la fonte ben esemplificano l'operazione proposta da Coltellini in gran parte del poemetto: l'Apatista traduce le pagine del trattato dei Bartholin e seleziona solo le sezioni descrittive, tralasciando le dottrine e il richiamo alle fonti (nel trattato le due sezioni anatomiche sono intervallate dall'esposizione delle posizioni di Galeno, Vesalio, Falloppio, Acquapendente); calca alcune espressioni icastiche e più vicine al dettato lirico (le orbite come "antri d'osso" o gli occhi come "sentinelle" a difesa del corpo, con una chiara reminiscenza ciceroniana), non traduce in volgare i termini più tecnici ed entrati nel coevo lessico scientifico ("periostio", "membrana carnosa", "pericranio"). Ma proseguendo nella lettura della sezione ottica (vv. 46–237), le scelte retoriche adottate nell'esposizione della materia si discostano dalla struttura del passo appena analizzato quando l'autore ha a disposizione altri modelli. Si vedano alcuni versi dedicati alla descrizione della membrana degli occhi:

169. Si vedano soprattutto le pagine 192–97 in cui la filiazione diretta è dimostrata attraverso il confronto tra i vv. 352–490 della parte prima e i capitoli del trattato dedicati al basso ventre.

38 Coltellini, *L'institutioni dell'anatomia del corpo umano*, 9.

39 "[...] Sono [gli occhi] situati in un luogo elevato, come *sentinelle, racchiusi in cavità ossee* dal periostio, per una protezione più sicura. [...] La *membrana carnosa* in questo punto è più sottile, insieme ai muscoli, simile a un'altra membrana semplice e sottile; per questo motivo il Filosofo [Aristotele] dichiarò che la pelle delle palpebre è priva di carne e, se tagliata, non si ricompone come il prepuzio. Sono rivestite da una *tunica* interna che nasce dal pericranio, *sottilissima e morbidissima, affinché non danneggi gli occhi che tocca*" (trad. it. dell'Autrice). In Bartholin, *Anatomia*, 340, 344.

Crassa ed *opaca* è *dietro* com'è d'uopo
lustra avanti e pulita com'un corno
c'al nomarla poi *cornea* fu scopo.
La *coroide* segue a cui d'intorno
spargons'i vasi e dalla madre pia
nasce e d'*uva* il color vago e adorno
il nome si convien poiché le dia
entr'al cui foro la *pupilla* siede
che da agli amanti or lieta forte o ria.
Mentre per essa gli saetta e siede
il crudo Amor, e intorno a quella un arco
di più color qual'*iride* si vede.
[…]
Bisogn'anco Lettor ch'io ti dichiari
nascer dall'*uvea* certi *legamenti*
che chiamano *interstizi ciliari*,
e sono intorno *certi filamenti*
neri a quei peli o lappole simili
e stan *cingendo* a collegare intenti
il *cristallin umor* quasi sottili
sostegni ond'alle parti più vicine
ei si connetta com'a tanti fili.
Or la terza membrana vien'al fine
dall'interna midolla del cervello
e post'all'umor *vitreo* per confine
retina con gli autor prima l'appello.
Aranea poi la dove 'l cristallino
ambisce e par un risplendente e bello
specchio e qualc'altro ingegno peregrino
la *vitrea* v'aggiunge per coprire
il vitreo umor partendol dal vicino.

parte III, vv. 175–210[40]

Remota hac adnata primum se offert sclirotica vel dura dicta, quae a dura matre oritur, estque *crassa*, tensa, aequalis et posterius *opaca*. Huius *partem anteriorem* vocant tunicam *Corneam, quia est sicut cornu politum et pellucidum* […]. Scliroticae proxima est firmiter adhaerens in posteriori parte *Choroides*, crystallino tamen sociata in medio, ut aqueum a vitreo separet. […] Haec in anteriore parte dicitur Uvea, ob colorem. *Uvae*, qua parte crassior est et duplicata […] *Pupilla* efformatur in homine rotunda: in quibusdam brutis oblonga. […] *Iris* vel circulus […] qui variis conspicitur *coloribus* praeditus. […] Ex circumferentia uveae, ubi duplicata membrana eius se reflexit ad crystallinum, oritur *ligamentum vel interstitum ciliare* dictum, quae sunt tenuia *quaedam filamenta*, ex uvea producta, referentia lineas *nigras* palpebrarum, pilis similes et *crystallinum humorem cingunt*, qui horum ope nectitur vicinis partibus […]

Tertia est retina […] ex *cerebri vel nervi interiori* substantia quasi expansa. […]
Haec postea ulterius ambiens, sit aranea vel crystalloides humoris crystallini propria tunica […]

tenuissima et pellucida, unde *speculum* dicitur. […] Addimus tunicam *vitream*, quae vitreum humorem […] vestit et a crystallino separat. […]

Liber III, cap. VIII[41]

40 Coltellini, *L'institutioni dell'anatomia del corpo umano*, 13–14.

41 "Rimossa questa [membrana] congiuntiva, si presenta per prima la sclerotica o detta dura, che ha origine dalla dura madre ed è *spessa*, tesa, uniforme e posteriormente opaca.

Anche qui Coltellini segue la disposizione del capitolo *De oculis*, traduce dal latino e calca i termini scientifici di uso comune. Ma in questi versi, oltre a veloci cenni ad altre fonti (l'autore alluso nel v. 205 è Costantino Africano che introduce per la prima volta la parola 'retina' nella sua traduzione di Galeno), il poeta si confronta con il modello lirico offerto da Giovan Battista Marino che, nel canto VI del suo *Adone*[42], aveva proposto una descrizione in versi dell'organo della vista. Si vedano le ottave dedicate alle membrane e umori oculari:

> Di tuniche e d'umori in vari modi
> havvi contesto un lucido volume,
> ed uva e corno e con più reti e nodi
> vetro insieme congiunge, acqua et albume;
> che son tutti però servi e custodi

La parte anteriore di questa viene chiamata tunica *Cornea, perché è come corno levigato e trasparente* [...]. Alla sclerotica è aderente saldamente nella parte posteriore la *Coroide*, tuttavia unita al cristallino nel mezzo, affinché separi l'[umore] acqueo dal vitreo. [...] Questa nella parte anteriore è detta *Uvea*, per il colore dell'uva, e in quel punto è più spessa e duplicata [...] La *pupilla* si forma nell'uomo rotonda: in alcuni animali oblunga. [...] *L'iride* o circolo [...] è dotata di *vari colori*. [...] Dalla circonferenza dell'uvea, dove la sua membrana duplicata si riflette verso il cristallino, nasce il *legamento o interstizio ciliare*, formato da certi filamenti sottili, derivati dalla sostanza dell'uvea, simili a linee nere delle palpebre, simili a peli, e circondano *l'umore cristallino*, che grazie a questi si collega alle parti vicine [...] La terza è la retina, come se fosse un'espansione della sostanza interna del *cervello o del nervo*. [...] Questa [membrana], poi, lo avvolge ulteriormente ed è la tunica propria dell'umore cristallino, detta *aracnoide* o *cristalloide, sottilissima* e *trasparente*, da cui prende il nome di *specchio*. [...] Aggiungiamo [infine] la *tunica vitrea*, che riveste l'umore vitreo e lo separa dal cristallino [...]" (trad. it. dell'Autrice). In Bartholin, *Anatomia*, 346–50.

42 "Tutta la prima parte [...] appartiene al genere didascalico, una vera e propria educazione del giovane principe-amante di Venere, che passa attraverso la conoscenza dei beni sensibili e intellettuali, con due percorsi, l'uno a piedi nei vialetti del giardino dei sensi, l'altro su una nave iperbolica che va nei cieli, fino al terzo cielo, a mostrare ad Adone le bellezze eterne". In Erminia Ardissino, "Vanitas vanitatum – una lettura dell'Adone," *Testo* 79, 1 (2020): 55 la descrizione anatomica degli occhi è debitrice ai trattati di Girolamo Fabrici d'Acquapendente e Giulio Casseri, come dimostrato da Carmela Colombo, *Cultura e tradizione nell'Adone di G.B. Marino* (Padova: Antenore, 1967), 89–96. Sulle digressioni anatomiche in Marino cfr. Susanna N. Peters, "The Anatomical Machine: A Representation of the Microcosm in the Adone of G.B. Marino," *MNL* 88, no. 1 (1973): 95–110; Giovan Battista Marino, *Adone*, cura di Giovanni Pozzi (Milano: Adelphi, 1988), 56–61; Marco Corradini, "L'anatomia nell'Adone di Giovan Battista Marino," *Kos* 68 (1991): 39–41; Giorgio Barberi Squarotti, "Scienza e poesia: gli occhi di Adone," in *L'occhio e la memoria. Miscellanea di studi in onore di Natale Tedesco* (Caltanisetta: Lussografica, 2004), 157–68; id., "Scienza e letteratura: il Barocco," in *Cavalcare la luce. Scienza e letteratura*, a cura di Giovanna Ioli (Novara: Interlinea, 2009), 81–111; Bondi "Seicento, poesia, anatomia"; Giovan Battista Marino *Adone*, a cura di Emilio Russo (Milano: BUR, 2013).

del cristallo, onde sol procede il lume;
ciascun questo difende e questo aiuta,
organo principal de la veduta.

L'immortal providenza, acciò ch'esposto
sia meno ai danni de l'offese esterne,
gli ha dato, in un ricovero riposto
sotto l'arco del ciglio, ime caverne;
per siepi e propugnacoli v'ha posto
palpebre infaticabili ed eterne,
sol perché 'l batter lor continuo e ratto
dagli umani accidenti il serbi intatto.

Et a guisa di sole, acciò ch'aprisse,
emulo a l'altro, al picciol mondo il giorno,
qual corona di raggi anco v'affisse
sottilissime sete intorno intorno.
Nel curvo globo l'iride descrisse
ch'ha di smalti celesti un fregio adorno
e, temprati di limpidi zaffiri,
vi dipinse nel mezzo i sommi giri.

VI, 33–35[43]

Nella descrizione degli occhi, il poeta napoletano "sostantivizza gli aggettivi (dice: *uva*, *corno*, *cristallo*, *aragna*) ottenendo, a causa dell'ineluttabile riferimento che il termine traslato mantiene con la referenza designata nel senso letterale, un nuovo significato metaforico[44]." Di fatti, Coltellini si appropria dell'operazione mariniana, ma non esclude l'uso delle forme aggettivali, proponendo calchi e traduzioni alla lettera della pagina bartoliniana. Fonde insomma dettato lirico e dettato scientifico. Inoltre, alla lettura di Marino (e alla tradizione lirica da lui rimaneggiata) vanno ricondotti anche i vv. 83–85, in cui sono richiamate *en passant* quelle immagini poetiche che riconoscono gli occhi come strumento principale attraverso cui si origina e cresce il sentimento amoroso. Queste piccole parentesi liriche, che si allontanano dalla rigidità della precisione scientifica, non contrastano con il proposito didascalico di questi endecasillabi che ricercano la "dolcezza e [l'] armonia del verso" per rendere più facile la memorizzazione della materia presentata e non sono utilizzati solo come orpello stilistico. Nello stesso senso va anche l'uso della

43 Marino, a cura di Russo, *Adone*, 604–05.

44 Marino, a cura di Pozzi, *Adone*, 59.

terzina di ispirazione dantesca che, oltre a richiamare la fortunata tradizione satirico-burlesca toscana[45], è un omaggio al sommo poeta di cui vengono ripresi pattern rimici, espressioni e note metafore: Bartholin, ad esempio, è definito "lo duca mio", "lo mio maestro" e il poemetto è un "debil legno" che prova con fatica ad arrivare integro al porto[46].

Se le *Institutioni* risultano di difficile lettura e certamente non brillano per qualità, hanno sicuramente il merito di aver segnato l'ingresso, insieme al *Discorso anatomico. Capriccio* di Andrea Trimarchi (1644)[47], della materia anatomica nella poesia didascalica che poi godrà di più ampia fortuna nel secolo successivo, come illustrato da Cristiani[48]. A questa vocazione didattica rispondono anche gli inserti anatomici dei poemi esameronici, come *Della creatione del mondo* (1608) di Gaspare Murtola, dell'*Adone* (1623) di Marino prima menzionato – che, come ricorda Bondi, inaugura questa tendenza con il suo "inserto audace"[49] – o il lungo canto VI de *La Fiorenza difesa* (1641) di Nicola Villani tra i poemi eroici di ispirazione tassiana[50]. Quest'ultimo è un poema incompiuto, in dieci canti, pubblicato postumo e incentrato sulle vicende dell'assedio di Radagaso, re dei Goti, alla città di Firenze del 405. Il sesto canto accoglie una lunghissima digressione anatomica (114 ottave) che Guido Arbizzoni definisce "un poemetto didascalico nel poema eroico"[51]; l'episodio, infatti, è autonomo e potrebbe essere espunto dal plot bellico in cui è inserito. Nel canto, Radagaso e Valamiro si recano nel proprio accampamento per verificare le condizioni

45 Sull'argomento cfr. Davide Conrieri, "La cultura letteraria e teatrale," in *Storia della Civiltà Toscana. Il principato mediceo*, a cura di Elena Fasano Guarino (Tipografica Varese: Firenze, 2003), 355–90.

46 Benvenuti, *Agostino Coltellini*, 184–87.

47 Il poemetto, organizzato in endecasillabi sdruccioli, detiene il primato dell'operazione didascalica in materia anatomica. Diviso in 5 libri, il volume descrive minuziosamente il corpo umano seguendo lo schema *a capite ad pedes* e ricalca il modello galenico del *De usu partium*: i versi, infatti, non sono altro che traduzioni letterali di interi passi tratti da fonti autorevoli dell'anatomia classica. Cfr. Cristiani, "La medicina in versi", 162–64; 188–91; 207–08 e Di Maro, "Per uno studio sul sapere anatomico", 268–71.

48 Cristiani, "La medicina in versi", 169 e ss.

49 Bondi, "Seicento, poesia, anatomia", 75.

50 Nei poemi di ispirazione tassiana non mancano elogi e richiami a famosi anatomisti. Ad esempio, ne la *Scanderbeide* (1623) di Margherita Sarrocchi (Roma: per Andrea Fei, 1623) il medico del campo cristiano è un abile chirurgo e fine conoscitore dell'anatomia del corpo umano. Vesalio – questo è il suo nome – cura due giovani cavalieri dell'esercito cristiano Vaconte (IX, 80) e Marcello Benci (XVII, 49). Ne *La vittoria navale* di Guid'Ubaldo Benamati (Bologna: Monti, 1646) è elogiato l'operato di Gasparo Tagliacozzi e Paolo Simonetti: "Ma se questi de Regni i membri infetti / incidono, onde han vita ogni hor più sana; / quegli, che seguon lor, son quegli eletti, /per cui da le ferite altri si sana" (XII, 88).

51 Guido Arbizzoni, *Un'ipotesi secentesca di poesia eroica* (Urbino: Argalia editore, 1977), 98.

di Alvida, gravemente ferita in battaglia e ora affidata alle cure di Iasò (nella mitologia greca è la dea della guarigione). Ringraziandola del servizio reso, il re chiede alla sapiente figlia di Asclepio di raccontare la sua storia (VI, 38–48) e di esporre il suo sapere. La dottoressa risponde all'accorato appello esaltando il valore dell'osservazione e della sperimentazione in campo medico. Infatti, oscillando tra sapere anatomico e fisiologico, la meraviglia dell' "edificio umano" si apre letteralmente agli occhi del re e dei lettori. Seppur con salti, sin da subito anticipati dalla narratrice, la lunga digressione segue la struttura dei trattati anatomici tardo-cinquecenteschi: dall'impalcatura ossea e muscolare del corpo, lo sguardo si sofferma sull'interno e sugli organi e la loro descrizione intreccia il sapere strettamente anatomico, il funzionamento fisiologico e l'immagine metaforica. Si vedano, ad esempio, le ottave destinate agli occhi: alla topica lode dedicata agli organi della vista (ott. 129–134), segue la spiegazione della teoria della luce (ott. 135–137), l'elogio degli occhi come "libri in cui si legge i sensi occulti" e come specchio dell'anima (ott. 138–140), l'esposizione del mito di Venere e Cupido con il richiamo alla topica amorosa (141–142) e, infine, la disamina anatomica (143–158) e la fisiologia del senso (159–163). Di quest'ultima sezione riporto i versi dedicati agli "umor" dell'organo:

> Son tre gli umor che con bell'arte furo
> congegnati dell'occhio entro il volume:
> liquidissimo e l'un, candido e puro,
> come chiara acqua o come chiaro albume
> qual visiera traluce e nell'oscuro
> cavo tempio dell'occhio ammette il lume
> e nell'adito suo s'accoglie e stagna
> e l'acino e 'l cristallo e 'l corno bagna.
>
> Ma nell'interna e più remota stanza
> uno splendido umor si sta rinchiuso
> ch'al colore a la luce a la sostanza
> vetro duro simiglia e vetro suso.
> Oltre al mezzo dell'occhio egli s'avanza,
> di finissima veste intorno chiuso,
> e nel suo colmo anteriore e piano
> s'abbassa in mezzo e forma un picciol vano.
>
> Siede in questo un umor denso e rappreso
> e come ghiaccio alpin terso e lucente
> che simiglianza ha di vapore appreso

in sassosa dal Ciel goccia cadente
se non ch'avanti egli è compresso e steso
e figura ha di pelusiaca lente.
Questo è 'l fabbro del viso e nomato hallo
altri goccia, altri specchio, altri cristallo.

Da la parte dinanzi egli è sommerso
dentro all'acqua stagnante e ne traspare;
come lapillo esercitato e terso
traspar nell'acque riposate e chiare.
Nel vetro sta dall'altra parte immerso
e sembra quasi un'isoletta in mare.
Un'isola di ciel, ch'in mezzo giacca,
dell'ocean che sotto il carro agghiaccia.

VI, 150–153[52]

Le ottave di Villani mostrano la sua lettura attenta non solo del modello oftalmico offerto da Marino[53], ma anche dei più recenti trattati anatomici dedicati agli organi sensoriali, seguiti nella presentazione della materia corporea in dissezione, azione e funzione dell'organo. Infatti, il pistoiese propone una rigorosa distinzione tra l'afflato lirico e la descrizione scientifica e "acuisce l'impegno pedagogico più ancora di quello didascalico[54]."

I testi fin qui analizzati utilizzano dunque la materia anatomica come argomento didascalico o come dettaglio, ovvero si appropriano dell'immaginario anatomico come complesso di conoscenze utili e universali per interpretare la dimensione corporea (e dunque non strettamente riconducibili ad un solo

52 Nicola Villani, *Della Fiorenza difesa* (Roma: Landini, 1641), 173.

53 "Villani parla dell'occhio per emulare le ottave di Marino, in esaltazione lirica e in moltiplicazione di metafore e di similitudini", in Barberi Squarotti, "Scienza e letteratura: il Barocco," 107. Mi sembra interessante sottolineare che la connessione tra Marino e Villani fu già colta dai loro contemporanei. In un piccolo volumetto, il medico Giovan Battista Verle spiega le fasi della creazione di un occhio artificiale per uso didattico, e descrive minuziosamente l'oggetto e i dettagli anatomici riprodotti (l'occhio si può oggi ammirare nelle sale del Museo Galileo https://catalogo.museogalileo.it/oggetto/ModelloOcchio.html). L'aspetto interessante della pubblicazione è la connessione proposta tra l'occhio artificiale, di legno, e gli occhi di carta di Marino e Villani. Infatti, nell'avviso al lettore, si legge che il medico ha deciso di inserire questa appendice lirica al suo manuale perché le ottave "fanno mirabil concerto" con la materia ivi trattata. In Giovan Battista Verle, *Anatomia artifiziale dell'occhio umano* (Firenze: Vangelisti Stamp. Arcivescovale, 1679), 23.

54 Barberi Squarotti, "Scienza e letteratura: il Barocco", 108.

trattato). Pertanto, il reale e il poetico concorrono nella generazione di senso e l'anatomia è usata come strumento gnoseologico. Ma nella produzione in versi barocca non sono assenti liriche che usano il paradigma anatomico come pratica ermeneutica per l'analisi minuta di un fenomeno[55]. Ad esempio, la canzone *Con l'occasione d'un Anatomia prendo motivo di riprendere molti vizi e di convincere particolarmente gli Ateisti*[56] di Federigo Meninni[57] presenta i procedimenti di lettura propri delle 'anatomie letterarie'. In questi versi, il medico e poeta pugliese conduce un dibattito in forma lirica con i seguaci delle dottrine atomistiche, protagonisti del "processo agli Ateisti"[58] condotto dall'Inquisizione. Nell'ultimo decennio del secolo, infatti, il *milieu* medico napoletano adotta le teorie corpuscolari e propone alla vecchia scuola aristotelico-galenica un approccio nuovo allo studio del corpo umano, sostenendo l'importanza della chimica come strumento di rinnovamento per la medicina e sottolineando l'efficacia dei suoi rimedi. Tra fautori e oppositori[59], il dibattito scientifico si apre anche a questioni teologiche e agli aspetti problematici del materialismo epicureo; "tu presumi affermar che non rimanga / dopo il nostro morir delizia alcuna" (vv. 47–48) scrive Meninni ai destinatari ideali della sua canzone. Il problema morale e dottrinale tratteggia la trama delle dieci stanze, ma l'argomentazione è dettata dal paradigma anatomico che "diventa principio

55 Ad esempio, in un sonetto di Francesco Sacco il viaggio di un amico per "l'orlata terra e 'l mar vagante" è presentato come "anatomia del mondo", in Francesco Sacco, *Saggi di poesia* (Roma: Mascardi, 1625), 82. Fioravanti descrive il meccanismo di un orologio come "anatomia dell'ore", in Innocenzo Maria Fioravanti, *Poesie* (Bologna: Recaldini, 1688), 151. Robilio taglia le combinazioni anagrammatiche dell'Immacolata Concezione come un "Notomista accorto", in Giovanni Antonio Robilio, *La Clio rinvenita: poesie postume* (Venezia: Valvasense, 1680), 188.

56 Federigo Meninni, *Le maraviglie poetiche* (Venezia: Poletti, 1705), 575–78.

57 Meninni, medico e poeta, fu membro dell'Accademia dei Concordi di Ravenna e degli Spensierati di Rossano. Cfr. Federigo Meninni, Clizia Carminati, ed. Il ritratto del sonetto e della canzone (Lecce: Argo, 2002), LXIV–LXVII; Carlo Alberto Girotto, "Meninni, Federigo," in *Dizionario Biografico degli Italiani* (Roma: Istituto della Enciclopedia italiana), vol. 73, 2009, *ad vocem*; Maria Di Maro, "Immagini mediche ne Le maraviglie poetiche di Federigo Meninni," in *Letteratura e altre scienze. Incroci e sovrapposizioni*, a cura di Lorenzo Battistini, Maria Di Maro, Lucia Faienza e Lorenzo Marchese (Brussels: Peter Lang, 2023), 123–35.

58 Cfr. Luciano Osbat, *L'inquisizione a Napoli. Il processo agli ateisti (1688–1697)* (Roma: Edizioni di Storia e di Letteratura, 1974).

59 Cfr. Antonio Borrelli, "Medicina e atomismo a Napoli nel secondo Seicento," in *Atomismo e continuo nel XVII secolo*, a cura di Egidio Festa e Romano Gatto (Napoli: Vivarium, 2000), 341–360; Alberto Labellarte, *Atomismo e Corpuscolarismo nella Napoli di fine Seicento* (Roma: Armando editore, 2019).

e criterio organizzatore della materia discorsiva"[60] e pratica dissettoria utile a mostrare i vizi dell'uomo e "scovrir gli arcani occulti" (v. 12) del suo animo:

L'origine fatale
che la spoglia de l'uom conduce a morte
su membri esangui io d'indagar non curo;
ma del Morbo che assale
le potenze de l'Alma assai più forte
anatomico fabro esser qui giuro.
Odimi, o tu, che impuro
foco hai nel sen, cui non rimorde il tarlo
di sinderesi interna. Io con te parlo.
vv. 19–27[61]

L'autore non usa l'anatomia come pratica autoptica da condurre su un cadavere, ma come strumento per mostrare al malato, vivo e apparentemente in salute, i morbi dell'anima: gli organi del corpo – occhi, cuore, cervello, lingua, muscoli, ossa e sistema circolatorio – sono affetti da disordini morali – vanità, corruzione, odio, impudicizia, irriverenza – provocati dall'ateismo, perché il destinatario anonimo "non conosce il Creator de l'Opre" (v. 90), sentenzia il poeta in chiusura del testo. Il sapere anatomico si interseca con la riflessione morale e diventa uno strumento euristico in grado di affrontare da una nuova prospettiva argomenti di varia natura.

Insomma, lo studio dell'intersezione tra poesia e anatomia offre numerosi percorsi, qui solo in parte illustrati. Attraversando decenni e generi diversi, il quadro proposto, infatti, non ha pretese di esaustività, ma intende offrire una prima disamina delle relazioni tra poesia italiana e sapere anatomico. Nell'epoca in cui le Accademie hanno un ruolo centrale non solo nella diffusione del sapere ma anche nella creazione di sovrapposizioni tra i campi della conoscenza e "la passione anatomica, la febbre della dissezione, *contagia* laici e chierici, proprio nel secolo in cui la morte s'infiltra in ogni interstizio della vita"[62], indagare il modo in cui le idee di medicina diventano idee di letteratura e viceversa consente di ricostruire il significato complessivo dell'immaginario dell'epoca e la sorgente comune a una pluralità difforme di generi testuali. In particolare, il raccordo qui indagato può mostrare un sostrato comune ad immagini e temi tanto cari al repertorio barocco: la celebrazione del corpo, il

60 Bisello, "Intus et extra idem", 15.
61 Meninni, *Le maraviglie poetiche*, 576.
62 Piero Camporesi, *Le officine dei sensi* (Milano: Garzanti, 2009), 123.

primato della vista, il gioco metaforico, l'attenzione all'insolito, la meraviglia, l'accoglienza entusiasta delle novità scientifiche. Appropriandosi del bisturi dell'anatomista, l'incontro ravvicinato con la pagina scritta rivela chiaramente il sostrato concreto di un postulato spesso ripetuto: in forme e modalità molteplici, il sapere anatomico – con i suoi corpi tagliati, dissezionati, aperti; con il suo sguardo al tempo stesso globale e parziale, immerso nei dettagli – ha inciso a fondo sull'immaginario letterario barocco.

Bibliografia

Letteratura primaria

Alberici, Leone. *Poesie*. Orvieto: per il Giannori, 1679.

Anatomia del corpo umano, cavata dalla prosa, ristretta e spiegata in ottava rima. Padova: Penada, 1772.

Bartholin, Thomas, Bartholin, Caspar. *Anatomia*. Batav: Franciscum Hackium, 1651.

Benamati, Guid'Ubaldo. *La vittoria navale*. Bologna: Monti, 1646.

Coltellini, Agostino. *L'instituzioni dell'anatomia del corpo umano*. Firenze: nella Stamperia d'Amadore Massi, 1652.

Dotti, Bartolomeo. *Delle Rime*. Venezia: Ciotti, 1689.

Fioravanti, Innocenzo Maria. *Giardino poetico*. Bologna: Longhi, 1682.

Fioravanti, Innocenzo Maria. *Poesie*. Bologna: Recaldini, 1688.

Ginanni, Marco Antonio Maria. *Anatomia*. In *Miscellanea poetica de gli Accademici Concordi di Ravenna. Alla sacra maestà di Leopoldo primo d'Austria re de' romani*, 427. Bologna: per l'erede del Benacci, 1687.

Grandi, Iacopo. *Orazione nell'aprirsi il nuovo Teatro di Anatomia in Venezia il giorno II febraro 1671*. Venezia: Giuliani, 1671.

Marino, Giovan Battista. *Adone*, a cura di Giovanni Pozzi. Milano: Adelphi, 1988, voll. II.

Marino, Giovan Battista. *Adone*, a cura di Emilio Russo. Milano: BUR, 2013.

Meninni, Federigo. *Le maraviglie poetiche*. Venezia: Poletti, 1705.

Meninni, Federigo. *Il ritratto del sonetto e della canzone*, a cura di Clizia Carminati. Lecce: Argo, 2002.

Minieri Riccio, Camillo. *Memorie storiche degli scrittori nati nel regno di Napoli*. L'Aquila: Puzziello, 1844.

Murtola, Gaspare. *Della Creatione del mondo, poema sacro*. Venezia: Evangelista Deuchino et Gio. Batt. Pulciani, 1608.

Pompei, Sperandio. *Ritratti poetici*. Orvieto: presso Sperandio Pompei, 1841.

Robilio, Giovanni Antonio. *La Clio rinvenita: poesie postume*. Venezia: Valvasense, 1680.

Rovai, Francesco. *Poesie*. Firenze: Stamperia SAS, 1652.

Sacco, Francesco. *Saggi di poesia*. Roma: Mascardi, 1625.

Salvini, Salvino. *Fasti consolari dell'Accademia fiorentina*. Firenze: Tartini, 1717.

Sarrocchi, Margherita. *La Scanderbeide*. Roma: per Andrea Fei, 1623.

Saverio Quadrio, Francesco. *Della storia e della ragione d'ogni poesia*. Milano: per Francesco Agnelli, 1741, vol. 2.

Saverio Quadrio, Francesco. *Della storia e della ragione d'ogni poesia*. Milano: per Francesco Agnelli, 1749, vol. 6.

Sernicola, Carlo. *Poesie*. Firenze: Vangelitti, 1690.

Trimarchi, Andrea. *Discorso anatomico. Capriccio*. Messina: Pietro Brea, 1644.

Verle, Giovan Battista. *Anatomia artifiziale dell'occhio umano*. Firenze: Vangelisti Stamp. Arcivescovale, 1679.

Villani, Nicola. *Della Fiorenza difesa*. Roma: Landini, 1641.

Vocabolario degli Accademici della Crusca, Venezia: appresso Giovanni Alberti, 1612.

Zani, Valerio. *Memorie imprese, e ritratti de' signori Accademici Gelati di Bologna*. Bologna: Manolessi, 1672.

Letteratura secondaria

Arbizzoni, Guido. *Un'ipotesi secentesca di poesia eroica*. Urbino: Argalia editore, 1977.

Ardissino, Erminia. "Anatomia e letteratura nel primo Seicento." In *Studi per Gian Paolo Marchi*, a cura di Raffaella Bertazzoli, Fabio Forner, Paolo Pellegrini e Corrado Viola, 93–107. Pisa: ETS, 2011.

Ardissino, Erminia. "Vanitas vanitatum – una lettura dell'Adone." *Testo* 79, 1 (2020): 41–63.

Barberi Squarotti, Giorgio. *Scienza e poesia: gli occhi di Adone*. In *L'occhio e la memoria. Miscellanea di studi in onore di Natale Tedesco*, 157–168. Caltanisetta: Lussografica, 2004.

Barberi Squarotti, Giorgio. *Scienza e letteratura: il Barocco*. In *Cavalcare la luce. Scienza e letteratura*, a cura di Giovanna Ioli, 81–111. Novara: Interlinea, 2009.

Battistini, Andrea. "Da Argo alla lince: potere della vista e mondo naturale nella cultura scientifica del Seicento." *Studia Borromaica: saggi e documenti di storia religiosa e civile della prima età moderna*, 30 (2017): 241–59.

Battistini, Andrea. "Caos semantico e tassonomie verbali nella poesia barocca." *Seicento e Settecento: rivista di letteratura italiana* XIV (2019): 11–27.

Benvenuti, Edoardo. *Agostino Coltellini e l'Accademia degli apatisti a Firenze nel secolo XVII*. Pistoia: Tip. Cooperativa, 1910.

Bisello, Linda. "'Intus et extra idem': l'anatomia morale nella letteratura italiana moderna." *Lettere italiane* 68, no. 1 (2016): 3–41.

Bisello, Linda. "The 'Civilization of Anatomy': the reception of anatomical knowledge." *Intersezioni* XLII, 1 (2022): 5–24.

Bisello, Linda. "Osservare e curare. Autopsia e salute del vivente tra letteratura e medicina nella prima età moderna." In *Il racconto della malattia. Intersezioni tra letteratura e medicina*, a cura di Daniela De Liso, Valeria Merola e Sebastiano Valerio, 65–78. Brussels: Peter Lang, 2023.

Bisello, Linda. "'L'occhio della medicina': l'anatomia come strumento euristico nella cultura della prima età moderna." In *Letteratura e medicina*, a cura di Maria Di Maro e Valeria Merola, 59–76. Pisa: ETS, 2023.

Bisello, Linda, Iaccarino, Bollini, Sofia, Imma, Schellino, Margherita. "La 'Biblioteca anatomica' (1552–1699): consistenza e ragioni di un corpus. Un repertorio di testi del Seicento italiano tra medicina e letteratura", *Museo Galileo* (2025).

Boggione, Valter. *"Poi che tutto corre al nulla". Le rime di Bartolomeo Dotti.* Torino: RES, 1997.

Bondi, Fabrizio. "Seicento poesia anatomia. Digressioni scientifiche nei poemi di G. Murtola, G.B. Marino, N. Villani." In *L'elmo di Mambrino: nove saggi nove saggi di letteratura*, a cura di Giovanni Ronchini e Andrea Torre, 61–82, Lucca: M. Pacini Fazzi, 2006.

Borrelli, Antonio. *Medicina e atomismo a Napoli nel secondo Seicento*. In *Atomismo e continuo nel XVII secolo*, a cura di Egidio Festa e Romano Gatto, 341–60. Napoli: Vivarium, 2000.

Camporesi, Piero. *Le officine dei sensi.* Milano: Garzanti, 2009.

Capucci, Martino. *Coltellini, Agostino.* In *Dizionario Biografico degli Italiani.* Roma: Istituto della Enciclopedia italiana, vol. 27, 1982, *ad vocem.*

Carlino, Andrea. *La fabbrica del corpo. Libri e dissezione nel Rinascimento.* Torino: Einaudi, 1994.

Carlino, Andrea. "Opacità e contemplazione. Visioni del corpo anatomico nella medicina della prima metà del Cinquecento." In *Le corps transparent*, a cura di Victor I. Stoichita, 37–50. Roma: L'Erma di Bretschneider, 2013.

Carlino, Andrea, Wenger, Alexandre, eds. *Littérature et médecine: approches et perspectives (XVIe–XIXe siècle)*. Geneve: Droz, 2007.

Colombo, Carmela. *Cultura e tradizione nell'Adone di G.B. Marino.* Padova: Antenore, 1967.

Conrieri, Davide. "La cultura letteraria e teatrale." In *Storia della Civiltà Toscana. Il principato mediceo*, a cura di Elena Fasano Guarino, 355–90, Tipografica Varese: Firenze, 2003.

Corradini, Marco. "L'anatomia nell'Adone di Giovan Battista Marino." *Kos* 68 (1991): 39–41.

Cristiani, Andrea. "'… altri su gli egri suda con argomenti che non seppe Coo'. La medicina in versi tra Barocco e Illuminismo." In *Esortazioni alle storie. Atti del Convegno Parlano un suon che attenta Europa ascolta: poeti, scienziati, cittadini nell'ateneo pavese tra riforme e rivoluzione. Università di Pavia, 13–15 dicembre 2000*, a cura di Angelo Stella e Gianfranca Lavezzi, 155–233, Pavia: Istituto editoriale Cisalpino, 2001.

Cunningham, Andrew. *The anatomical Renaissance*. Brookfield: Scolar Press, 1997.

Di Maro, Maria. "'La fatica de i corpi egri mortali / la sua meraviglia ora a me narra': per uno studio sul sapere anatomico nella produzione in versi di età barocca." *Critica Letteraria* 199, II (2023): 263–83.

Di Maro, Maria. "Immagini mediche ne *Le maraviglie poetiche di Federigo Meninni*." In *Letteratura e altre scienze*. Incroci e sovrapposizioni, a cura di Lorenzo Battistini, Maria Di Maro, Lucia Faienza, Lorenzo Marchese, 123–35, Brussels: Peter Lang, 2023.

Girotto, Carlo Alberto. Meninni, Federigo. In *Dizionario Biografico degli Italiani*. Roma: Istituto della Enciclopedia italiana, vol. 73, 2009, *ad vocem*.

Labellarte, Alberto. *Atomismo e Corpuscolarismo nella Napoli di fine Seicento*. Roma: Armando editore, 2019.

Mandressi, Rafael. *Le regard de l'anatomiste: dissections et invention du corps en occident*. Paris: Editions du Seuil, 2003.

Miglietti, Sara. "Tesmoings oculaires. Storia e autopsia nella Francia del secondo Cinquecento." *Rinascimento*, 50 (2010): 1–40.

Motolese, Matteo. *La poesia didascalica*. In *Storia dell'italiano scritto*, a cura di Giuseppe Antonelli, Matteo Motolese e Lorenzo Tomasin, 223–255. Roma: Carocci, 2014, vol. I.

Osbat, Luciano. *L'inquisizione a Napoli. Il processo agli ateisti (1688–1697)*. Roma: Edizioni di Storia e di Letteratura, 1974.

Peters, Susanna N. "The Anatomical Machine: A Representation of the Microcosm in the Adone of G.B. Marino." *MNL* 88, no. 1 (1973): 95–110.

Preti, Cesare. *Grandi, Iapoco*. In *Dizionario Biografico degli Italiani*. Roma: Istituto della Enciclopedia italiana, vol. 58, 2002, *ad vocem*.

Raimondi, Ezio. *Verso il realismo*. In *Il romanzo senza idillio*, 3–56. Torino: Einaudi, 1974.

Sawday, Jonathan. *The body emblazoned. Dissection and the human body in Renaissance culture*. London: Routledge, 1995.

Van Delft, Louis. "Littérature / Anatomie." In *Testo letterario e sapere scientifico*, a cura di Carmelina Imbroscio, 146–69. Bologna: CLUEB, 2003.

Van Delft, Louis. *Frammento e anatomia. Rivoluzione scientifica e creazione letteraria*. Bologna: Il Mulino, 2004.

11

La retorica dell'anatomia patologica tra indagine sperimentale e meditazione morale

Maria Pia Donato

Nel 1761 esce dai torchi a Venezia *De Sedibus et causis morborum per anatomen indagatis* di Giovan Battista Morgagni, celebre e ormai anziano professore di anatomia a Padova. L'opera – centinaia di pagine in latino aulico sull'anatomia e la patologia degli organi, inframmezzate di casi clinici e relazioni autoptiche – è ibrido tra il trattato sistematico e il libro di controversie. Pur essendo oggetto di giudizi contrastanti da parte di storici della medicina di diversa provenienza[1], l'opera segna indubbiamente un passaggio critico nel consolidamento di un metodo di studio della malattia incardinato sulla necroscopia, che nei decenni precedenti si era andato lentamente configurando come un ambito specifico di quel che Linda Bisello e Carla Mazzarelli definiscono qui la civiltà dell'anatomia.

Le pagine che seguono offrono qualche riflessione su un aspetto particolare di questa "civiltà dell'anatomia": il linguaggio dell'*anatomia practica* quale semantica e pragmatica della conoscenza del corpo tra XVII e XVIII secolo – un'epoca, cioè, in cui si ridefiniscono le coordinate teoriche e pratiche del post mortem patologico. È un linguaggio che comporta e insieme corrobora una certa visione del corpo e un'ideologia medica dell'obiettività che la tecnica stessa e, appunto, la sua retorica tendono a naturalizzare.

Sin dalle origini, la pratica anatomica e anatomo-patologica presuppone dei rapporti di potere che permettono ai medici di disporre del "materiale umano" prelevato dai ceti umili o da gruppi marginali della società. La

---

1 Un "punto fermo" nello sviluppo della medicina clinica secondo Mark D. Altschule, *Essays on the Rise and Decline of Bedside Medicine* (Bangor: Tottsgap, 1989), 65–67, e punto saliente di un nuovo approccio anatomo-clinico secondo Russell C. Maulitz, *Morbid Appearances: the Anatomy of Pathology in the Early Nineteenth Century* (Cambridge: Cambridge University Press, 1987) 18–19, e Othmar Keel, *L'Avènement de la médecine clinique moderne en Europe 1750–1815* (Montréal: Presses de l'Université de Montréal, 2001), 184–86. Altri studiosi ne evidenziano, sulla scia di Foucault, la continuità con la medicina solidista sei-settecentesca, p. es. Erwin H. Ackerknecht, *Medicine at the Paris Hospital, 1794–1848* (Baltimore: Johns Hopkins Press, 1967); Guenther B. Risse, "La sintesi tra anatomia e clinica," in *Storia del pensiero medico occidentale*, a cura di Mirko B. Grmek, vol. 2 (Roma-Bari: Laterza, 1996), 291–334.

DOI:10.1163/9789004691643_017

questione che pongo qui è come il linguaggio partecipi alla naturalizzazione di tali rapporti, alimentando al tempo stesso un'epistemologia del patologico. In parte, dunque, riprenderò l'argomento foucaldiano sul potere/sapere del medico al tavolo settorio[2] alla luce delle interpretazioni dell'anatomia come teatro morale di studiosi di vari ambiti disciplinari[3]. Nonostante si fondi su una visione morale di salute e malattia, il dispositivo retorico non mira a suscitare riflessioni edificanti attraverso meraviglia e terrore, bensì a creare distanza tra il vivo e il morto. Ottimi studi hanno evidenziato le implicazioni emotive del contatto con il cadavere nell'educazione dei medici e nella definizione della persona pubblica dell'anatomista[4]. Per parte mia, in una prospettiva più sensibile alle sollecitazioni dell'ermeneutica, mi soffermerò sulla combinazione di filosofia medica, condizioni materiali e artifici retorici e lessicali che fanno sì che guardare nel corpo malato sia vedere l'altro, piuttosto che rispecchiarsi nel Creato, e consolidano una tecnica d'indagine in un vero e proprio paradigma anatomo-patologico. Di tale oggettivazione, la retorica (tanto nella selezione

2 Michel Foucault, *Naissance de la clinique* (Paris: PUF, 1963). Com'è noto, Foucault considera la riorganizzazione rivoluzionaria degli ospedali e della formazione medica in ospedale dei fattori necessari all'emergere di una moderna configurazione di potere del medico sui corpi dei malati, non più guardati come individui (seppur più o meno socialmente subordinati) ma come materiale inerte sul quale esercitare l'osservazione medica, che diventa allora una vera e propria istituzione autonoma generando una concettualizzazione della malattia basata prevalentemente sulla correlazione tra sintomi e lesioni. Non è certo questa la sede per una discussione critica di quest'opera fondamentale, che è stata oggetto di forti critiche (in particolare circa la genealogia intellettuale di nozioni proprie della patologia moderna nonché della storia materiale della pratica anatomo-patologica tra Sei e Settecento), preme tuttavia sottolineare che un tratto complessivamente sottovalutato è precisamente l'idea secondo la quale la concezione moderna della patologia sia socialmente costruita in un contesto storico, nel quale un modo particolare di concettualizzare la malattia corrisponde a dei modi specifici di governare i malati, ossia a un potere del medico. *Naissance de la Clinique* è in altre parole, come diceva il sottotitolo poi soppresso nelle edizioni successive, una archeologia dello sguardo del medico, e, in definitiva, di un'ideologia medica – e in questo senso mantiene tutta la sua forza euristica.

3 Sui risvolti culturali e morali della lezione di anatomia, in una bibliografia abbondantissima, cito solo gli studi seminali di Jonathan Sawday, *The Body Emblazoned* (London: Routledge, 1996); Giovanna Ferrari, "Public Anatomy Lessons and the Carnival: the Anatomy Theater of Bologna," *Past and Present* 117 (1987): 50–106, e per la chiarezza della definizione, Anita Guerrini, "Alexander Monro 'Primus' and the Moral Theatre of Anatomy," *The Eighteenth Century* 47, (2006): 1–18, e sul versante letterario Louis Van Delft, *Frammento e anatomia* (Bologna: il Mulino 1995), rimandando all'introduzione di L. Bisello e C. Mazzarelli per approfondimenti.

4 Per limitarci all'età moderna, Linda Payne, *Learning Medical Dispassion in Early Modern England* (Ashford: Ashgate 2007); Rafael Mandressi, "Affected Doctors: Dead Bodies and Affective and Professional Cultures in Early Modern European Anatomy," *Osiris* 31 (2016): 119–136.

e disposizione degli argomenti e informazioni quanto nel linguaggio) è un aspetto costitutivo.

1 Alcune note preliminari sull'anatomia medica

Può essere utile richiamare alla memoria alcuni preliminari. Sin dal Medioevo, com'è noto, si distinguono due tipi di necroscopia. La prima serve a dimostrare la struttura del corpo e si svolge prevalentemente in ambito universitario; la seconda ha finalità diagnostica di natura legale, sanitaria o patologica, ed è in genere limitata alle tre cavità di testa, torace, addome. Certo, la conoscenza della struttura del corpo ha una grande utilità terapeutica, come insegna Galeno in *De locis affectis*, eppure, come afferma in *De usu partium*, la sua finalità ultima è la comprensione della Natura. Il suo oggetto è il corpo naturale e temperato, almeno in teoria.

Nella realtà, cadaveri vecchi, deformi e malati spuntano talvolta in mezzo ai corpi temperatissimi che esigerebbe l'anatomia filosofica. Se non altro per parsimonia: il cadavere è una risorsa rara, e gli anatomisti non intendono sprecarla dato tutto quel che offre in termini di conoscenza e, come ha notato Andrea Carlino, di distinzione professionale[5]. Qualora tali "interferenze" siano esplicitate dagli anatomisti rinascimentali, per esempio Realdo Colombo nel celebre libro XV in *De Re Anatomica*, la questione soggiacente è il mostruoso, più che il morboso, e alimenta la riflessione filosofica sul naturale, più che quella medico-pratica sulle malattie.

Certo – è un'ovvietà, nonostante una certa tendenza degli storici a dimenticarlo per poi riscoprirlo quasi con sorpresa –, il galenismo rinascimentale non disdegna di cercare nei cadaveri le cause della morte o una conferma della parte affetta, specialmente se le *auctoritates* hanno già affrontato il problema. Un esempio classico è la pleurite, discussa tra gli altri da Galeno e Areteo e ripresa da innumerevoli autori di età moderna, come ha mostrato Adrian Wilson in un fondamentale studio sulla storia del concetto di malattia[6]. Né, ovviamente, i medici di età moderna formatisi alle dottrine ippocratico-galeniche sottovalutano l'importanza delle parti solide, sebbene la visione qualitativa del corpo

---

5 Andrea Carlino, "Il cadavere esibito. Le poste in gioco dello spettacolo anatomico della medicina rinascimentale," *Micrologus* 7 (1999): 405–19.

6 Adrian Wilson, "On the History of Disease-Concepts: The Case of Pleurisy," ora nel suo *Ideas and Practices in the History of Medicine, 1650–1820* (Farnham: Ashgate, 2014), 189–254. Evan Ragland, *Making Physicians. Traditions, Teaching, and Trials at Leiden University, 1575–1639* (Leiden: Brill, 2024) ha recentemente discusso questo punto in relazione all'insegnamento universitario dei testi di Galeno.

porti a mettere l'accento sugli ubiquitari umori più che gli organi, alle quali si attribuiscono comunque delle facoltà metafisicamente determinate. Perciò, nei compendi cinquecenteschi s'incontrano brevi descrizioni autoptiche a conferma o a complemento degli Antichi. In generale, però, l'apertura del cadavere fornisce informazioni su particolari, da raccordare con una dottrina malleabile ma sostanzialmente data, che è poi la vocazione della *medicina practica* tra Medioevo e prima modernità.

All'interno di queste coordinate intellettuali, la riscoperta di Ippocrate rimette all'onore la descrizione di casi, come nei postumi *Epidemiorum et ephemeridum libri duo* di Guillaume de Baillou (1640) che contiene anche delle relazioni di autopsie[7]. Non mi pare irrilevante che si tratti di un'opera postuma: una pubblicazione postuma attenua una certa rigidità dei generi ereditati dalla medicina dotta nell'età della stampa (il commento, il compendio, il trattato, il problema). L'apertura dei cadaveri a fine medico-legale, pur essendo in sé gesto antico, fatica a trovare un proprio genere epistemico, secondo la definizione di Gianna Pomata[8]. Non a caso, sono numerose le pubblicazioni postume tra le raccolte di *curationes* e *observationes* che si affermano come nuovo prodotto editoriale nel Cinquecento e che possono contenere anche dei casi terminati con l'apertura del cadavere, a cominciare dalla celebre antologia di Antonio Benivieni *De abditis nonnullis ac mirandis morborum et sanationum causis* pubblicata nel 1507 da suo fratello Girolamo e da Giovanni Rosati.

Si tratta, beninteso, di un fenomeno abbastanza limitato quantitativamente e circoscritto nell'orizzonte delle cause della morte, se non di ritrovamenti occasionali. Alla ricerca di padri nobili dell'anatomia patologica come disciplina moderna, molto si è scritto sull'enfasi di alcuni autori del Cinque-Seicento sulle "cause nascoste dei mali", alla Benivieni. Delle centoundici storie di Benivieni, però, solo quattordici parlano di una necroscopia. Qualche anno più tardi, Rembert Dodoens scrive che l'autopsia permette di confermare le congetture, ma le sue brevi relazioni sono venti in tutto; il più dettagliato è un idrocele degenerato, ossia una patologia degli organi genitali generalmente trattata dal chirurgo in quanto male delle parti esterne. La rapida descrizione della cavità toracica di alcuni morti durante un'epidemia di mali di petto è l'unica che trascende il caso individuale[9]. Ancora verso la metà del Seicento, nella prima edizione delle *Observationes* di Nicolaes Tulp, medico di Amsterdam incaricato

7 Guillaume de Baillou, *Epidemiorum et ephemeridum libri duo* (Parisiis: apud J. Quesnel 1640).

8 Gianna Pomata, "Sharing Cases: The Observationes in Early Modern Medicine," *Early Science and Medicine*, 15 (2010): 193–236.

9 Rembert Dodoens, *Medicinalium observationum exempla rara* ... (Coloniae: Cholinus, 1581), 98–100 e 42–44.

tra l'altro di tenere le lezioni di anatomia ai chirurghi della sua città, circa la metà delle 164 storie riguarda condizioni che si possono definire chirurgiche secondo le categorie coeve, anche se trattate da medici; comunque, nonostante la rivendicazione di metodo, le necroscopie sono solo una trentina[10].

Ciò non vuol dire che le cose non mutino nel tempo. Come già molti anni fa hanno sottolineato eccellenti studiosi quali Esmond Long e Nancy Siraisi, le diverse forme di necroscopia – dissezione anatomica e autopsia – si legittimano mutualmente nel corso dell'età moderna[11]. Se la rivendicazione della dignità filosofica dell'anatomia domina il momento vesaliano, quando si tratta di stabilirne l'autonomia accademica, l'affermazione della sua utilità pratica è frequente tra gli anatomisti pre-vesaliani finemente studiati da Levi Lind e più recentemente da Roger French[12], e ricompare nel Seicento per diventare un tema portante sul finire di quel secolo. Come scrive Johann Conrad Peyer in un breve testo circa il *Methodus historiarum anatomico-medicarum* pubblicato a Parigi nel 1678, nessuno può trarre frutto da un'osservazione patologica se prima non si è addestrato sulla "anatomia dei sani" – sarebbe come un cieco in mezzo ai colori, incapace di cogliere con la mano e con l'occhio quanto di "anormale e morboso" devia dalla "giusta norma della natura" di un corpo naturale tale "una statua di Policleto[13]."

Nel Seicento, dunque, diventano più numerose le raccolte che già dal titolo annunciano osservazioni anatomiche, mediche e chirurgiche (in buona sostanza, di natura patologica). Peyer stesso è un buon esempio di medico versato nei diversi tipi di indagine post-mortem, oltre che di anatomia comparata e vivisezione animale. Nella *Exercitatio anatomico-medica de glandulis intestinorum earumque usu et affectionibus* descrive i follicoli agminati dell'intestino tenue che portano il suo nome, nonché le patologie correlate senza però su questo aspetto ricorrere a evidenze sul cadavere; ma l'*Exercitatio* e il *Methodus* sono ripubblicati tra i *Parerga anatomica et medica septem*

10 Nicolaes Tulp, *Observationum medicarum libri tres* (Amstelodami: Elzeviri, 1641), 2: "observationes, quas demonstravit Anatome, verus medicinae oculus. Cujus lumine, ut irradiantur intima corporis penetralia: sic producuntur ejiusdem beneficio, quasi in chiaram lucem, abditissimae, occultorum morborum causae."

11 Esmond R. Long, *A History of Pathology* (New York: Dover, 1965); Nancy G. Siraisi, "Segni evidenti, teoria e testimonianza nelle narrazioni di autopsie del Rinascimento," *Quaderni Storici*, 36 (2001): 719–44.

12 Levi R. Lind, *Studies in Pre-Vesalian Anatomy: Biography, Translations, Documents* (Philadelphia: American Philosophical Society, 1975); Roger K. French, *Dissection and Vivisection in the European Renaissance* (Aldershot: Ashgate, 1999).

13 Johannes Conrad Peyer, *Methodus historiarum anatomico-medicarum, exemplo ascitis, vitalium organorum vitio, ex pericardii coalitu cum corde nati illustrata* (Parisiis: Lambertum Roullaud, 1678), 24–25.

ratione ac experientia parentibus concepta et edita insieme con alcune "storie anatomico-mediche," una delle quali illustrata pure da un'incisione[14].

Altrettanto numerosi sono i prodotti editoriali ibridi – compilazioni, pastiches, riedizioni di opere accresciute con osservazioni post mortem che ne rafforzano il contenuto empirico proprio sul versante anatomo-patologico. Per fare un solo esempio, nel 1656 Otto van Heurn, professore di medicina pratica, anatomia e chirurgia a Leida, dà alle stampe una riedizione della celebre *Medicina* di Jean Fernel con l'aggiunta di osservazioni sue e del padre Johannes, e trenta *historiae*, circa la metà con apertura di cadavere e quasi tutte realizzate nell'ospedale cittadino[15].

Il processo di allineamento, in effetti, è alimentato dalla stabilizzazione dell'insegnamento anatomico in varie forme e sedi[16]. Non si tratta solo dei teatri universitari, che pure si moltiplicano in tutta Europa. Dimostrazioni si svolgono presso i collegi medici e le corporazioni professionali, specialmente nell'Europa centro-settentrionale dove prevale un'organizzazione distinta tra medici da un lato e chirurghi e barbieri dall'altro. Anche negli ospedali, alcuni studi hanno mostrato che si allestiscono spazi ad hoc per le dimostrazioni anatomiche[17]. Quel che è certo è che, pur rimanendo in una zona grigia normativa e al centro di ricorrenti tensioni, l'apertura post mortem negli ospedali s'intensifica nel Seicento, anche perché serve alla formazione dei medici e soprattutto dei chirurghi, con insegnamenti sempre più formalizzati come l'anatomia chirurgica e le "operazioni" con esercitazioni pratiche sul cadavere. In modo speculare, i corpi dei pazienti deceduti nei luoghi pii iniziano a essere portati all'università per le dimostrazioni accademiche pubbliche – a Padova

---

14 Rispettivamente: Scafhusae: Riedingius, 1677, e Genevae: Herman Widerholt, 1681.

15 *Joannis Fernelii universa Medicina, sive Opera Medicinalia ... Omnia notis, observationibus et remediis secretis Johannis et Otthonis Heurnii, aliorumque praestantissimorum Medicorum scholiis illustrate* (Utrecht: Gijsbert Van Zijll, Dirck Van Ackersdijck, 1656). Più in generale sul contesto neerlandese Ragland, *Making Physicians.*

16 Maria Pia Donato, "Anatomia, autopsia, sectio: problemi di fonti e di metodo (secoli XVI–XVII)," in *Anatome. Sezione, scomposizione, raffigurazione del corpo fra Medioevo e Età Moderna*, a cura di Giuseppe Olmi e Claudia Pancino (Bologna: Bononia University Press, 2012), 137–60.

17 Sui teatri anatomici negli ospedali, cfr. Alvar Martinez Vidal, José Pardo Tomas, "Anatomical Theatres and the Teaching of Anatomy in Early Modern Spain," *Medical History* 49 (2005): 251–80; Jan C.C. Rupp, "Matters of Life and Death; The Social and Cultural Conditions of the Rise of Anatomical Theatres, with Special Reference to Seventeenth-century Holland," *History of Science* 28 (1990): 264–87; Karin Stukenbrock, *Der zerstückte Cörpe: zur Sozialgeschichte der anatomischen Sektionen in der frühen Neuzeit (1650–1800)* (Stuttgart: Franz Steiner, 2001); Tim Huisman, *The Finger of God. Anatomical Practice in Seventeenth-Century Leiden* (Leiden: Primavera Pers, 2009).

e Leida è attestato a fine Cinquecento e formalizzato a metà Seicento, a Parigi nel 1707, a Wittenberg nel 1722 e l'anno dopo a Lipsia …[18]

Quel che preme sottolineare ai fini delle questioni poste da questo volume sono le conseguenze teoriche e pratiche. In primo luogo, come si è già ricordato a proposito di Tulp, quando le dimostrazioni sono rivolte a medici in attività e ai chirurghi, sono caratterizzate da una maggiore attenzione alle condizioni patologiche. Del resto, molti mali alla frontiera tra i due ambiti professionali quali tumori, ernie e calcoli sono facilmente visibili e manipolabili e, aspetto sottolineato da Domenico Bertoloni Meli, collezionabili in gabinetti di curiosità[19]. Inoltre, si ispeziona tutto il corpo anche quando si sospetta già la sede del male, si preparano parti da tenere per studio ulteriore, si applicano tecniche di anatomia artificiosa (macerazioni, iniezioni di liquidi e cera, etc.), si notano anomalie di vario tipo …[20]

Tornando al fondamento teorico dell'anatomia medica, Roger French ha insistito sull'importanza di Jean Riolan juniore e del galenismo parigino. I suoi *Anthropographia* (1618) e *Encheiridion anatomicum et pathologicum* (1648) mobilizzano le categorie aristotelico-galeniche di imperfezione per argomentare l'utilità dell'ispezione dei cadaveri, pur rimanendo nel perimetro di un approccio galenico alla localizzazione. Del resto, la convergenza tra le problematiche di *De usu partium* e *Locis affectis* caratterizza numerosi trattati seicenteschi di anatomia degli organi, sul modello del *De renibus* di Eustachi, ossia studi nei quali sono discusse e esaminate sul cadavere anche le alterazioni della parte oggetto della trattazione. L'*Anatomia hepatis* di Francis Glisson è un ottimo esempio di ciò che Cunningham ha definito "pathology within anatomy[21]." Ricordiamo per inciso che si tratta di un testo scaturito dalle lezioni svolte da Glisson al College of Physicians di Londra intorno al 1660.

Pur tenendo in debito conto la resiliente eredità galenica, tuttavia, il metodo anatomico ne rappresenta un intrinseco fattore di crisi. In fondo, Galeno conosce una seconda vita *malgré lui*: da Harvey a Pequet e oltre, offre in un certo

18 Jürgen Helm, Karin Stukenbrock (hrg), *Anatomie. Sektionen einer medizinischen Wissenschaft im 18. Jahrhundert* (Wiesbaden: Franz Steiner 2003).

19 Domenico Bertoloni Meli. *Visualizing Disease: The Art and History of Pathological Illustrations* (Chicago: University of Chicago Press, 2017).

20 Maria Pia Donato, "Il normale, il patologico e la sezione cadaverica in età moderna," *Quaderni storici* 136 (2011): 75–98; Huisman, *The Finger of God*, 152. Più in generale restano fertili le osservazioni di Oswei Temkin, "The Role of Surgery in the Rise of Modern Medical Thought," ora in *The Double Face of Janus and Other Essays in the History of Medicine* (Baltimore: Johns Hopkins Univerity Press, 1977), 487–96.

21 Andrew Cunningham, *The Anatomist Anatomis'd. An Experimental Discipline in Enlightenment Europe* (Farmham: Ashgate, 2010), 186–89.

senso la trama della ricerca. Questa tuttavia subisce dal metodo stesso una progressiva torsione solidista e addirittura materialista. Per altro, per generare un vero e proprio paradigma anatomo-patologico, occorre che vari fattori concreti e intellettuali convergano: non solo che si affermi la possibilità di aprire corpi in modo regolare e che ci sia un certo numero di medici che condividano procedure, lessico e aspettative (se non altro per mera accumulazione) su cosa sia una deviazione "anormale e morbosa" dalla "giusta norma della natura", per riprendere le parole di Peyer, ma anche che l'economia dimostrativa del discorso si modifichi. Si torna così al tornante di metà Seicento e, finalmente, al linguaggio.

Il medico svizzero Johann Jacob Wepfer, connazionale e mentore di Peyer, è uno dei primi a riformulare esplicitamente una patologia sui cadaveri, più precisamente l'apoplessia. Wepfer è un galenista (se tale termine ha davvero senso), il quale ritiene però contro altri galenisti, primo fra tutti Riolan, che la scoperta della circolazione del sangue imponga la revisione di vecchie dottrine. Il suo libro è appunto, galenicamente, una *Exercitatio medica de loco affecto in apoplexia* che però inverte il regime della dimostrazione[22]. Wepfer, infatti, inizia la sua trattazione con quattro storie di malati, con ampia descrizione del cadavere. Al testo sono poi frammisti altri casi. Nella seconda edizione del 1675 si aggiungono ulteriori diciassette osservazioni autoptiche con *scholium*, quasi tutte realizzate nel locale ospedale.

Lo slittamento dello statuto epistemico del post-mortem patologico è chiaramente rilevabile anche nel linguaggio, tanto di Wepfer quanto dei suoi contemporanei. In una tesi recente, Anne-Marie Pimpaud ha analizzato i vocaboli usati nei testi antologizzati nel *Sepulchretum* di Théophile Bonet e ha rimarcato la ricorrenza di termini tipici del registro chirurgico (erosione, escoriazione, fissurazione, carie, formazioni "cartilaginose," "ossee," "pietrose", etc.) e di sempre più comuni riferimenti alla manipolazione di organi e escrescenze varie durante l'autopsia[23]. Inoltre, espressioni quantitative analogiche (la noce, l'uovo, la mela) non scompaiono ma sono affiancate da unità astratte di peso (l'oncia, la libbra, etc.). Ovviamente, non dico che il tatto non fosse fino ad allora parte integrante dell'ispezione anatomica e patologica[24], ma

22 Johann Jacob Wepfer, *Observationes anatomicæ, ex cadaveribus eorum, quos sustulit apoplexia, cum exercitatione de ejus loco affecto* (Schaffhusii: Joh. Caspari Suteri, 1658).

23 Anne-Sophie Pimpaud, *Les Ouvertures de corps aux XVIe et XVIIe siècles : prémices de l'anatomie pathologique*, tesi di dottorato, École pratique des hautes études/PSL, 2022, in riferimento a Théophile Bonet, *Sepulchretum sive anatomia practica ex cadaveribus morbo denatis* (Genevae: Leonardi Chouët, 1679).

24 Su questo aspetto, si veda da ultimo l'ottimo contributo di Viktoria von Hoffmann, "Epistemologies of Touch in Early Modern Holy Autopsies," *Renaissance Quarterly*. 75

estesi riferimenti espliciti si generalizzano, il che suggerisce che si presuppongono nella comunità epistemica di riferimento di questi testi delle pratiche e delle aspettative precise in merito. Aggiungo che in certi casi si rimanda esplicitamente a operazioni di misurazione strumentale. Il medico romano Giovanni M. Lancisi, per esempio, usa nello stesso libro sia analogie (un melograno, una moneta da un giulio) che il peso come rilevato con una bilancia[25]. Morgagni, dal canto suo, ricorre volentieri alla natura (l'uovo, l'acino d'uva ...), a misure di quantità (l'oncia), e a strumenti di misurazione (il cucchiaio) e ad esperimenti per saggiare peso e consistenza di organi, tessuti ed escrescenze (che sono accostati a fiamma, gettati in acqua, etc.).

Soprattutto, al maggiore spessore descrittivo si accompagna una nuova retorica dell'oggettività – o per meglio dire, una nuova retorica del soggetto impegnato in una operazione di oggettivazione di ciò che emerge sotto il coltello del medico[26]. Si possono rapidamente confrontare due autori già citati, Riolan e Wepfer, e contrapporre le poche righe del primo[27], alla dovizia di particolari del secondo[28]. La descrizione dell'esame della testa di Barbara Zuberin, un'anziana

---

(2022): 542–582, che torna sulla questione del tatto utilizzando fonti mediche e non. In generale, rispettivamente sulla clinica e l'anatomia, Michael Stolberg, "Examining the Body, c. 1500–1750," In *The Routledge History of Sex and the Body: 1500 to the Present*, ed. Sarah Toulalan and Kate Fisher (London: Routledge, 2013), 91–105, e Cynthia Klestinec, "Practical Experience in Anatomy." In *The Body as Object and Instrument of Knowledge: Embodied Empiricism in Early Modern Science*, ed. Charles T. Wolfe and Ofer Gal (Dordrecht: Springer, 2010), 33–57. Più in generale, sono interessanti le osservazioni di Danijela Kambaskovic-Sawers e Charles T. Wolfe. "The Senses in Philosophy and Science: From the Nobility of Sight to the Materialism of Touch." In *A Cultural History of the Senses in the Renaissance*, ed. Herman Roodenburg, (London:Bloomsbury, 2014), 107–25.

25 Cito dall'edizione moderna di Giovanni M. Lancisi, *De Motu Cordis et Aneurysmatibus*, edited and translated by Wilmer Cave Wright (New York: The Macmillan Company, 1952), 93–95 e 223.

26 Su questo punto, sebbene riferite a un periodo posteriore, rimando alle suggestioni di Lorraine Daston e Peter Galison, *Objectivity* (New York: Zone Books, 2007), in particolare nel capitolo V.

27 Jean Riolan, *Anthropographia et Osteologia* (Parisiis: Dionisi Moreav, 1626, II edizione), 184: "Id confirmabo memorabili exemplo illustrissimi viri Augusti Thuani piae memoriae, ... Aperto cadavere deprehendi iecur induratum, rotundum instar corporis sphærici, farctum & transfixum gypsea pituita seruum referente, pancreas amplitudine sua & pondere iecur ipsum æquabat, totum schirrosum, multis glandulis specie ovi columbini differtum, lien adeo exilis & exiguus erat, ut vix unciam ponderasset."

28 Wepfer, *Observationes*, 7–9, circa Barbara Zuberin una settantenne morta in ospedale nel 1657:
"Caput aperui. Olla ablata, orbiculatim duram menyngem mediana discidi, corpus falciforme a crista galli liberavi, ac laterales sinus dissecui: hinc reclinato ad latus cerebro, omnia nervorum paria, arterias carotides prope infindibulum, infindibulum ipsum,

morta in ospedale nel 1657, occupa quattro pagine sulle sei dell'intero capitolo: Wepfer restituisce al lettore ogni gesto che compie anche nella valutazione di misura, gusto, consistenza, conducendolo alla scoperta del danno organico. Si tratta di una retorica della prova caratteristica dello sperimentalismo di età moderna. Ottimi studi, risalenti già agli anni 1980 e 1990 quando la storia della scienza e della medicina si aprivano alle suggestioni della storia culturale e del costruttivismo, hanno riformulato la questione dei linguaggi verbali e non verbali della scienza in generale, e della scoperta in particolare[29]. Nel nostro specifico, limitiamoci a osservare che tale retorica spinge l'anatomia verso la fisiologia sperimentale e allo stesso tempo contribuisce alla ridefinizione epistemologica dell'autopsia da elemento secondario a elemento principale in chiave induttiva nello studio della malattia.

---

arterias vertebrales, ubi in occipite emergunt, ac denique medullam oblongatam, in ipso orificio magno occipitis, abscindi, atque ita cerebrum undique ab omnibus vinculis liberum, totum extraxi, quo penitius subiti casus proximam causam perscrutari valerem. Exemto cerebro, duram menygem ei adhuc incumbentem elevavi: apparuit pars dextra cerebri superiora ac posterior, inferior, non tamen ad basim usque, et anterior frontem versus tota sanguine suffusa. Cerebrum ibidem molle erat et humor quidam in eo fluctuans manifeste attactu deprehendi poterat: in eximendo hoc in latere rimam egit, ex qua promimuit grumus sanguinis nigerrimi, nucis myristice magnitudine; digito immisso sensim cultello rimam dilatavi: inveni cavitatem amplam ad frontem fere antrorsum, sursum ad corpus fere falciforme et sinum tertium, posteriora versus ultra cerebri dimidium, ac deorsum etiam ultra dimidium dilatatam. Longitudo hujus cavitatis, seu antri praeternaturalis, octo, latitudine quatuor; et profunditas duas cum semisse uncias superavit. Continuit grumum sanguinis ovum gallinaceum aequantem, praeter alios minores grumos et fluitantem sanguinem, pondere unciarum circiter octo, vel integrae fere librae. Ventriculum lateralem primo intuito opinati sumus: verum accuratius inquirendo, invenimus cavitatem hanc non esse ventriculum vel ejus portionem aliquam, sed peculiarem et p.n. a sanguine ex rupto ramo aliquo, sobole insignis rami arteriae carotidis anterioris, qui postquam nervos opticos trascendit, in parte anteriore et laterali cerebri notabilem anfractum ingreditur, ac non procul ab exortu in plurimos ramos scinditur, inter omnes cerebri anfractum medios incedentes, quandoque eorum superficiem scandentes, mox descensuri ulterius per medios anfractus sursum ad corpus falciforme fere in minutissimos subdivi surcolos, ambulaturi: horum etiam non pauci nec uno in loco manifeste cerebri substantiam subeunt. Et quidem hujus arteriae ramos unum vel plures hoc in loco ruptos fuisse, clare et sine dubio cognoscere potuimus, nam dum illius progressum in eo latere investigavimus ..."

29 Per esempio: Peter Dear (ed.), *The Literary Structure of Scientific Argument. Historical Studies* (University Park: University of Pennsylvania Press, 1991); Giorgio Baroncini, *Forme di esperienza e rivoluzione scientifica* (Firenze: Olschki, 1992); Christian Licoppe, *La Formation de la pratique scientifique. Le discours de l'expérience en France et en Angleterre (1630–1820)* (Paris: la Découverte, 1996). Sulle immagini, Sachiko Kusukawa, *Picturing the Book of Nature: Image, Text, and Argument in Sixteenth-Century Human Anatomy and Medical Botany* (Chicago: University of Chicago Press, 2012); Daston e Galison, *Objectivity*.

È vero che per tutto il Seicento e oltre, non c'è un termine preciso per designare la materia: "anatomia utile" la definiva Riolan, *anatomia practica* la chiamano Thomas Bartholin, Théophile Bonet, Steven Blankaart: pratica, come scrive Peyer, non tanto in riferimento all'anatomia "che di sua stessa natura tale è, ma all'arte medica con cui coincide" (si intende qui la medicina pratica, la branca della medicina che si occupa delle malattie)[30]. Inoltre, per tutto il XVII secolo, continua a prevalere il formato dell'antologia di casi. Forse il giudizio di Andrew Cunningham circa l'aridità e l'inerzia epistemica di raccolte come le *Observationum anatomico-chirurgicarum centuria* di Frederik Ruysch (1691) è eccessivamente lapidario, ma coglie un tratto di queste antologie tardorinascimentali nelle quali i casi, per dirla ancora con Peyer, non si legano insieme a "tessere il filo della vera patologia[31]."

In fondo, anche il monumentale *Sepulchretum* è una biblioteca di luoghi comuni, sebbene Bonet intervenga editorialmente sulle osservazioni che egli trae da centinaia di autori dall'Antichità ai suoi giorni per meglio enucleare la descrizione del cadavere (per esempio, omette i dettagli biografici dei defunti)[32]. Il suo successo attesta l'interesse diffuso per questo tipo di informazione, ma anche quanto sia difficile "inventare" un nuovo genere di letteratura medica.

Del resto, non tutti hanno un'agenda filosofica precisa. Si può anzi concordare pienamente con Cunningham quando enfatizza la coerenza di un gruppo di medici italiani, da Malpighi a Valsalva, Lancisi fino a Morgagni, che può contare su condizioni ideali di lavoro tra luoghi pii e università, e inoltre lavora insieme per anni e a stretto contatto con chirurghi accademici e non e – aggiungo io – condivide un programma di meccanizzazione del corpo latamente ispirato a Galileo e Cartesio contro Aristotele e Galeno, con l'intento dichiarato "veras morborum causas, morborum sedes ex anatome recensere," come scriveva Lancisi[33]. Questi autori (non solo loro, ovviamente) esplicitano la problematica anatomo-clinica, ossia identificare i sintomi attraverso la conoscenza preliminare delle lesioni ottenuta con l'assiduità al tavolo settorio, e affinare la conoscenza della natura di una malattia dalle lesioni. Per far questo – ed è il punto che preme qui enfatizzare – ricorrono a una retorica

30 Peyer, *Methodus*, 3.

31 Cunningham, *The Anatomist*, 202.

32 Théphile Bonet, *Sepulchretum sive anatomia practica ex cadaveribus morbo denatis* (Genevae: Leonardi Chouët, 1679), sul quale si vedano le analisi di Volker Hess, J. Andrew Mendelsohn, "Case and Series: Medical Knowledge and Paper Technologies, 1600–1900," *History of Science* 48 (2010), 287–314.

33 Giovanni M. Lancisi, "Anatomica humani corporis synopsis," in *Opera Omnia* (Genevae: de Tournes, 1718), vol. 2, 247. Cunningham, *The Anatomist*, 204–12.

dell'oggettività che, a un esame ravvicinato, si rivela essere anche un efficace dispositivo letterario di distanziazione sociale.

2 *Morborum causas, morborum sedes ex anatome recensere* – e non solo quelle

Soffermarsi su Lancisi è utile a illustrare quel che ho definito il paradigma anatomo-patologico, di cui il medico romano è un buon rappresentante tanto per la filosofia medica meccanicista che anima il suo lavoro, quanto per il metodo e lo stile argomentativo.

Il suo primo lavoro di rilievo è un trattato teorico-pratico *De subitaneis mortibus*, pubblicato nel 1707 al termine di un'indagine ordinata dal papa su una serie di decessi improvvisi avvenuti a Roma. La trattazione di Lancisi procede in maniera sistematica dalle premesse anatomiche e fisiologiche su cui si basa la sua interpretazione (meccanicista) della vita e della morte in generale, e della morte improvvisa in particolare, per trattare quindi dei segni diagnostici e pronostici e infine delle strategie terapeutiche per prevenire un evento avverso o tentare di intervenire[34]. L'evidenza clinica e autoptica è mobilitata in vari passaggi dell'argomentazione, e nove storie sono descritte dettagliatamente in coda al libro. I primi quattro riguardano nobili e prelati curati privatamente da Lancisi, uno dei quali terminato con la morte e l'apertura del cadavere. Seguono cinque relazioni delle autopsie eseguite nel teatro anatomico della Sapienza in forma semipubblica (ossia aperta ad altri medici e pubblici ufficiali). A questo gruppo appartengono ovviamente solo uomini del popolo, dei quali Lancisi conosce solo quel poco che ha sentito dai parenti, senza però rinunciare all'ambizione di completezza. Le sue "osservazioni fisico-mediche" seguono lo schema ormai canonico (breve presentazione del soggetto, descrizione del cadavere, deduzioni sul processo morboso che ha condotto alla morte) e riproducono minuziosamente il procedimento d'indagine.

Il modo vivido in cui Lancisi rende la stratigrafia dell'indagine è ben esemplificato dalla relazione di un aneurisma dell'aorta, che vale la pena di riprodurre estesamente.

> Detracto enim sterno (quod parte sui dextera elatius erat sinistra) dexter pulmo rubicondior, et pleurae admodum adglutinatus, cum adnato duro, et magno corpore apparens, curiositatem nostram lactavit ... Latebat

34 Maria Pia Donato, *Morti improvvise. Medicina e religione nel Settecento* (Roma: Carocci, 2010).

enim statim extra pericardium aortae aneurysma; deinde adacto cultro, illico lamellam osseam deprehendimus figurae ovalis, quae externam dilatatae arteriae partem, qui sternum, costasque dexteras respicit, occupaverat. Sub ea lamina, et circum externam aortae cavitatem, quae anterius posita est, polypeam substantiam instar lardi in fornicem adeo concinne incrustatam invenimus. … Hoc siquidem corpus igne prius liquatum, et mox frigore integre concretum videbatur; non enim in multiplices laminas, ac veluti in folia distrahi (ut passim solet) patiebatur. … minori polypeo repagulo obsessam, tectamque aortam deprehendimus. Aneurysmatis interea cavitas tam ampla occurrit, ut pugnum facile admisisset, tamque grumoso plena sanguine, ut nihil fluidi amplius capere posse videretur; nusquam tamen magno aliquo foramine dehiscebat, licet ad cordis basim intra pericardium, et ad inferum latus aneurysmatis nigrae quaedam striae maiorum forte futurorum hyatum indicia, observatae fuerint. Longitudo ipsius aneurysmatis non excedebat longitudinis aortae, qua curva est, dimidium, quae proinde aorta tum supra, cum iuxta cor nativam diametrum … servabat. … etenim cum ipsum pericardium maxime tumidum, molle tamen, animadverteremus, suspicati fuimus de latente aliquo praeternaturali fluido. Sectum proinde ingentem dedit, quantum scilicet capere poterat, effusi, atque in grumos conversi cruoris quantitatem, quae certe duarum librarum pondus excedebat. Sanguis vero effluxerat, aperto intra vestibulum venae cavae iuxta dexteram auriculam foramine diametri unciae circiter unius[35].

35 Giovanni M. Lancisi, *De subitaneis mortibus* (Romae: Buagni, 1707), 219–21; trad. it. dell'Autrice: "Quando fu sollevato lo sterno (che era più elevato nella parte destra che nella sinistra), il polmone destro, eccessivamente rosso e completamente aderente alla pleura, che sembrava come se un largo corpo solido fosse cresciuto sopra, sollecitò la nostra curiosità … Proprio sotto il pericardio era nascosto un aneurisma dell'aorta. Quando fu inserito il coltello, incontrammo immediatamente una lamella ossea, di forma ovale, che aveva invaso la parte esterna dell'arteria dilatata, attraverso la quale aderiva allo sterno e alle costole. Sotto la lamella intorno alla cavità del primo tratto dell'aorta ascendente, trovammo una sostanza poliposa, assai simile a grasso, incrostata in una netta forma di arco. … Questo corpo sembrava essere stato sciolto dal calore vivissimo e poi solidificato dal freddo estremo. Infatti, non si lasciava separare in lamelle come in tanti fogli come avviene di solito. … Trovammo l'aorta bloccata da, e coperta con una più piccola barriera poliposa. Intanto, la cavità dell'aneurisma si rivelò essere tanto ampia che avrebbe potuto contenere il pugno di una mano, ed era così pieno di sangue grumoso che non avrebbe potuto ricevere altro fluido. Si potevano osservare alla base del cuore dentro il pericardio certe strie scure, forse indicazioni di più larghe fissurazioni future. La lunghezza di questo aneurisma non superava la metà della lunghezza dell'aorta fino alla curvatura, e questa conservava sopra e sotto il cuore il suo diametro naturale … Mentre esaminavamo il pericardio, estremamente gonfio e tuttavia morbido, sospettammo un qualche fluido

Si potrebbe cedere alla tentazione di separare l'accurata descrizione del danno organico dal suo substrato medico-filosofico, e ridurre così il paradigma anatomo-patologico a una forma di expertise nell'osservare il cadavere. In fondo, è ciò che hanno fatto generazioni di storici della medicina che hanno estratto il nocciolo empirico della medicina di età moderna dalle coeve "fallaci teorie" per riscrivere una storia disciplinare progressiva della medicina scientifica. In realtà, il testo di Lancisi tiene insieme una semantica e una pragmatica della conoscenza patologica. Restituisce il procedimento materiale e intellettuale che gli permette di scoprire le lesioni che è, al contempo e indissolubilmente, ciò che lo abilita a fare deduzioni a partire da quel materiale inerte. Inoltre, il referto autoptico è solo uno dei dispositivi di categorizzazione che si annidano nel testo e mettono a distanza del cadavere. Il linguaggio contribuisce a rafforzare l'oggettivazione della malattia che è anche una qualificazione sociale e morale di alterità. Ossia, un'ideologia.

La letteratura anatomo-patologica del Settecento, in effetti, si caratterizza non solo per lo spessore della descrizione autoptica, ma anche per la dovizia di particolari di ogni tipo che sono forniti sul morto e sul cadavere. Poiché la patologia non s'identifica con la lesione, che ne è solo l'esito, la *doctrina absoluta* delle malattie richiede una spiegazione per ogni sintomo e segno registrato e per ogni lesione constatata dopo il decesso, e viceversa. Lancisi riferisce dunque, come da prassi, informazioni sull'età, il temperamento, il mestiere, il comportamento, l'uso e abuso dei non-naturali e molto altro. Stefano Ascieri, ci dice, è un ciabattino che non lavora più con assiduità, e prima di morire "si era ingozzato del pranzo con molto vino." Un altro romano morto nel 1706, Giovan Battista Aranzi, è un servitore che "mangia tante castagne," e così via – si possono estrarre innumerevoli citazioni. La ricerca delle cause permette di accomodare elementi disparati all'interno di un quadro eziologico flessibile e multifattoriale. La patologia meccanicista sei-settecentesca conserva e anzi enfatizza la nozione di causa prossima, che alimenta una visione morale socialmente connotata della malattia: già profondamente ancorata nella tradizione ippocratico-galenica, questa è ora naturalizzata dal metodo autoptico, e ulteriormente consolidata dalla scelta delle informazioni fornite e dalle soluzioni lessicali e argomentative adottate. Non si tratta solo di segnalare comportamenti errati, bensì di moltiplicare gli aspetti morbosi del cadavere su cui attirare l'attenzione – dal viso violaceo al pene che resta eretto dopo il decesso, dal

---

anormale latente. E ovviamente quando incidemmo, risultò un'enorme quantità di sangue effuso e raggrumato, che sicuramente avrebbe pesato più di due once. Il sangue era infatti stato versato quando si era aperto nel vestibolo della vena cava presso l'auricola destra un foro di circa un pollice di diametro."

foro congenito nel cranio alla bile "simile a vero pus," dal sangue nero al cuore bovino – dettagli a prima vista necessari a un referto esaustivo ma che costruiscono l'immagine estraniante di corpi derelitti e deformati. Ovviamente, nulla è nuovo in sé, né l'importanza della storia clinica, né le categorie di analisi, né la causalità multifattoriale, ma sono risemantizzate grazie a una nuova configurazione con gli altri elementi empirici e teorici che compongono il paradigma anatomo-patologico, non da ultimo la ripetitività di tali annotazioni.

A tal proposito, è significativa, seppur non sorprendente, la differenza di registro quando, nella stessa opera, Lancisi si dilunga sulla storia medica e successiva autopsia di monsignor Spada, ossia svariate pagine in cui, se la descrizione degli organi è altrettanto dettagliata (pur senza accenno ai genitali), è attenuata da vocaboli di pietà ed espressioni ammirative disseminate nel testo[36].

Si potrebbe obiettare che *De subitaneis mortibus* ha un taglio medico-legale (si tratta, dopo tutto, di un'inchiesta sulla salute pubblica a Roma) e pone quindi maggior enfasi sulle vicende e le cause della morte degli individui esaminati, al fine di rassicurare governo e popolazione. Lancisi, in effetti, lo afferma esplicitamente: si tratta di portare alla luce le cause del decesso, diverse per ciascuno, seppur riconducibili a meccanismi generali che permettono di conoscere la morte subitanea come sindrome. Eppure, nella sua opera maggiore, *De motu cordis et aneurismatibus*, operano analoghi meccanismi.

In questo testo, Lancisi tratta di un organo e di una sua specifica patologia, di cui tenta di sistematizzare la correlazione tra osservazioni in vita e osservazioni post mortem. Si limita perciò nella maggior parte dei referti alla cavità toracica. La restituzione della progressiva scoperta del danno organico è vivida e minuziosa; a prima vista meramente fattuale, la descrizione è intessuta di termini che presuppongono e alimentano la visione meccanico-chimica del processo patologico. Trattandosi di autopsie parziali in un'opera dal prevalente approccio clinico, i dispositivi linguistici tendenti alla patologizzazione del corpo dei defunti sono meno evidenti che in *De subitaneis mortibus*, ma non assenti, se non altro nella lunghezza delle esposizioni autoptiche relative a persone di umili origini. Inoltre la visione morale di salute e malattia è altrettanto operante e, a una lettura ravvicinata, socialmente modulata[37].

---

36 Sullo stile della storia medica e anatomica da usare con illustri defunti, Lancisi scrisse "ad uso degli studenti" (in realtà, della corte papale) la dissertazione "Forma ac methodo describendae morborum historiae in gratiam medicina tyronum," in *Opera omnia*, vol. 2, 360–75 (su Orazio Albani, fratello di papa Clemente XI).

37 Lancisi, *De motu*, 91–7, uno stracciarolo e 221–23, uno scrivano da confrontare con il gentiluomo genovese, 229–31.

3 Morgagni e l'oggettivazione del patologico

Per decodificare i meccanismi retorico-letterari di naturalizzazione dell'alterità, sarebbe utile inoltrarsi tra gli appunti manoscritti degli anatomisti e seguire la loro formalizzazione in testo accademico. Rimando ad altra sede per passare all'opera di Morgagni. *De sedibus* rappresenta infatti un nuovo gradiente nell'oggettivazione del patologico corroborata dalla distanziazione sociale e dalla normatività morale, non fosse altro che per l'ampiezza e la serialità dell'indagine.

Come accennato, l'opera è composta da settanta epistole sulle malattie dalla testa ai piedi. L'argomentazione di ragione e autorità è inframmezzata da descrizioni di necroscopie – le proprie, del maestro Valsalva e di altri autori precedenti, queste ultime per lo più tratte a titolo comparativo dal *Sepulchretum* di Bonet.

De sedibus, a una lettura ravvicinata, è una miniera di notizie sulle modalità concrete della ricerca e dell'insegnamento dell'anatomia nel primo Settecento, che si è ormai largamente sovrapposto all'anatomia medica. Morgagni apre cadaveri talvolta in dimore private, ma per lo più in ospedale (tanto a fine diagnostico che a fine didattico per allievi di chirurgia e studenti di medicina), e nel teatro anatomico dell'università di Padova. Qui, ormai, i corpi provengono comunque dagli ospedali, e l'uso di diversi soggetti durante le dimostrazioni didattiche serve ad approfondire aspetti e metodi specifici. Come scrive lo stesso Morgagni, "mi piace dimostrare i medesimi organi sopra vari corpi, incidendoli in diversi modi", ossia su organi prelevati da vari cadaveri, in particolare le teste "migliori" per tale fine[38]; talvolta, le teste gli arrivano già separate dal resto del corpo (anche quando si tratta di persone morte in casa), talvolta le conserva egli stesso anche quando, come avviene con un vecchio mendicante morto nel 1741, "il rimanente di esso, e pel grave fetore e per essere gl'intestini macchiati di un color verde cupo, non poteva servirmi per le anatomiche dimostrazioni da me tenute all'ospedale nel mese di marzo[39]".

È superfluo ripetere che le spoglie delle dimostrazioni pubbliche appartengono a persone di modesta condizione. Il loro nome non è riportato tranne eccezioni perché, ci informa ancora Morgagni, non era uso registrare i nomi di persone umili se non per qualcosa di anatomicamente rimarchevole. Non avveniva così, si noti, in molta letteratura casuistica risalente e coeva, anche quando la storia clinica si concludeva con l'apertura del cadavere. Si tratta di

---

38 Giovan Battista Morgagni, *Delle sedi e cause delle malattie anatomicamente investigate*, traduzione di Pietro Maggesi, vol. 10 (Milano: Rusconi, 1826), 104.

39 Morgagni, *Delle sedi*, vol. 1 (Milano: Rusconi, 1823), 144.

una tradizione accademica che ribadisce in questo modo la posizione gerarchica del medico anche quando egli si specializza in operazioni manuali ancora associate con i chirurghi[40], nonché di una scelta di Morgagni che insieme ad altri artifici retorici sul suo materiale fa luce sulla realtà sociale della pratica. Del resto, *De Sedibus* non è un'antologia di casi. Il suo principio ordinatore è la malattia, con l'idea che l'anatomia patologica sia una scienza a fondamento della patologia generale. Nonostante nell'introduzione protesti il contrario, Morgagni divide perciò le storie dei pazienti come divide i cadaveri, e le anomalie osservate in un corpo possono essere discusse in capitoli diversi, specialmente quando si tratta di defunti sottoposti a una dissezione completa all'università.

Una tale organizzazione del testo produce di per sé estraniamento. È vero che Morgagni ricorre a formule esortative per invitare il lettore a ricordare 'il soldato', 'il vecchio contadino' che però, appunto, sono ridotti alla loro funzione di semiofori. È un meccanismo di distanziamento e reificazione che è coerente con il metodo di indagine e con la concezione patologica che lo sostiene. La malattia, la sua sede, e le sue cause sono concepite in modo correlato ma autonomo. *De Sedibus* è ormai uscita dall'orizzonte della ricerca delle cause della morte. Perciò, Morgagni esamina tutto, annota tutto, poi assegna segmenti di conoscenza in "caselle" nosologiche. Talvolta Morgagni parla di persone di stato sociale più elevato, ma allora, a parte il fatto che la maggior parte di questi casi si risolve felicemente, qualora segua autopsia, questa è discussa come caso individuale, non divisa in segmenti.

Mi soffermo brevemente sull'Epistola XLIII, che tratta di due ipotesi sull'ernia – distensione o rottura della parete addominale. Dopo aver passato in rassegna la letteratura, Morgagni introduce i primi casi, fornendo informazioni asimmetriche su di loro e i loro cadaveri, delle quali occorre chiedersi quale, in definitiva, sia la pertinenza se non nell'ottica dell'oggettivazione di una configurazione che è al tempo stesso epistemica e sociale.

Il primo, esaminato da Valsalva, è un bifolco sessantenne, "di una pessima costituzione e ernioso, essendosi esposto all'aria fredda, forse per mancanza di forze" cade, si rompe l'omero e muore. L'autopsia rivela delle anomalie nei vasi lattei, "turgidi pel chilo in un gran tratto d'intestini, ove nascevano senza che vi si frammettesse veruno di quei canali della linfa che in varie parti scorgevansi

---

40 Malcolm Nicolson, "Giovanni Battista Morgagni and Eighteenth Century Physical Examination," in *Medical Theory, Surgical Practice Studies in the History of Surgery*, edited by Christopher Lawrence (London: Routledge, 1992), 101–34. Sui precedenti padovani, Maria Pia Donato, "Practical Knowledge and the Rhetoric of Experience: Three Italian Surgeons and Their Observations," *Early Science and Medicine* 27 (2022): 235–56.

nel mesenterio, ed eccettuati eziandio parecchi oggetti consimili che riserviamo ad altro luogo" e "nulla di rilevante, se non che una porzione d'intestini, caduta dal ventre in un anello formato dal peritoneo, e che celavasi, come suole, entro lo scroto" (ossia una classica ernia)[41]. La descrizione continua: aperto il torace, "l'ingresso dell'aria fece subitamente abbassare il polmone sinistro come avviene nei bruti viventi [i.e., vivisezionati]; un tale fenomeno non si poté osservare a destra." Si tratta di un'allusione ad esperimenti condotti su animali vivi e tuttavia pur sempre un'analogia tra un uomo e un animale, la cui pertinenza è contraddetta dalla nota che segue: "nulladimeno ambii i polmoni erano sani." Inoltre, nel cervello "qua e là si scorgeva qualche concrezione gelatinosa" e "le carni di questo cadavere erano flosce e molli, il sangue pressoché sieroso e poco rosso, quanto poi conteneva di rossezza componevansi di alcuni corpi solidi natanti nel siero … non c'era traccia di fibre imperoché, gettato quel sangue nell'acqua, non apparve nessuna concrezione fibrosa" (si noti anche qui l'accenno all'esperimento)[42].

Il secondo, invece, è un principe, che "fra i vari malori, andava soggetto a flatulenze e ad ipocondriache distensioni di ventre" per un sospetto buboncele. Morgagni ne dubita, non da ultimo perché il principe "non mi dava risposte che confermassero il giudizio dei medici," e diagnostica un semplice lipoma[43]. Morto il paziente (e si specifica "per altre cause"), si rileva un ammasso sottocutaneo di pinguedine, e nessun'altra notizia.

Poche pagine dopo, viene introdotto un vecchio soldato, morto assiderato in ospedale nell'inverno 1740, nel periodo del corso di anatomia e dunque sezionato nel teatro universitario. La descrizione che segue è dettagliatissima, in particolare del cuore ingrossato e delle aorte calcificate. "Non aprii il cranio perché durante quel tempo mi pervennero delle teste migliori di quella," precisa Morgagni, ma si occupa invece nei giorni seguenti del basso ventre, e riscontra nello scroto dentro la tunica vaginale ingrossata un'acqua "giallo-cupa" mezzo congelata per il freddo e "una piccola frangia pendente dall'albugine" che ritiene essere una idatide lacerata (prenderà il nome di idatide di Morgagni)[44]. In sostanza, Morgagni fa una lunghissima digressione anatomica nella trattazione sulle ernie, introducendo altri post-mortem, un macellaio già descritto altrove, un contadino morto in ospedale e sezionato all'università – e si dilunga per varie pagine sullo stato miserabile in cui trova

41 Morgagni, *Delle sedi*, vol. x, 4.
42 Morgagni, *Delle sedi*, vol. x, 5.
43 Morgagni, *Delle sedi*, vol. x, 22.
44 Morgagni, *Delle sedi*, vol. x, 43–44.

la milza e fegato e condotti biliari deformati, e le ghiandole di Peyer ingrossate "come una fava," lombrici nel ventricolo, i testicoli pieni d'acqua.

È necessario spendere qualche parola sulle donne. In *De Sedibus*, sono molti i cadaveri femminili esaminati, e non solo circa le classiche "malattie delle donne." Nel loro caso, l'intreccio tra descrizione del corpo, qualificazione sociale e oggettivazione morale della malattia è ancor più stretto. Da un lato, le debolezze femminili sono naturalizzate in un linguaggio che include espressioni di compassione, dall'altro, la deformità viziosa è più crudamente restituita. Così, per esempio, nell'epistola LXV, Morgagni tratta del prolasso dell'utero, a cominciare da "una vecchia bolognese" emiplegica di cui "dicevano che le veniva fuori dalle pubende un corpo cilindrico," che muore di una malattia polmonare, e "l'incisi nell'ospedale verso l'anno 1704. Trovandomi occupato in altre dissezioni, non toccai il petto; ma il capo, che fu aperto dagli amici, non presentò niente di singolare ad eccezione di una quantità di siero fra la dura e la pia madre. In quanto a me, esaminai con diligenza la glandula tiroidea, perché tumefatta e durissima: nel ventre poi esaminai l'utero e gli organi della generazione" (rimanda all'epistola IX sulla tiroide) e poi si dilunga sulla descrizione degli organi genitali e riproduttivi, incluso appunto l'utero prolassato[45].

Proseguendo sull'isteria, Morgani discute di due gentildonne curate con il laudano (per una, i sintomi sono attribuiti alla lontananza del marito), mentre una prostituta e un'altra popolana che conduceva una "vita indecente" e smodate bevitrici, sono sezionate e la deformità dei loro corpi – di tutto il corpo – minuziosamente, e si sarebbe tentati di dire sinistramente, descritta.

Sarebbe troppo facile dilungarsi sulle malattie veneree, ma i capitoli su apoplessia e morte improvvisa non sono meno interessanti.

Il presupposto di Morgagni è decisamente meccanicista: l'apoplessia risulta dal disordine dei moti interni del cervello, la cui diminuzione o cessazione può dipendere da varie cause ma principalmente da sangue o siero – da qui la sua (ormai desueta) distinzione tra apoplessia sanguigna e apoplessia sierosa[46].

L'epistola II introduce osservazioni tratte da vari autori e discute alcune autopsie realizzate da Valsalva, a cominciare da quella del cardinale Sanvitale,

45 Morgagni, *Delle sedi*, vol. X, 139–40.

46 Saul Jarcho, "Some Lost, Obsolete, or Discontinued Diseases: Serous Apoplexy, Incubus, and Retrocedent Ailments," *Transactions of the College of Physicians of Philadelphia* 49 (1980): 241–66; Fabio Zampieri, *Il Metodo anatomo-clinico fra meccanicismo ed empirismo. Marcello Malpighi, Antonio Maria Valsalva e Giovanni Battista Morgagni* (Roma: l'Erma di Bretschneider, 2016).

morto a Bologna nel 1714 dopo un'apoplessia che gli aveva paralizzato tutto il lato sinistro. Si tratta di un prelato di "statura mediocre … corpo carnoso, colorito rubicondo, dedito agli studi e a gravi occupazioni, affetto dall'artrite;" solo poche righe sono riservate alla descrizione del corpo morto, anzi del cervello, dove vengono rinvenute due once di sangue coagulato nell'emisfero destro; il resto è dedicato alla narrazione dei sintomi e segni in vita e una discussione sull'utilità del salasso[47].

Complessivamente, comunque, anche le altre osservazioni post mortem sono brevi e si concentrano per lo più sul capo – l'apoplessia, del resto, era sin dall'Antichità la malattia della testa per eccellenza, di cui si tratta per il medico italiano di confermarne la (moderna) correlazione con l'emorragia, sulla scia di Wepfer. Nondimeno, nelle ultime storie, non mancano note sia sullo stato di altri visceri, sia sulle abitudini nefaste dei defunti.

Nell'epistola III, Morgagni passa alle autopsie realizzate personalmente. I primi lunghissimi referti gli servono a confermare la controlateralità della paresi rispetto all'emorragia. La descrizione, però, non si limita alla testa, al contrario si estende per pagine, fornendo un vivido ritratto dei malati e dei loro acciacchi e vizi e quindi una minuziosa relazione dello stato di tutto il loro cadavere, con tanto di analogie animali. Per esempio, in una cinquantacinquenne dedita al vino, sofferente di frequenti dolori addominali (per i quali soleva lamentarsi rumorosamente) e trovata morta in casa, l'intestino è paragonato a quello di un cane, e apprendiamo che era particolarmente maleodorante, nonché che intorno alla bocca aveva una macchia scura, che Morgagni attribuisce al vino vomitato la sera prima di morire[48]. Due ultime storie riguardano invece uno studioso e uno scultore ricordati per nome, e il registro e la selezione delle informazioni fornite al lettore cambia sensibilmente. Infine, nell'epistola IV, sono messe a confronto, attraverso il registro lessicale e la scelta delle informazioni comunicate al lettore, "la brava moglie di un onesto artigiano" e una "puttanella."

Per concludere. La categorizzazione etico-morale della malattia è iscritta nella tradizione Ippocratico-galenica, e serve enfatizzare che ogni rapporto di cura è sempre un rapporto di potere. L'euristica del metodo autoptico e la routinizzazione dei postmortem in ospedale confluiscono in una nuova ideologia della medicina come scienza empirica della patologia che segna anche un'ulteriore distanziazione del medico dal suo oggetto. Nel paradigma anatomo-patologico, guardare il corpo vuol dire vedere la malattia, ma i corpi che si vedono sono corpi altri, mentre un approccio complessivo alla salute e

47 Morgagni, *Delle sedi*, vol. 1, 98–102.
48 Morgagni, *Delle sedi*, vol. X, 121–24.

alla malattia diventa un fatto oggettivo. Quel che occorre sottolineare e indagare ulteriormente è il modo in cui il linguaggio renda pienamente operativa tale configurazione, una grammatica dell'alterità che puntella il nuovo statuto epistemologico della pratica settoria tra Sei e Settecento e oltre.

Bibliografia

Ackerknecht, Erwin H. *Medicine at the Paris Hospital, 1794–1848*. Baltimore: Johns Hopkins Press, 1967.

Altschule, Mark D. *Essays on the Rise and Decline of Bedside Medicine*. Bangor: Tottsgap, 1989.

Baillou, Guillaume de. *Epidemiorum et ephemeridum libri duo*. Parisiis: apud J. Quesnel 1640.

Baroncini, Giorgio. *Forme di esperienza e rivoluzione scientifica*. Firenze: Olschki, 1992.

Bertoloni Meli, Domenico. *Visualizing Disease: The Art and History of Pathological Illustrations*. Chicago: University of Chicago Press, 2017.

Bonet, Théophile. *Sepulchretum sive anatomia practica ex cadaveribus morbo denatis*. Genevae: Leonardi Chouët, 1679.

Carlino, Andrea. "Il cadavere esibito. Le poste in gioco dello spettacolo anatomico della medicina rinascimentale." *Micrologus* 7 (1999): 405–19.

Cunningham, Andrew. *The Anatomist Anatomis'd. An Experimental Discipline in Enlightenment Europe*. Farmham: Ashgate, 2010.

Daston, Lorraine and Galison, Peter. *Objectivity*. New York: Zone Books, 2007.

Dear, Peter, ed. *The Literary Structure of Scientific Argument. Historical Studies*. University Park: University of Pennsylvania Press, 1991.

Dodoens, Rembert. *Medicinalium observationum exempla rara* ... Coloniae: Cholinus, 1581.

Donato, Maria Pia. "Anatomia, autopsia, sectio: problemi di fonti e di metodo (secoli XVI–XVII)." In *Anatome. Sezione, scomposizione, raffigurazione del corpo fra Medioevo e Età Moderna*, a cura di Giuseppe Olmi e Claudia Pancino, 137–60. Bologna: Bononia University Press, 2012.

Donato, Maria Pia. "Il normale, il patologico e la sezione cadaverica in età moderna." *Quaderni storici* 136 (2011): 75–98.

Donato, Maria Pia. "Practical Knowledge and the Rhetoric of Experience: Three Italian Surgeons and Their Observations." *Early Science and Medicine* 27 (2022): 235–56.

Donato, Maria Pia. *Morti improvvise. Medicina e religione nel Settecento*. Roma: Carocci, 2010.

Ferrari, Giovanna. "Public Anatomy Lessons and the Carnival: the Anatomy Theater of Bologna." *Past and Present* 117 (1987): 50–106.

Foucault, Michel. *Naissance de la clinique*. Paris: PUF, 1963.

French, Roger K. *Dissection and Vivisection in the European Renaissance*. Aldershot: Ashgate, 1999.

Guerrini, Anita. "Alexander Monro 'Primus' and the Moral Theatre of Anatomy." *The Eighteenth Century* 47 (2006): 1–18.

Helm, Jürgen, Stukenbrock, Karin, hrg. *Anatomie. Sektionen einer medizinischen Wissenschaft im 18. Jahrhundert*. Wiesbaden: Franz Steiner 2003.

Hess, Volker and Mendelsohn, J. Andrew. "Case and Series: Medical Knowledge and Paper Technologies, 1600–1900." *History of Science* 48 (2010): 287–314.

Hoffmann, Viktoria von. "Epistemologies of Touch in Early Modern Holy Autopsies." *Renaissance Quarterly*. 75 (2022):542–582.

Jarcho, Saul. "Some Lost, Obsolete, or Discontinued Diseases: Serous Apoplexy, Incubus, and Retrocedent Ailments." *Transactions of the College of Physicians of Philadelphia* 49 (1980): 241–66.

Keel, Othmar. *L'Avènement de la médecine clinique moderne en Europe 1750–1815*. Montréal: Presses de l'Université de Montréal, 2001.

Klestinec, Cynthia. "Practical Experience in Anatomy." In The Body as Object and Instrument of Knowledge: Embodied Empiricism in Early Modern Science, ed. Charles T. Wolfe and Ofer Gal, Dordrecht: Springer, 2010, 33–57.

Kusukawa, Sachiko. *Picturing the Book of Nature: Image, Text, and Argument in Sixteenth-Century Human Anatomy and Medical Botany*. Chicago: University of Chicago Press, 2012.

Lancisi, Giovanni M. *De Motu Cordis et Aneurysmatibus*, edited and translated by Wilmer Cave Wright. New York: The Macmillan Company, 1952.

Lancisi, Giovanni M. *De subitaneis mortibus*. Romae: Buagni, 1707.

Lancisi, Giovanni M. *Opera Omnia*. Genevae: de Tournes, 1718.

Licoppe, Christian. *La Formation de la pratique scientifique. Le discours de l'expérience en France et en Angleterre (1630–1820)*. Paris: la Découverte, 1996.

Lind, Levi R. *Studies in Pre-Vesalian Anatomy: Biography, Translations, Documents*. Philadelphia: American Philosophical Society, 1975.

Long, Esmond R. *A History of Pathology*. New York: Dover, 1965.

Mandressi, Rafael. "Affected Doctors: Dead Bodies and Affective and Professional Cultures in Early Modern European Anatomy." *Osiris* 31 (2016): 119–136.

Martinez Vidal, Alvar, Pardo Tomas, José. "Anatomical Theatres and the Teaching of Anatomy in Early Modern Spain." *Medical History* 49 (2005): 251–80.

Maulitz, Russell C. *Morbid Appearances: the Anatomy of Pathology in the Early Nineteenth Ventury*. Cambridge: Cambridge University Press, 1987.

Morgagni, Giovan Battista. *Delle sedi e cause delle malattie anatomicamente investigate*, traduzione di Pietro Maggesi. Milano: Rusconi, 1823–1827.

Nicolson, Malcolm. "Giovanni Battista Morgagni and Eighteenth-Century Physical Examination." In *Medical Theory, Surgical Practice Studies in the History of Surgery*, edited by Christopher Lawrence, 101–34. London: Routledge, 1992.

Payne, Linda. *Learning Medical Dispassion in Early Modern England.* Ashford: Ashgate 2007.

Peyer, Johann Conrad. *Methodus historiarum anatomico-medicarum, exemplo ascitis, vitalium organorum vitio, ex pericardii coalitu cum corde nati illustrata.* Parisiis: Lambertum Roullaud, 1678.

Pimpaud, Anne-Sophie. *Les Ouvertures de corps aux XVIe et XVIIe siècles : prémices de l'anatomie pathologique*, tesi di dottorato, Ecole pratique des hautes études/PSL, 2022.

Pomata, Gianna. "Sharing Cases: The Observationes in Early Modern Medicine." *Early Science and Medicine*, 15 (2010): 193–236.

Ragland, Evan. *Making Physicians. Traditions, Teaching, and Trials at Leiden University, 1575–1639*. Leiden: Brill, 2024.

Riolan, Jean. *Anthropographia et Osteologia.* Parisiis: Dionisi Moreav, 1626.

Risse, Guenther B. "La sintesi tra anatomia e clinica." In *Storia del pensiero medico occidentale,* a cura di Mirko B. Grmek, vol. 2, 291–334. Roma-Bari: Laterza, 1996.

Rupp, Jan C.C. "Matters of Life and Death; The Social and Cultural Conditions of the Rise of Anatomical Theatres, with Special Reference to seventeenth-century Holland." History of Science 28 (1990): 264–87.

Sawday, Jonathan. *The Body Emblazoned.* London: Routledge, 1996.

Siraisi, Nancy G. "Segni evidenti, teoria e testimonianza nelle narrazioni di autopsie del Rinascimento." *Quaderni Storici*, 36 (2001): 719–44.

Stolberg, Michael. "Examining the Body, c. 1500–1750." In *The Routledge History of Sex and the Body: 1500 to the Present*, ed. Sarah Toulalan and Kate Fisher. London: Routledge, 2013. 91–105.

Stukenbrock, Karin. *Der zerstückte Cörpe: zur Sozialgeschichte der anatomischen Sektionen in der frühen Neuzeit (1650–1800)*. Stuttgart: Franz Steiner, 2001.

Temkin, Oswei. *The Double Face of Janus and Other Essays in the History of Medicine.* Baltimore: Johns Hopkins Univerity Press, 1977.

Tim Huisman. *The Finger of God. Anatomical Practice in Seventeenth-Century Leiden.* Leiden: Primavera Pers, 2009.

Tulp, Nicolaes. *Observationum medicarum libri tres.* Amstelodami: Elzeviri, 1641.

Van Delft, Louis. *Frammento e anatomia.* Bologna: il Mulino, 1995.

(Van Heurn, Ottho). *Joannis Fernelii universa Medicina, sive Opera Medicinalia … Omnia notis,observationibus et remediis secretis Johannis et Otthonis Heurnii, aliorumque praestantissimorum Medicorum scholiis illustrate.* Utrecht: Gijsbert Van Zijll, Dirck Van Ackersdijck, 1656.

Wepfer, Johann Jacob. *Observationes anatomicæ, ex cadaveribus eorum, quos sustulit apoplexia, cum exercitatione de ejus loco affecto*. Schaffhusii: Joh. Caspari Suteri, 1658.

Wilson, Adrian. *Ideas and Practices in the History of Medicine, 1650–1820*. Farnham: Ashgate, 2014.

Zampieri, Fabio. *Il Metodo anatomo-clinico fra meccanicismo ed empirismo. Marcello Malpighi, Antonio Maria Valsalva e Giovanni Battista Morgagni*. Roma: l'Erma di Bretschneider, 2016.

12

Il pietrificatore Girolamo Segato (1792–1836) come personaggio letterario tra anatomia e arte

Sofia Bollini

1 Il profilo scientifico: tra archeologia e disegno artistico

Girolamo Segato (1792–1836) è stato uno studioso eclettico, che, durante la sua breve vita ha spaziato tra numerose discipline quali mineralogia, chimica, archeologia e cartografia. Il suo nome tuttavia è ricordato principalmente per gli esperimenti di pietrificazione di sostanze animali e umane, i cui risultati sono ancor oggi visibili presso il Museo del Dipartimento di Anatomia, Istologia e Medicina Legale dell'Università degli Studi di Firenze (fig. 12.1).

Segato nacque a Vedana, nei pressi di Belluno. Nel 1818 si recò al Cairo su incarico del diplomatico Annibale de Rossetti, Console generale di Toscana in Alessandria d'Egitto tra il 1830 ed il 1860. A partire dal 1819 realizzò disegni di numerosi monumenti dell'antico Egitto e ricevette incarichi dal pascià Mohamed Alì, il quale gli commissionò anche la realizzazione della pianta della città di Alessandria. In Egitto Segato, insignito dell'incarico di cancelliere del viceconsolato tedesco del Cairo, si dedicò anche ad un'intensa attività archeologica esplorando numerosi siti, raccogliendo materiali e realizzando disegni dei monumenti visitati.

Partecipò inoltre, con l'incarico di disegnatore, ad alcune spedizioni guidate dal Barone prussiano Heinrich Carl Menu von Minutoli. Durante la prima di queste, diretta in Alto Egitto e in Nubia, raccolse reperti che, successivamente, inviò in Europa e scoprì l'ingresso della piramide a gradoni di Saqqara[1].

---

1 La maggior parte dei materiali spediti dall'egittologo nel Vecchio Continente andarono perduti in un naufragio avvenuto alle foci dell'Elba. I reperti superstiti costituirono il primo nucleo della sezione dedicata all'antico Egitto del museo di Berlino-Charlottenburg. Altri materiali relativi agli anni trascorsi da Segato in Egitto e comprendenti appunti, disegni e collezioni minerali andarono perduti nel 1823 quando un incendio rase al suolo la casa della famiglia de Rossetti dove questi erano conservati. Francesco Surdich, "Segato, Girolamo," *Dizionario biografico degli italiani*, 91(2018), ultimo accesso 7 maggio, 2024, https://www.treccani.it/enciclopedia/girolamo-segato_(Dizionario-Biografico)/. L'episodio dell'esplorazione della piramide ricorre in molti testi dedicati a Segato; numerose testimonianze, imputano ai miasmi dell'aria stagnante della piramide la prematura morte dello studioso. Cfr. Isabella

 | DOI:10.1163/9789004691643_018

FIGURA 12.1 Conti, Girolamo Segato, litografia, Londra
© WELLCOME COLLECTION, LONDON – PUBLIC DOMAIN

Negli stessi anni si dedicò allo studio della composizione chimica dei colori usati nei dipinti delle tombe egizie e mise a punto una tecnica, definita mineralizzazione o impropriamente *pietrificazione*, il cui procedimento rimane

Rossi Gabardi Brocchi, *Girolamo Segato a Firenze. Cenni storici* (Padova: Dal Priv. Stabilimento di Giuseppe Antonelli, Tip. degli I.I.R.R. Uffizj delle Prov. venete, 1853), 4.

ancora oggi sconosciuto[2] e tramite la quale era in grado di conservare parti di cadaveri, dando loro consistenza lapidea e mantenendone intatta la colorazione originaria.

Rientrato in Italia, Segato visse dapprima a Livorno e poi a Firenze. Cercò invano di ottenere aiuto economico da parte del Granduca Leopoldo II per pubblicare un'opera relativa alle spedizioni compiute in Egitto. Nell'impossibilità di procurarsi il sostegno sperato, finanziò personalmente l'edizione del primo volume dell'opera nel 1827[3]; nel 1833 avviò una collaborazione con l'editore ed incisore Paolo Fumagalli, il cui frutto fu l'*Atlante monumentale dell'alto e del basso Egitto*[4], pubblicato postumo nel 1837.

Girolamo Segato morì a Firenze nel febbraio 1836 e venne sepolto in Santa Croce; nel Chiostro Grande della basilica è ancor oggi visibile il suo monumento funebre realizzato dalla scuola di Lorenzo Bartolini. Adorna il sepolcro un medaglione nel quale lo studioso è rappresentato con serpenti al posto dei capelli, in un chiaro riferimento al personaggio mitologico di Medusa, accostata a Segato per la comune capacità di tramutare gli esseri viventi in pietra (fig. 12.2).

Sul monumento funebre del pietrificatore è riportato il seguente epitaffio composto dall'epigrafista Luigi Muzzi e pubblicato con poche varianti in calce all'*Elogio di Girolamo Segato da Belluno* di Giuseppe Pellegrini[5].

> QUI GIACE DISFATTO
> GIROLAMO SEGATO DA BELLUNO
> CHE VEDREBBESI INTERO PIETRIFICATO
> SE L'ARTE SUA NON PERIVA CON LUI.
> FU GLORIA INSOLITA DELL'UMANA SAPIENZA
> ESEMPIO D'INFELICITÀ NON INSOLITO
> [...]

---

2 Il mistero che circonda la tecnica utilizzata da Segato per conservare le sostanze organiche è un tema ricorrente nel *corpus* dei testi dedicati al pietrificatore. La segretezza del metodo impiegato per la pietrificazione è un dato comune anche ad altri studiosi come Paolo Gorini e Giambattista Messedaglia.

3 Lorenzo Masi, Girolamo Segato, *Saggi pittorici, geografici, statistici, idrografici e catastali sull'Egitto* (Livorno: Presso gli autori coi Tipi di Glauco Masi, 1827). Il secondo volume dell'opera non venne mai pubblicato in quanto il socio di Segato fuggì in Francia portando con sé i materiali preparatori del volume ed il denaro che avrebbe dovuto coprire le spese di pubblicazione.

4 Girolamo Segato e Domenico Valeriani, *Atlante monumentale del Basso e dell'Alto Egitto, illustrato dal prof. Domenico Valeriani e compilato dal fu Girolamo Segato* (Firenze: Nello stabilimento posto nei Fondacci di S. Spirito N. 1993, 1837).

5 Giuseppe Pellegrini, *Elogio di Girolamo Segato da Belluno* (Firenze: Per V. Batelli e Figli, 1836), 34.

FIGURA 12.2 Scuola di Lorenzo Bartolini, Girolamo Segato ritratto in forma di Medusa, Firenze, Chiostro Grande della Basilica di Santa Croce, post 1836–ante 1877

2 Memoria e mito di Girolamo Segato

Sebbene Girolamo Segato si sia distinto come studioso pluridisciplinare, la sua fama postuma è legata soprattutto agli esperimenti di pietrificazione.

Al fine di comprendere come la figura di Girolamo Segato sia stata recepita dai letterati suoi contemporanei, questo studio propone un censimento ragionato e storicizzato dei testi dedicati al pietrificatore composti tra il 1835 ed il 1860.

Pur nella varietà delle interpretazioni concresciute sulla sua figura, Segato è descritto non come l'esponente di un'estetica del macabro, ma piuttosto come un genio le cui scoperte sono fonte di consolazione e progresso civile.

Se le opere letterarie qui raccolte rappresentano un selezionato campione, ben più vasta risulta la mole di scritti dedicati al pietrificatore. A proposito della fortuna di Girolamo Segato come personaggio letterario, Andrea Corsini, autore di un articolo edito nel 1913 sulla *Rivista delle biblioteche e degli archivi*, afferma che allo studioso "vivente e defunto, furono dedicati più di 80 fra scritti in prosa e in versi, iscrizioni, etc."[6].

I testi celebrativi su Segato saranno suddivisi in due gruppi in base ad un criterio cronologico: la prima parte dello studio tratterà delle opere pubblicate tra il 1835 e il 1837, mentre la seconda comprenderà scritti composti tra il 1842 ed il 1860. La scelta di bipartire le fonti in due categorie si lega all'intento di studiare come Girolamo Segato viene presentato immediatamente prima ed immediatamente dopo la sua morte (nel primo insieme di opere) e come invece è descritto e storicizzato anni dopo la sua scomparsa (nella seconda sezione del *corpus*). Confrontando i ritratti dello scienziato, si cercherà infine di ricostruire la nascita e l'evoluzione del mito letterario di Girolamo Segato.

3 Testi scritti tra il 1835 e il 1837

In questo primo gruppo si collocano quattro testi, due pubblicati mentre il pietrificatore era in vita e due editi dopo la sua morte. All'anno 1835 risalgono il sonetto *La pietra de carne* di Gioachino Belli[7] e il volumetto *Epigrafi e poesie in lode di Girolamo Segato*, contenente testi scritti da Luigi Muzzi e Giuseppe Pellegrini[8]. Successivi alla morte dello scienziato sono invece la canzone *Alla memoria di Girolamo Segato* di Francesco Silvio Orlandini[9] e il canto *M. Malibran Garcia e Girolamo Segato* di Giuseppe Regaldi[10].

La fama del pietrificatore è testimoniata anche da articoli apparsi su riviste e gazzette; tra questi ritengo rilevante il seguente, privo di firma, apparso nel 1836 sulla *Gazzetta di Parma*[11]. L'autore del testo lega la notorietà di Segato all'interesse dimostrato verso di lui dal "panegirista" Giuseppe Pellegrini,

---

6 Andrea Corsini, "Alcuni documenti inediti su Girolamo Segato e la petrificazione degli animali," *Rivista delle Biblioteche e degli Archivi, periodico di biblioteconomia e bibliografia, di paleografia e di archivistica*, XXIV, no. 24 (Giugno–Settembre 1913): 112.

7 Giuseppe Gioachino Belli, "La pietra de carne," in *Poesie inedite*, II (Roma: Tipografia Salviucci 1866), 250.

8 Luigi Muzzi e Giuseppe Pellegrini, *Epigrafi e poesie in onore di Girolamo Segato* (Firenze: Coi tipi di V. Batelli e figli, 1835).

9 Francesco Silvio Orlandini, *Alla memoria di Girolamo Segato* (Firenze: Coi tipi della Galileiana, 1836).

10 Giuseppe Regaldi, *M. Malibran Garcia e Girolamo Segato* (Lucca: Tipografia Giusti, 1837).

11 "Della solidificazione delle sostanze animali eseguita da Girolamo Segato, e delle controversie sulla medesima. – Articolo primo ed ultimo," *Supplemento alla Gazzetta di Parma* XXVI (Aprile 1837): 113–114.

autore, nel 1835, di un testo accusato di magnificare in modo non veritiero i risultati raggiunti dal pietrificatore:

> Girolamo Segato da Belluno, naturalista, viaggiatore, geografo, stabilitosi a Firenze dopo tornato da scientifiche peregrinazioni in Egitto, annunziò nell'Antologia del Dicembre 1831 di avere scoperto un metodo con cui ridurre le sostanze animali, senz'alterarne le forme, a stato di solidità. L'annunzio di cosa per molti Notomisti non nuova era trascorso pressochè non curato, quando alcuni ammiratori dell'ingegnoso Bellunese si posero a magnificare oltre misura il suo ritrovamento. Assunse per tutti l'uffizio di panegirista il signor Giuseppe Pellegrini da Lucca, avvocato e poeta, scrittore pronto erudito brioso, che diede in luce nel 1835 una sua Relazione sui risultati del Segatiano artifizio, al leggere nella quale che veniva per esso data alle membra umane durezza di pietra, e conservati ad un tempo volume e colore, e la mobilità delle articolazioni, e la luce degli occhi, e tutto quasi fuorchè il respiro, poco mancò che fin nel più stucchevole *sciaradista* non sorgesse lusinga di giungere pur una volta all'immortalità. Né mancaron di fatto [...] e Giornali che ripeterono i plausi all'invenzione maravigliosa e Accademie che la confermarono, e Contribuenti che soscrissero onde fornir modi da ottenerne in grande gli effetti[12].

L'opera di Giuseppe Pellegrini a cui si fa cenno nel brano è l'opuscolo *Dell'artificiale riduzione a solidità lapidea e inalterabilità degli animali scoperta da Girolamo Segato*[13], nel quale l'avvocato elogia la scoperta dello studioso bellunese, arrivando a definire la pietrificazione come una sorta di magia: "Finalmente questa vigorosa non fallibile Alchimia, quasi rapita la magica verga ad una qualche divinità, comandò ai corpi e membri degli animali d'impietrare; ed essi impietrarono[14]." Obiettivo dichiarato dello scritto di Pellegrini è espandere la conoscenza ed elicitare consensi sull'opera del pietrificatore bellunese[15]; l'autore infatti afferma che la sua opera è stata scritta "affinché

12 "Della solidificazione delle sostanze animali eseguita da Girolamo Segato," 113.

13 Giuseppe Pellegrini, *Dell'artificiale riduzione a solidità lapidea e inalterabilità degli animali scoperta da Girolamo Segato* (Firenze: Per V. Batelli e Figli, 1835).

14 Pellegrini, *Dell'artificiale riduzione*, 11.

15 Pellegrini dedicò anche altre due opere a Girolamo Segato, sia in vita sia dopo la scomparsa dello scienziato: Luigi Muzzi e Giuseppe Pellegrini, *Epigrafi e poesie in lode di Girolamo Segato* (Firenze: Coi Tipi di V. Batelli e Figli, 1835) e il già citato *Elogio di Girolamo Segato da Belluno*.

più purgati inchiostri indi si stemprino meglio atti ad agguagliare l'altezza dell'argomento"[16].

Al di là dell'attendibilità delle descrizioni dei preparati fatte da Pellegrini, quel che interessa è il ruolo degli scritti dell'avvocato nel fissare alcuni punti-cardine della codificazione letteraria del personaggio di Segato che verranno ripresi da diversi autori anche a decenni dalla morte del pietrificatore.

Temi ricorrenti della produzione letteraria dedicata a Segato sono in particolare la condanna alla società italiana, incapace di riconoscere e valorizzare gli individui di genio[17], il racconto delle esplorazioni compiute dallo scienziato in Egitto, la spiegazione del valore morale della pietrificazione, la descrizione della miseria patita dallo studioso al rientro in Italia.

I testi composti mentre Segato era in vita testimoniano la precoce notorietà dello scienziato bellunese. Si tratta di opere diverse per ampiezza, intento e forma, grazie alle quali è possibile affermare che lo studioso fosse noto sia nell'ambiente fiorentino, dove risiedeva, sia a Roma, dove Giuseppe Gioachino Belli gli dedicò un sonetto datato 13 ottobre 1835.

Allo stesso anno 1835 risale la raccolta *Epigrafi e poesie in lode di Girolamo Segato*, composta da testi di Giuseppe Pellegrini e Luigi Muzzi[18]. Mi limiterò qui a citare il sonetto di Muzzi che apre il volumetto presentando il pietrificatore come un benefattore del genere umano, capace di contrapporsi alla morte sottraendo le salme alla putrefazione. Nell'interpretazione di Muzzi la pietrificazione non è una pratica finalizzata al progresso scientifico ma piuttosto una fonte di conforto che permette, attraverso la conservazione dei corpi dei defunti, di mantenere un legame tra vivi e morti.

---

16 Pellegrini, *Dell'artificiale riduzione*, 7.

17 Il paragone tra Segato e Galileo ricorre in diverse opere, a partire dalla relazione di Pellegrini. Le due figure sono accostate per il dato comune di non aver ricevuto in vita degno riconoscimento per le sue scoperte. Cfr. Pellegrini, *Dell'artificiale riduzione*, 26.

18 Luigi Muzzi (1776–1865) è stato uno dei più noti epigrafisti italiani del secondo Ottocento. In linea con l'intento romantico di educare il popolo, Muzzi sosteneva che le epigrafi dovessero essere scritte in italiano e non in latino, in modo da poter essere comprese da un numero maggiore di persone. Nonostante l'intento di rendere fruibili le sue opere ad un vasto pubblico, la lingua delle epigrafi di Muzzi è caratterizzata da frequenti arcaismi e latinismi. Simona Cappellari, "Le forme del ricordo nell'epigrafia del primo Ottocento," *Aevum* 81, 3 (Settembre–Dicembre 2007): 937. Nella raccolta *Epigrafi e poesie in lode di Girolamo Segato*, Muzzi è autore di un'epigrafe dove esprime la sua gratitudine allo scienziato dopo aver ricevuto in dono alcune pietrificazioni animali e umane. Nella dedica, Muzzi definisce lo scienziato bellunese "italo Zoroastro / Girolamo Segato / di lapidee salme animali plasmatore unico primigenio". Muzzi, Pellegrini, *Epigrafi e poesie*, 4.

Quegl'inanimi avanzi a noi sì cari,
Dove albergò la sospirata sposa
O il gemino parente o la gioiosa
Prole d'amore o spiriti preclari,

Son tratti appena fuor da' nostri lari
Che n'è lor vista eternamente ascosa,
E il segno ingannator del *Qui riposa*
Risuscita l'affanno e i pianti amari.

O care salme, più non fia che assorte
Dalla verminea fame or vi condanni
L'antico dritto a rimaner di Morte.

Lapidefatte e trïonfati i danni
Italo Genio, di costei più forte,
Quai foste in vita vi consegna agli anni.

Se il sonetto di Muzzi si contraddistingue per un lessico aulico e una sintassi complessa, ricca di inversioni e di latinismi, tutt'altro tono presenta il componimento del poeta dialettale Giuseppe Gioachino Belli. Nel sonetto *infra*, il pietrificatore non è un "Italo genio" ma semplicemente "un certo sor Girolimo Segato".

I preparati conservati da Segato nell'opera di Muzzi sono *salme lapidefatte* mentre per Belli sono *pietre de carne*. Mentre Muzzi esalta la tecnica inventata dal pietrificatore come una conquista civile, per Belli questa costituisce il pretesto per dare origine a un motivo comico.

1714. La pietra de carne

Mojje mia mojje mia, che ha rriccontato
che ha rriccontato er medico ar padrone!
Ggnente meno ch'è usscita un'invenzione
d'un certo sor Girolimo Segato,

ir quale sor Girolimo ha ppijjato
tanti pezzi de carne de perzone,
e ccià ffatto a Bbelluno un tavolone
tutto quanto de màrmoro allustrato.

Senti, Vincenza, e nnu lo dí a ggnisuno:
volémo méttese un fardello addosso
e zzitti zitti annàccene a Bbelluno?

Chi ssa, Vvincenza mia, che cquer ziggnore
nun fascessi er miracolo ppiú ggrosso
d'impietritte la lingua uguale ar core?
11 Ottobre 1835[19].

Nonostante il tono leggero del componimento, la *Pietra de carne* contiene la descrizione di un preparato anatomico di Girolamo Segato reale: un tavolo realizzato tramite la pietrificazione di parti del corpo di diversi soggetti (fig. 12.3). Il fatto che nel sonetto Belli alluda ad uno specifico pezzo anatomico dimostra che l'opera di Segato era conosciuta dai contemporanei già all'altezza cronologica in cui il sonetto è stato scritto. La notorietà del "tavolone" di Segato può essere spiegata col fatto che un'esaustiva descrizione del preparato, corredata da un disegno e dalla spiegazione dei singoli componenti, è inserita nella terza edizione della relazione di Luigi Pellegrini[20].

Nel periodo successivo alla scomparsa del pietrificatore, nel 1836, questi continuò ad essere protagonista di numerosi testi letterari. Si esamineranno qui il canto di Giuseppe Regaldi *M. Malibran Garcia e Girolamo Segato* e la canzone *Alla memoria di Girolamo Segato* di Francesco Silvio Orlandini. Entrambe le opere descrivono lo studioso come un genio dal destino travagliato la cui opera rimane incompresa; a proposito dell'accoglienza riservata a Segato al suo rientro in patria, Orlandini scrive: "più crudi quì (sic) gli uomini provasti / che le sabbie e i deserti a Te nol furo".

Nei testi di Regaldi e Orlandini, si trovano anche aneddoti relativi allo studioso mutuati dalla relazione di Giuseppe Pellegrini, testo che ha costituito il punto di partenza per la creazione del mito letterario di Girolamo Segato.

Nelle opere dedicate al pietrificatore dopo la sua morte costituiscono motivi ricorrenti il racconto delle spedizioni egiziane e dell'esplorazione della Piramide di Saqqara, la malattia quasi mortale che avrebbe colpito lo studioso dopo aver trascorso alcuni giorni nell'ambiente insalubre della tomba, le invidie ed i tradimenti subiti al rientro in Italia e il paragone con altri italiani illustri avversati in vita dai contemporanei (particolarmente frequente è il paragone con Galileo, già censito nella relazione di Pellegrini).

19 Belli, "La pietra de carne," 250.
20 Pellegrini, *Dell'artificiale riduzione*, 140.

FIGURA 12.3 Girolamo Segato, Tavolino con intarsi organici pietrificati, ante 1835, Firenze, Musei Biomedici Università degli Studi di Firenze, Sezione di Anatomia

Il canto di Giuseppe Regaldi *M. Malibran Garcia e Girolamo Segato*[21], letto in occasione di una pubblica adunanza dell'Accademia tegea tenutasi nel gennaio del 1837, ha per protagonisti due personaggi scomparsi durante l'anno precedente: il soprano Maria Malibran Garcia ed il pietrificatore Girolamo Segato[22]. Regaldi contrappone le due figure: la lirica si apre infatti con un rimprovero rivolto dall'autore al popolo italiano, colpevole di dolersi per la scomparsa della "straniera donna", ricoperta in vita di onori e ricchezze e di aver ignorato il ben più meritevole pietrificatore.

21 Giuseppe Regaldi, *M. Malibran Garcia e Girolamo Segato* (Lucca: Dalla Tipografia Giusti, 1837).

22 Giuseppe Regaldi (1809–1883) è stato un poeta e improvvisatore italiano. Nelle sue opere è ricorrente il motivo patriottico, presente anche nel canto dedicato a Girolamo Segato nel quale l'autore accosta lo studioso ad altri italiani illustri. Cfr. Ioannis Dimitrios Tsolkas, "Giuseppe Regaldi", Dizionario biografico degli Italiani, volume 86 (2016) ultimo accesso 6 maggio, 2024, https://www.treccani.it/enciclopedia/giuseppe-regaldi_(Dizionario-Biografico)/.

Il testo poetico narra le gesta di Segato in Egitto e la scoperta della pietrificazione. Regaldi mescola il *topos* romantico della solitudine dell'intellettuale in un paesaggio naturale impervio al motivo macabro dell'esplorazione della piramide. Il tono aulico del componimento mira a creare un'immagine solenne dello scienziato, presentato come eroe e "martire", pronto a mettere a rischio la sua vita per riportare alla luce il segreto della pietrificazione, nascosto da millenni nell' "aura di morte" del monumento funebre.

Nei suoi versi il poeta pone l'accento sul rapporto privilegiato tra lo studioso e la natura, un legame grazie al quale Segato è in grado di porsi in dialogo con "l'età caduta"[23] arrestando con la sua arte il tempo ed i processi naturali della decomposizione:

Un ocëan di sabbia
Vantò per reggia, ed era
Suo padiglion l'Empireo:
Natura altrui severa
Fu sua ministra fida,
Prudente consigliera, esperta guida.

[...]

Nel sen delle Piramidi
Speranze alte compose,
Colà dischiuse a gelide
Tombe le vie ritrose,
Scosse la polve muta
E ragionovvi coll'età caduta.

Qual generoso martire
Che dà l'estremo addio,
Pregando un mite raggio
Di luce alfine uscio,
Con scarne guance smorte
Dalla cieca ammorbata aura di morte[24].

23 Regaldi, *M. Malibran Garcia*, 8.
24 Regaldi, *M. Malibran Garcia*, 7–8.

Nel canto, Regaldi fa anche riferimento ad alcuni dei preparati realizzati da Segato[25]; l'intento di celebrare lo studioso come un personaggio quasi divino è testimoniato dalla scelta del sostantivo "tempio" per indicare la raccolta dei pezzi anatomici ai quali il pietrificatore imprime "un marchio di seconda vita".

Regaldi, come già Gioachino Belli e Giuseppe Pellegrini, dedica particolare attenzione alla descrizione del tavolo composto da varie preparazioni cadaveriche, dimostrando quanto questo particolare preparato abbia colpito l'immaginario dei letterati dell'epoca.

Su l'Arno un tempio schiudesi
D'insoliti portenti;
Quanto mai possa un Italo
Mirate, o stranie genti;
Tace Segato, e addita
Su l'ossa un marchio di seconda vita.

Ve!.. quell'augel par movere
L'ali di ramo in ramo,
Quel pesce par con facile
Guizzo fuggir dall'amo,
Quel rettile non serba
Lena di sensi, e par strisci fra l'erba.

Là bianco sen che ai palpiti
Mi sembra esagitato,
Qui mani e piè, là un pargolo
Concetto appena, e nato,
Morte li guata e fugge,
Il verme roditor non li distrugge.

Desco vegg'io: di lucide
Pietre stipato sembra,
Composto è sol di solide
Morbose infrante membra,

25 È probabile che Regaldi abbia visto personalmente la raccolta dei preparati di Girolamo Segato, dato che fu a Firenze nel 1836, ovvero nell'anno in cui il canto è stato composto; si noti comunque che tutti i preparati ricordati dall'autore sono presenti nell'opera di Pellegrini *Dell'artificiale riduzione a solidità lapidea e inalterabilità degli animali scoperta da Girolamo Segato*.

Là forse uniti stanno
Quei che amistade maledetta avranno.

[…]

Ma come impietri gelida
Salma il dimando invano:
Morì Segato e giacquesi
Entro il suo cor l'arcano.
Come celeste face
Che in tempio chiuso abbandonata giace[26].

Il testo poetico illustra il valore attribuito da Regaldi all'opera dello scienziato, capace, con la sua scoperta, di prevalere sulla morte, privandola del suo potere di distruggere i corpi dei defunti. Nel canto, inoltre, l'autore affronta il motivo, frequente nei testi dedicati a Segato dopo la sua scomparsa, dell'irrimediabile perdita del segreto della pietrificazione.

Il canto di Regaldi tende ad idealizzare lo scienziato. Il poeta, convinto sostenitore del "risorgimento della Patria gloria"[27] paragona infatti Segato ad altri due "Grandi" italiani, definiti "figli infelici" della patria: Cristoforo Colombo e Galileo Galilei, accomunati al pietrificatore dal fatto di non aver ricevuto dai contemporanei l'ammirazione meritata.

Si intrecciano in quest'opera due motivi cari all'autore: l'esaltazione di italiani illustri, elevati a simbolo della nazione e la celebrazione della scienza, tema che caratterizzerà soprattutto l'ultima fase della produzione di questo autore[28].

Italia! oh quanti crebbero
La tua contesa gloria;
Fra le querele sorgere
Odo la lor memoria;
Qual mai possanza dura
Li trasse alla tenzon della sventura?

---

26 Regaldi, *M. Malibran Garcia*, 9–10.

27 Giuseppe Regaldi, "Lettera a G. Bazzoni, 29 aprile 1834", a cura di Giunio Bazzoni, *Contributo alla storia del romanzo storico italiano con lettere e documenti inediti* (Città di Castello: Lapi, 1906), 44.

28 Guido Mazzoni, "Giuseppe Regaldi," in *Enciclopedia italiana Treccani*, ultimo accesso 10 maggio, 2024, https://www.treccani.it/enciclopedia/giuseppe-regaldi_(Enciclopedia-Italiana)/.

[…]

Figli infelici! ei strinsero
I lagrimati allori
Stretti a catene in squallido
Coviglio dei dolori,
Come in crudel tempesta
Astri sepolti in grembo a nube infesta.

Pari a que' Grandi un Genio
Fu il Sofo di Belluno,
Pari a que' Grandi, ei misero
Di pace fu digiuno,
Sol sua virtù per scudo
Oppor poteo contro il bisogno ignudo[29].

Come Regaldi, anche Orlandini[30], dà alla figura di Girolamo Segato un valore civile. Nella canzone *Alla memoria di Girolamo Segato*[31] l'autore[32], fervente patriota e profondo conoscitore dell'opera di Foscolo[33], annovera il pietrificatore tra le "italiche glorie"[34], e, come Muzzi, presenta la sua scoperta come una fonte di consolazione che, attraverso la rievocazione dei defunti, spronerebbe i vivi all'emulazione delle loro virtù e la patria alla riconquista del "prisco onor perduto"[35].

29 Regaldi, *M. Malibran Garcia*, 10–11.

30 Valerio Camarotto, "Francesco Silvio Orlandini," Dizionario Biografico degli Italiani, ultimo accesso 6 maggio 2024, https://www.treccani.it/enciclopedia/francesco-silvio-orlandini_(Dizionario-Biografico)/.

31 Francesco Silvio Orlandini, *Alla memoria di Girolamo Segato* (Firenze: Coi tipi della Galileiana, 1836).

32 Valerio Camarotto, "Francesco Silvio Orlandini," Dizionario Biografico degli Italiani, ultimo accesso 6 maggio 2024, https://www.treccani.it/enciclopedia/francesco-silvio-orlandini_(Dizionario-Biografico)/.

33 Orlandini studiò a lungo gli autografi di Foscolo e curò l'edizione di alcune sue opere: Ugo Foscolo, *Le Grazie. Carme di Ugo Foscolo riordinato sugli autografi, a cura di Francesco Silvio Orlandini* (Firenze: Le Monnier, 1848); Ugo Foscolo, *Opere edite e postume*, a cura di Francesco Silvio Orlandini (Firenze: Felice Le Monnier, 1856).

34 Cfr. "Itale glorie": Ugo Foscolo, *Dei Sepolcri*, (Brescia: Bettoni, 1807), 13, v. 181.

35 La posizione di Orlandini riguardo al valore morale della contemplazione dei defunti ricorre anche nello scritto di Paolo Gorini, *La conservazione della salma di Giuseppe Mazzini* (Genova: Tipografia del Regio Istituto Sordo-Muti, 1873): 6–7.

Orlandini assegna alle salme degli uomini illustri lo stesso ruolo che il Foscolo dei *Sepolcri* attribuisce alle loro sepolture, sostenendo però che la vista di queste possa avere un impatto più forte su chi le osserva, nella convinzione che "Né tela o marmo effigïato, eguale / Fiamma ad accender vale"[36]. Nel testo sono numerose le immagini legate al fuoco che presentano il pietrificatore come colui che, attraverso la sua arte, può far risplendere un'"imago di vita entro l'avello" e infuocare gli animi di chi contempla la sua opera.

Nella *Canzone* ricorrono alcuni motivi già presenti nella relazione di Luigi Pellegrini come le spedizioni di Segato in Egitto[37], la difficoltà incontrata dallo studioso nel far conoscere la sua scoperta[38] e l'accostamento della figura del pietrificatore a quella di Galileo[39].

[...]

3.
Acerbo a meditar! Quegli che primo
Una imago di vita entro l'avello
Rifulger fece, e in corruttibil limo
I segni impresse d'eternal suggello
Giace di morte intiera preda, e in polve
Il tempo lo dissolve;
E chi sperò dall'arte sua conforto,
Deluso geme in doppio lutto assorto.

4.
Miseri! quando l'almo dì s'invola
Per sempre all'egro cui ne lega amore,
Il saper ch'ei perì non è la sola
Cagion del duol che ci piomba sul core;
Ma il pensar che sotterra ascoso, omai
Nol rivedrem più mai
Per volgersi di tempo o di ventura,
Quanto fa più crudel nostra sciagura!

36 Orlandini *Girolamo Segato*, strofa 7.
37 Orlandini, *Girolamo Segato*, strofe 7–9.
38 Orlandini, *Girolamo Segato*, strofa 14.
39 Orlandini, *Girolamo Segato*, strofa 14.

5.
Chè se eccelse di mano opre o di mente
Dier fama a quelli che piangiam sepolti,
Quale in noi desteria fuoco possente
Il rimirar quei venerandi volti!
Né tela o marmo effigïato, eguale
Fiamma ad accender vale;
E duopo il secol lento ha di più acuto
Spron che lo inciti al prisco onor perduto[40].

Un altro tratto caratteristico dell'opera di Orlandini è l'attribuzione di un significato provvidenziale alla figura di Girolamo Segato: l'autore paragona infatti lo scienziato al personaggio biblico di Mosè[41]. Il confronto tra le due figure è motivato dal fatto che entrambe sono incaricate di condurre "l'afflitto popolo prostrato / […] a miglior fato"[42]. Girolamo Segato, nell'interpretazione del patriota Orlandini, assume dunque il ruolo di guida, capace, con la sua arte, di condurre la nazione a riconquistare la propria gloria.

4 Testi scritti tra il 1842 e il 1866

Il perdurare della fama di Girolamo Segato anche diversi anni dopo la sua morte è testimoniato dalla seconda parte del *corpus* contenente testi composti tra il 1842 ed il 1860.

Al di là delle evidenti differenze stilistiche, si rileveranno alcuni motivi ricorrenti in più opere; tra questi spiccano il racconto delle spedizioni in Egitto, le difficoltà incontrate dallo studioso nel far conoscere la propria arte e l'irreversibile perdita della tecnica di pietrificazione in seguito alla morte improvvisa del suo ideatore. Nei testi di questo periodo, inoltre, è frequente la descrizione della condizione di indigenza di Segato al suo rientro in Italia.

Il più antico fra i componimenti della seconda parte del *corpus* è lo scherzo *Il gabinetto di Girolamo Segato* di Antonio Guadagnoli[43], poeta aretino famoso per le sue poesie satirico-giocose. L'opera consiste in un'enumerazione di

40 Orlandini, *Alla memoria di Girolamo Segato*, strofe 5–7.
41 Orlandini, *Alla memoria di Girolamo Segato*, VIII.
42 Orlandini, *Alla memoria di Girolamo Segato*, VIII.
43 Antonio Guadagnoli D'Arezzo, "Il Gabinetto di Girolamo Segato," in *Raccolta completa delle poesie giocose del Dottore Antonio Guadagnoli D'Arezzo* (Pisa: Fratelli Nistri, 1847), 131–134.

preparati immaginari che l'autore attribuisce a Segato, sul destino dei quali l'io lirico si interroga.

Si noti che i pezzi anatomici e la figura del pietrificatore fungono per Guadagnoli da mero escamotage per avviare un componimento di critica sociale e di costume[44]; l'aspetto più interessante del testo poetico è la presupposizione di una pregressa conoscenza da parte del pubblico dell'attività del pietrificatore. Negli ottonari percussivi di Guadagnoli sono presenti anche cenni al tema della mancanza di riconoscimenti attribuiti in vita allo studioso (nella strofa I) e della segretezza della sua tecnica (nelle strofe XIV–V).

I
Mondo ingiusto! L'uom di vaglia
Non si apprezza fin che vive;
Quando è morto sulla paglia,
Se ne parla, se ne scrive,
S'idolatra, e ogni sua cosa
Solo allor divien preziosa!

II.
Di Girolamo Segato
È sparito il Gabinetto:
Dov'è andato? dov'è andato?
Ahi sventura! mi vien detto
Che le cose sue più rare
Han passato i monti e il mare.

III.
Quel magnifico cervello
Ch'egli avea presso di sé,
È sparito ancora quello? –
A Firenze più non c'è. –
O felice a chi è toccato
Il cervel pietrificato!

---

44 Nella produzione letteraria di Antonio Guadagnoli (1798–1858) sono frequenti ironiche prese di posizione non solo nei riguardi della società ma anche delle istituzioni e dell'amministrazione. Cfr. Zeffiro Ciuffoletti, "Guadagnoli, Antonio," Dizionario biografico degli italiani, ultimo accesso 6 maggio, 2024, https://www.treccani.it/enciclopedia/antonio-guadagnoli_(Dizionario-Biografico)/.

[...]

XIV.
Ma se dunque core, testa
Ugne, e piè sono in viaggio,
Per ricordo che ci resta? –
Via, facciamoci coraggio;
Forse ad altri il Bellunese
Fe' il segreto suo palese.

XV.
E quand'anche rivelato
Ei non l'abbia, io vi rispondo
Che, anche senza di Segato,
Finchè il mondo sarà mondo,
Troveremo ad ogni passo
Teste dure, e cor di sasso[45]!

Se il componimento di Guadagnoli si segnala per il suo tono canzonatorio e per l'adozione di un linguaggio colloquiale, tipico della poesia burlesca, di tutt'altro genere sono la sintassi e il registro linguistico della canzone *Girolamo Segato* di Giambattista Cisotti[46]. Mentre lo scherzo poetico di Guadagnoli imita il linguaggio della conversazione popolare, l'opera di Cisotti presenta un ritmo solenne, dato dalla frequente postposizione del soggetto rispetto al verbo. La diversità stilistica e lessicale tra i due testi si lega all'eterogeneità dei pubblici ai quali erano destinati: se Guadagnoli era un poeta apprezzato, oltre che da un pubblico colto, da "vetturini e bottegai, facchini e campagnoli"[47], Cisotti ha come pubblico quello dell'Ateneo di Treviso, dove il testo poetico fu recitato nel gennaio 1866 (nel trentesimo anniversario della scomparsa del pietrificatore).

Il componimento, nel quale il pietrificatore è presentato secondo i canoni del genio romantico, si apre (strofe 2–3) con la descrizione di una scena notturna ambientata nel paesaggio di Vedana (luogo di nascita dello studioso, nei pressi di Belluno) dove lo studioso veglia solitario presso le rovine di un convento. Nella lettura di Cisotti, Segato è descritto come una figura solitaria, che preferisce il silenzio e il contatto con una natura inospitale alla frequentazione della società, disonesta ed utilitarista.

45 Guadagnoli D'Arezzo, *Il Gabinetto di Girolamo Segato*, 130–131, 133–134.
46 Giambattista Cisotti, *Girolamo Segato* (Treviso: Tip. dell'Ist. Giovani Abbandonati, 1866).
47 Ciuffoletti, "Guadagnoli, Antonio."

[...]

Al notturno silenzio ivi vegliava
Quell'immortal studioso
Del suo genio geloso
Meditò nel mistero,
Solo al raggio di luna egli fidava
Il fervido pensiero;
Perché la luna, il mare, il ciel, la terra
Non fanno al genio guerra,
Né vendono a stranieri
Per vil moneta il merito,
D'onde poi tanto sanno farsi alteri[48].

Il rapporto dello scienziato con la natura viene interpretato in questo testo come una sfida dalla quale Segato esce vincitore. L'intento elogiativo nei confronti dello studioso è reso evidente da alcune scelte lessicali quali i termini *sublime* e *immortale*.

Nella canzone di Cisotti si riscontrano i motivi già noti dell'esplorazione della piramide di Abu-Sir a Saqqara, e del rammarico dell'io lirico per la perdita del segreto della pietrificazione in seguito alla morte dello studioso.

Cisotti, come Belli e Regaldi, dimostra di conoscere l'opera di Segato: nel testo poetico si trova infatti il riferimento (esplicitato anche in una nota al testo) ad un preparato anatomico documentato, un torso di donna pietrificato che il poeta definisce vitale al punto da far impallidire le sculture di Fidia.

A differenza degli autori fin qui considerati, Cisotti fa espresso riferimento al valore dell'opera di Pellegrini nel conservare la memoria di Segato. Nella prima strofa della canzone, infatti, afferma che il ricordo dello studioso è affidato a "poche carte / E pietosi carmi" e nella corrispondente nota cita la pubblicazione del 1835 di Pellegrini e l'opuscolo del bellunese Giambattista Zannini[49].

[...]
E per sei dì sepolto nell'oscura
D'Abu-Sire piramide
Studiò coll'arte vincer la natura.

[...]

48 Cisotti, *Girolamo Segato*, 6.

49 Giambattista Zannini, *Sopra Girolamo Segato a P.M. Laudati di Napoli, due parole di un bellunese* (Belluno: Tissi, 1836).

Terror nol prende, che non v'ha più altero
Del genio allor che coglie
La studiata ragion del suo mistero.

Quando sulle superbe ali del genio
Egli si alzò sublime,
Toccando ormai le cime
Dell'immortal salita,
De'fiori la città mirando estatica
La donna a lei rapita (5)
Viva nel marmo, e non sapendo come,
Prostrato innanzi a un nome
Vide celarsi impallidito il volto
Colla maestra Grecia
Di Fidia il nume da vergogna colto.

Tu, che vuotasti fino al sorso estremo
Il calice fatale,
E che ti fe' immortale
De' grandi anco la sorte,
Dimmi era scritto dal voler supremo
Che teco avesse morte
Il segreto per cui l'ingegno umano
Da ogn'arte attende invano?
E che oltre l'avello
Tornasser nella polvere
Consorte, genitor, figlio, fratello?

(5) Busto di donna lapidefatto da Segato in Firenze[50].

Il dramma *Girolamo Segato* di Gaetano Corsi rappresentato a Padova nel 1853[51], costituisce, tra le varie letture e rivisitazioni della figura di Segato, quella con più ampi spazi di invenzione.

Come Regaldi e Orlandini, Corsi considera lo scienziato un'"itala gloria" non riconosciuta dai contemporanei e, al pari di Orlandini, attribuisce alla pietrificazione un valore morale ed educativo.

50 Cisotti, *Girolamo Segato*, 7–8.
51 Gaetano Corsi, *Girolamo Segato. Dramma in cinque atti* (Milano: Borroni e Scotti, 1858).

Nel dramma, ambientato a Firenze tra fine gennaio e inizio febbraio 1836, lo scienziato bellunese è messo in scena nei suoi ultimi giorni di vita, ridotto in povertà, travagliato dal ricordo di un amore infelice e deluso dall'ostilità del contesto sociale fiorentino.

Lo studioso, ridotto all'indigenza, è costretto a vivere presso Zanobi, un giovane scultore che si adopera per far conoscere alla nobiltà fiorentina il talento dello scienziato. Attorno a Segato gravita però anche la figura del perfido signor Rodrigo, sedicente amico del pietrificatore, intenzionato a carpire il segreto della sua invenzione per arricchirsi alle sue spalle.

Corsi dà vita a un Girolamo Segato malinconico e sconfitto; le cause dell'infelicità dello studioso sono spiegate nel dialogo con l'amico Zanobi (scena VI, Atto I).

Segato racconta di provenire da una famiglia umile e di aver compiuto le sue imprese in Egitto col solo intento di guadagnare la fama e la ricchezza necessarie per poter chiedere la mano della donna amata, appartenente ad una delle famiglie più in vista del bellunese.

Dopo aver scoperto la tecnica della pietrificazione, convinto di poter raggiungere l'ambito traguardo, decide ritornare in Italia, dove si scontra con un ambiente permeato da disonestà e invidie nel quale la sua scoperta rimane ignorata.

La vicenda prende avvio quando lo studioso è convocato dal Marchese Astolfo che, credendolo un comune imbalsamatore, lo incarica di conservare i resti del cane della moglie. Segato spiega al Marchese e ai suoi ospiti di non essere un imbalsamatore ma l'inventore di una nuova tecnica di grande valore civile e morale. Le sue parole trovano però una gelida accoglienza da parte dei convitati, ai quali il signor Rodrigo, desideroso di isolare Segato da ogni potenziale mecenate, ha insinuato che questi è un ciarlatano in cerca di facili guadagni.

Mentre lo scienziato è deriso dai presenti, fa il suo ingresso in scena la Baronessa Adele Anfoni, nella quale lo studioso riconosce l'antica innamorata, divenuta per costrizione paterna la moglie del Barone Rinaldi.

La nobildonna alla vista del pietrificatore sviene e questi è a sua volta profondamente turbato dall'incontro inatteso.

Dopo essersi riavuta, Adele raggiunge la casa di Zanobi, dove incontra Segato, gli confessa il suo amore e gli rivela le circostanze che l'hanno portata a piegarsi all'infelice matrimonio con il Barone Rinaldi, impostole come unica alternativa alla monacazione forzata. All'improvviso irrompere sulla scena del marito, Adele cade per lo spavento in uno staro di delirio che si protrae per diversi giorni. Solo un secondo colloquio segreto con l'amato riesce a strappare Adele ai sui vaneggiamenti; durante l'incontro, i due si dichiarano vicendevolmente eterno amore, poi la nobildonna prega lo scienziato di andarsene, conscia di essere ormai vicina alla morte. Il pietrificatore abbandona la scena e, poco dopo, Adele muore. Segato, ridotto a sua volta in fin di vita dal dolore, decide di rivelare il suo segreto al Signor Rodrigo ma viene dissuaso da Zanobi, il quale riesce a svelare le trame ordite dal traditore ai danni di Segato. Prostrato dalla scoperta, lo studioso decide di affidare il suo segreto al fedele amico Zanobi ma la morte sopravviene, rendendo per sempre un mistero la tecnica della pietrificazione.

Con il suo dramma, Corsi non mira a ricostruire in modo storicamente attendibile la figura di Girolamo Segato ma piuttosto a celebrare lo studioso come un genio infelice, vittima dell'ingiustizia e della disonestà di coloro che lo circondano. Il pietrificatore in quest'opera è presentato come un personaggio animato dai più alti sentimenti, vittima ingenua di una società crudele. Al di là dell'invenzione di Corsi dell'amore infelice tra lo studioso e la nobildonna Adele, è opportuno notare come altri aspetti del dramma rispecchino la reale vicenda di Segato, tra questi l'indifferenza dei potenziali mecenati[52], la condizione di indigenza che caratterizzò gli ultimi anni della vita dello scienziato, le spedizioni in Egitto ed i tradimenti subiti da parte di presunti amici.

La caratterizzazione di Girolamo Segato come genio solitario e infelice è evidente fin dal monologo di Zanobi che apre l'Atto I dove la condizione dello scienziato viene presentata con toni patetici. Nel dramma di Corsi, come già nell'opera di Cisotti, il rapporto tra il pietrificatore e la natura è interpretato come un conflitto nel quale il primo riesce a imporsi sulla seconda.

> Hanno un bel dire: lavorate! lavorate! Come si può lavorare quando si ha il cuore oppresso, angustiato dai dolori? In verità, allorchè penso all'ingiustizia degli uomini, e all'indifferenza colla quale la maggior parte di essi guarda le miserie dell'uomo anche il più grande, mi vien voglia di maledire le arti, le scienze, e quali perfino l'umanità. Vedere un uomo che ha strappato alla natura uno de' suoi più bei segreti, costretto a vivere dei soccorsi di qualche amico! a viver d'elemosina! ed io essere il suo ospite! io, povero scultore che vivo scarsamente del frutto de' miei sudori! È vero che io vo superbo di dividere il mio pane con Girolamo Segato; ma per lui! quante privazioni! quanti bisogni non soddisfatti! Se potessi col mio lavoro crearmi una fortuna, uno stato comodo, come mi sentirei felice di servirmene per cangiare la sorte di lui[53]!

---

52 Al suo ritorno in Italia, Segato cercò invano di ottenere dal Granduca Leopoldo di Toscana un aiuto economico per la pubblicazione di un'opera relativa all'Egitto.

53 Corsi, *Girolamo Segato*, 5.

Un altro passaggio rilevante dell'opera di Corsi è il monologo del pietrificatore (scena VII dell'Atto II), dove Segato stesso illustra il valore morale della sua invenzione.

> *Seg*. La mia scoperta, o signore, serve a perpetuare le corporee sembianze d'ogni persona. Per pregar pace ai vostri cari non avrete più bisogno di andar calpestando migliaia di fosse che non racchiudono più nulla, e che nulla vi ricordano; ma in vostra casa, fra le pareti domestiche avrete sempre presenti padre, moglie, figli ed amici. Essi vi staranno dinanzi come ancor vivi e nell'invariato aspetto, voi leggerete le loro antiche virtù. Dalla casta fronte dell'ava imparerà saviezza l'inesperta fanciulla; nella severa guancia del saggio antenato, il degenere nipote leggerà il rimprovero de' suoi falli. Quando l'usuraio starà macchinando la rovina d'una povera famiglia, nel vedere la faccia dolce e tranquilla di quel suo ascendente che apriva lo scrigno per soccorrere al poverello, forse sentirà vergogna della sua sordidezza e crudeltà, ei porgerà una mano benefica ai tapini. Il vile fissando il fiero ciglio del padre valoroso, sentirà destarsi in petto l'entusiasmo ed il coraggio. Ah sì! quei muti testimonii eserciteranno una salutare influenza sulle famiglie, le renderanno migliori e perciò più felici – Che più? colla mia scoperta, o signore, ecco sparita la penosa immagine della distruzione[54]!

Se il dramma di Corsi mette in scena una rivisitazione della figura di Girolamo Segato, di tutt'altro intendimento è l'ultimo testo di questa rassegna, ossia il resoconto *Girolamo Segato a Firenze. Cenni storici* della Contessa Isabella Rossi Gabardi Brocchi[55], il cui intento è quello di fornire informazioni veritiere sul periodo trascorso dal pietrificatore nella città toscana.

---

54 Il monologo di Segato appare come una riscrittura di un passo dello scritto di Pellegrini, *Dell'artificiale riduzione a solidità lapidea*, 23 nel quale l'utilità morale della pietrificazione è spiegata come segue: "Nella casta e matronal fronte dell'abava (sic) già splendida in vita per familiari virtù imparerà saviezza la vispa verginetta cui la rubella natura e il guasto secolo fieramente stringe e combatte. Nella corrugata e severa guancia del saggio antenato il tardo e degenere nipote leggerà il rimproccio di sue fallanze, e dispetterà la impresa vita rotta a licenza e libidine. Quando il torvo feneratore (sic) mulinerà lo sperpero di un'angariata famigliuola, in avvisare la faccia esilarata e tranquilla di quel suo ascendente che apriva le arche ai benedicenti poverelli, forse gli soccorrerà una misericordia di pentimento che lo ritrarrà dall'abisso. Cadranno di mano le inique fila al traditore mosse ad irretire la sua vittima, affissandosi nella fisonomia del congiunto che gli favella affetto, lealtà, ingenuità, candidezza".

55 Gabriele Scalessa, "Rossi Gabardi Brocchi, Isabella," Dizionario biografico degli italiani 88, (2017), ultimo accesso 13 maggio, 2024, https://www.treccani.it/enciclopedia/rossi-gabardi-brocchi-isabella_(Dizionario-Biografico)/.

L'opera della nobildonna si configura come una polemica risposta al dramma di Corsi, accusato di aver fornito una rappresentazione falsa ed ingloriosa sia dello studioso che della società fiorentina.

> Io Fiorentina, io estimatrice sincerissima e calda di Girolamo Segato; io che posso vantare di averlo amato quasi come fratello, ed essere stata giornaliera testimone della vita per lui condotta a Firenze, io getto in faccia all'Autore del Dramma che s'intitola dal nome dell'Illustre Bellunese, l'accusa di mendace e calunniatore. Io non so se pregi letterarii distinguano quel lavoro, ovvero sia destinato a tosto morire nell'oblio. Ma sono certa che chi lo ascoltò, avrà dovuto credere almeno attinti dal vero i fatti sopra cui l'azione e la catastrofe si basano. A pubblicamente smentirli, ed a rivendicare l'onore della nobile patria mia, accennerò con veridica penna alcune notizie sopra l'ultimo periodo della vita che il celebre uomo acerbamente a Firenze compiva[56].

L'intento dell'autrice è innanzitutto quello di difendere i notabili fiorentini dall'accusa di aver ignorato lo studioso e di non aver compreso il valore della sua invenzione.

Nei *Cenni storici*, Girolamo Segato è presentato non come un personaggio sconfitto ma come un intellettuale urbano e affascinante, circondato da stima e ammirazione e inserito a pieno titolo nella società fiorentina. Rossi Gabardi Brocchi pone particolare attenzione nel rievocare il profondo legame che ha unito il pietrificatore alla sua famiglia e le pubbliche dimostrazioni di stima tributate dalla cittadinanza allo scienziato in occasione della sua morte.

> Giunto a Livorno, vi languì qualche tempo, indi riprese salute. Visitò allora Firenze, e … l'amò di un amore, diceva egli, inesplicabile, appassionato, pari a quello che prova un giovinetto per vaga e seducente donzella. Ivi pose stanza, ed ivi fu riamato con un affetto che prendeva quasi forma di culto, per quanti ebbero ad avvicinarlo non solo, ma per ogni classe di persone, in una parola, per la generalità. Ed a ragione, mentre spandeva intorno a sé stesso tale maniera di fascino, che impossibile riusciva il vederlo una volta sola, senza rimaner colpiti dal di lui aspetto così, che rendevasi impossibile di mai più dimenticarlo. L'impronta del genio appariva fortemente in quello scolpita; i suoi occhi lampeggianti

56 Isabella Rossi Gabardi Brocchi, *Girolamo Segato a Firenze. Cenni storici* (Padova: Dal privato stabilimento di Giuseppe Antonelli, Tip. degli I.I.R.R. Uffizj delle Prov. Ven., 1853), 3–4.

> imponevano riverenza, eccitavano stupore; il suo tipo, eccezionale in Europa, perché essenzialmente plasmato su quello Arabo, promuoveva una specie di ammirazione, perché rivelatore e nuncio dell'anima grande che in sé accoglieva. [...] Divenne infatti l'uomo popolare, o per meglio dire l'uomo alla moda. Ciascuno avrebbe voluto avvicinarlo, e dargli prove di simpatia. Ma egli non ebbe strette relazioni che con tre famiglie. La nobile dei Peruzzi, la pur nobile dei Michelozzi, e la mia, cioè quella del dottore Anton Cino Rossi[57].

L'autrice dei *Cenni storici* non rinuncia ad inserire nella presentazione del personaggio i *topoi* del viaggio in Egitto, della precaria situazione economica dello studioso e delle calunnie rivolte a Segato da altri scienziati ma afferma che, nonostante le avversità, questi fu destinatario di numerose attestazioni di affetto e di premura da parte della nobiltà fiorentina.

A differenza della maggior parte dei testi sin qui considerati, i *Cenni storici* non attingono le informazioni riguardanti Segato e la sua opera da altre fonti letterarie, ma dai ricordi dell'autrice che afferma di aver conosciuto personalmente lo studioso e di aver nutrito per lui un affetto quasi fraterno[58]. Grazie al suo rapporto diretto con lo scienziato, la nobildonna racconta episodi non presenti nelle altre fonti come il seguente, relativo al dono del risultato del primo esperimento di pietrificazione[59].

> Una sera mi trovò dispiacente per la morte improvvisa di due bei pesci che compiacevami tenere in vasca di cristallo. Ei li prese in mano, corrugò le sopracciglia, e dagli occhi incavati folgorò l'emanazione di un pensiero profondo. Quindi a me volto, disse: – Non ti affliggere, questi pesci erano muti; se ti preme conservarne le spoglie, perché son belle, io te le serberò eterne. Dammele, e te le riporterò lucide come ora. – Infatti scorsi appena brevi giorni mi recò in astuccio coperto di vetro i due pesci impietriti che parevano vivi. Mia madre stupefatta al pari di me, gli chiese spiegazione dell'opera miranda; a cui rispose essere questo un di lui segreto. Che nelle lunghe dimore fatte nel deserto, eragli venuto in pensiero il processo di tale operazione, osservando le mummie dei corpi rimasti sepolti sotto le ardenti sabbie[60].

---

57 Rossi Gabardi Brocchi, *Girolamo Segato*, 4–5.

58 Rossi Gabardi Brocchi, Girolamo Segato, 3.

59 Luigi Pellegrini afferma invece che il primo esperimento di pietrificazione compiuto da Segato sia stato condotto su un canarino. Pellegrini, *Dell'artificiale riduzione*, 15.

60 Rossi Gabardi Brocchi, *Girolamo Segato*, 6–7.

Nel *corpus* di opere che lo vedono protagonista, Girolamo Segato è presentato in modi difformi, che spaziano dai toni solenni dell'elogio a quelli leggeri dello scherzo passando per il patetismo del dramma.

L'esame dei testi dedicati al pietrificatore evidenzia l'importanza dello scritto di Giuseppe Pellegrini *Dell'artificiale riduzione a solidità lapidea e inalterabilità degli animali scoperta da Girolamo Segato* nel fissare *topoi* ricorrenti nelle opere che hanno per protagonista lo scienziato.

I testi relativi a Segato mostrano alcuni aspetti comuni, il primo è che tutti presentano il protagonista come pietrificatore nonostante abbia ottenuto successi anche in altre discipline come l'archeologia, la cartografia e la chimica. Nelle diverse opere si rinvengono poi i motivi della segretezza della tecnica di pietrificazione e dell'unicità del rapporto dello scienziato con la natura, interpretato variamente come un vincolo privilegiato o come uno scontro nel quale lo studioso è riuscito a carpire all'avversaria "uno de' suoi più bei segreti"[61].

I testi non descrivono mai la pietrificazione o il suo inventore con termini mutuati dalla semantica del macabro tendendo piuttosto ad accostare il personaggio di Segato al modello dell'artista romantico; tale aspetto permette di verificare la distanza tra il significato morale dato alla pietrificazione nei testi qui considerati e la posizione, totalmente opposta, di alcuni autori scapigliati in merito alla pratica della conservazione di resti umani per fini scientifici. Si ricordino, a titolo di esempio, l'influsso negativo esercitato su Eugenio dalla contemplazione della sua gamba amputata nella novella *Storia di una gamba*[62] o i celebri versi di Emilio Praga che definisce i pezzi anatomici come "poveri / avanzi imbalsamati"[63].

L'anatomista appare nella letteratura scapigliata come un personaggio sinistro[64], la cui presenza ricorrente è interpretata così da Alberto Carli: "La frequenza con cui l'anatomista compare tra le pagine della Scapigliatura tende a riassumere l'inquietudine esperita e artisticamente strumentalizzata per

---

61 Corsi, *Girolamo Segato*, 5.

62 Iginio Ugo Tarchetti, *Storia di una gamba e altri racconti* (Milano: La Spiga, 1867).

63 Emilio Praga, "A un feto," in *Penombre* (Milano: Casa Editrice degli Autori-Editori, 1864), 107.

64 La corrente letteraria tardottocentesca della Scapigliatura milanese ritrae anatomisti e pietrificatori come personaggi lugubri, più a loro agio tra i morti che tra i vivi. Esemplari in tal senso sono Carlo Gulz della novella di Camillo Boito "*Un corpo*," in *Storielle vane* (Milano: Treves, 1876), 3–66 e il Mago Martino del romanzo di Carlo Dossi *Vita di Alberto Pisani* (Milano: Luigi Perelli Editore, 1870).

costruire cupe atmosfere dove alla malattia, alla morte, agli stessi medici, venivano affidati canovacci fitti di mistero[65]."

La distanza tra i pietrificatori descritti dagli autori scapigliati e il personaggio letterario di Girolamo Segato non potrebbe essere più evidente: mentre i primi sono cinici scienziati che rapiscono i cadaveri ai loro cari per farne preparati anatomici[66], lo studioso bellunese è presentato come colui che, attraverso la sua arte, permette ai vivi di continuare a mantenere un rapporto con i morti. Anche lo statuto del pietrificatore varia sensibilmente: se nella letteratura scapigliata questi soggetti sono innanzitutto scienziati, Girolamo Segato è descritto come un artista capace di trasformare i resti mortali in monumenti e di trasmettere ai vivi valori morali e civili.

La diversa interpretazione della figura di Segato rispetto agli inquietanti anatomisti della Scapigliatura può essere spiegata considerando il progressivo affermarsi del pensiero positivista nei decenni centrali dell'Ottocento: se il personaggio dello studioso risente ancora del sistema di pensiero romantico e dell'idea foscoliana dell'influsso positivo delle "urne dei forti", i pietrificatori scapigliati sono presentati come uomini di scienza il cui operato è rivolto essenzialmente al progresso della medicina. Girolamo Segato risulta dunque un artista aderente al modello romantico, animato da alti ideali, in contrapposizione con gli anatomisti della letteratura scapigliata che (si pensi ad esempio a Carlo Gulz) incarnano l'inquietudine degli autori verso il sistema epistemologico positivista.

Dal confronto fra le due sezioni del *corpus*, emergono infine aspetti di permanenza e di innovazione nella caratterizzazione del personaggio del pietrificatore. Inanzitutto, in ognuna delle parti del repertorio si segnalano componimenti che trattano in tono ironico e leggero la figura dello scienziato e che dimostrano che questo personaggio era ben noto ai lettori. In secondo luogo, se nella seconda sezione del *corpus* si accentua la tendenza ad interpretare il personaggio dello studioso come un genio romantico, solitario, infelice e tormentato, si avverte anche, nel testo di Rossi Gabardi Brocchi, la volontà di stabilirne una biografia più autentica che ridimensioni gli aspetti patetici radicalizzati nel dramma di Corsi. Un altro aspetto di continuità tra le

65 Alberto Carli, *Anatomie scapigliate. L'estetica della morte tra letteratura, arte e scienza* (Novara: Interlinea Edizioni, 2004), 174.

66 Si pensi all'anatomista Carlo Gulz della novella *Un corpo* di Camillo Boito o ai versi seguenti di Emilio Praga dove viene rappresentata la perdita dello statuto di individuo nel passaggio da cadavere a preparato anatomico: "E ha già segnato il numero / Il povero bambino, / E un bel nome scientifico, / E il cippo cristallino, / Prima ancor che sul lugubre / Letto la madre frema, / E che nell'ansia estrema / Se ne insudici il sen". Praga, "A un feto", 107–13.

due sezioni risiede nel fatto che in entrambe lo studioso viene incluso tra gli Italiani illustri: l'intento di annoverare Segato tra le personalità più importanti della nazione (resa palese, tra l'altro, dalla decisione di seppellire lo scienziato in Santa Croce) mette in luce ancora una volta la cultura romantica degli autori ed il desiderio, in linea con la mentalità dell'epoca, di identificare personalità di geni il cui esempio possa servire ad educare la nazione.

Bibliografia

Letteratura primaria

Foscolo, Ugo. *Dei Sepolcri*. Brescia: Bettoni, 1807.

Masi, Lorenzo e Segato, Girolamo. *Saggi pittorici, geografici, statistici, idrografici e catastali sull'Egitto*. Livorno: Presso gli autori coi Tipi di Glauco Masi, 1827.

Muzzi, Luigi e Pellegrini, Giuseppe. *Epigrafi e poesie in onore di Girolamo Segato*. Firenze: Coi tipi di V. Batelli e figli, 1835.

Pellegrini, Giuseppe. *Dell'artificiale riduzione a solidità lapidea e inalterabilità degli animali scoperta da Girolamo Segato*. Firenze: Per V. Batelli e Figli, 1835.

Orlandini, Francesco Silvio. *Alla memoria di Girolamo Segato*. Firenze: Coi tipi della Galileiana, 1836.

Pellegrini, Giuseppe. *Elogio di Girolamo Segato da Belluno*. Firenze: Per V. Batelli e Figli, 1836.

Zannini, Giambattista. *Sopra Girolamo Segato a P.M. Laudati di Napoli, due parole di un bellunese*. Belluno: Tissi, 1836.

"Della solidificazione delle sostanze animali eseguita da Girolamo Segato, e delle controversie sulla medesima. – Articolo primo ed ultimo," *Supplemento alla Gazzetta di Parma*, 1 Aprile 1837, 113–114.

Regaldi, Giuseppe. *M. Malibran Garcia e Girolamo Segato*. Lucca: Tipografia Giusti, 1837.

Segato, Girolamo, Valeriani, Domenico. *Atlante monumentale del Basso e dell'Alto Egitto, illustrato dal prof. Domenico Valeriani e compilato dal fu Girolamo Segato*. Firenze: Nello stabilimento posto nei Fondacci di S. Spirito N. 1993, 1837.

Antonio Guadagnoli D'Arezzo, "Il Gabinetto di Girolamo Segato." In *Raccolta completa delle poesie giocose del Dottore Antonio Guadagnoli D'Arezzo* 131–134. Pisa: Fratelli Nistri, 1847.

Foscolo, Ugo. *Le Grazie. Carme di Ugo Foscolo riordinato sugli autografi, a cura di Francesco Silvio Orlandini*. Firenze: Le Monnier, 1848.

Rossi Gabardi Brocchi, Isabella. *Girolamo Segato a Firenze. Cenni storici*. Padova: Dal Priv. Stablimento di Giuseppe Antonelli, Tip. degli I.I.R.R. Uffizj delle Prov. venete, 1853.

Foscolo, Ugo. *Opere edite e postume*, a cura di Francesco Silvio Orlandini. Firenze: Felice Le Monnier, 1856.

Corsi, Gaetano. *Girolamo Segato. Dramma in cinque atti*. Milano: Borroni e Scotti, 1858.

Praga, Emilio "A un feto." In *Penombre*, 107–113. Milano: Casa Editrice degli Autori-Editori, 1864.

Cisotti, Giambattista. *Girolamo Segato*. Treviso: Tip. dell'Ist. Giovani Abbandonati, 1866.

Belli, Giuseppe Gioachino. "La pietra de carne." In *Poesie inedite*, II, 250. Roma: Tipografia Salviucci 1866.

Tarchetti, Iginio Ugo. *Storia di una gamba e altri racconti*. Milano: La Spiga, 1867.

Dossi, Carlo. *Vita di Alberto Pisani*. Milano: Luigi Perelli Editore, 1870.

Gorini, Paolo. *La conservazione della salma di Giuseppe Mazzini*. Genova: Tipografia del Regio Istituto Sordo-Muti, 1873.

Boito, Camillo. "*Un corpo*." In *Storielle vane*, 3–66. Milano: Treves, 1876.

Regaldi, Giuseppe. "Lettera a G. Bazzoni, 29 aprile 1834," a cura di Giunio Bazzoni, *Contributo alla storia del romanzo storico italiano con lettere e documenti inediti*, 44. Città di Castello: Lapi, 1906.

Corsini, Andrea. "Alcuni documenti inediti su Girolamo Segato e la petrificazione degli animali," *Rivista delle Biblioteche e degli Archivi, periodico di biblioteconomia e bibliografia, di paleografia e di archivistica*, XXIV, no. 24 (Giugno–Settembre 1913): 110–131.

Letteratura secondaria

AA.VV. *Il Romanticismo e il primo Risorgimento*, a cura di Riccardo Merolla. Firenze: La Nuova Italia Editrice, 1972.

AA.VV. *La poesia scapigliata*, a cura di Roberto Carnero. Milano: Biblioteca Universale Rizzoli, 2007.

AA.VV. *Racconti scapigliati*, a cura di Roberto Carnero. Milano: Biblioteca Universale Rizzoli, 2011.

AA.VV. *Storia della letteratura italiana. Il primo Ottocento*, a cura di Enrico Malato. Roma, Salerno Editrice 1995.

Allevi, Febo. "Il Romanticismo nella letteratura europea," *Lettere Italiane*, 3, no. 4 (Ottobre–Dicembre 1951): 239–248.

Bigi, Emilio. *Poesia e critica tra fine Settecento e primo Ottocento*. Milano: Cisalpino-Goliardica, 1986.

Camarotto, Valerio. "Francesco Silvio Orlandini." Dizionario Biografico degli Italiani 79 (2013). Ultimo accesso 6 maggio, 2024. https://www.treccani.it/enciclopedia/francesco-silvio-orlandini_(Dizionario-Biografico)/.

Camerino, Giuseppe Antonio. "Giuseppe Gioacchino Belli: il vero romantico in lingua romanesca." In *Profilo critico del Romanticismo italiano*, 55–60. Novara: Interlinea Edizioni, 2009.

Cappellari, Simona. "Le forme del ricordo nell'epigrafia del primo Ottocento." *Aevum* 81, 3 (Settembre–Dicembre 2007): 933–46.

Carli, Alberto. *Anatomie scapigliate. L'estetica della morte tra letteratura, arte e scienza.* Novara: Interlinea Edizioni, 2004.

Carli, Alberto. *Paolo Gorini. La fiaba del mago di Lodi.* A cura di Scianchi, Matteo. Novara: Interlinea Edizioni, 2009.

Castagnola, Raffaella e Orvieto, Paolo. *Ottocento inquieto e misterioso*, Roma: Carocci Editore, 2012.

Cerutti, Marco. "Dalla 'sociabilitè' illuministica al mito del poeta solitario. La Musa saturnina." In *Letteratura italiana e cultura europea tra Illuminismo e Romanticismo: Atti del Convegno internazionale di studi, Padova-Venezia, 11–13 maggio 2000*, a cura di Guido Santato, 95–110. Genève: Librairie Droz, 2003.

Ciuffoletti, Zeffiro. "Guadagnoli, Antonio." Dizionario biografico degli italiani 60 (2003). Ultimo accesso 6 maggio, 2024. https://www.treccani.it/enciclopedia/antonio-guadagnoli_(Dizionario-Biografico)/.

Eco, Umberto (a cura di). *L'Ottocento. Letteratura e teatro*, 66 (Milano: EncycloMedia Publishers, 2014).

Frye, Northrop e Rosso-Mazzinghi, Stefano. "Il mito romantico." *Lettere Italiane*, 19, no. 4 (Ottobre–Dicembre 1967), 409–440.

Gilardi, Antonio. *La lingua della poesia in Italia: 1815–1918.* Venezia: Marsilio, 2015.

Lippi, Donatella e Weber, Domizia. "Between horrid and science. Girolamo Segato's strange anatomy (1792–1836)," *Journal of Morphological Sciences* 31, no. 1 (January 2014): 52–53.

Mariani Gaetano. *Storia della Scapigliatura.* Caltanissetta-Roma: S. Sciascia, 1967.

Mazzoni, Guido. "Giuseppe Regaldi," Enciclopedia italiana Treccani, ultimo accesso 10 maggio, 2024. https://www.treccani.it/enciclopedia/giuseppe-regaldi_(Enciclopedia-Italiana)/.

Messedaglia, Luigi. "*La 'pietrificazione' dei tessuti animali e un emulo veronese di Girolamo Segato*. Atti e memorie dell'Accademia di Agricoltura, scienze e lettere di Verona." A cura dell'Accademia di Scienze e Lettere di Verona, 2–34. Verona: La Tipografia veronese, 1934, vol. 111.

Orlandini, Giovanni E., Tempestini, Roberto, Lippi, Donatella, Paternostro, Ferdinando, Zecchi-Orlandini Sandra Villari, Natale. "Bodies of stone: Girolamo Segato (1792–1836)." *Italian Journal of Anatomy and Embryology* 112, 1 (January 2007):13–8.

Petrucci, Armando. *Le scritture ultime.* Torino: Einaudi, 1995.

Puppo, Mario. "La 'scoperta' del Romanticismo tedesco." *Lettere Italiane*, 20, no. 3 (Luglio–Settembre 1968), 307–332.

Raimondi, Ezio. *I sentieri del lettore. Dal Seicento all'Ottocento*, Collezione di Testi e Studi. Bologna: Il Mulino, 1994.

Scalessa, Gabriele. "Rossi Gabardi Brocchi, Isabella." Dizionario biografico degli italiani, 88, (2017). Ultimo accesso 13 maggio, 2024. https://www.treccani.it/enciclopedia/rossi-gabardi-brocchi-isabella_(Dizionario-Biografico)/.

Serianni, Luca. *Storia dell'italiano nell'Ottocento*. Bologna: Il Mulino, 2013.

Surdich, Francesco. "Segato, Girolamo." Dizionario biografico degli italiani, 91 (2018), ultimo accesso 7 maggio, 2024. https://www.treccani.it/enciclopedia/girolamo-segato_(Dizionario-Biografico)/.

Tsolkas, Ioannis Dimitrios. "Giuseppe Regaldi." Dizionario biografico degli Italiani, 86 (2016) ultimo accesso 6 maggio, 2024. https://www.treccani.it/enciclopedia/giuseppe-regaldi_(Dizionario-Biografico)/.

Wolynski, Arturo. "Girolamo Segato, viaggiatore, cartografo e chimico." *Bollettino Della Società Geografica Italiana* 3 no. 6 (Dicembre 1893): 238–249.

PART 5

Metamorphoses in the Contemporary Age

Introduzione alla Parte 5

Carla Mazzarelli

La prospettiva di lunga durata che il volume intende ricostruire trova nella quinta sezione un suo spazio precipuo di verifica, seppure si tratti di tema richiamato in buona parte delle sezioni precedenti così come in quella conclusiva, focalizzata sugli strumenti di ricerca e di visualizzazione digitale di testi e rappresentazioni anatomiche. La lente con cui si osservano, invece, continuità e metamorfosi nella contemporaneità del modello anatomico in questa sezione accosta due spazi della creatività che appaiono ugualmente attraversati da sperimentazioni sul corpo anatomizzato. Se il teatro è lo spazio dell'anatomia fin dalla prima età moderna, lo è anche come luogo di performance sceniche ove il confine tra spettatore e attore, fra spazio della finzione scenica e spazio dell'ispezione del sé, si confondono o sovvertono per volontà del regista e dello scenografo. È quanto qui argomenta Maddalena Giovannelli che guarda a quattro casi studio che dal 1965 al 2022, da Grotowskj a Lindeen, rivelano come la metafora del tavolo dissettorio abbia svolto un ruolo centrale nel teatro contemporaneo e nella svolta radicale della relazione tra platea e attori. È invece lo spazio espositivo ad essere indagato da Marta Spanevello attraverso l'opera dell'artista Peter Shelton. Con interventi site-specific l'artista sottopone il luogo dell'esposizione a metamorfosi fisiche ed esperienziali che ne ridisegnano il profilo e anche il significato, sollecitando il fruitore a un'(auto)interrogazione continua in merito al posto da assumere rispetto a frammenti e profili che di anatomico conservano solo la traccia. L'opera dell'artista californiano, che gioca, anch'essa, su un confine ambiguo, sospeso tra il frammento carnale e l'astrazione, è solo uno dei molti casi di riemersione nella dimensione creativa contemporanea del modello anatomico, inteso ora non più come punto di partenza ineludibile della mimesi artistica, ma come potente metafora della (auto)dissoluzione del vivente.

13

Dissezionare l'essere umano: scenografie anatomiche

Maddalena Giovannelli

"È come se l'attore si trovasse ad offrire – letteralmente – la verità del suo organismo. Come se la offrisse qui, adesso, davanti agli occhi degli spettatori, e non in una situazione immaginata." Così il regista polacco Ludwik Flaszen riesce a offrire una folgorante sintesi della ricerca attoriale portata avanti dal suo sodale Jerzy Grotowski[1].

Queste poche righe, composte in uno specifico contesto, potrebbero tuttavia essere considerate quasi un manifesto della nuova temperie che investe il teatro europeo e internazionale a partire dal dopoguerra. L'attore non appare più soltanto un professionista capace di riprodurre e di interpretare un testo o un personaggio; comincia a mostrarsi piuttosto come qualcuno disposto a compiere un profondo esercizio di scavo interiore, a condividerne gli esiti con il pubblico, e a offrire la verità del proprio corpo performativo nella sua dimensione materica e simbolica. Una simile e profonda mutazione – di cui non è possibile in questa sede ripercorrere le ragioni e le tappe[2] – comporta necessariamente un altrettanto radicale ripensamento dello spazio della rappresentazione. Da più parti si comincia a invocare la soppressione delle divisioni tra scena e platea[3], e nascono progetti e idee per luoghi atti a "contenere" le nuove indagini sul corpo attoriale, e per reinterrogare il ruolo testimoniale dello spettatore.

In questo contesto l'aula di studio dell'anatomia e il lettino di vivisezione diventano, per la ricerca teatrale, un fertile ambito metaforico cui attingere, in un rovesciamento degli originari rapporti di derivazione: se il teatro anatomico

1 Ludwik Flaszen e Carla Pollastrelli, *Il Teatr Laboratorium di Jerzy Grotowski 1959–1969* (Firenze: La Casa Usher, 2007), 80.

2 Tra i molti contributi scientifici sull'argomento, una mastodontica ed eccellente monografia riesce a ripercorrere il percorso di trasformazione della recitazione teatrale: Claudio Vicentini, *Storia della recitazione teatrale* (Venezia: Marsilio, 2023).

3 Il desiderio di abbattimento scena/platea viene formulato per la prima volta con chiarezza dal francese Antonin Artaud nel *Manifesto per un teatro della Crudeltà* (prima pubblicazione della rivista "Nouvelle Revue Française" Parigi, 1932); per una più ampia ricognizione della mutazione degli spazi scenici cf. Fabrizio Cruciani *Lo spazio del teatro*, (Bari: Laterza, 1992).

 | DOI:10.1163/9789004691643_020

aveva guardato alle architetture sceniche antiche (e alle loro riproduzioni rinascimentali) come a un modello[4], ora è piuttosto il teatro a rivolgersi con decisione alla sfera della didattica medica, rivendicando così la propria funzione di accrescimento della conoscenza e prendendo le distanze dall'idea dell'arte come intrattenimento. I critici, i giornalisti e gli studiosi non hanno mancato di rilevare, volta per volta, gli echi chirurgico-anatomici nelle diverse scenografie; ben più raramente, tuttavia, si è affrontato il tema in modo trasversale, arrivando a considerare il richiamo (diretto o indiretto) alla camera di dissezione una vera e propria lente interpretativa.

Si prenderanno in esame, adottando tale prospettiva, quattro diversi casi di studio tra il 1965 e il 2022: due spettacoli storici molto noti, che hanno contribuito a rendere iconico e riconoscibile il dispositivo scenico-anatomico (*Il Principe Costante* di Jerzy Grotowski e l'*Orestea* di Luca Ronconi); e due creazioni più recenti che mostrano indirettamente la prolificità del modello e le sue variazioni (*Ponti in core* della compagnia Fanny & Alexander; *L'aventure invisible* di Marcus Lindeen). La selezione qui proposta non ha, naturalmente, pretesa di esaustività[5]; l'intenzione è piuttosto quella di indagare alcuni moduli ricorrenti, mettendo in luce come l'ambito metaforico della vivisezione consenta al teatro di riflettere sulle proprie funzioni.

1 Dissezionare il corpo dell'attore: *Il Principe Costante* (1965)

L'incontro tra un architetto e un regista polacchi, all'inizio degli anni Sessanta, è destinato a cambiare le sorti del teatro internazionale: Jerzy Gurawski ha da poco discusso una tesi alla facoltà di architettura del Politecnico di Cracovia, concentrandosi sulla configurazione dello spazio teatrale nei secoli; il giovane regista Jerzy Grotowski sta invece animando il Teatro delle 13 File nella cittadina di Opole. I due cominciano a lavorare, fianco a fianco[6], all'ipotesi di dare spazio sul palco non solo a ciò che lo spettatore vede manifestarsi

4 Cynthia Klestinec, *Theaters of Anatomy. Students, Teachers, and Traditions of Dissection in Renaissance Venice*, (Baltimora: John Hopkins University, 2011).

5 Alla selezione dei casi di studio hanno contribuito alcune conversazioni con colleghi e colleghe che desidero ringraziare (Marco De Marinis, Lorenzo Donati, Roberta Ferraresi, Massimo Marino, Rossella Menna). Nell'elaborazione della presente trattazione, sono emersi altri spettacoli rilevanti in una prospettiva anatomica, ma esclusi per motivi di spazio: tra questi, *Fantastica visione* di Giuliano Scabia (1973); *Wielopole, Wielopole* di Tadeusz Kantor (1980); *Giulio Cesare. Pezzi staccati* di Romeo Castellucci (1997).

6 Racconterà Grotowski: "insieme ci siamo messi in cammino, senza più compromessi, alla conquista dello spazio" (in Flaszen and Pollastrelli, *Il Teatr Laboratorium*, 109).

frontalmente, davanti ai suoi occhi, ma anche "all'intuizione, allo spazio del congetturabile, che si trova dietro e riserva molteplici sorprese"[7].

I dieci anni della loro collaborazione danno vita a risultati inediti, nell'ideazione di spazi scenici sempre diversi: in *Kordian* (1962) la scena è la camera di un manicomio, e il pubblico ne occupa gli angoli più remoti, financo gli stessi letti di degenza; in *Faustus* (1963) gli spettatori sono accomodati come commensali intorno a una tavola-palcoscenico su cui si svolge l'azione.

È tuttavia ne *Il Principe Costante* (1965) che si manifesta in modo più diretto ed esplicito l'idea di un dispositivo scenografico atto a dissezionare il corpo dell'attore ("una metafora architettonica di un laboratorio riservato dove si celebra la vivisezione dell'animo umano"[8]). Lo spettacolo – la cui drammaturgia si sviluppa a partire dal dramma seicentesco di Calderón de la Barca nella traduzione polacca di Juliusz Slowacki – segna un passaggio fondamentale nel percorso artistico del regista; è il primo a debuttare a Wroclaw, lontano dal contesto più provinciale di Opole, e a vantare una significativa tournée internazionale (nel 1966 è al Teatro delle Nazioni di Parigi; nel 1967 al Festival di Spoleto). Le reazioni immediate della critica e degli addetti ai lavori – colpiti dalla sorprendente novità del lavoro, e ancor di più dall'inedita qualità performativa del protagonista Ryszard Cieslak[9] – contribuiscono, in breve tempo, a canonizzare l'immaginario dello spettacolo.

La scenografia ideata da Gurawski è una stanza lignea circondata da una balaustra, oltre la quale gli spettatori (circa ottanta) sbirciano dall'alto lo spettacolo; all'interno del recinto, nello spazio vuoto quadrangolare, è visibile un solo lettino di legno che accoglierà al termine della performance il corpo morto del protagonista. Il riferimento figurativo alla celebre *Lezione di anatomia* di Rembrandt (L'Aia, Mauritshuis, 1632) è esplicito, al punto che "verrebbe da dire che lo spettacolo sia quasi una drammatizzazione del dipinto"[10]. Anche sul piano cromatico, Grotowski ripropone la contrapposizione tra il corpo semi-nudo del Principe Fernando (Cieslak, coperto appena da una camicia slacciata e da un perizoma, entrambi bianchi), e gli abiti neri degli altri personaggi (uomini di corte, cinque attori) vestiti con pantaloni, stivali e mantello. Il contrasto tra la purezza del Principe prigioniero e gli atti di una cupa "società alienata [...] che mostra compiacimento nell'uso della forza"[11]

---

7 Zbigniew Osinski, *Jerzy Grotowski e il suo laboratorio* (Roma: Bulzoni, 2011), 228.

8 Lorenzo Mango, *Il Principe Costante di Calderón de la Barca-Slowacki per Jerzy Grotowski* (Firenze: Edizioni ETS, 2008), 71.

9 Per una ricognizione ragionata sulla ricezione dello spettacolo, cf. Franco Perrelli, *I maestri della ricerca teatrale* (Roma-Bari: Laterza, 2007), 63–70.

10 Mango, *Il Principe Costante*, 78.

11 Perrelli, *I maestri*, 63.

possiede una evidente connotazione etica che arriva a interrogare – lo si noterà più estesamente – il ruolo degli spettatori che osservano dal limite della balaustra.

Fin dal principio dello spettacolo[12], non mancano espliciti riferimenti alle pratiche mediche; il corpo disteso sul lettino viene auscultato (al petto e al polso), ispezionato, misurato. L'attenzione alla dimensione fisiologica si trasforma, progressivamente, in una sequenza di atti di tortura: il Principe, in stato di prigionia, viene fustigato, il suo corpo si piega ripetutamente in atto di dolore (e in un reiterato movimento di caduta e di faticosa risalita sul letto ligneo), mentre dalla balaustra il pubblico può udire distintamente le sue urla strazianti. Cieslak lavora, oltre che sulla complessa sequenza gestuale, sulla fissità delle espressioni del viso, rendendole immobili e icastiche come quelle di una maschera mortuaria; la tecnica, elaborata nel lungo lavoro di indagine con Grotowski[13], induce lo spettatore a concentrare l'attenzione interamente sulla sfera del corpo.

Al termine della impressionante partitura fisica, Cieslak si lascia cadere inerte sul letto, con gli occhi chiusi; i personaggi di corte – in un *tableau* finale che richiama con particolare precisione il modello rembrandtiano – si avvicinano al volto del morto e lo guardano dall'alto. Solo a questo punto la luce, che è rimasta accesa per tutta la durata dello spettacolo, si spegne; quando si riaccende, la sala è deserta, e alla vista del pubblico resta solo un cadavere coperto da un drappo.

A margine degli evidenti riferimenti cristologici, che esulano dagli argomenti della presente trattazione, l'architettura della scena interroga il ruolo di chi osserva dal punto di vista morale: "gli spettatori si trovano a guardare in basso gli attori come se guardassero animali in un recinto", annota Grotowski, "e questo sguardo distaccato, dall'alto in basso, dà all'azione un senso di trasgressione morale"[14]. La drammaturgia dei movimenti, inoltre, suggerisce un'analogia tra il pubblico e gli aguzzini: a partire dalla seconda metà dello spettacolo Cieslak/Fernando è collocato sempre al centro della scena, nei pressi del letto, mentre gli uomini di corte si collocano per lo più lungo il perimetro della balaustra, in prossimità degli osservatori. È noto come Grotowski sperimenti, con il suo teatro, un nuovo modello di spettatore "testimone", che si avvicina alla postura di chi prende parte a un rito ("Il testimone desidera

12 Lo studio analitico dei diversi segmenti dello spettacolo è possibile non solo grazie alla bibliografia critica, ma anche per una preziosa documentazione videoregistrata realizzata da Ferruccio Marotti e dal Centro Teatro Ateneo La Sapienza (https://www.youtube.com/watch?v=argaYjc9Crk).

13 Mango, *Il Principe Costante*, 102.

14 Jerzy Grotowski, *Per un teatro povero* (trad. it. Roma: Bulzoni, 1970), 113.

essere cosciente, guardare ciò che avviene dall'inizio alla fine e conservarlo nella memoria. Essere testimone, ossia non dimenticare, non dimenticare a nessun costo"[15]). Ma *Il Principe Costante*, proprio attraverso l'evocazione metaforica di un'aula di anatomia, permette di mettere in luce un ulteriore aspetto: l'osservazione del corpo di Cieslak dona a chi guarda – proprio come accade di fronte a una lezione – un accrescimento della conoscenza; ma tale progresso è possibile solo attraverso il sacrificio di un essere umano. L'attore offre dunque il suo corpo performativo al resto della comunità, in un laboratorio di vivisezione dell'essere umano, perché quella comunità possa approdare a un avanzamento.

2 Dissezionare la storia: l'*Orestea* di Ronconi (1972)

Mentre per tutta l'Europa e in America fioriscono esperienze che vedono una radicale ridefinizione degli spazi performativi e del ruolo dell'attore, in Italia le nuove istanze tardano a radicarsi.

Non è difficile capire perché il panorama italiano resti così refrattario alle innovazioni: accanto a una prassi attoriale consolidata e largamente orientata alla prosa[16], gioca un ruolo importante anche la florida tradizione architettonica del cosiddetto "teatro all'italiana" che plasma il rapporto scena/platea per tutta la penisola con la sua riconoscibile struttura.

Il critico Franco Quadri, attivo in prima persona per la creazione di occasioni di scambio e ospitalità con le realtà estere, denuncia a più riprese il palese ritardo italiano nell'accogliere le nuove istanze e lo stato di arretratezza del panorama scenico nazionale[17]. In questo quadro, tuttavia, le eccezioni non mancano. Tra queste si segnala la ricerca sullo spazio di Luca Ronconi che, a partire dal 1969 (anno di debutto dell'*Orlando Furioso*), indaga per trovare "il tipo di proposta teatrale e il tipo di architettura capace di mettere di nuovo lo spettatore a suo agio"[18].

---

15 Grotowski, *Per un teatro povero*, 115.

16 Sulle tensioni contrastanti che animavano la scena italiana, fin dall'inizio del Novecento, tra eredità del teatro d'attore, nuovi autori drammatici e nascita della regia, cf. Donatella Orecchia, *Il critico e l'attore. Silvio D'Amico e la scena italiana di inizio Novecento* (Torino: Accademia University Press, 2012).

17 Si veda, in particolare, il celebre *Manifesto per un Nuovo Teatro* che costituisce il punto di partenza per il Convegno di Ivrea nel 1967. Il testo integrale, ma anche una riflessione estesa ("Dossier Ivrea 1967"), si trova sulla rivista *Ateatro*. (https://www.ateatro.it/webzine/2007/04/26/dossier-ivrea-1967-come-e-nato-il-manifesto-per-un-nuovo-teatro/).

18 Franco Quadri, *Il rito perduto. Saggio su Luca Ronconi* (Torino: Einaudi, 1973), 82. La monografia di Quadri esce con mirabile tempismo l'anno successivo al debutto dell'*Orestea*

Lo spettacolo che sembra rielaborare in modo più aperto ed esplicito il modello figurativo di un teatro anatomico è l'*Orestea* (1972), una monumentale performance di sei ore che debutta a Belgrado, al festival Bitef (il testo eschileo è presentato nella traduzione di Mario Untersteiner; mentre Cesare Milanese si occupa dell'adattamento nel ruolo di *dramaturg*). Per dare vita ad un innovativo dispositivo di sguardo Ronconi si rivolge allo scenografo e scultore Enrico Job, chiedendogli di ideare uno spazio con tre possibili sistemazioni del pubblico nei confronti della scena: viene costruita così una grande struttura scenica-contenitore (i materiali sono abete e ferro, per un peso complessivo di circa venticinque tonnellate) capace di inglobare al suo interno attori e spettatori (per un massimo di circa trecento). Il pubblico viene disposto su tre lati in tre gallerie sovrapposte, mentre l'azione si svolge al centro su una pedana rettangolare a vista, che viene manovrata attraverso un sistema di carrucole e la cui inclinazione cambia a seconda dei momenti dello spettacolo; due montacarichi salgono e scendono trasportando gli attori a diversi piani e mutando così le geometrie della scena; mentre sullo sfondo (nell'unico piano lasciato libero dagli spettatori) una *skené* lignea può aprirsi mostrando lo spazio vuoto extra-scenico.

La scatola scenica viene raccontata dalla critica, già dalle prime recensioni, con immagini icastiche e rappresentative: "gli spettatori ai tre lati si trovano nella condizione di chi segue, in un teatro anatomico, le fasi di un'operazione chirurgica" (Roberto De Monticelli, "Il Corriere della Sera", luglio 1973); "una scatola compatta come una strettoia, un ordigno oscillante e insidioso come la sorte, in quel duro legno cosparso di attrezzi ammiccanti" (Angelo Maria Ripellino, "L'Espresso", 15 luglio 1973); "la struttura ideata e costruita da Enrico Job, è per certi versi una nave, nella quale siamo tutti a bordo"[19]. I tre ambiti metaforici mettono in luce immancabilmente il ruolo di coinvolgimento e costrizione dello spettatore, portato a sbirciare dall'alto ("in maniera molto analitica," spiega Ronconi)[20] l'azione scenica come in un laboratorio riservato.

Non è possibile ripercorrere in questa sede le innumerevoli soluzioni registiche sperimentate da Ronconi nel suo monumentale spettacolo[21]; varrà la

(mentre la tournée prosegue ancora) contribuendo a storicizzare quasi 'in presa diretta' le attività registiche di Ronconi.

19 Cesare Milanese, *Luca Ronconi e la realtà del teatro* (Milano: Feltrinelli, 1973), 21. Milanese, dedica all'esperienza dell'*Orestea* (e più in generale al lavoro di Ronconi) una monografia che esce nello stesso anno di quella di Quadri.

20 Luca Ronconi, *Prove di autobiografia*, a cura di Giovanni Agosti (Milano: Feltrinelli, 2019), 226.

21 La ricostruzione dello spettacolo, e l'analisi delle scene è possibile non solo grazie alle due monografie già citate, ma anche grazie a una registrazione Rai del 1975, con la regia televisiva di Marco Parodi.

pena, tuttavia, soffermarsi su tre immagini (una per ogni parte della trilogia) che sembrano utilizzare, con particolare efficacia, l'ambito metaforico del teatro anatomico.

All'accendersi delle luci, appare davanti al pubblico una figura umana abbandonata a terra, con braccia aperte e gambe divaricate: è la sentinella dell'*Agamennone* (Marzio Margine), che sta aspettando il ritorno dell'esercito da Troia. Mentre gli spettatori osservano il suo corpo supino dagli spalti dell'aula anatomica, la pedana lignea si inclina al massimo della sua pendenza, lasciando l'attore dapprima quasi in posizione eretta (con i piedi sospesi verso la fossa sottostante alla struttura), e poi in posizione capovolta (con il capo verso la fossa). Quando il piano viene posto nuovamente in senso longitudinale, la sentinella si alza in piedi per segnalare l'appropinquarsi dei fuochi che annunciano il ritorno dell'esercito (nell'originale, ai vv. 22–25). L'opera fondativa per la drammaturgia occidentale – sembra suggerire Ronconi – può iniziare il processo di rappresentazione solo nel momento in cui il narratore acquisisce piena capacità fisica di azione e consapevolezza del proprio corpo ("è l'emozione del ritrovamento della vita, e via via della parola, del movimento"[22]). Dagli spalti del teatro, il pubblico osserva dunque la fisionomia del "primo attore della storia", disteso su un lettino anatomico (lo può studiare da diverse angolazioni, e con particolare precisione, grazie ai movimenti basculanti della pedana); e lo vede poi prendere parola e gesto, come un burattino improvvisamente animato.

Nelle *Coefore*, il complesso dispositivo di dissezione creato da Job adempie la sua funzione nel momento cruciale del dramma, cioè dopo il duplice omicidio di Egisto e di Clitennestra da parte di Oreste (Glauco Mauri). L'atto di sangue, come vuole la prassi della tragedia greca, avviene fuori dalla vista degli spettatori; la *skené* si riapre dopo il delitto, lasciando intravvedere i due morti nel retroscena illuminato, riversi su una sedia. Sulla pedana lignea resta invece Oreste, seduto ad un tavolo, intento a descrivere al pubblico gli omicidi appena avvenuti; l'attore, che si serve per il suo racconto di alcuni oggetti superstiti alla strage, procede "con una macabra esemplificazione visiva, come in una lezione di medicina legale"[23]. Sul lettino di vivisezione non sono dunque presenti i cadaveri, nella loro verità fisiologica, ma la ricostruzione verbale del delitto da parte del reo, nel suo ricordo immaginifico: è infatti la memoria, come si avrà modo di osservare, il centro dell'interesse registico di Ronconi.

Nelle *Eumenidi*, infine, l'attenzione si sposta verso la parete della *skené*: sul fondale, bianco e illuminato, si stagliano le sagome di alcuni manichini

22 Quadri, *Il rito perduto*, 219.
23 Quadri, *Il rito perduto*, 240.

senza testa. Anche sulla pedana centrale camminano in linea retta alcuni manichini-robot dai volti coperti, che paiono avere come riferimento figurativo la pittura metafisica di De Chirico; si tratta della rappresentazione di una democrazia distopica, una comunità senza volto e senza storia che si appresta al voto. I costumi astratti e l'assenza di espressioni riconoscibili nel volto contribuiscono a creare un'atmosfera post-umana, dove l'alienazione della neonata forma politica viene suggerita proprio dall'assenza di riconoscibili elementi corporei, fisiologici, organici.

Anche soltanto a partire dalla cursoria analisi delle tre scene qui menzionate, appare chiaro come Ronconi utilizzi l'architettura da aula anatomica costruita da Job con almeno tre funzioni differenti: dapprima per mostrare il corpo dell'attore, nella sua verità materica, in tutte le sue angolazioni; al centro del processo di vivisezione si colloca poi il racconto di un delitto già avvenuto, lontano dallo sguardo degli spettatori (si veda l'utilizzo di un meccanismo analogo nel recente film *Anatomia di una caduta*, 2023); infine viene posta sotto la lente di ingrandimento l'allarmante perdita di caratteristiche umane nella società, provocata dal procedere inevitabile del progresso.

In questa sequenza (centralità del corpo; acquisizione della parola; post-umanesimo) risiede in definitiva il cuore della lettura interpretativa di Ronconi sull'*Orestea*, che si colloca in una prospettiva trans-temporale; l'opera eschilea non viene analizzata infatti come un "nobile brano di repertorio," ma come "il mezzo per l'analisi di una civiltà, o di un trapasso di civiltà"[24]. Sopra il tavolo di vivisezione, dunque, viene posizionato l'itinerario di una società attraverso la Storia, l'anatomia del suo cambiamento: "la tragedia come uno spaccato, una sedimentazione, una tensione diacronica"[25].

3 Dissezionare i sentimenti: *Ponti in core* di Fanny & Alexander (1996)

Tra i quattro spettacoli presi in considerazione in questa sede come casi di studio, *Ponti in core* (fig. 13.1) è quello più esplicito e programmatico nella rievocazione architettonica del teatro anatomico; proprio per questo, l'opera riesce a mostrare con particolare chiarezza le contraddizioni e i paradossi della sovrapposizione metaforica tra medicina e arte, tra vivisezione e scavo interiore.

La compagnia ravennate Fanny & Alexander – nata 1992 per volontà di Luigi De Angelis e Chiara Lagani, nel contesto particolarmente prolifico della

24 Quadri, *Il rito perduto*, 193.

25 Ronconi, *Prove*, 227.

FIGURA 13.1 *Ponti in core* di Fanny e Alexander (1996)
© ARCHIVIO DELLA COMPAGNIA FANNY & ALEXANDER

regione Emilia-Romagna in quegli anni[26] – è oggi una delle realtà più significative della scena italiana. Sin dalla fondazione il collettivo si è distinto per una

26 Rodolfo Sacchettini, "Cinema, immagine e letteratura. Fanny & Alexander e i suoi dispositivi scenici," *Arabeschi* 15 (gennaio–giugno 2020), 22.

rinnovata attenzione ai dispositivi che orientano lo sguardo dello spettatore, e per una indagine sulle scritture di scena come "stratificazione di tessiture tra parola e immagine"[27]. Nel 1996 (i due fondatori sono allora poco più che ventenni) la compagnia debutta con lo spettacolo *Ponti in core*, che prende le mosse dalla riproduzione architettonica di un'aula anatomica[28].

La struttura lignea ovale, quasi un teatro da camera (sul modello dell'Archiginnasio bolognese), ospita al suo interno soltanto ventiquattro spettatori che – dopo essere stati accompagnati ad uno ad uno – vengono "incastonati" nella parete, su alti scranni, "così da figurare, nel gioco della semioscurità, rudimentali e antichi bassorilievi" (Paolo Ruffini, "Liberazione", aprile 1996). Al centro, in una teca-sepolcro, giacciono due corpi: è una coppia di ragazzi, Dorotea (Chiara Lagani) e Cipresso (Luigi De Angelis), che inscenano un susseguirsi di giochi macabri e funerei, di piccole torture tra ampolle di sangue, filtri mortiferi e spazzole per cadaveri (le azioni, lungi dall'avere carattere quotidiano, sono compiute attraverso il mantenimento prolungato di pose plastiche). Il clima nebbioso e rarefatto, che "mira a immergere lo spettatore in un'atmosfera conturbante, sofisticata, estremamente attraente, ma a tratti repulsiva, morbosa"[29], sembra voler evocare l'immersione dello spettatore nel suo inconscio; a questo contribuiscono anche lo ieratico accompagnamento di ogni convenuto fino alla sua seduta, e la struttura centripeta della scena – che pare quasi sprofondare dall'altezza dei seggi alle profondità della bacheca-sepolcro.

Nei dialoghi tra i due ragazzi – intervallati da una voce fuori campo, che riproduce lentamente testi di Lewis Carroll, Collodi, Marina Cvetaeva – emerge un'"ossessione per la forma-cuore, attraverso la misteriosa auto-esposizione di due corpi adolescenti"[30].

La drammaturgia scandisce così, in una insistita dialettica tra gioco e morte, la crudele ricerca di due innamorati della fonte simbolica dei reciproci sentimenti attraverso la vivisezione, con continui tagli e aperture di fessure nella carne; il risultato, alla fine della performance, è l'inevitabile morte dei due protagonisti, e l'esposizione dei due cadaveri sotto lo sguardo voyeuristico del pubblico. Nella onirica conclusione, uno sciame di veri grilli colorati d'oro, usciti da una scatola, cammina sui due corpi inanimi; l'immagine, oltre ad alleviare la

---

27 La formulazione si trova nella motivazione del Premio speciale per l'innovazione drammaturgica conferito a Chiara Lagani dal Premio Riccione (2017).

28 Le note di regia dello spettacolo e la rassegna stampa sono accessibili sul sito della compagnia: http://www.fannyalexander.org/archivio/archivio.it/essays_ponti.htm.

29 Sacchettini, "Cinema", 22.

30 Chiara Lagani, "Attraverso lo specchio di Fanny & Alexander," *Engramma* 161 (dicembre 2018), 115–16.

durezza dell'immagine funebre, vuole richiamare l'atmosfera sacrificale delle agiografie dei santi[31].

De Angelis e Lagani articolano dunque la partitura spettacolare e drammaturgica sulla dicotomia tra la freddezza autoptica di un'aula medica e una dolorosa e inappagata ricerca sentimentale; e, ancora, tra l'organo-cuore come muscolo e apparato funzionale, e il simbolo-cuore inteso come sede di palpiti vitali e amorosi. La costruzione e l'utilizzo di un dispositivo architettonico di dissezione, in questo orizzonte, sembra dunque volto a mostrare l'inattingibilità della dimensione sentimentale attraverso i metodi e le vie della ricerca scientifica, e forse anche attraverso il *medium* meramente fisiologico del corpo umano. Il teatro anatomico – cioè il dispositivo formale atto al raggiungimento della conoscenza attraverso lo studio degli organi – arriva con Fanny & Alexander a negare la sua stessa funzione, e cioè a postulare che il corpo e le sue esperienze non siano nient'altro che determinazioni accidentali.

4 Dissezionare l'identità: *L'Aventure invisible* di Marcus Lindeen (2022)

"Immagino il mio teatro come una sessione di terapia psicanalitica di gruppo, che avviene in uno spazio circolare," ha dichiarato Marcus Lindeen[32]. L'artista svedese – attivo al Piccolo Teatro di Milano e alla Comédie de Caen – si è fatto conoscere sui palchi europei grazie a una fortunata trilogia dedicata al tema dell'identità, in lingua francese; le tre drammaturgie (*Orlando e Mikael, Wild Minds* e *L'Aventure invisible*) sono state poi tradotte in italiano e pubblicate con la traduzione di Chiara Elefante (Il Saggiatore, 2022).

Il cerchio rappresenta dunque, per Lindeen, il migliore dispositivo di intimità di cui il teatro può fare uso; per questo l'autore-regista ha sperimentato, con *L'Aventure invisible* (spettacolo presentato nel 2022 in alcuni tra i più rilevanti palchi internazionali, dal Festival d'Automne di Parigi al Kunstenfestivaldesarts di Bruxelles; fig. 13.2) l'utilizzo di una struttura architettonica semplice e minimale, atta a ospitare attori e spettatori (per un totale

31 L'ispirazione per la conclusione dello spettacolo, così come altri numerosi dettagli, sono stati gentilmente condivisi con me da Chiara Lagani in un'intervista telefonica nel maggio 2024; non esiste una registrazione di *Ponti in core*, ma solo un breve e giocoso documentario di Gerardo Lamattina che mostra lo spazio scenico: https://youtu.be/LmG5WGBtNQg?feature=shared.

32 L'intervista è stata rilasciata nel 2022 al Piccolo Teatro di Milano: https://www.piccoloteatro.eu/app/index.html#/reader/44926/1649930. Ho avuto modo di vedere lo spettacolo nel maggio 2022.

FIGURA 13.2 *L'Aventure invisible* di Marcus Lindeen (2022)
©MASIAR PASQUALI/PICCOLO TEATRO DI MILANO – TEATRO D'EUROPA

di circa quaranta). Si tratta di un cerchio a bassi gradoni di tre piani, che pare idealmente completare l'arco dell'antico anfiteatro, fino a chiudersi e a escludere così il fondale e la *skené*: il punto di fuga per lo sguardo – proprio come nel celebre teatro anatomico padovano – non è dunque sullo sfondo, ma si colloca nell'area circolare interna agli spalti. Il centro, cioè lo spazio tradizionalmente riservato al letto di vivisezione, resta tuttavia vuoto per tutta la durata dello spettacolo, rivelando un disegno scenico costruito per sottrazione.

Nella dimensione paritaria del cerchio, che colloca il pubblico e i tre protagonisti sullo stesso piano, la drammaturgia si avvia in tono informale, come se prendesse vita senza soluzione di continuità dalle conversazioni spontanee portate avanti fino a quel momento. I tre protagonisti cominciano dunque a condividere, uno dopo l'altro, le proprie vicende personali; le narrazioni sono intervallate soltanto da brevi silenzi, o da momentanei passaggi a buio, senza nessun determinante cambiamento scenografico. A raccontare frammenti della propria vita sono una neuroscienziata sopravvissuta a un ictus (interpretata da Claron McFadden); Jérôme, cioè il primo uomo ad avere subito un trapianto di faccia, in seguito a un brutale incidente (Tom Menanteau); unartista *non-binary* che ricostruisce grazie a brevi video-performance alcune celebri fotografie di Claude Cahun (Franky Gogo). Le tre storie – diverse per nature ed esiti, ma simili nel loro testimoniare esperienze liminali – hanno come filo conduttore alcune possibili declinazioni del tema dell'identità, e i paradossi creati dalle definizioni e dalle etichette troppo rigide. Cosa resta, sembra chiedere Lindeen, quando viene meno una delle caratteristiche che siamo abituati a ritenere identitarie (come l'aspetto del volto; il genere; i ricordi accumulati negli anni)?

L'ossatura drammaturgica delle pièce è interamente mutuata dalle testimonianze di persone reali; "lavoro sempre avendo come base della scrittura ricerche documentarie e interviste, con un metodo di tipo giornalistico," racconta Lindeen[33]. La voce dei testimoni viene riprodotta in cuffia ad ogni replica, in modo che i tre interpreti possano prestare una millimetrica attenzione al timbro, al ritmo, alla cadenza e cercare di riprodurne fedelmente il dettato. La riproduzione *live* ha, per certi versi, una funzione di rievocazione quasi rituale delle sofferenze altrui; dall'altra va considerata come un paradossale processo di *mise en abyme*, dove attrici e attori replicano uomini e donne che a loro volta hanno tentato di essere altro da sé[34].

La drammaturgia indugia ripetutamente sugli aspetti medici del racconto, anche quelli più specialistici o spaventosi: Jérôme descrive nel dettaglio l'esito, talvolta disastroso, delle diverse operazioni al volto; la neuroscienziata si sofferma sulle funzionalità del cervello, estraendo persino un piccolo modellino dell'organo (uno dei pochi oggetti di scena). Tuttavia il centro del teatro anatomico costruito da Lindeen, come si è anticipato, rimane completamente vuoto per tutta la durata della rappresentazione: l'obiettivo della profonda operazione di dissezione proposta dalla drammaturgia non è infatti il corpo umano, nella sua fisiologica concretezza, ma l'intangibile concetto di identità individuale, che viene opposto alla rassicurante esattezza della terminologia scientifica. Anche per questa ragione, l'azione scenica viene ridotta a pochi movimenti (l'atto di alzarsi e di girarsi verso gli interlocutori, oppure di cambiare posto), eseguiti con asettica precisione; le indecisioni, i pregiudizi, le autodefinizioni identitarie, le proiezioni nello sguardo altrui sono affidate interamente alla dimensione verbale. Al teatro, e alla collettività che vi si raccoglie intorno, resta il compito di ragionare intorno al pulviscolo – imprendibile e soggetto a cambiamenti – che definisce la persona al di fuori della sua dimensione fisiologica.

33 Cf. nota 31.

34 Si leggano, a questo proposito, le riflessioni critiche di Alessandro Iachino, in una recensione uscita sulla rivista "Doppiozero": https://www.doppiozero.com/quattro-proposte-per-un-presente-indicativo.

5 Il teatro come dispositivo di vivisezione, da Eschilo a Cronenberg

Si è avuto modo di osservare, attraverso i quattro casi di studio proposti, come l'aula anatomica abbia fornito a registi e scenografi nell'ultimo secolo una produttiva metafora architettonica per rappresentare il teatro come laboratorio riservato alla vivisezione dell'animo umano. Non sarà inutile rimarcare, avviandosi alle conclusioni, come la creazione di innovativi dispositivi di sguardo sia spesso funzionale a una riflessione metalinguistica sul ruolo e le possibilità dell'arte scenica. L'offerta sacrificale del corpo performativo dell'attore a beneficio della platea, finalizzata cioè all'accrescimento della conoscenza, è del resto connaturata all'idea del teatro fin dalla sua nascita; la prima e icastica rappresentazione di tale auto-esposizione pubblica, infatti, si trova già nel *Prometeo Incatenato* eschileo. La drammaturgia tragica, che prevede l'immobilità del protagonista Prometeo, vincolato a una rupe per buona parte della rappresentazione, impone infatti la configurazione dello spazio scenico come elemento dominante dello spettacolo[35], costringendo gli spettatori a guardare le sofferenze fisiche dell'eroe/attore senza poter cambiare focalizzazione prospettica. Si tratta, già in questo primo caso, di una potente metafora dell'atto teatrale stesso, e dello spazio sacro che lo contiene: un luogo dove l'attore viene vivisezionato fino a "offrire – letteralmente – la verità del suo organismo"[36].

La produttività di tale immagine definitoria si può riscontrare, oltre che negli esempi già riportati, anche nel recente film *Crimes of the Future* di David Cronenberg (2022). Al consueto interesse per gli scenari post-apocalittici e alla nota ossessione per la chirurgia e la sperimentazione sul corpo, il regista introduce questa volta una specifica riflessione su teatro e spettacolo dal vivo[37]. Il protagonista Saul Tenser (Viggo Mortensen) è infatti un artista performativo che vive in un futuro distopico, dove i corpi umani cominciano a mutare struttura attraverso l'insorgenza di strane masse tumorali. Saul e la sua collaboratrice Caprice (Léa Seydoux) si esibiscono in operazioni chirurgiche spettacolarizzate, dove i nuovi organi tumorali vengono mutilati e tatuati. Il film mostra, per esteso, un momento di apertura dello spettacolo al pubblico: Saul è sdraiato su un lettino di vivisezione, Caprice è vestita da sera e opera il compagno mentre gli avventori guardano dall'alto, accomodati in una serie

35 Ho avuto modo di trattare l'argomento anche in Maddalena Giovannelli, "Astuzie di regia. Il corpo di Prometeo sulla scena," *Arabeschi* 23 (2024).

36 Flaszen and Carla Pollastrelli, *Il Teatr Laboratorium*, 80. La medesima citazione, qui richiamata, ha aperto la presente trattazione.

37 Si leggano, a questo proposito, le riflessioni critiche di Stefano Caselli, pubblicate sulla rivista "Lo specchio oscuro": https://specchioscuro.it/crimes-of-the-future/.

di palchetti decadenti che paiono appartenere ad un vecchio teatro in disuso. In alcuni piccoli televisori disposti per lo spazio, oltre alla registrazione live dell'operazione in corso, campeggia la scritta "Body is reality". Il teatro, suggerisce Cronenberg, non ha in sé la forza di cambiare la realtà circostante, né di migliorarla; il suo compito è forse quello di attraversare la dimensione corporea, di esplorarla anche nei suoi aspetti fisiologici più crudi e sgradevoli, fino a mostrarne per contraltare la dimensione sacra, trasformandosi così da arena per autopsie a tempio.

Bibliografia

Cruciani, Fabrizio. *Lo spazio del teatro*. Bari: Laterza, 1992.

Flaszen, Ludwik, and Carla Pollastrelli. *Il Teatr Laboratorium di Jerzy Grotowski 1959–1969*. Firenze: La Casa Usher, 2007.

Giovannelli, Maddalena. "Astuzie di regia. Il corpo di Prometeo sulla scena." *Arabeschi* 23 (2024).

Grotowski, Jerzy. *Per un teatro povero*. Trad. it. Roma: Bulzoni, 1970.

Klestinec, Cynthia. *Theaters of Anatomy: Students, Teachers, and Traditions of Dissection in Renaissance Venice*. Baltimora: Johns Hopkins University Press, 2011.

Lagani, Chiara. "Attraverso lo specchio di Fanny & Alexander." *Engramma* 161 (dicembre 2018): 115–16.

Mango, Lorenzo. *Il Principe Costante di Calderón de la Barca–Słowacki per Jerzy Grotowski*. Firenze: Edizioni ETS, 2008.

Milanese, Cesare. *Luca Ronconi e la realtà del teatro*. Milano: Feltrinelli, 1973.

Orecchia, Donatella. *Il critico e l'attore. Silvio D'Amico e la scena italiana di inizio Novecento*. Torino: Accademia University Press, 2012.

Osinski, Zbigniew. *Jerzy Grotowski e il suo laboratorio*. Roma: Bulzoni, 2011.

Perrelli, Franco. *I maestri della ricerca teatrale*. Roma-Bari: Laterza, 2007.

Quadri, Franco. *Il rito perduto. Saggio su Luca Ronconi*. Torino: Einaudi, 1973.

Ronconi, Luca. *Prove di autobiografia*, a cura di Giovanni Agosti. Milano: Feltrinelli, 2019.

Sacchettini, Rodolfo. "Cinema, immagine e letteratura. Fanny & Alexander e i suoi dispositivi scenici." *Arabeschi* 15 (gennaio–giugno 2020).

Vicentini, Claudio. *Storia della recitazione teatrale*. Venezia: Marsilio, 2023.

14

Anatomie contemporanee: i corpi trasfigurati di Peter Shelton

Marta Spanevello

> la sensazione è di vedere qualche cosa di vivente, una materia dove da poco ha cessato di scorrere il sangue. Ciononostante, non sono pezzi anatomici per lo studio del corpo umano; si ha la sensazione che forse potrebbero esserlo. Questa ambiguità tra un realismo carnale e un astrattismo vitalistico è il fascino del suo lavoro[1].

∵

Il corpo come struttura fisica, come organismo. Il corpo come veicolo di emozioni. Il corpo e le sue potenzialità espressive come oggetto di narrazione, come metafora, simbolo, come mezzo di comunicazione e fonte di suggestioni. Ma il corpo è innanzitutto il mezzo attraverso il quale percepiamo e interagiamo con l'ambiente circostante. Postulando i termini della relazione tra l'entità fisica e ciò che è al di fuori di essa, la prospettiva fenomenologica di Merleau-Ponty, considera il corpo come vettore della nostra esperienza e interazione con il mondo, ma ogni corpo è contemporaneamente fisiologico e anatomico – *corps objectif* – e intenzionale ed emotivo – *corps propre* –: *J'ai un corps, je suis un corps*[2]. Il corpo ha dunque in sé un'ambiguità irriducibile e insolvibile, un'intrinseca dualità:

> Il corpo è il veicolo dell'essere al mondo, e per un vivente avere un corpo significa unirsi a un ambiente definito .... infatti, se è vero che io ho coscienza del mio corpo attraverso il mondo, che esso è al centro del mondo ... in quanto ho "organi di senso", un "corpo", delle "funzioni psichiche", paragonabili a quelle degli altri uomini, ciascuno dei momenti della mia esperienza cessa di essere una totalità integrata e rigorosamente

1 Giuseppe Panza di Biumo, *Ricordi di un collezionista* (Milano: Jaca Book, 2006), 205.
2 Maurice Merleau-Ponty, *Fenomenologia della percezione* (Milano: Bompiani, 2003).

DOI:10.1163/9789004691643_021

unica, in cui i dettagli esistono solo in virtù dell'insieme, io divengo il luogo in cui si incrociano una moltitudine di "causalità"[3].

Tale definizione può costituire il parallelo filosofico del lavoro di Peter Shelton che, all'inizio degli anni Ottanta, apre la strada alla cosiddetta 'arte del corpo'[4]. Già alla fine degli anni Sessanta, il misticismo industriale, ovvero la fede assoluta nelle tecnologie come soluzione univoca all'evoluzione, stava lasciando il passo al ritorno alla natura come scenografia per l'insolito e l'imprevedibile e gli artisti tornavano gradualmente a reintegrare gli elementi – terra, fuoco, aria e acqua – e quindi il corpo umano[5] nella loro pratica. Tuttavia, l'indagine di Shelton, in modo diverso dalla tradizionale rappresentazione scultorea della figura umana, si sviluppa in una duplice direzione: l'artista realizza frammenti di parti anatomiche che rimandano al *corps objectif* e al contempo, attraverso la scelta dei materiali, la tecnica di realizzazione dell'opera e le scelte di allestimento, attiva il *corps propre*: "Ciò che rende forte la scultura è che essa tratta, nel modo più fisico, le idee meno fisiche. È allo stesso tempo sentimentale e grafica. Vivere in un corpo che mangia, dorme, defeca, si riproduce e muore, eppure è pieno di immaginazione, concetti evoluti e forti emozioni, è la nostra esperienza concreta di questa tensione e connessione[6]." L'artista indaga così le forme e le metamorfosi corporee attraverso una ricerca plastica in cui l'intrinseca ambivalenza che il corpo incapsula, ovvero il punto di tensione tra la dimensione materiale e immateriale, è la chiave di molte delle sue installazioni architettoniche e scultoree.

È dunque nell'ambito del dibattito che riguarda l'impatto e la persistenza del paradigma anatomico nella teoria e cultura artistica contemporanea, che risulta opportuna un'indagine sull'opera di Peter Shelton e sul suo peculiare allestimento. Lo studio sull'uomo, sul corpo e le sue metamorfosi che l'artista propone, suggerisce infatti una possibile corrispondenza tra i suoi corpi 'fatti a pezzi' ed esibiti e la condizione precaria, a tratti impotente, dell'uomo postmoderno.

Nato a Troy in Ohio nel 1951 e attivo dai primi anni Ottanta del Novecento a Los Angeles, sin da bambino è affascinato dalla struttura del corpo e dalle condizioni particolari che influiscono sul comportamento dei gruppi muscolari

---

3 Merleau-Ponty, *Fenomenologia della percezione*, 130–32.

4 Cornelia H. Butler, *Peter Shelton: Waxworks* (Des Moines: Des Moines Art Center, 1988).

5 Germano Celant, "Tony Cragg and Industrial Platonism," *Artforum* 20 (November 3, 1981). https://www.artforum.com/features/tony-cragg-and-industrial-platonism-208498/.

6 Edith A. Tonelli, *floatinghouse* DEADMAN *and related works by Peter Shelton* (Los Angeles: Wight Art Gallery, University of California, 1987), 24.

e delle ossa, ed è proprio la sua biografia a confermare una forte propensione verso temi legati alla scienza medica e in particolare alla malattia[7]. Questo interesse, che lo accompagnerà fino all'età adulta, lo porta ad iscriversi alla facoltà di medicina dove frequenta classi di biologia, anatomia comparata e istologia fino ad interessarsi anche di kinesiologia. Al contempo frequenta corsi di arte, sociologia, antropologia e teatro. È in questi anni, infatti, che Shelton pone le basi del suo immaginario creativo attraverso lo studio di codici e manuali di medicina che forniranno un campionario di soggetti atti a comporre il suo vocabolario artistico; saranno cruciali poi, per una nuova concezione dello spazio, le indagini sulla percezione di Robert Irwin (1928–2023) e James Turrell (1943), con cui l'artista studia per un breve periodo al Pomona College a Claremont. Nel 1973 ottiene il Bachelor of Fine Arts al Pomona College, con una specializzazione in pittura, anche se in questi anni i suoi interessi si rivolgono già al corpo e alla sua relazione con lo spazio, prefigurando una propensione per la scultura e per l'ideazione di scenografie teatrali. Nel 1974 frequenta un corso alla School of Welding Technology a Troy, scelta che racconta dell'esigenza di acquisire competenze nel campo dell'artigianato tecnico e in particolare della saldatura e in cui riecheggiano le pratiche manuali della sua infanzia, così come l'influente tradizione di manifattura che si era affermata nell'arte del dopoguerra a Los Angeles. Nel 1979 ottiene un Master of Fine Arts alla University of California e, conclusa la sua formazione, apre uno studio a Los Angeles.

Peter Shelton si affaccia così al mondo dell'arte negli anni Ottanta, un decennio esplosivo in cui, in una sorta di confuso guazzabuglio, le categorie tradizionali di pittura e scultura sembrano svanire sotto un'energica 'epidemia' di sperimentazione che porta a una frammentazione del sistema dell'arte in una poderosa molteplicità di movimenti: process art, earth art, body art, video art, performance art.

È infatti nell'ambito della decostruzione storica propria del postmoderno che una nuova generazione di scultori, in risposta al Minimalismo e a una ricerca plastica di natura concettuale, si interroga sulla possibilità di reintrodurre nell'oggetto artistico l''umano' nella sua dicotomia di tangibile e al

7 Il primo contatto con la medicina avviene attraverso il nonno materno, medico e chirurgo generale, ma anche attraverso una vicenda drammatica che segna l'infanzia dell'artista. Il padre, ferito in guerra alla testa, riporta una paralisi al lato destro del corpo e una condizione di afasia, una disabilità fisica che Shelton vive con grande sofferenza; come reazione a questa dolorosa situazione l'artista, in una sorta di rielaborazione del trauma, si dedica allo studio dell'anatomia acquisendo un'approfondita conoscenza dei muscoli e dell'architettura dello scheletro.

tempo stesso di intangibile. Anche le riflessioni di Peter Shelton si collocano in questo contesto:

> All'inizio degli anni '70, c'era un certo dialogo su cosa potesse essere la scultura. E sulla possibilità che tornasse ad essere rappresentativa di qualcosa. Il lavoro era cercare di reinvestire, cercare di reinserire un anello nel dialogo: il corpo umano e la nostra fisicità. Il corpo umano come idea rappresentativa non è così interessante per me. Penso che la scultura sia una proiezione di noi stessi fisicamente e psichicamente. Ed è l'unica ragione per cui è ancora viva. Perché si relaziona con il nostro io: la mortalità, il senso di noi stessi ... abbiamo questo senso vivace di chi siamo che in qualche modo è immateriale. E poi abbiamo questa massa con cui viviamo che invecchia e sfida l'arte. Siamo in questo corpo. Quindi penso che la maggior parte degli artisti che conosco stiano cercando di trovare un modo per creare un'altra relazione, una narrazione legata alla nostra fisicità, alla nostra mortalità, senza necessariamente coinvolgersi in rappresentazioni elaborate[8].

Peter Shelton risponde così al sistema dell'arte con porzioni di anatomie, forme che alludono senza descrivere, in una tensione tra rappresentazione e astrazione. Sono meta-corpi[9], installazioni in cui si intuiscono radici antropomorfiche – arti, torsi, tronchi e organi – senza tuttavia riuscire ad afferrarne appieno il modello:

> Viviamo in un'epoca in cui non c'è un "noi" chiaro. Viviamo in quest'epoca di materialismo e meccanizzazione. In un'epoca post-industriale in cui tutto è un po' spezzato e il corpo non è considerato. Sul perché rappresento porzioni di parti anatomiche invece che l'intero corpo, rispondo che non esiste mai un corpo intero. Non sono interessato al corpo in quel modo. La mia opinione è che non viviamo in un'epoca in cui sia possibile rappresentare il corpo umano nella sua interezza[10].

Shelton compone così sculture dipinte, forme traslucide che si protendono dalla parete, astratte ma con un'allusione al figurativo, in cui la dicotomia tra

---

8 Peter Shelton in un'intervista con l'autore tenuta il 10 maggio 2023.

9 Maddalena Disch, *Peter Shelton*, in *Panza di Biumo: gli anni ottanta e novanta dalla collezione*, a cura di Marco Franciolli, Manuela Kahn-Rossi (Torino: Umberto Allemandi, 1992), 256.

10 Peter Shelton in un'intervista con l'autore tenuta il 10 maggio 2023.

FIGURA 14.1 FAI-Villa e Collezione Panza | *Ex Natura. Opera dalla Collezione di Giuseppe Panza di Biumo*| Peter Shelton, *pins* 1983–1987, tecnica mista (acciaio, fibra di vetro e resina) 154,9 × 31,1 × 14 cm; *greyfloater* 1984–1985, tecnica mista (lastra in acciaio, fibra di vetro e resina, lacca e pigmenti), 12,7 × 156,2 × 59 cm |Installation view, 2022
© FOTO DI MICHELE ALBERTO SERENI – MAGONZA_2022_(C) FAI

duttile e rigido, dissezione e ricomposizione, bidimensionalità e tridimensionalità, corporeo e immateriale si risolve in una forma che oscilla tra autenticità e artificialità: forma, materia e spazio, insieme all'uso della parola e alla percezione dell'osservatore sperimentano nella sua opera una convivenza complessa, ma al contempo indissolubilmente concorrono alla definizione del messaggio.

L'artista lavora infatti la robustezza dei materiali tradizionali come ferro, bronzo e alluminio con processi di ossidazione e, rivestendoli e colorandoli fino a sfumare i rigidi margini, li rende duttili e plastici restituendo movimento e disconfermando il loro stato disanimato. In *pins*[11] (fig. 14.1) le due lunghe rastremazioni semi-trasparenti che si liberano dal blocco che li origina, sono costituite da una sottile struttura di metallo sulla quale l'artista applica fibra di vetro traslucida e resina. I contorni esoscheletrici, che appaiono quasi come

11 *pins*, 1983–1987, tecnica mista (acciaio, fibra di vetro e resina) 154,9 × 31,1 × 14 cm.

armature[12], vengono così coperti da una superficie visivamente delicata ed evocano un'epidermide forse troppo sottile, che lascia affiorare le nervature dell'anatomia sottostante.

È grazie alla lavorazione della materia che l'apparente inflessibilità del metallo viene così smentita e i due tubi si trasformano, agli occhi del visitatore, in arti che si protendono da un bacino o radici da un dente[13]. Questo lavoro testimonia così il dualismo, centrale nel lavoro di Shelton, tra profondità e superficie, interno ed esterno e che giunge in alcune opere fino alla giustapposizione tra vuoto e pieno, positivo e negativo. In *greyfloater*[14] (fig. 14.1), infatti, l'apertura all'estremità laterale destra crea un passaggio dentro la materia, un canale che attiva il vuoto dello spazio:

> Ecco perché probabilmente sono arrivato a pensare all'anatomia come un'apertura per pensare al corpo, non in termini di rappresentazione di testa, mani, braccia e gambe, ma più per pensare a spazi e architetture che erano dentro e fuori dal dialogo, tra interno ed esterno delle cose. Il mio lavoro tende ad essere molto cavo per la maggior parte, perché sono molto interessato all'idea di questa realtà soggettiva in relazione con quella oggettiva. Hai l'oggetto, ma poi hai questo interno che ti attira. E quindi penso che questo sia stato il modo in cui sono riuscito a tornare indietro e pensare alla figura senza necessariamente rappresentarla[15].

Il repertorio iconografico di Shelton si compone così di passaggi, superfici interconnesse[16] che rimandano all'apparato circolatorio, al sistema dei vasi sanguigni, al funzionamento del nostro organismo.

Nei lavori dell'artista interviene poi la dimensione dello spazio: *greyfloater*, sospesa a circa 70 centimetri da terra, secondo le precise indicazioni allestitive dell'artista, pare galleggiare. Con i suoi oggetti ibridi, Shelton crea opere che irrompono con la loro fisicità nell'ambiente e al contempo, ancorandole alla parete, le priva di tridimensionalità. Sono poi le diverse superfici e materiali

---

12 Cornelia H. Butler, *Panza: The Legacy of a Collector. The Giuseppe Panza di Biumo Collection at the Museum of Contemporary Art, Los Angeles* (Los Angeles, The Museum of Contemporary Art, 1999), 194.

13 Marta Spanevello, "Peter Shelton", in *Ex Natura. Opere dalla collezione di Giuseppe Panza di Biumo (1982–2003)*, a cura di Anna Bernardini (Arezzo: Magonza, 2022), 122.

14 *greyfloater*, 1984–1985, tecnica mista (lastra in acciaio, fibra di vetro e resina, lacca e pigmenti), 12,7 × 156,2 × 59 cm.

15 Peter Shelton in un'intervista con l'autore tenuta il 10 maggio 2023.

16 Christopher Knight, *Peter Shelton godspipes* (Dublin: Irish Museum of Modern Art; Leeds: Henry Moore Sculpture Trust, 1998), 6.

a partecipare alla definizione della relazione dell'oggetto con la parete e, se le sculture lavorate in vetroresina – pur alludendo al dominio della pittura – innervano lo spazio con il movimento e sconfinano nella dimensione dell'altorilievo, nelle opere a fusione – nonostante il peso della materia – l'allestimento a parete genera l'illusoria percezione di un peso scultoreo praticamente assente.

Le opere di Shelton sono allestite come visioni frontali, con un chiaro rimando alle tavole anatomiche e gli allestimenti, curati dall'artista stesso, funzionano nelle sale espositive come un catalogo o un inventario di stampi di lavoro, un paradigma che appare già nell'opera grafica di Shelton e che rivela il suo *modus operandi*. In un disegno reperito nell'Archivio Panza Collection di Mendrisio[17] appare *whitebody*, 1988–1990 – una scultura cava in bronzo fuso di 81,3 × 76,2 × 35,6 cm (fig. 14.2) – riprodotta in sezione (fig. 14.3), frontale e laterale, e accompagnata da precise indicazioni allestitive che hanno lo scopo di spiegare la struttura del lavoro e il suo funzionamento, ovvero come posizionarla nello spazio – a circa 130 centimetri dal pavimento –[18].

Il rapporto tra l'aspetto, che rimanda alle forme del torso umano e la scala ovvero la dimensione, il peso e la collocazione nello spazio, sovverte la gerarchia tipica dell'archetipo e disorienta percettivamente il visitatore: se le dimensioni del busto alludono ad un corpo pantagruelico, la posizione alla parete presuppone invece una fisicità lilliputziana.

Nell'opera di Shelton spesso anche i titoli, creati dall'unione di vocaboli che si susseguono in insoliti giochi di parole, senza spazi o distinzioni di maiuscole, riflettono questa ambiguità[19] e partecipano all'opera stessa. In *whitebody* se la parola "body" conferma l'immagine del torso umano e invita il visitatore ad attivare l'immaginazione ricostruendone le parti mancanti – collo, braccia, mani – l'indicazione cromatica "white" entra in conflitto con il messaggio fornito dal colore scuro del bronzo.

---

17 Archivio Panza Collection, Mendrisio, Libreria 2, scatola PS IV, cartella Personal correspondence. Il disegno accompagna una lettera del 17 gennaio 1991 di Sean F. Kelly, direttore del Louver Gallery di New York, in cui informa Giuseppe Panza che Peter Shelton sta lavorando ad un nuovo nucleo di opere e invia al collezionista alcuni disegni preparatori per gli stampi.

18 Sul retro dell'opera l'artista incide: "hang on heavy 'L' hooh 52 inches floor to hook".

19 Il costrutto dei titoli di Shelton rivela la sua attenzione verso il linguaggio: i titoli non tentano di fare un'affermazione definita, ma piuttosto mettono ironicamente in dubbio la capacità di qualsiasi frase scritta di avere un senso ultimo e assoluto. In quasi tutti i casi le parole sono lasciate correre insieme, dando vita a strane combinazioni di vocali e consonanti originando una complessa allegoria piena di intrecci fenomenologici e di permutazioni del linguaggio.

FIGURA 14.2 Peter Shelton, *whitebody* 1988–1990, bronzo, 81,3 × 76,2 × 35,6 cm
© FOTO ALESSANDRO ZAMBIANCHI, MILANO / MILAN, COURTESY PANZA COLLECTION, MENDRISIO

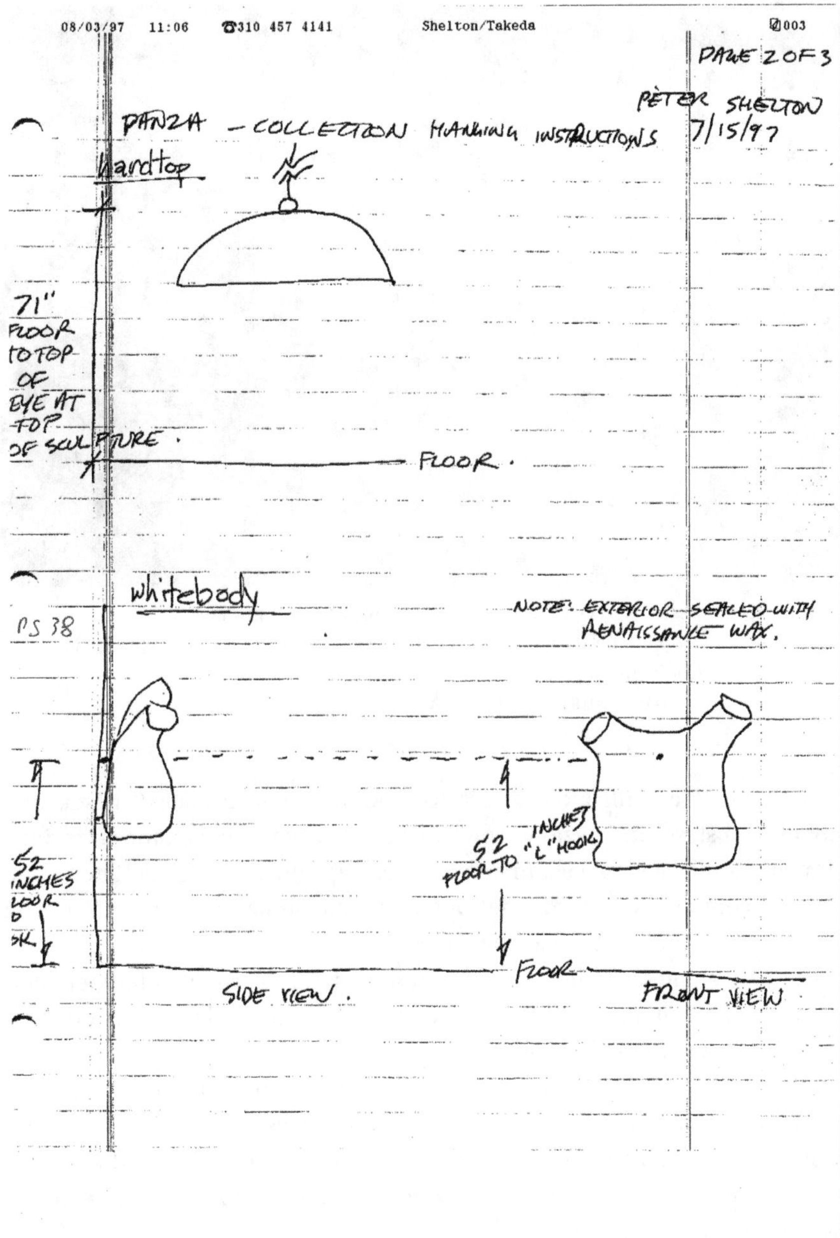

FIGURA 14.3 Peter Shelton, *Disegno preparatorio per whitebody*, Archivio Panza Collection, Mendrisio, Libreria 2, scatola PS IV, cartella Personal correspondence

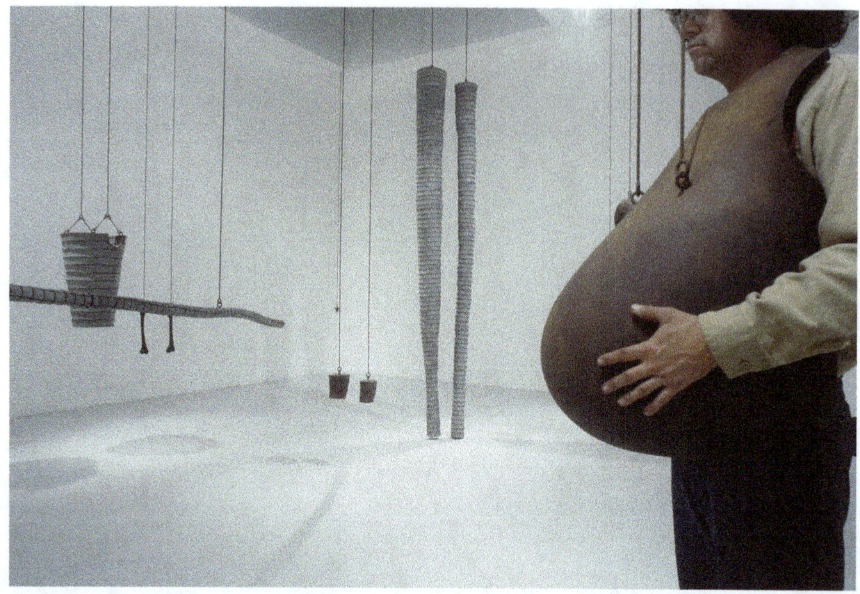

FIGURA 14.4 *BELLY*, 1983 | cast iron | 28 × 20 × 17 in. | installation view | MAJORJOINTShangersandsquat, December 3, 1983–January 28, 1984, Center of Contemporary Art, Seattle, WA, 1983
© FOTO COURTESY OF THE ARTIST

Come ben esemplificato negli scatti di BELLY[20], 1983 (fig. 14.4) l'artista, mettendosi egli stesso in relazione con l'opera, gioca su un'antropomorfizzazione formalizzata del lavoro e chiama in causa il *corps propre* dello spettatore, non solo per completare la forma dell'opera, ma anche per coglierne il senso in relazione con l'ambiente e ciò che include.

Le opere a parete di Shelton non sembrano infatti corpi fisici indipendenti o autonomi, ma implicano sottilmente una serie ineludibile ed estesa di relazioni fisiche e temporali con il contenitore strutturale della stanza, che è a sua volta composto da volumi interni ed esterni come fossero la pelle e le ossa dell'architettura[21]. Ne è emblema *godspipes*, 1988–98, un lavoro di 188 forme traslucide in vetroresina e piombo, allestito dall'artista all'Irish Museum of Modern Art nel 1998 e successivamente alla galleria L.A. Louver a Venice in California nel 2006 (fig. 14.5).

20 Gli scatti sono pubblicati sul sito dell'artista: https://www.petershelton.com/.

21 Christopher Knight, *Peter Shelton godspipes* (Dublin: Irish Museum of Modern Art; Leeds: Henry Moore Sculpture Trust, 1998), 8.

FIGURA 14.5 *godspipes*, 1988–98 | fibra di vetro e piombo | installation view | L.A. Louver, Venice, CA, 2006
© FOTO COURTESY OF THE ARTIST

Lo spettatore, entrando nello spazio espositivo, si trova circondato da una costellazione di parti anatomiche che appaiono contenute come in un corpo, vale a dire la stanza stessa[22], la cui forza è definita dalla loro interrelazione: sebbene appese alle pareti della galleria come frammenti disarticolati, nel loro insieme diventano una sorta di macrorganismo. È infatti ancora una volta la percezione che gioca un ruolo cruciale nella fruizione di questi oggetti al tempo stesso teatrali, architettonici e scultorei: lo spettatore immerso nell'installazione sperimenta un'incoerenza, ovvero vede il suo *corps objectif* 'aumentato', come se un microscopio accrescesse parti del suo organismo, e, allo stesso tempo, percepisce il suo *corps propre* 'frammentato' dall'impossibilità di cogliere l'interezza dell'identità umana (fig. 14.6).

Al visitatore appare così uno scenario di dissezione che tuttavia, grazie all'allestimento che Shelton progetta, non disconferma il contesto anatomico. L'allestimento è infatti parte integrante nella comprensione dell'opera e

22 Robert Hopper, "foreword" in *Peter Shelton godspipes*, 4.

FIGURA 14.6 *Dettaglio, godspipes*, 1988–98 | fibra di vetro e piombo | installation view | L.A. Louver, Venice, CA, 2006
© FOTO COURTESY OF THE ARTIST

induce lo spettatore ad attivare un nuovo ordinamento di relazioni tra oggetto e ambiente:

> Da una certa distanza, punto di vista o posizione, un oggetto può essere considerato come un oggetto senza, intero e definibile; e poi, con un solo leggero spostamento, lo pensiamo come architettura, circondante e aperta, qualcosa in cui ci muoviamo intorno o dentro. ... L'oggetto è capovolto, persino dissolto. Il nostro confine occidentale convenzionale tra scultura come oggetto (inteso come figura) e architettura come spazio (inteso come contenitore-di-figura) diventa semplicistico se non arbitrario in questo contesto, specialmente quando vengono introdotte movimento, tempo e testo (in maniera minima, un pensiero)[23].

---

23 Eliel, Carol S., *Peter Shelton bottlesbonesandthingsgetwet* (Los Angeles: Los Angeles County Museum of Modern Art, 1994), 17.

Se dunque, "*La scultura è un'impresa di Pigmalione in cui stai costantemente cercando di ridare vita ai morti*"[24], allestendo, come per una lezione di anatomia, un'alternanza di frammenti di organismi isolati, che oscillano e si muovono, e di assembramenti di parti di corpo, che si espandono e si contraggono, Shelton descrive la figura umana, non solo come superficie esterna, ma come complesso sistema anatomico che pulsa e vive ed esprime una visione dell'uomo piena di contraddizioni.

È la messa in scena di un rapporto costantemente mutevole, spesso ambiguo, tra il corpo e il mondo esterno – dentro-fuori, chiuso-aperto, trasparente-opaco, fluttuante-stabile, animato-inanimato – e di una contemporaneità in cui non esiste più un'identità univoca, ma identità plurali che si definiscono attraverso la loro reciproca interrelazione.

Bibliografia

Baas, Jacquelynn. *Peter Shelton sixtyslippers*. Berkeley: University of California, Berkeley Art Museum, 1999.

Barrie, Lita. "'I am a mocking bird in a painter's space': Peter Shelton discusses his love of making improbable sculptures." *Whitehot Magazine of Contemporary Art*, October 2023 https://whitehotmagazine.com/articles/his-love-making-improbable-sculptures/5879.

Bernadini, Anna, Fontana, Sara e Spanevello, Marta. *Ex Natura. Opere dalla collezione di Giuseppe Panza di Biumo (1982–2003)*. Arezzo: Magonza, 2022.

Butler, Cornelia H. *Panza: The Legacy of a Collector. The Giuseppe Panza di Biumo Collection at the Museum of Contemporary Art, Los Angeles*. Los Angeles: The Museum of Contemporary Art, Los Angeles, 1999.

Butler, Cornelia H. *Peter Shelton: Waxworks*. Des Moines: Des Moines Art Center, 1988.

Celant, Germano. "Tony Cragg and Industrial Platonism." *Artforum* 20, Novembre 3, 1981. https://www.artforum.com/features/tony-cragg-and-industrial-platonism-208498/.

Eliel, Carol S. *Peter Shelton bottlesbonesandthingsgetwet*. Los Angeles: Los Angeles County Museum of Modern Art, 1994.

Fischer, Barbara and Knight, Christopher. *Peter Shelton*. Victoria, B.C: Open Space Gallery, 1982.

24 Helaine Posner in *floatinghouse DEADMAN and related works by Peter Shelton*, ed. Edith, A. Tonelli (Los Angeles: Wight Art Gallery, University of California, 1987), 24.

Foster, Hal, Krauss, Rosalind, Bois, Yve Alain, Buchloh, Benjamin H.D. and Joselit, David. *Arte dal 1900: modernismo, antimodernismo, postmodernismo*. Bologna: Zanichelli, 2006.

Franciolli, Marco e Kahn-Rossi Manuela. *Panza di Biumo: gli anni ottanta e novanta dalla collezione*. Torino: Umberto Allemandi, 1992.

Jameson, Fredric. *Il postmoderno, o la logica culturale del tardo capitalismo*. Milano: Garzanti, 1989.

Knight, Christopher. *Peter Shelton godspipes*. Dublin: Irish Museum of Modern Art; Leeds: Henry Moore Sculpture Trust, 1998.

Lyotard, Jean-François. *La condition postmoderne*. Milano: Feltrinelli, 1981.

Merleau-Ponty, Maurice. *Fenomenologia della percezione*. Milano: Bompiani, 2003.

Panza di Biumo, Giuseppe. *Ricordi di un collezionista*. Milano: Jaca Book, 2006.

Tonelli, Edith A. *floatinghouse* DEADMAN *and related works by Peter Shelton*. Los Angeles: Wight Art Gallery, University of California, 1987.

PART 6

Digital Archives: New Research Perspectives

Introduzione alla Parte 6

Linda Bisello

Si inserisce organicamente nel complesso storico ed epistemico del volume, e nella sua impostazione interdisciplinare, il tema degli archivi digitali di testi e di illustrazioni anatomiche illustrazioni anatomiche. In primo piano si pone la fruibilità di testimoni che, a fronte del venir meno della materialità del libro, offrono da un lato una ricostruzione filologica nella disposizione delle immagini (come nel caso illustrato da Monique Kornell), dall'altro corredano testi letterari di apparati informativi e di commento critico (come nel caso esposto da Stefano Casati e Adele Pocci).

Si tratta nel primo caso della collezione virtuale in *open access Anatomy and Art* – legata alla mostra *Flesh and Bones: The Art of Anatomy* (2022) e ricompresa nel Getty Research Portal (2012). La collezione si concentra sull'illustrazione anatomica dal XVI al XX secolo, inclusi atlanti di anatomia, manuali di disegno per artisti e trattati d'arte di contenuto anatomico. Una riflessione specifica è condotta qui sul tema delle copie delle illustrazioni anatomiche, di cui si traccia una "dinamica delle influenze". Nel rivolgere una specifica attenzione all'apparato iconografico della *Fabrica* di Vesalio e al diramarsi delle copie della sua opera in generi artistici e scientifici diversi, tra cui i manuali per medici e artisti, Monique Kornell mette in luce i peculiari adattamenti o ricombinazioni/contaminazioni che ne derivano.

In secondo luogo, si lega strettamente al Progetto *La "Civiltà dell'anatomia": il genere delle Anatomie letterarie nell'Italia del Seicento* invece la *Biblioteca anatomica* (2023), la Digital Library gestita dal Museo Galileo di Firenze, introdotta da Stefano Casati e Adele Pocci come esito di un *work in progress*. La collezione si inserisce in un contesto di ricerca multidisciplinare che mette in dialogo scienze e arti, con la finalità di rendere accessibili testi rari – di cui alcuni illustrati – a supporto della ricerca, adottando una prospettiva attenta agli effetti modellizzanti dell'anatomia sulla letteratura del Seicento. Una significativa forma storica di questa traduzione epistemica dalla medicina alle lettere è il genere delle anatomie letterarie, categorizzate per la prima volta in ambito italiano grazie agli avanzamenti del Progetto, e che il Nuovo Soggettario della Biblioteca Nazionale Centrale di Firenze ha accolto nel Thesaurus come nuovo lemma a inizio 2025 (https://thes.bncf.firenze.sbn.it/termine.php?id=77755).

 | DOI:10.1163/9789004691643_022

15

The Thread of Vesalius: Art and Anatomy on the Getty Portal

Monique Kornell

Launched in 2012, the Getty Research Portal (https://portal.getty.edu), hosted by the Getty Research Institute in Los Angeles (GRI), is an online platform providing free global access to digitized resources for the literature of art and related fields. The Portal aggregates content from a growing number of institutions, currently forty-nine, and makes it accessible through a single search interface.[1] One may view publications, download individual pages or entire books. As well as making available various editions, the Portal lists multiple copies of the same edition, which aids in a consideration of a book's materiality. A summary cataloguing format is employed, and readers will usually need to refer to the contributing institution's catalogue for full details. The interdisciplinary nature of the Portal makes it a resource for a wide range of subjects, including the sciences.

The virtual collection *Anatomy and Art* was created on the Portal in tandem with the exhibition *Flesh and Bones: The Art of Anatomy*, shown at the GRI in 2022.[2] Reflecting the fundamental concern with the structure of the body shared by both the medical and artistic worlds, this virtual collection focuses on anatomical illustration and is comprised of 157 records, spanning the sixteenth to the early twentieth centuries with a geographic focus on Europe. In addition to anatomy atlases, it features anatomy books produced specifically for artists and drawing manuals and art treatises with anatomical content (fig. 15.1 and fig. 15.2).[3]

---

1 For a history of the Portal see Kathleen Salomon, "Facilitating Art-Historical Research in the Digital Age: The Getty Research Portal," *Getty Research Journal* 6 (2014): 137–41. A list of Portal contributors is available at: https://portal.getty.edu/contributors.

2 https://portal.getty.edu/virtualcollections.

3 For a guide to these in the Getty Research Library, see https://libguides.getty.edu/anatomy. See also Monique Kornell, "The Study of the Human Machine. Books of Anatomy for Artists," in Mimi Cazort, Monique Kornell and K.B. Roberts, *The Ingenious Machine of Nature: Four Centuries of Art and Anatomy*, exh. cat. (Ottawa: National Gallery of Canada, 1996), 43–70; Boris Röhrl, *History and Bibliography of Artistic Anatomy: Didactics for Depicting the Human Figure* (Hildesheim: Georg Olms, 2000); Monique Kornell, "Artists and Anatomy Books," in

DOI:10.1163/9789004691643_023

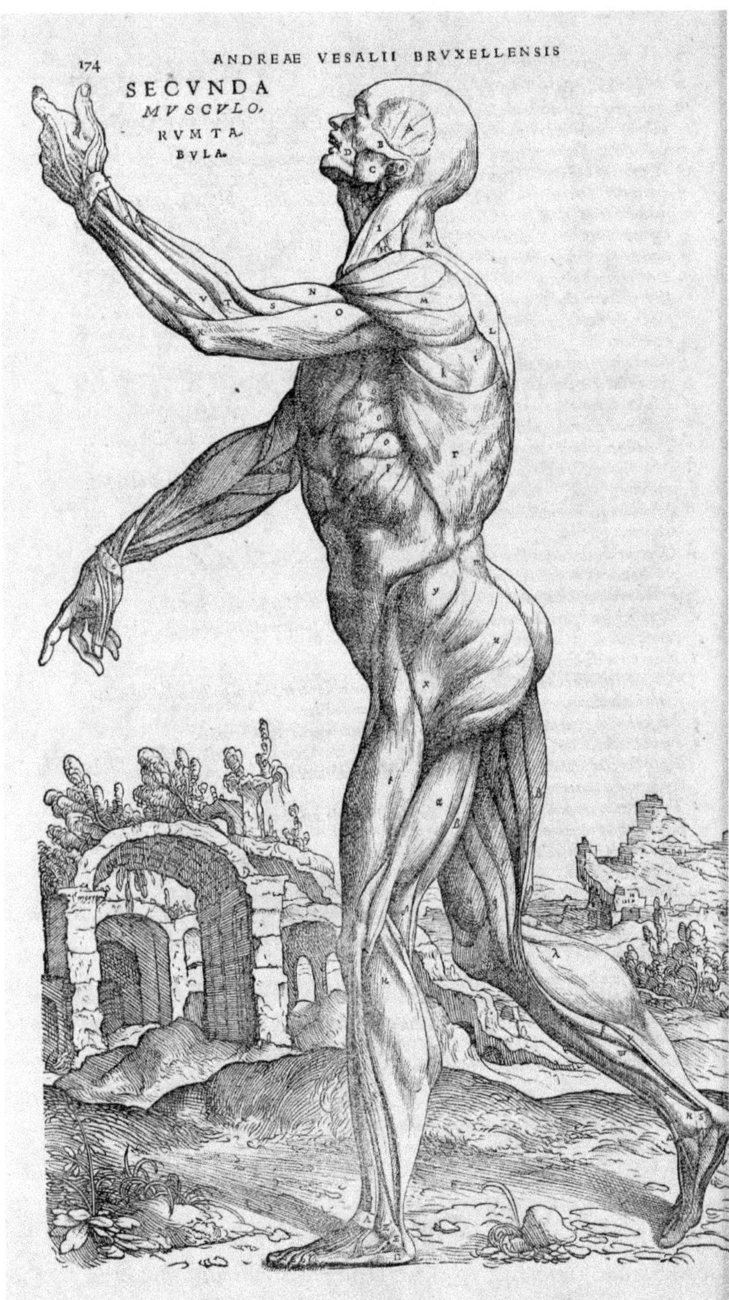

FIGURE 15.1 *Second muscle figure*, in Andreas Vesalius, *De humani corporis fabrica libri septem* (Basel: J. Oporinus, 1543), 174, bk. 2, fig. 2
GETTY RESEARCH INSTITUTE, LOS ANGELES (84-B27611)

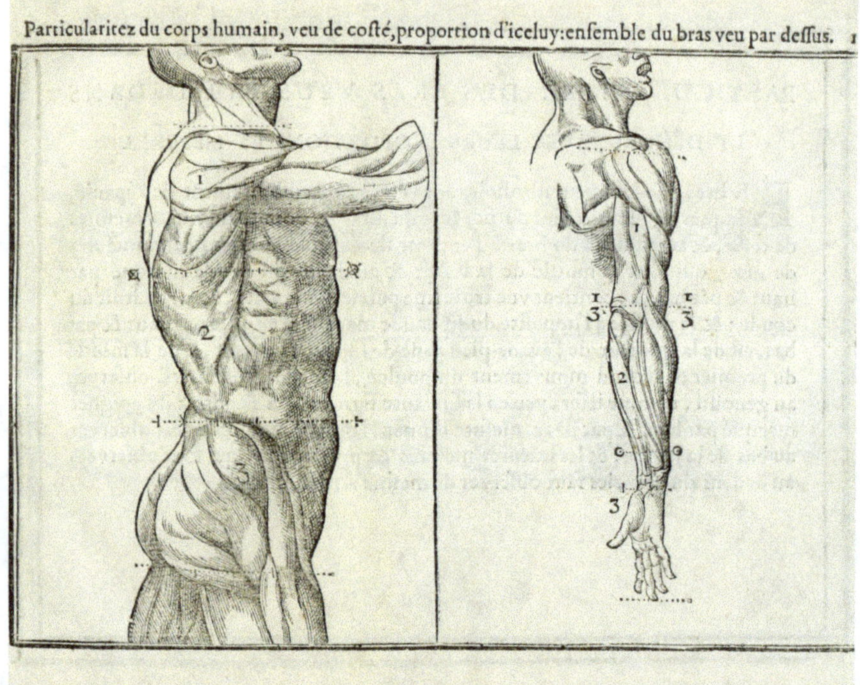

FIGURE 15.2 *Muscle figures, in profile*, in Jean Cousin (the Younger), *La vraye science de la pourtraicture* (Paris: Guillaume le Bé, 1671), fol. 16r
GETTY RESEARCH INSTITUTE, LOS ANGELES (86-B8575)

Digitization provides an ever-increasing ease of access to early printed books. One can scroll through pages quickly, do a word search (when supported), choose to view multiple pages at a time, or magnify a detail – which is particularly helpful when studying illustrations. What is lost, however, are aspects of the physical nature of a book, such as its size, weight, the feel of the paper and a true sense of its color or tone, and features of the binding. The perception of a book's size can vary according to one's screen setting. To demonstrate this, we may take as comparative examples the *Anatomia humani corporis* (1685) by the Dutch anatomist Govard Bidloo (1648–1713), physician to William III, a large folio atlas with 105 illustrations after drawings "from life" by Gérard de Lairesse (1640–1711) (fig. 15.3), and the *Theatrum anatomicum*, by the Swiss botanist and anatomist Caspar Bauhin (1560–1624) (fig. 15.4), an octavo

idem, *Flesh and Bones: The Art of Anatomy*, exh. cat. (Los Angeles: Getty Research Institute, 2022), 25–33.

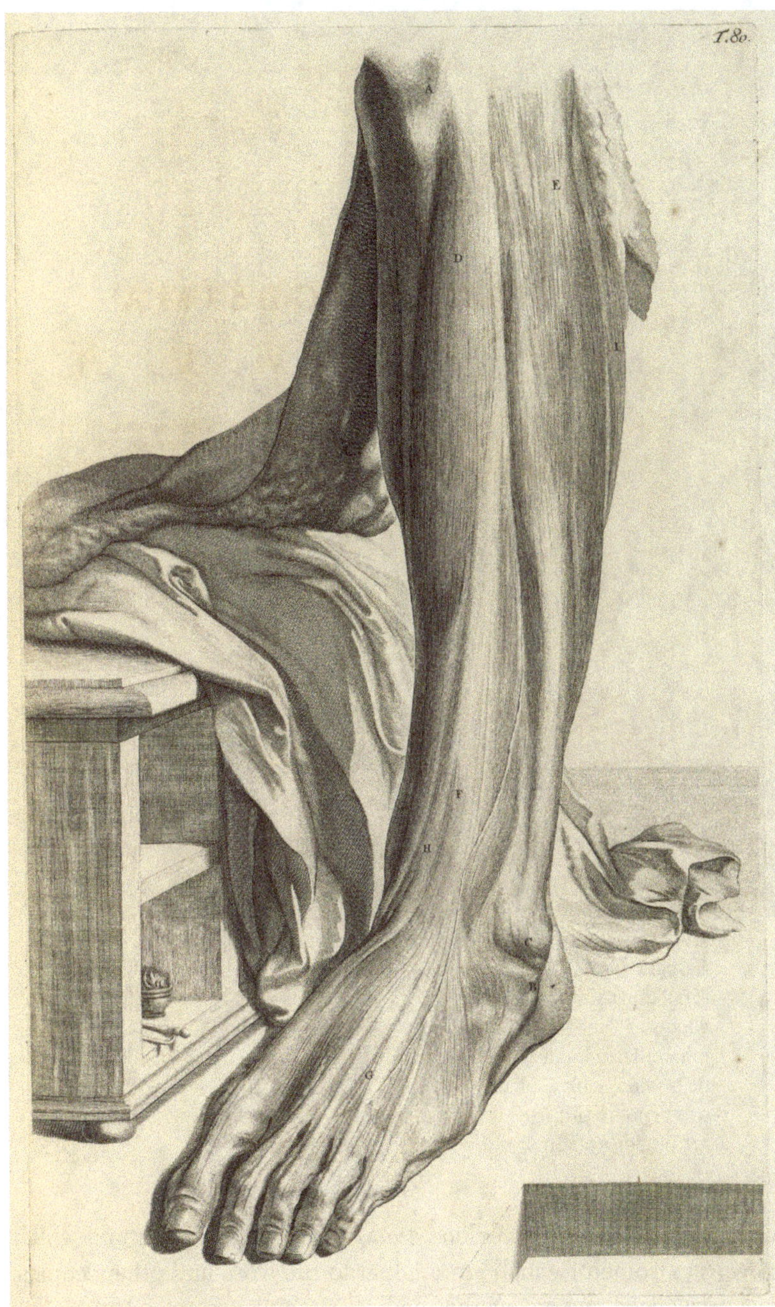

FIGURE 15.3 *Muscles of the lower leg and foot*, in Govard Bidloo, *Anatomia humani corporis* (Amsterdam: The widow of Johannes van Someren, the heirs of Johannes van Dyk, and Henrik Boom and the widow of Theodore Boom, 1685), pl. 80

GETTY RESEARCH INSTITUTE, LOS ANGELES (84-B4214)

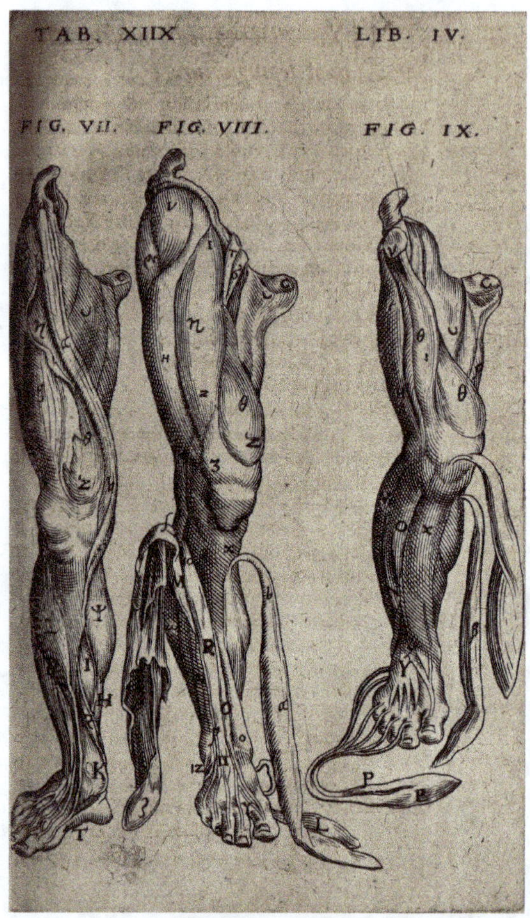

FIGURE 15.4 *Muscles of the leg and the feet*, in Caspar Bauhin, *Theatrum anatomicum* (Frankfurt: Matthias Becker for the widow of Theodor de Bry and sons Johann Theodor de Bry and Johann Israel de Bry, 1605), bk. 4, pl. 18
GETTY RESEARCH INSTITUTE, LOS ANGELES (84-B21087)

less than a third of the height of Bidloo's *Anatomia*.[4] For the illustrations which number over 130, some of which are original to the work and others copies, Bauhin acknowledged the aid of the medical student Johannes Huldrichus

4 Govard Bidloo, *Anatomia humani corporis* (Amsterdam: Widow of J. à Someren, Heirs of J. van Dyk, H. & Widow of T. Boom, 1685), sig. ★ 4r: "ad vivum"; GRI 84-B4214, leaf height

Frölich.[5] Many of Bidloo's illustrations show subjects in actual size.[6] However, the impact of turning the pages of the physical book and being confronted with a life-size dissected body laid out in front of the reader is inevitably lost when consulting the book on a screen that constricts its original scale. At the same time, one is spared having to lift and maneuver this quite large and heavy folio. The much smaller *Theatrum anatomicum* in the GRI presents its own challenges. Its separately printed *Appendix*, which in this copy contains the legends to the illustrations, an index, and errata, is found bound at the end of the *Theatrum anatomicum*, making for a bulky volume of about 795 leaves that is much more easily consulted online. Existing in separate digital scans on the Portal, the *Theatrum anatomicum* and its *Appendix* may be viewed side by side, thereby recreating a convenience originally intended by the author.[7]

With early anatomical illustration, it was a common practice to copy previously published images. The Portal is a powerful tool in tracing their transmission and accounting for their alterations and in so doing, providing an indication of what illustrated books were being used and when. While Bidloo was disdainful of copyists, declaring that none of the images in his *Anatomia*

---

60 cm; Caspar Bauhin, *Theatrum anatomicum* (Frankfurt: Matthias Becker for the widow of Theodor de Bry and sons Johann Theodor de Bry and Johann Israel de Bry, 1605), GRI 84-B21087, leaf height 19.2 cm.

5 Address to the Reader, *Appendix ad Theatrum Anatomicum: sive explicatio characterum omnium, qui figuris totius Operis additi fuere: quae seorsim compingi debet* (Frankfurt: Matthias Becker for the brothers Johann Theodor and Johann Israel de Bry, 1600 [i.e. 1605]), GRI 85-B1582, sig.)(2r. The title page bears the date of 1600 and on the verso is printed a portrait of Bauhin at age 45 with a date of 1605. A corrected second edition appeared in 1621, with plates published in 1620 and again in 1640. Johann Heinrich Frölich (1577–1622), who studied at the University of Basel, was a respondent to Bauhin's *Disputatio tertia. De ossium natura* (1604). Bauhin's text and illustrations were copied by Helkiah Crooke (1576–1648) in his *Mikrokosmographia: a Description of the Body of Man* first published in London in 1615. Plates for Bauhin's book were used to illustrate Robert Fludd's *Anatomiae amphitheatrum* published by Johann Theodor de Bry in Frankfurt in 1623. On Bauhin, see Gweneth Whitteridge, "Bauhin, Gaspard," in *Complete Dictionary of Scientific Biography*, ed. G.C. Gillispie (New York: Charles Scribner's Sons, 2008), 1: 522–25; Hans Peter Fuchs-Eckert, "Die Familie Bauhin in Basel," *Bauhinia* 7, no. 2 (1981): 45–62; K.B. Roberts and J.D.W. Tomlinson, *The Fabric of the Body: European Traditions of Anatomical Illustration* (Oxford: Clarendon, 1992), 221–25; 232–33, no. 55.

6 For Bidloo in the context of life-size illustration, see Kornell, *Flesh and Bones*, 51; on Bidloo, see Roberts and Tomlinson, *Fabric*, 309–19.

7 As indicated on the title page and in the Address to the Reader, Bauhin, *Appendix*, sig.)(2r. The cover of the combined volume in the GRI is stamped with the owner's initials I B Z R and the date 1611, suggesting that its early owner opted to flip back and forth between the pages of the two parts.

had been taken from others,[8] Bauhin, in addition to a list of authors cited, took the unusual step of providing a separate list of authors with illustrated books that were consulted, many of which were the source of his own illustrations.[9] Several of these ultimately derive from the woodcut illustrations in Andreas Vesalius's *De humani corporis fabrica libri septem*, first published 1543, with a second edition in 1555.[10] In their number, size, and quality the *Fabrica* illustrations set an entirely new standard (fig. 15.1 and fig. 15.5). They met with immediate popularity and were the most frequently copied anatomical illustrations in the sixteenth century. Indicative of this, twelve of the sixteen books in Bauhin's list dating from 1543 onwards are either editions of Vesalius or have illustrations that can be traced back to the *Fabrica*. This list might have looked different had the projects for illustrated books by Giovanni Battista Canani, Realdo Colombo, and Bartolomeo Eustachi been realized as planned.[11] As Sachiko Kusukawa observes, it is through the copying process that the *Fabrica* woodcuts were disseminated and became "authoritative templates of the dissected human body."[12] A consideration of the iterations and adaptations available on the Portal of the illustrations of the *Fabrica* and of its illustrated companion summary of anatomy, the *Epitome* (1543 in Latin and German, with a second

8 Bidloo, *Anatomia*, sig. ★ 4r: "nihil ad aliorum icones exhibeo: odi imitatores servum pecus."

9 Bauhin, *Appendix*, sig.)(4v: "Nomina eorum, qui anatomen iconibus illustrarunt, & ad manus nostras pervenerunt. Iacobus Carpus an. 1522.; Ioannes Dryander 1537. 1540.; Carolus Stephanus 1539. 1545.; Andreas Vesalius 1543. 1555. 1568.; Ambrosius Paraeus 1561.; Joan. Valverda 1559. / Icones apud Plantinum. 1566.; Constantius Varolius 1573.; Volcherus Coiter 1575.; Felix Platerus 1583.; Salomon Albertus 1584.; Ioan. Valverdae editio Latina. 1589.; Andreas Laurentius 1600.; Hieronymus Fabricius 1600.; Iulius Casserius 1600.; Io. Philippus Ingrassias 1603." For suggested identifications for "Stephanus 1539" and "Casserius 1600", see Roberts and Tomlinson, *Fabric*, 224. For the post 1543 books with non-Vesalian images, "Varolius 1573," "Coiter 1575," "Casserius 1600," see Ludwig Choulant, *History and Bibliography of Anatomic Illustration*, trans. and ed. Mortimer Frank, rev. ed. (New York: Schuman's, 1945), 209; 214–15; 223; and for "Fabricius 1600," see Roberts and Tomlinson, *Fabric*, 249–253.

10 Andreas Vesalius, *De humani corporis fabrica libri septem* (Basel: J. Oporinus, 1543), GRI 84-B27611, leaf height 42 cm.; Harvey Cushing, *A Bio-Bibliography of Andreas Vesalius*, 2nd ed. (Hamden, CT: Archon, 1962), 79–88, VI.A.-1; 91–2, VI.A.-3.

11 On these projects see Choulant, *History*, 150–51; 200–04; Kornell, *Flesh and Bones*, 5, 126, no. 16.

12 Sachiko Kusukawa, *Andreas Vesalius. Anatomy and the World of Books* (London: Reaktion Books, 2024), 211. For an incisive analysis of the reception and use of the *Fabrica* illustrations that charts a change from their consideration as functional illustrations to works of art, see Dániel Margócsy, "From Vesalius through Ivins to Latour: Imitation, Emulation and Exactly Repeatable Pictorial Statements in the *Fabrica*," *Word & Image* 35, no. 3 (2019): 315–33.

edition in 1555) (fig. 15.7),[13] will be the subject of the second part of this essay, looking particularly at the editorial and even occasionally inventive nature of some of these copies with a focus on Bauhin's *Theatrum anatomicum* (fig. 15.4) and on François Tortebat and Roger de Piles's *Abregé d'anatomie, accommodé aux arts de peinture et de sculpture* (1668) (fig. 15.8), one a textbook for medical students, the other an abridged anatomy book for artists. Both are illuminating in how they use the Vesalian images.

1 Bauhin and Early Copyists of Vesalius

Vesalius (1514–1564) knew all too well that his illustrations would be seized upon by copyists. In his letter to his printer, Johannes Oporinus, published in the *Fabrica*, Vesalius rails against the copyists of his previous publication, the *Tabulae Sex* (1538), and ruefully acknowledges that the privileges that he has taken the trouble to obtain for the *Fabrica* would probably not protect it. A chief concern was the threat of the diminution in quality of the illustrations, and Vesalius goes so far as to state that he would be willing to lend his woodblocks, prepared at his own expense, for another author's publication in attempt to avoid poor copies.[14] There were no takers of this offer, although in Vesalius's lifetime alone there were at least 15 publications in which copies after the *Fabrica* illustrations appear.[15] Investing in new copper engraved plates or woodblocks meant that these could be used again for later editions, recouping any remaining costs and hopefully realizing profit, with translations further expanding the market. This was the case for Vesalius's earliest copyists, Thomas Geminus (1510–62), a Flemish engraver active in England who also practiced medicine, and Juan Valverde de Amusco (ca. 1525–ca. 1588), a

---

13 Andreas Vesalius, *De humani corporis fabrica librorum epitome* (Basel: J. Oporinus, 1543). On the *Epitome*, see Cushing, *A Bio-Bibliography*, 109–16, VI.B.-1*-3; Andreas Vesalius, *Résumé de ses livres sur la fabrique du corps humain. Andreae Vesalii Brvxellensis svorvm de hvmani corporis fabrica librorvm epitome*, ed. Jacqueline Vons and Stéphane Velut, trans. Jacqueline Vons (Paris: Les belles lettres, 2008).

14 Vesalius, *Fabrica*, sig. [*5v].

15 Cushing, *A Bio-Bibliography*, 89–90, VI.A.-2 (*Fabrica* 1552); 121–22, VI.C.-1 (Raynalde 1545); 122–26, VI.C.-2 (Geminus 1545); 126–28, VI.C.-3 (Geminus 1553); 128, VI.C.-4 (Geminus 1559); 128–29, VI.C.-5 (Grevin-Geminus 1564); 131, VI.D.-1 (Baudin 1559); 131, VI.D.-2 (Baudin 1560); 132, VI.D.-4–5 (Bauman 1551); 146–47, VI.D.32–33 (Valverde 1556); 148, VI.D.35 (Valverde 1559); 148, VI.D.36 (Valverde 1560); 246, no. 598 (Montaña de Monserrate 1551). Not in Cushing: Ambroise Paré, *La méthode curative des playes, et fractures de la teste humaine* (Paris: Jehan le Royer, 1561); Ambroise Paré, *Anatomie universelle du corps humain* (Paris: Jehan le Royer, 1561).

Spaniard who studied medicine in Italy. Geminus's *Compendiosa totius anatomie delineatio, aere exarate* with a text taken from the *Epitome* appeared in London in 1545 in Latin and in English in 1553 and 1559.[16] Geminus's plates were used by the French printer André Wechel (active 1554–1581) for publications in Latin (1564, 1565) and in French (1569).[17] Valverde's *Historia de la composicion del cuerpo humano* was first published in Rome in 1556 with the text in Spanish. It appeared in Italian translation in 1559, 1560, and 1586, and a Latin translation in 1589, with further editions in the seventeenth century.[18] Gemnius and Valverde's illustrations established in turn their own lineages of copies.

The Vesalian images did not remain static in the hands of their copyists. They were edited and altered, with changes introduced both in presentation and in anatomical content. The direction of the image, often reversed in the printing process (fig. 15.7 and fig. 15.8), and its size could change with each copy. Simply the change of medium from woodcut to engraved copper plates necessitated a rearrangement of the smaller figures found throughout the *Fabrica*, which were excerpted and grouped together in separate plates by Geminus and Valverde, as maintaining their original in-text setting would have been difficult and costly.[19] Whereas Geminus closely followed Vesalius's illustrations, though reducing those figures original to the larger *Epitome*, Valverde's figures exhibit far more changes, some incorporating corrections to Vesalius.[20] With

16 Thomas Geminus, *Compendiosa totius anatomie delineatio, aere exarate* (London: John Herford, 1545); Cushing, *A Bio-Bibliography*, 122–130, VI.C.-2–4. O'Malley provides a complete description of Geminus's plates in Thomas Geminus, *"Compendiosa totius anatomie delineatio." A Facsimile of the First English Edition of 1553 in the Version of Nicholas Udall. With an introduction by C.D. O'Malley* (London: Dawson's of Pall Mall, 1959), 21–24.

17 Cushing, *A Bio-Bibliography*, 128–30, VI.-C.-5–7.

18 Juan Valverde de Amusco, *Historia de la composicion del cuerpo humano* (Rome: Antonio Salamanca and Antonio Lafrerij, 1556). For editions of Valverde, see Cushing, *A Bio-Bibliography*, 146–150, VI.D.-32–42, and Bjørn Okholm Skaarup, *Anatomy and Anatomists in Early Modern Spain* (London and New York: Routledge, 2015), 233–46.

19 Valverde himself alludes to this in his Address to the Reader: "Pero porque las mias estan entalladas en cobre, y no pueden mezclarse con la historia sin gran confusion, è puesto todas las que pertenecen acada libro al fin del." Valverde, *Historia*, 1556, sig. * iiir. For an explanation of the technical difficulties, Karen L. Bowen and Dirk Imhof, *Christopher Plantin and Engraved Book Illustrations in Sixteenth-Century Europe* (Cambridge: Cambridge University Press, 2008), 76.

20 For a discussion of Valverde's illustrations see A.W. Meyer and Sheldon K. Wirt, "The Amuscan Illustrations," *Bulletin of the History of Medicine* 14, no. 5 (1943): 667–87; Domenico Laurenza. *La ricerca dell'armonia: Rappresentazioni anatomiche nel Rinascimento* (Florence: Leo S. Olschki, 2003), 103–5; Skaarup, *Anatomy*, 233–246; Margócsy, "From Vesalius," 321; Carolina Alarcon, "Imitation Is the Sincerest Form of Innovation: Valverde Reconsidered," *The Sixteenth Century Journal* 53, no. 1 (2022): 14–39; Tawrin Baker, "Images of the Eye from Vesalius to Fabricius ab Aquapendente: The Rise of

the exception of the Venice edition of the *Fabrica* of 1568, with woodcut copies on a smaller scale, it was not until the publication of Vesalius's *Opera omnia* in 1725, edited by Herman Boerhaave and Bernhard Siegfried Albinus, that the *Fabrica* text was reunited with a complete set of the illustrations.[21] Geminus and Valverde had each presented a slightly abridged selection. Geminus omitted all the figures of individual bones and skulls and added the male and female nudes from the *Epitome*, while Valverde offered a selection of the individual bones.[22] Beginning with Geminus, the landscape backgrounds that accompany the muscle and skeleton figures were reduced to a simple groundline, thus saving time and effort in copying while preserving the anatomical content. This change was universally adopted in the sixteenth century (fig. 15.6), except in those cases, like Felix Platter's *De corporis humani structura et usu libri III* of 1581–83, where the landscape setting was omitted entirely.[23]

The *Fabrica* was a large and expensive book, and by scaling down the illustrations or else by copying details, they could be employed in smaller, more affordable and portable books.[24] Valverde's succinct text, the advantage of which he promoted in the dedication, combined with smaller plates resulted in a more compact book.[25] The Swiss physician and botanist Felix Platter (1536–1614) had the opportunity of using Vesalius's original blocks but decided instead to make reduced copies to avoid producing a book of a size that he

---

Metrical Representation in Anatomical Diagrams and the Cross-Fertilization of Visual Traditions," in *Reassessing Epistemic Images in the Early Modern World*, ed. Ruth Sargent Noyes (Amsterdam: Amsterdam University Press, 2023), 225–26; Emily Monty, "Illustrating the Vernacular Body: Juan Valverde de Amusco and the Art of Embodied Anatomy," ibid., 247–58.

21 Andreas Vesalius, *De humani corporis fabrica libri septem* (Venice: Francesco Franceschi Senese and Johann Criegher, 1568); Andreas Vesalius, *Opera omnia anatomica et chirurgica*, ed. Herman Boerhaave and Bernhard Siegfried Albinus, 2 vols. (Leiden: Johannes du Vivié, Johannes and Herman Verbeek, 1725), vol. 1. On the latter, see Margócsy, "From Vesalius," 325–29.

22 New to Valverde are figures of all 7 cervical vertebrae joined and seen in three views, instead of figures of the first 3 cervical vertebrae, separate and joined, in the *Fabrica*. Vesalius, *Fabrica*, 60; Valverde, *Historia*, 1: pl. 5, fig. 6, 1–3.

23 Felix Platter, *De corporis humani structura et usu libri III* (Basel: Ambrose Froben, 1581–83), 3 [1581]: pls. 1, 14–27.

24 A leaf height of 43.4 cm for what Cushing considered a "practically untrimmed example" is given for the Lambert copy of the 1543 *Fabrica*, now in the New York Academy of Medicine (Cushing, *A Bio-Bibliography*, 80). On this copy see Dániel Margócsy, Márk Somos, and Stephen N. Joffe, *The "Fabrica" of Andreas Vesalius: A Worldwide Descriptive Census, Ownership, and Annotations of the 1543 and 1555 Editions* (Leiden: Brill, 2018), 266, I/245. For the price of the *Fabrica*, see ibid., 13.

25 Valverde, *Historia*, 1556, sig. * iir. London, Wellcome Collection, EPB/D/6475, leaf height of 29.3 cm.

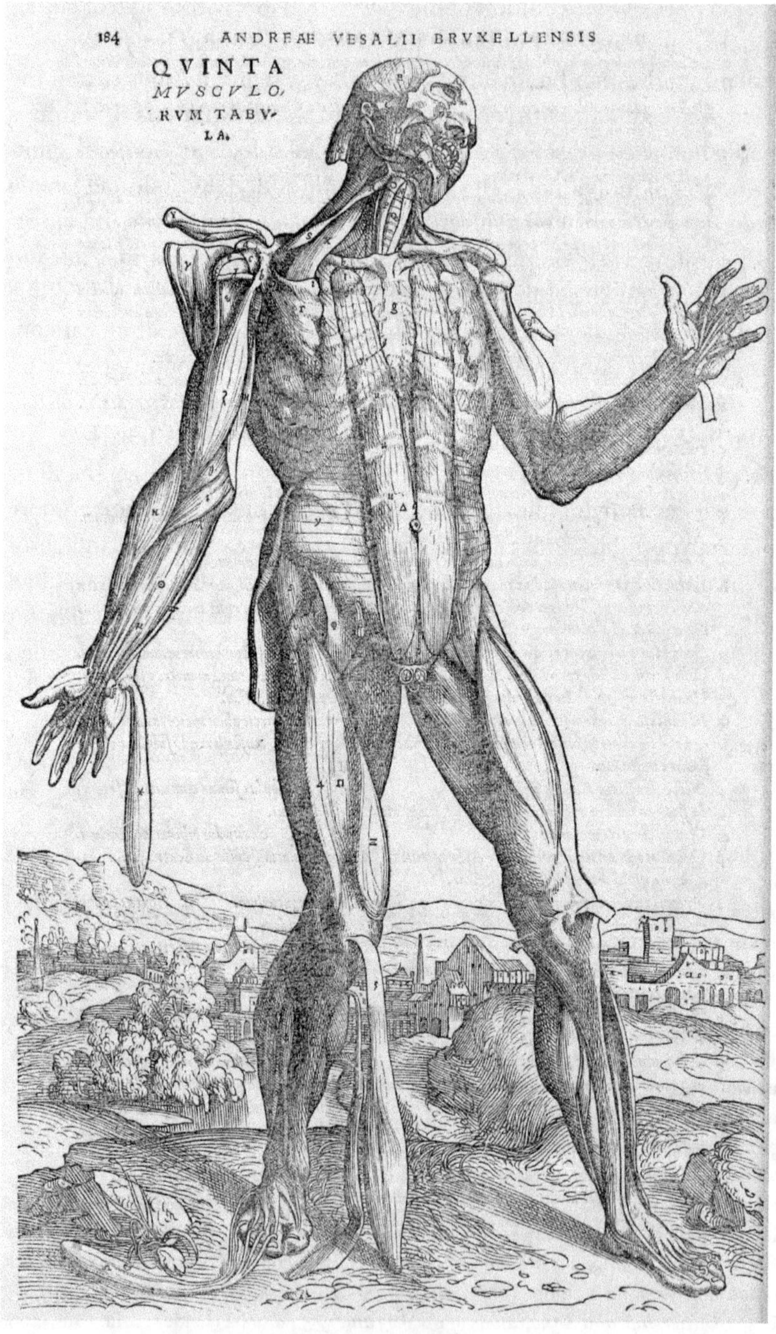

FIGURE 15.5 *Fifth muscle figure*, in Andreas Vesalius, *De humani corporis fabrica libri septem* (Basel: J. Oporinus, 1543), 184, bk. 2, fig. 5
GETTY RESEARCH INSTITUTE, LOS ANGELES (84-B27611)

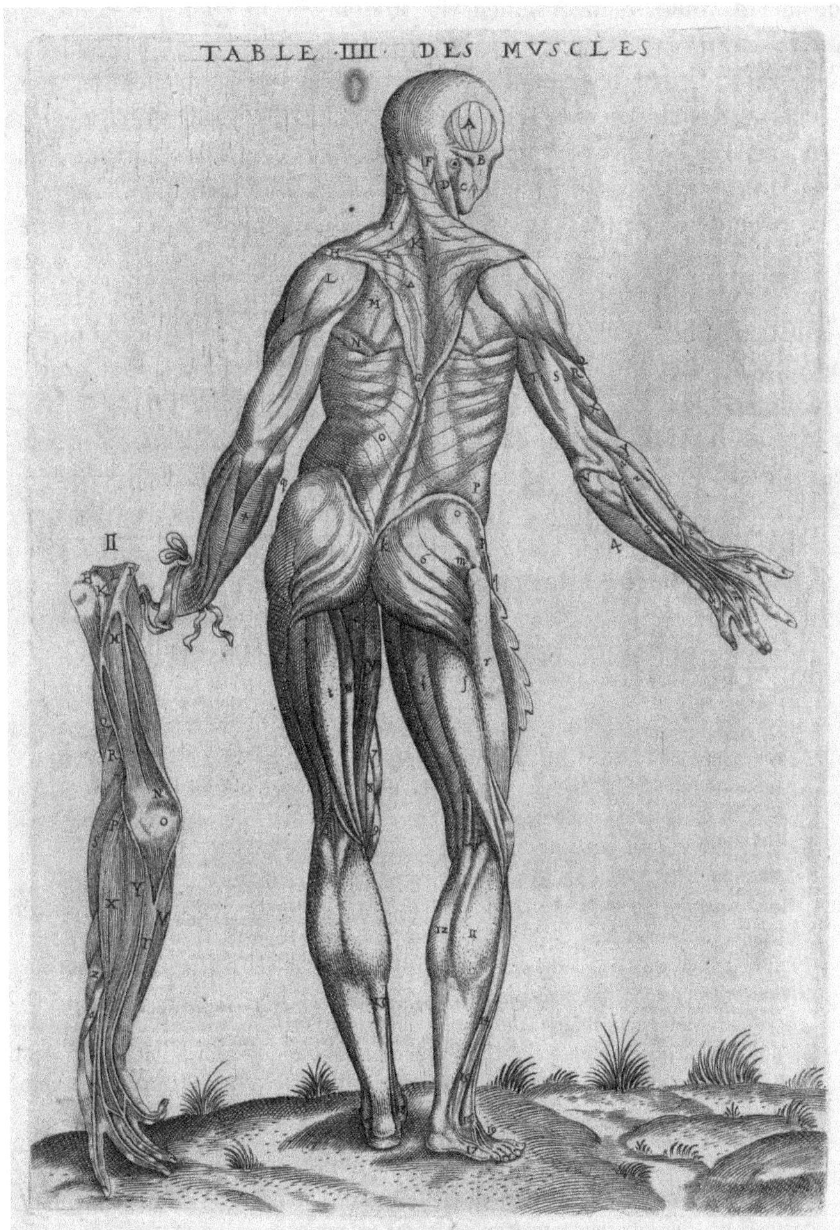

FIGURE 15.6 *Arm demonstrating the muscle fibres and a muscle figure seen from the back*, in Jacques Guillemeau, *Tables anatomiques avec les pourtraicts et declaration d'iceulx ensemble un denombrement de cinq cens maladies diverses* (Paris: Jean Charron, 1586), [p. 88], pl. 4 of muscles
GETTY RESEARCH INSTITUTE, LOS ANGELES (84-B28033)

considered would be "inconvenient" for students.[26] The French royal surgeon Ambroise Paré (*c.*1510–1590), who like Valverde, published in the vernacular for those who did not have a command of ancient languages, also cites the convenience of his readers in reducing the size of Vesalius's illustrations, although he bemoaned the expense of doing so.[27] Selected parts, copied at the same scale by Paré, avoided a loss of detail in the reduction from their original appearance in folio to a more easily carried octavo book.[28] While not repeating Paré's attention to size, this type of fragmented copying is seen later in France in Jean Cousin the Younger's *Livre de pourtraicture*, a printed drawing manual for artists first published in 1595, in which the torso of the second muscle figure from the *Fabrica* is appropriated to serve for the display of the muscles and proportions of the body (fig. 15.1, fig. 15.2).[29]

A reflection of the pervasiveness of the Vesalian illustrations in the late sixteenth century is given by Platter who suggests that his illustrations be compared to Vesalius's images "of which so many editions exist,"[30] and by the young Caspar Bauhin, then 30, in his *De corporis humani fabrica: Libri IIII* (1590) who explains that his book is unillustrated to make it more affordable and also because "in everyone's hands" is either Vesalius's book or else the separately printed plates of "Plantin, or Wechel, or others."[31] Bauhin is here referring to

26 Platter, *De corporis*, 3 [1581]: Address to the Reader, "studiosis incommoda"; Cushing, *A Bio-Bibliography*, 97. Los Angeles, UCLA, BENJ WZ 240 P698dc 1583, leaf height 28.8 cm.

27 Ambroise Paré, *Les oeuvres* (Paris: Gabriel Buon, 1579), sig. é iijr–v, regarding the illustrations: "la plus part desquelles i'ay empruntez d'André Vesal, homme rare, & le premier de son siecle, en ceste partie de Medecine: lesquelles pour la commodité, du Lecteur, i'ay faict reduire, en petites planches, quoy qu'avec frais excessifs …"

28 Paré, *Anatomie universelle*, London, Wellcome Collection, EPB/B/7411, leaf height 16.2 cm. On Paré's use of the *Fabrica* illustrations, see Edouard Turner, "Ce que sont devenues les planches de Vésale, publiées en 1543 dans le grand ouvrage d'anatomie et dans l'Epitome," *Gazette Hebdomadaire de Médecine et de Chirurgie* 15 (1878): 116–18; Évelyne Berriot-Salvadore, "Ambroise Paré Lecteur de Vésale," in *La Fabrique de Vésale: la mémoire d'un livre*, ed. Jacqueline Vons (Paris: Bibliothèque Interuniversitaire de Santé, 2016), 68–73, figs. 1a–b; 2a–b, https://www.biusante.parisdescartes.fr/ressources/pdf/histmed-vesale-actes2014.pdf.

29 Jean Cousin (the Younger), *Livre de pourtraicture* (Paris: David Le Clerc 1595); idem, *La vraye science de la pourtraicture* (Paris: Guillaume le Bé, 1671), fol. 16r. See Kornell, *Flesh and Bones*, 130, no. 18. The Portal hosts multiple editions and copies of this drawing manual, which was published into the nineteenth century, with varying titles.

30 Platter, *De corporis*, 3 [1581]: Address to the Reader, "Vesalij iconibus, quorum tot formae extant"; Cushing, *A Bio-Bibliography*, 98.

31 Caspar Bauhin, *De corporis humani fabrica: Libri IIII* (Basel: Sebastian Henric Petri, 1590), sig. β 2r: "Verum & sexto, quo magis adhuc studiosos (quod unicum cupimus) iuvemus, cum nostrae Anatomiae tabulae non sint additae, partim ne sumptibus gravaremus

Christophe Plantin who in Antwerp published in 1566, 1568, and 1579 engraved illustrations copied from Valverde with a text based on the *Epitome* and to the aforementioned Wechel's printing of Geminus's plates.[32] Bauhin himself refers to figures in the *Fabrica* throughout the book, using an unspecified Basel edition. He is known to have owned at least a copy of the 1555 Basel edition.[33] This is later cited by him in the list of illustrated books found in the *Appendix* to the *Theatrum anatomicum*, as well as the first edition of 1543 and the Venice edition of 1568 for which the woodcuts were recut.[34] Also in the list is the Plantin edition of 1566 and editions of Valverde in Italian (1559) and in Latin (1589).[35] With regard to the Vesalian images in the *Theatrum anatomicum*, Bauhin and Frölich made copies directly from the *Fabrica* but also looked at how they were discussed and adapted by others. The example set by Paré in excerpting just the heads and shoulders of some of the *Fabrica* muscle men is followed.[36] In addition to copies of figures original to Valverde, like the pregnant Venus pudica figure and the vein men, attention has also been paid to Valverde's corrections to Vesalius. To match Bauhin's description of the relative position of the kidneys, it is Valverde's depiction, which shows a higher left kidney as

emptorem, partim etiam cum in omnium manibus sit, vel opus Vesalij, vel saltem icones quae separatim fuere excusae, vel apud Plantinum, vel Welchelum, vel alios: placuit in quam cuilibet etiam capiti praefigere quo in libro, qua in tabula & quo charactere, quaelibet arteria, vena, musculus & os inveniri possit: secuti autem sumus, editionem Basileensem."

32 Andreas Vesalius, *Vivae imagines partium corporis humani aereis formis expressae* (Antwerp: Christophe Plantin, 1566). On this and the later editions, see Cushing, *A Bio-Bibliography*, 151–52, VI.D.-43–45; Bowen and Imhof, *Christopher Plantin*, 67–83. For Wechel, see n. 17 above.

33 Margócsy, Somos, and Joffe, *Census*, 382, II/232. An early example of references to *Fabrica* illustrations in the unillustrated edition of Alessandro Benedetti's works published in Basel in 1549 is pointed to by Vivian Nutton as an acknowledgement of the illustrations as standard images of anatomy as well as of the availability of the *Fabrica* (Alessandro Benedetti, *De re medica opus insigne & apprime Medicinae candidatis omnibus utile* (Basel: Heinrich Petri, 1549); Vivian Nutton, *Andreas Vesalius and his "Fabrica", 1537–1564: Changing the World of Anatomy*. (Cham: Palgrave Macmillan, 2024), 162).

34 Bauhin, *Appendix*, sig.)(4v. See n. 9 above.

35 Ibid: "Joan. Valverda 1559. / Icones apud Plantinum. 1566."; "Ioan. Valverdae editio Latina. 1589." For these see Cushing, *A Bio-Bibliography*, 148, VI.D.-35; 149, VI.D.-38; 151, VI.D.-43. The listing of Valverde and Plantin together could be due to Plantin's acknowledged copying of the plates of an Italian edition of Valverde, possibly the 1559 issue (Vesalius, *Vivae imagines*, sig. A 2r–v).

36 "Ambrosius Paraeus 1561" (as in above n. 9). For the head and shoulders, see Paré, *Anatomie universelle*, 265r, 266r, 267r, 273v; Bauhin, *Theatrum*, 3: pl. 26, figs. 1–2; pl. 27, figs. 3–4.

usually found in humans, that is specifically used in the *Theatrum anatomicum*, instead of the Galenic orientation in the *Fabrica* that is based on animals.[37]

Bauhin chose to copy from Vesalius for the illustration of the right leg in three different levels of dissection, which is based on the third, fourth, and fifth muscle figures of the *Fabrica* (fig. 15.4, leg on the right, and fig. 15.5).[38] It is one of a series of Bauhin's illustrations of the body in parts, shown as muscles followed by veins, arteries, and nerves. Given the dimensions of the *Theatrum anatomicum*, this allowed for greater legibility and saved the reader from having to refer back to whole figures, as in the *Fabrica*. This innovative method, particularly in case of the limbs in book 4, was likely the guiding influence for later works such as Vidus Vidius's posthumously published *De anatome* (1611), brought to press by his nephew.[39]

A similar inventiveness and practicality is exhibited in the selective copying by the French surgeon Jacques Guillemeau (1550–1613) in his *Tables anatomiques avec les pourtraicts et declaration d'iceulx* (1586) in the combining of separate elements copied from Valverde but original to the *Fabrica*.[40] The empty space around the skeletons and muscle figures is made use of in Guillemeau's book to fit in further illustrations. A muscle figure holds an arm exhibiting the muscle fibres by a ribboned leash while his outstretched right hand appears to be indicating their path forward (fig. 15.6). The lifted muscle with a ragged edge of the right leg is a distinguishing feature of Valverde's version of Vesalius's ninth muscle figure, which originally appeared without the accompanying arm.[41] This new combination of figures is one of many that the French physician André du Laurens (1558–1609) appropriated from Guillemeau for his own much-copied *Historia anatomica humani corporis* (1600).[42] There are earlier precedents for this space saving technique employing the Vesalian

37 Bauhin, *Theatrum*, 1:153, pls. 20–21. Compare Vesalius, *Fabrica*, 372 [472], 374 [474]; Valverde, *Historia*, 3: pl. 4, figs. 21–23.

38 Bauhin may have been inspired in this grouping by the three legs showing veins for phlebotomy in Jacopo Berengario da Carpi's *Isagoge breves* (Bologna: Benedictus Hectoris, 1522), 67r, one of the illustrated books he consulted. See n. 9 above.

39 Vidus Vidius, *De anatome corporis humani libri VII* (Venice: Giunta, 1611).

40 Jacques Guillemeau, *Tables anatomiques avec les pourtraicts et declaration d'iceulx ensemble un denombrement de cinq cens maladies diverses* (Paris: Jean Charron, 1586). See Kornell, *Flesh and Bones*, 112–13, no. 9.

41 For the muscle figure and the arm see Vesalius, *Fabrica*, 194, 219; Valverde, *Historia*, 2: pl. 9, pl. 15, fig. 19. Guillemeau's identification of Vesalius in the Address to the Reader as the source for the illustrations may be taken as an example of Valverde's plates perceived as Vesalius's (Guillemeau, *Tables*, sig. *iijv).

42 André Du Laurens, *Historia anatomica humani corporis* (Paris: Jamet Mettayer and Marc Orry, 1600), 247.

illustrations. In the 1543 German translation of the *Epitome*, a figure of a uterus and vagina taken from the *Fabrica* is tucked in next to the skeleton in profile.[43] Geminus in 1545 also rearranged figures to take advantage of empty space. In this way a detail of the deltoid muscle that was originally found in the *Fabrica* as an in-text figure in the legend for the eleventh muscle migrates to the plate itself. This is repeated by Valverde, just one indication of how closely he was looking at Geminus, and in turn is adopted by Guillemeau in his sixth plate of muscles, where still more figures are added.

In a period when the Vesalian illustrations were very much still working images, they were reduced in size, amended, reordered, and excerpted. Taken from the large luxury atlas of Vesalius, they reappeared in more affordable and more portable books, frequently with more accessible texts. The Scottish surgeon and anatomist John Bell, writing at the end of the eighteenth century, found the swirl of copies after Vesalius so distant from the originals as to be unrecognizable. In disparaging them, however, he did not appreciate the practical advantages of the repackaging of the Vesalian woodcuts as exhibited in the books discussed above:

> Thus have the once beautiful plates of Vesalius, (mangled and deformed, cut down to suit books of all sizes, twisted and accommodated to all subjects and all forms of explanation,) descended to us in such distorted shapes, that while we are looking over their books to fix upon them this indictment of plagiarism, we can hardly recognise the original drawings so fairly as to prove the deed.[44]

2 The *Abregé d'anatomie* of Tortebat and de Piles

In the *Abregé d'anatomie* (1668), the first anatomy book produced solely for the use of artists, the fine quality and large dimensions of the twelve engraved illustrations by François Tortebat (1616–1718) of skeletons and muscle figures, copied directly from the original editions of the *Fabrica* and the *Epitome*, provide a glorious reset (fig. 15.7 and fig. 15.8).[45] In the unsigned Address to the

43 Andreas Vesalius, *Von des menschen cörpers Anatomey* (Basel: J. Oporinus, 1543), sig. nr.

44 John Bell, *Engravings, Explaining the Anatomy of the Bones, Muscles, and Joints* (Edinburgh: John Paterson, 1794), v.

45 For the correspondence of plates, see Cushing, *A Bio-Bibliography*, 144, VI.D.-25. On the *Abregé d'anatomie*, see in particular Edouard Turner, "Ce que sont devenues," 178–183; Röhrl, *History*, 105–10; Kornell, *Study*, 49–50; Roger de Piles, *Dialogo sul colorito*, ed. Giovanna Perini Folesani and Sandra Costa, trans. Monique Gabellini (Florence: Leo S.

Reader, Roger de Piles (1635–1709), an artist who went on to have an influential career as an art theorist and historian, stresses the fundamental importance of anatomy, averring that a short course of study would benefit the artist for his entire career. De Piles considered the Vesalian figures to be of "priceless and of inestimable beauty" and impossible to improve upon, declaring them to be the work of the Venetian artist Titian (ca. 1488–1576).[46] Earlier sources, beginning with Giorgio Vasari (1511–1574), had associated them with Jan Steven van Calcar (ca. 1515–ca. 1546), a North Netherlandish artist active in the Veneto in the orbit of Titian who had previously collaborated with Vesalius on the *Tabulae sex*.[47]

A contemporary review of the *Abregé d'anatomie* pronounced that the copies after Vesalius were so well done that they could be used instead of the originals.[48] Yet they are not exact copies. Aside from appearing in reverse, a few alterations and omissions have been made. For example, the dissected heads of the second and fourth figures of the *Epitome* appear as solid skulls in the sixth and seventh muscle figures in the *Abregé d'anatomie*.[49] While the landscape backgrounds from the *Fabrica* make their first reappearance since 1555 in the *Abregé d'anatomie*, they have additionally been inserted behind the *Epitome* muscle figures and nudes, replacing the borders of text that originally

---

Olschki, 2016), 16–32; 212–13; Kornell, *Flesh and Bones*, 7–8. There are approximately ten editions. A second edition of 1684 listed by Perini Forlesani is erroneous (De Piles, *Dialogo*, 212) as is a Paris 1784 edition listed in Cushing, *A Bio-Bibliography*, 146, VI.D.-31.

46 Tortebat and de Piles, *Abregé*, sig. [á iiijr]: "Pour ce qui est des Figures, elles sont d'apres celles, que le Titien avoit desseignées pour le livre de Vesale; vous les trouverez asseurément fort justes; et je m'en suis servi, parce que j'ay crû qu'il estoit impossible de mieux faire pour le sujet."; legend to the 7th table: "je vous conseille de voir Vesale: les Figures que le Titien luy à desseignées, sont d'un prix & d'une beauté inestimable." De Piles first acknowledged his authorship in his translation of Dufresnoy the same year that the *Abregé* appeared (Charles-Alphonse Dufresnoy, *L'art de peinture* (Paris: Nicolas L'Anglois), 1668, 91). He is credited as author on the title page of the Paris 1733 edition published by Jean Mariette.

47 For the history of the Titian attribution see Patricia Simons and Monique Kornell, "Annibal Caro's After-Dinner Speech (1536) and the Question of Titian as Vesalius's illustrator," *Renaissance Quarterly* 61, no. 4 (Winter 2008): 1069–97; Margócsy, Somos and Joffe, *Census*, 91–95; Margócsy, "From Vesalius," 315–6; 321.

48 Unsigned review of *Abregé d'anatomie, accommodé aux arts de peinture et de sculpture*, by François Tortebat and Roger de Piles, *Le Journal des sçavans*, 17 September 1668, 79.

49 Further omissions: the hyoid and the bones of the ear on the plinth from the second skeleton of the *Fabrica*; the tongue, larynx, and cartilages on the ground in the third *Epitome* figure (sig. Hv); muscle and tendons attached to the greater trochanter labelled "a, b, c, n" of the *Epitome* fourth muscle figure (sig. Hr); the foot on the ground to the left of the *Epitome* second muscle figure (sig. Ir); the eyes on the ground between the feet of the first *Epitome* muscle figure (sig. Iv).

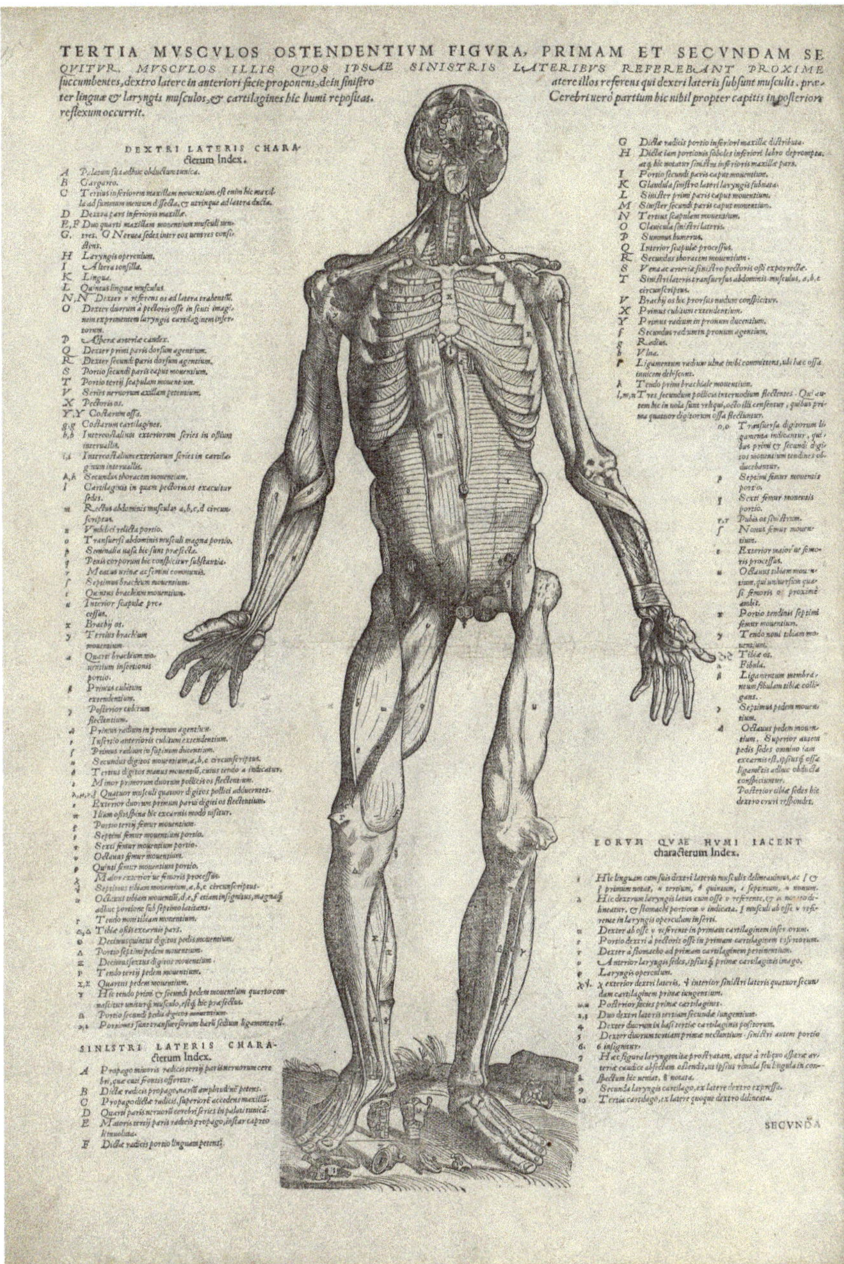

FIGURE 15.7 *Third muscle figure*, in Andreas Vesalius, *De humani corporis fabrica librorum epitome* (Basel: J. Oporinus, 1543)
WELLCOME COLLECTION, LONDON (EPB/F/6565)

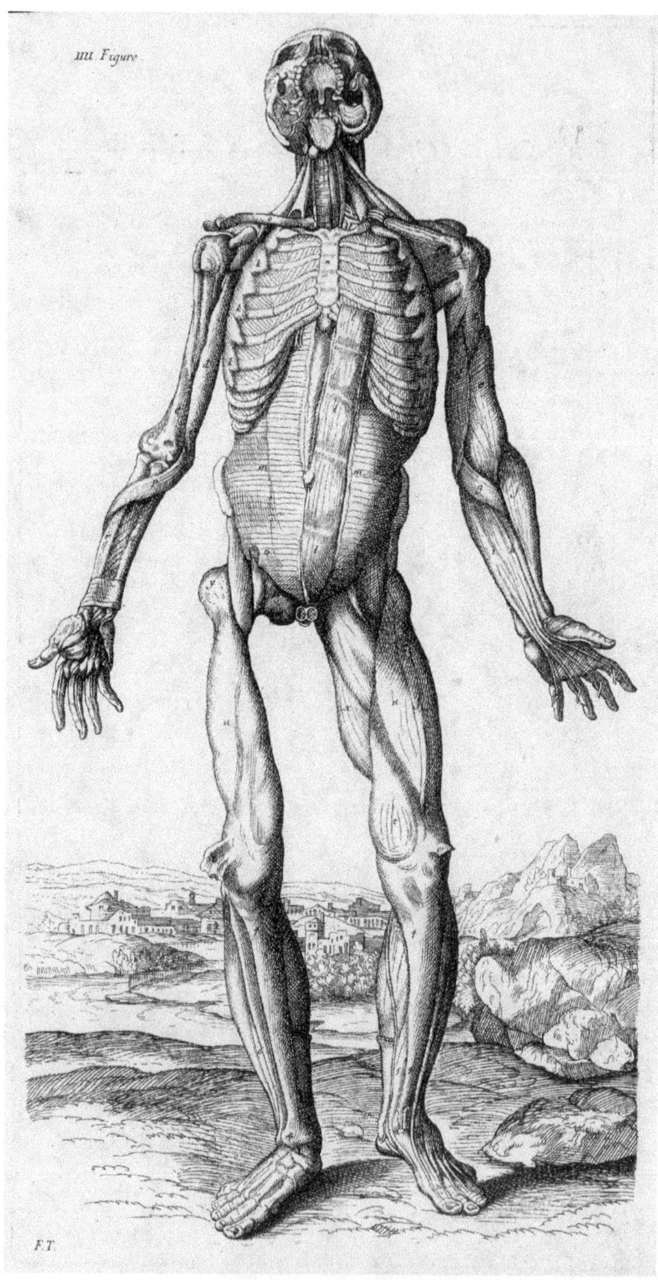

FIGURE 15.8 *Fourth muscle figure*, in François Tortebat and Roger de Piles, *Abregé d'anatomie, accommodé aux arts de peinture et de sculpture* (Paris: Tortebat, 1668)
GETTY RESEARCH INSTITUTE, LOS ANGELES (92-B12688)

circumscribed them and giving the book a cohesive design.[50] Aiding in this, the *Fabrica* figures have been enlarged to match the dimensions of those of the *Epitome*, resulting in a large book with the leaves in the GRI's copy measuring 45 cm.[51] Not all later editions of the *Abregé d'anatomie* retain these dimensions and some jettison the landscape background and omit the nudes.[52] A red-chalk drawing of the meditative skeleton in profile from the *Fabrica*, previously attributed to Calcar, must instead be related to the version in the *Abregé d'anatomie*, where it appears in reverse, because the lettering it bears matches that in the 1668 publication.[53] It was possibly drawn by Tortebat as preparatory for the *Abregé d'anatomie*. However, Tortebat's drawing oeuvre is not well established, and the only other drawing that has been linked to the *Abregé d'anatomie*, that of the *Epitome* female nude on the same scale as its engraved copy, while also in red chalk is quite of a different nature being less delicately drawn.[54]

Tortebat and de Piles's *Abregé d'anatomie* promises a brief and accessible summary of anatomy specific for the needs of artists, avoiding "the infinity of things useless to painters" that were to be found in medical books.[55] The contents are restricted to the bones and the muscles, and the "very easy

50 First noted by Turner, "Ce que sont devenues," 178. The facing pages of the male and female nudes give the earliest demonstration of the contiguous design of the landscape setting for the *Fabrica* muscle figures (Kornell, *Flesh and Bones*, 8).

51 GRI 92-B12688. The half-title page in this copy bears a pen and ink drawing of a doodle-like nature of what appears to be a religious procession with a body on a stretcher, perhaps depicting a lay confraternity carrying a body away to burial. Related drawings appear on the title page, sigs. á ijr, and á iijr.

52 As in the Paris 1760 edition published by J.B. Crepy (Cushing, *A Bio-Bibliography*, 145, VI.D.-28).

53 Tortebat and de Piles, *Abregé*, fig. C; Mattia R. Caiati, et al., "Vesalius' 'Philosopher', a Recently Found Drawing by Jan Steven van Calcar," in *In the Shadow of Vesalius*, ed. Robrecht Van Hee (Antwerp and Apeldoorn: Garant, 2020), 13–24; Nutton, *Andreas Vesalius*, 86, 137, n. 22. The drawing follows the dimensions of the *Fabrica* skeleton, suggesting it was directly copied from the *Fabrica*, rather than from one of the later editions of the *Abregé d'anatomie* known to me with reduced dimensions.

54 For the drawing in the Musée des beaux-art, Rennes, inv. no. 794.1.2708, see Stéphane Loire, "François Tortebat," in *Simon Vouet: Actes du colloque international; Galeries nationales du Grand Palais, 5–6–7 février 1991*, ed. Stéphane Loire (Paris: Documentation Française, 1992), 449–50, fig. 13.

55 Tortebat and de Piles, *Abregé*, sig. á iijr: "Au reste, cet Abregé sera si succinct, qu'on n'aura pas lieu de se plaindre du trop gran embaras de chose differentes; & l'oeconomie que j'y garde, est mesme toute nouvelle; car ayant reconnu, que ceux qui en on écrit pour la Medecine, ont parlé d'une infinité des choses inutiles aux Peintres, j'ay voulu, que tout d'un coup l'on vist, le Nom, l'Office, & la situation des Muscles, d'un costé; & la figure démonstrative, de l'autre."

method" announced in the extended title is provided both by this concise approach and by the arrangement of information which, according to de Piles, gave in a glance the name, function, origin, and insertion of the muscles with the relevant figure on the facing page.[56] This is only possible because there is no attempt to identify all the parts. The same drive for succinctness is found in the legend to the skeleton plates where de Piles states that he declines to "amuse himself" by detailing the many bones of the skull and singles out only four that he considers "the most apparent, and the most necessary": the frontal and zygomatic bones and the upper and lower jaws.[57] This is all the anatomy of the head discussed, for none of the muscles of the face are identified, nor is there any explanation of the brain anatomy left still visible in the seventh muscle figure.

Remarkably, it seems that the first reuse of the complete *Epitome* muscle figures since the editions of 1543 and 1555 occurs in the *Abregé d'anatomie* (fig. 15.7 and fig. 15.8). While versions of the *Epitome*'s text proliferated in copies and translations, the muscle figures curiously did not despite the similarity of style to those in the simultaneously published *Fabrica*.[58] An explanation for this may be their exclusion by Vesalius's earliest copyists, Geminus and Valverde, which meant they were also omitted from the lineage of copies after them. Tortebat would therefore only have known them from an original edition. Today, there are fewer surviving copies of the *Epitome* than the *Fabrica*, which might be a reflection not only of their print run but also of their ephemerality, as the figures came with instructions by Vesalius to use them for a do-it-yourself flapbook, creating a handy dissection on paper.[59]

---

56 Ibid.

57 Ibid., "Des os du corps humain", on the verso of the half title: "Sans m'amuser à faire la division d'une infinité d'Os, qui sont dans la Teste, je ne vous marqueray que les plus apparens, & les plus necessaires."

58 However, for the influence of the *Epitome* reflected in two figures of chests and abdomens, see Salomon Alberti, *Historia plerarunque partium humani corporis, membratim scripta, et in usum tyronum retractius edita* (Wittenberg: heirs of Johannes Crato, 1585), 52[25], 32.

59 Of surviving editions of the *Fabrica*, there are "some 300 for the first edition, and some 400 for the second" (Margócsy, Somos, and Joffe, *Census*, 3). 109 copies of the 1543 *Epitome* in Latin and in German, excluding those in private collections, are enumerated by Stephen N. Joffe and Veronica Buchanan, "The Vesalius *Epitome* of *De Humani Corporis Fabrica* of 1543: A Worldwide Census with New Findings," *Medical Research Archives* 2, no. 1, (2015): 1–13. A Latin copy of the *Epitome* in the Biblioteca Nazionale Marciana, Venice (D 221D 020.2) has been recently identified as a second surviving copy of the 1555 edition, bound with the *Fabrica* (Margócsy, Somos, and Joffe, *Census*, 194, I/110). On the *Epitome* flaps, see Zlatko I. Pozeg and Eugene S. Flamm, "Vesalius and the 1543 Epitome of his *De humani corporis fabrica librorum*: A Uniquely Illuminated copy," *The Papers of the*

Why choose this selection of *Epitome* figures and then go to the extra effort to match the landscapes and dimensions when the muscle figures from the *Fabrica* could just have been copied alone? No reason is provided in the text, but one can readily appreciate that the *Epitome* figures, due to their ingenious bisected arrangement, with a deeper dissection on one side of the body (fig. 15.7), would admirably suit the concise approach of the *Abregé d'anatomie*. Furthermore, their choice seems to have been one deliberately made to avoid the elements of comparative anatomy purposely inserted into the fifth and sixth *Fabrica* muscles figures by Vesalius to demonstrate that Galen based his observations on animal, not human, dissections.[60] One of these is the rectus abdominis muscle, which in the fifth muscle figure is shown running the entire length of the torso as it appears in monkeys, as Vesalius explains in the legend (fig. 15.5).[61] In the *Abregé d'anatomie*, it is rather the shorter course of this muscle in humans that is displayed in Tortebat's copy of the *Epitome*'s third muscle figure (fig. 15.7, m, and fig. 15.8, l). Indicative of de Piles's awareness of this muscle ("droit"), it receives the longest description of any in the book. Artists are advised of its shape, length, divisions, proportions, and how it appears in antique sculpture.[62]

Through a judicious blend of figures from the *Fabrica* and the *Epitome*, only human anatomy is presented in Tortebat and de Piles's *Abregé d'anatomie*, while still using the Vesalian figures that were so admired. This was a more elegant resolution to the quandary of the presence of non-human anatomy than one reached in other books of anatomy for artists. In his anatomy book of 1634 aimed at a combined audience of artists and medical practitioners, the Dutch artist Jacob van der Gracht (1593–1652) retained an outline of the simian rectus abdominis above the ribs for his version of the fifth muscle figure and did not explain its animal origin.[63] A decade after the *Abregé d'anatomie*, in the similarly titled *Anotomia ridotta all'uso de' pittori, e scultori* (1679) by Giacopo Moro, with plates in outline after the *Fabrica* by the author, the rectus abdominis

Bibliographical Society of America 103, no. 2 (2009): 199–220; Kusukawa, *Andreas Vesalius*, 155–57; 198–99.

60 See Kusukawa, *Andreas Vesalius*, 165; Roberts and Tomlinson, *Fabric*, 154, no. 33.

61 Vesalius, *Fabrica*, 185, ʃ, t.

62 Tortebat and de Piles, *Abregé*, legend to the third figure, "Office", "I".

63 Jacob van der Gracht, *Anatomie der wtterlicke deelen van het menschelick lichaem* (The Hague: Jacob van der Gracht, 1634), fifth muscle figure, "R". On Van der Gracht, see Erin Travers, "Jacob van der Gracht's *Anatomie* for Artists." In *Lessons in Art: Art, Education and Modes of Instruction since 1500*, ed. Eric Jorink, Ann-Sophie Lehmann, and Bart Ramakers, 250–84. *Nederlands Kunsthistorisch Jaarboek* 68 (Leiden: Brill, 2019); Erin Travers in Kornell, *Flesh and Bones*, 132–33, no. 19.

is omitted in earlier figures only to show up later as a detached muscle, thus entirely sidestepping the issue of its insertion point.[64] In the late 1680s, the Bolognese engraver Domenico Bonaveri (1653–1731) issued for the use of students of the Bolognese art academy a set of copies of all of the *Fabrica* skeletons and muscle figures under the title of *Notomie di Titiano* (propagating de Piles's attribution to Titian).[65] Because the prints appeared without any explanatory text or even lettering identifying the parts, artists consulting Bonaveri's copies would have had no way of knowing that they were viewing canine and simian anatomy mixed in with that of human.

Aside from the later editions of *Abregé d'anatomie*, which appeared into the nineteenth century, the *Epitome* muscle figures continued to be ignored until the early eighteenth century when the original woodblocks for both the *Fabrica* and the *Epitome* came into the hands of the German printer and publisher Andreas Maschenbauer. A selection of these were employed for his anatomy book for artists published in Augsburg 1706 with a second edition in 1723.[66] Maschenbauer mainly followed the *Abregé d'anatomie* in his choice of skeleton and muscle figures, with a few additions.[67] The influence of the *Abregé d'anatomie* is also seen in the text. Maschenbauer recommends the same order of study that begins with the bones and ends with drawing a life model, one similarly described as preferably being "well-muscled and not too fat."[68] The description of the bones, which is also arranged on one page with an albeit more extensive legend below, likewise concludes by referencing the clarity of the description that has just been given and with the advice to examine a real skeleton. Also in 1706, a German translation of the *Abregé d'anatomie* with engraved copies by Lorenz Beger (1653–1705) was published by Johann

64 Giacopo Moro, *Anotomia ridotta all'uso de' pittori, e scultori* (Venice: Giovanni Francesco Valvasense, 1679), pl. 6. According to Moro's numbering system, the detached rectus abdominus is identified as "v. 3. Ventre li terzo, pende dal suo fine."

65 Domenico Bonaveri, *Notomie di Titiano* ([Bologna]: n.p., ca. 1685–90). See Monique Kornell, "A Dating for Domenico Bonaveri's *Notomie di Titiano*," *Print Quarterly* 33, no. 4 (December 2016): 379–90; Margócsy, "From Vesalius," 321.

66 Andreas Vesalius, *Deß Ersten, Besten Anatomici, Zergliederung deß Menschlichen Cörpers, Auf Mahlerey und Bildhauer-Kunst gericht. Die Figuren von Titian gezeichnet* (Augsburg: Andreas Maschenbauer, 1706). See Cushing, *A Bio-Bibliography*, 99–101; VI.A.-12–13.

67 Maschenbauer cites Tortebat and Moro in the Address to the Reader, Vesalius, *Deß Ersten*. The additions from the *Fabrica* are: third muscle figure (sig. C2), skulls and skull fragments (sig. G), and the examples of normal and abnormal skulls on the title page. For a concordance, see Cushing, *A Bio-Bibliography*, 99–100, no. VI.A.-12.

68 Vesalius, *Deß Ersten*, Address to the Reader: "soll das Modell sehr wol musculirt/ und nicht gar zu fett seyn."; Tortebat and de Piles, *Abregé*, Address to the Reader, sig. [á iiij]r: "il faut que le Modele soit extremement musclé, & qu'il ait peu de graisse."

Andreas Rudiger in Berlin for the use of the Prussian Academy of Arts with an acknowledgement of Tortebat on the title page.[69] The *Epitome* is included in its entirety in the *Opera omnia* (1725) of Vesalius edited by Albinus and Boerhaave.[70] The magnificently engraved copies by Jan Wandelaar (1690–1759) are close in size to the original woodcuts and appear in the work as fold-out plates. The woodblocks for the *Epitome* were used one last time for the *Icones* edition of 1934, just before their destruction in WWII.[71]

Not long after Boerhaave and Albinus's edition of his collected works conferred an historic status on Vesalius, as observed by Dániel Margóscy,[72] Albinus published a work that would quickly supplant the skeleton and muscle figures of Vesalius in terms of popularity. His *Tabulae sceleti et musculorum corporis humani* (1747) followed a similar trajectory as the *Fabrica*, for it was likewise quickly copied after its appearance, also in England, in this case by brothers John and Paul Knapton in 1749 in editions in Latin and English.[73] Unlike in Geminus, the elaborate backgrounds of vegetation and architecture of the originals were retained, although these were often eliminated in later copies of Albinus. A comparable charting of the adaptations and fracturing of the Albinus figures can be traced in anatomy books on the Portal, in works by Brisbane (1769), Ploos van Amstel (1783), and Sharpe (1818).[74] The rapid adoption and canonization of Albinus's figures is indicated by the pairing of two of his muscle figures with Vesalius's skeletons in an entry on anatomy in 1751 in Diderot and d'Alembert's *Encyclopédie*.[75]

Digital scans have disrupted the long period when Vesalius's woodcut illustrations were disseminated through copies, prints from the original blocks, and later, printed facsimiles. Today, unmediated images in the context of their original editions, both of Vesalius and his copyists, are freely and instantly

69 François Tortebat and Roger de Piles, *Kurtze Verfassung Der Anatomie, wie selbige zu der Mahlerey und Bildhauerey erfordert wird* (Berlin: Johann Andreas Rüdiger, 1706). The date of the dedication of Maschenbauer's book, Augsburg, 24 December 1705, suggests that it may have preceded Rudiger's in order of publication.

70 Vesalius, *Opera omnia*, vol. 2.

71 Andreas Vesalius, *Andreae Vesalii Bruxellensis Icones anatomicae* (Munich: Bremer, 1934).

72 Margócsy, "From Vesalius," 325–29.

73 K.F. Russell, *British Anatomy 1525–1800: A Bibliography of Works Published in Britain, America and on the Continent*, 2nd ed. (Winchester: St Paul's Bibliographies, 1987), 2, nos. 5–6.

74 On these publications see Kornell, *Flesh and Bones*, 138–9, no. 22, (Brisbane 1769); 4, 9–12 (Ploos 1783); 164, no. 35 (Sharpe 1818).

75 Denis Diderot and Jean d'Alembert, eds., *Encyclopédie, ou, Dictionnaire raisonné des sciences, des arts et des métiers*, vol. 1 (Paris: Briasson, David, Le Breton, Durand, 1751), 416–19, pls. 1–5. The separately published plates appeared in 1762.

available and, with the aid of the Portal, one can easily compare editions and follow the thread of Vesalius through the history of anatomical illustration.

Bibliography

Primary Sources

(* indicates copy available on getty.portal.edu)

Alberti, Salomon. *Historia plerarunque partium humani corporis, membratim scripta, et in usum tyronum retractius edita*. Wittenberg: heirs of Johannes Crato, 1585.

Bauhin, Caspar. *De corporis humani fabrica: Libri IIII*. Basel: Sebastian Henric Petri, 1590.

Bauhin, Caspar. *Appendix ad Theatrum Anatomicum: sive explicatio characterum omnium, qui figuris totius Operis additi fuere: quae seorsim compingi debet*. Frankfurt: Matthias Becker for the brothers Johann Theodor de Bry and Johann Israel de Bry, 1600 [i.e. 1605].* https://portal.getty.edu/books/gri_9927821040001551.

Bauhin, Caspar. *Theatrum anatomicum*. Frankfurt: Matthias Becker for the widow of Theodor de Bry and sons Johann Theodor de Bry and Johann Israel de Bry, 1605.* https://portal.getty.edu/books/gri_9928979050001551.

Bell, John. *Engravings, Explaining the Anatomy of the Bones, Muscles, and Joints*. Edinburgh: John Paterson, 1794.

Berengario da Carpi, Jacopo. *Isagoge breves*. Bologna: Benedictus Hectoris 1522.

Bidloo, Govard. *Anatomia humani corporis*. Amsterdam: Widow of J. van Someren, Heirs of J. à Dyk, H. & Widow of T. Boom, 1685.* https://portal.getty.edu/books/gri_9924656020001551.

Bonaveri, Domenico. *Notomie di Titiano*. [Bologna]: n.p., ca. 1685–90.

Cousin, Jean (the Younger). *Livre de pourtraicture*. Paris: David Le Clerc 1595.

Cousin, Jean (the Younger). *La vraye science de la pourtraicture*. Paris: Guillaume le Bé, 1671.* https://portal.getty.edu/books/gri_9922462010001551.

Crooke, Helkiah. *Mikrokosmographia: A Description of the Body of Man*. London: William Jaggard, 1615.

De Piles, Roger. *Dialogo sul colorito*. Edited by Giovanna Perini Folesani and Sandra Costa. Translated by Monique Gabellini. Florence: Leo S. Olschki, 2016.

Diderot, Denis and Jean d'Alembert, eds. *Encyclopédie, ou, Dictionnaire raisonné des sciences, des arts et des métiers*. Vol. 1. Paris: Briasson, David, Le Breton, Durand, 1751.* https://portal.getty.edu/books/gri_9928071350001551.

Du Laurens, André. *Historia anatomica humani corporis*. Paris: Jamet Mettayer and Marc Orry, 1600.

Fludd, Robert. *Anatomiae amphitheatrum effigie triplici, more et conditione varia, designatum*. Frankfurt: Erasmus Kempffer for Johann Theodor de Bry, 1623.* https://portal.getty.edu/books/gri_9929011450001551.

Geminus, Thomas. *Compendiosa totius anatomie delineatio, aere exarata*. London: John Herford, 1545.

Geminus, Thomas. *"Compendiosa totius anatomie delineatio." A Facsimile of the First English Edition of 1553 in the Version of Nicholas Udall. With an Introduction by C.D. O'Malley*. London: Dawson's of Pall Mall, 1959.

Guillemeau, Jacques. *Tables anatomiques avec les pourtraicts et declaration d'iceulx ensemble un denombrement de cinq cens maladies diverses*. Paris: Jean Charron, 1586.* https://portal.getty.edu/books/gri_9925258750001551.

Le Journal des sçavans. Unsigned review of *Abregé d'anatomie, accommodé aux arts de peinture et de sculpture*, by François Tortebat and Roger de Piles. 17 September 1668, 77–79.

Moro, Giacopo. *Anotomia ridotta all'uso de' pittori, e scultori*. Venice: Giovanni Francesco Valvasense, 1679.* https://portal.getty.edu/books/princeton_99849434835o6421.

Paré, Ambroise. *Anatomie universelle du corps humain ... reveuë & augmentee par ledit autheur auec I. Rostaing du Bignosc*. Paris: Jehan le Royer, 1561.

Paré, Ambroise. *La méthode curative des playes, et fractures de la teste humaine*. Paris: Jehan le Royer, 1561.

Paré, Ambroise. *Les oeuvres ... avec les figures & portraicts, tant de l'Anatomie que des instruments de chirurgie, et de plusieurs monstres*. Paris: Gabriel Buon, 1579.

Platter, Felix. *De corporis humani structura et usu libri III*. Basel: Ambrose Froben, 1581–83.

Tortebat, François, and Roger de Piles. *Abregé d'anatomie, accommodé aux arts de peinture et de sculpture, et mis dans un order nouveau, dont la methode est tres-facile, & débarassée de toutes les difficultez & choses inutiles, qui ont toûjours esté un grand obstacle aux peintres, pour arriver à la perfection de leur art*. Paris: Tortebat, 1668.* https://portal.getty.edu/books/gri_9929827530001551.

Tortebat, François, and Roger de Piles. *Kurtze Verfassung der Anatomie, wie selbige zu der Mahlerey und Bildhauerey erfordert wird*. Berlin: Johann Andreas Rüdiger, 1706.

Valverde de Amusco, Juan. *Historia de la composicion del cuerpo humano*. Rome: Antonio Salamanca and Antonio Lafreri, 1556.

Van der Gracht, Jacob. *Anatomie der wtterlicke deelen van het menschelick lichaem*. The Hague: Jacob van der Gracht, 1634.* https://portal.getty.edu/books/gri_992464208 0001551.

Vesalius, Andreas. *De humani corporis fabrica libri septem*. Basel: J. Oporinus, 1543.* https://portal.getty.edu/books/gri_9925259510001551.

Vesalius, Andreas. *De humani corporis fabrica librorum epitome*. Basel: J. Oporinus, 1543.

Vesalius, Andreas. *Von des menschen cörpers Anatomey, ein kurtzer, aber vast nützer außzug, auß D. Andree Vesalij von Brussel bücheren, von ihm selbs in Latein beschriben, unnd durch D. Albanum Torinum verdolmetscht*. Basel: J. Oporinus, 1543.

Vesalius, Andreas. *Vivae imagines partium corporis humani aereis formis expressae.* Antwerp: Christophe Plantin, 1566.* https://portal.getty.edu/books/gri_992647039 0001551.

Vesalius, Andreas. *De humani corporis fabrica libri septem.* Venice: Francesco Franceschi Senese and Johann Criegher, 1568.* https://portal.getty.edu/books/uh _urn:nbn:de:bsz:16-diglit-129406.

Vesalius, Andreas. *Deß Ersten, Besten Anatomici, Zergliederung deß Menschlichen Cörpers, Auf Mahlerey und Bildhauer-Kunst gericht. Die Figuren von Titian gezeichnet.* Augsburg: Andreas Maschenbauer, 1706.

Vesalius, Andreas. *Opera omnia anatomica et chirurgica.* Edited by Herman Boerhaave and Bernhard Siegfried Albinus, 2 vols. Leiden: Johannes du Vivié, Johannes and Herman Verbeek, 1725.

Vesalius, Andreas. *Andreae Vesalii Bruxellensis Icones anatomicae.* Munich: Bremer, 1934.

Vesalius, Andreas. *Résumé de ses livres sur la fabrique du corps humain. Andreae Vesalii Brvxellensis svorvm de hvmani corporis fabrica librorvm epitome.* Edited by Jacqueline Vons and Stéphane Velut. Translation by Jacqueline Vons. Paris: Les belles lettres, 2008.

Vesalius, Andreas. *The Fabric of the Human Body: An Annotated Translation of the 1543 and 1555 Editions of "De Humani Corporis Fabrica Libri Septem."* Translated and edited by Daniel H. Garrison and Malcolm H. Hast. 2 vols. Basel: Karger, 2014.

Vidius, Vidus. *De anatome corporis humani libri VII.* Venice: Giunta, 1611.

Secondary Sources

Alarcon, Carolina. "Imitation Is the Sincerest Form of Innovation: Valverde Reconsidered." *The Sixteenth Century Journal* 53, no. 1 (2022): 5–39.

Baker, Tawrin. "Images of the Eye from Vesalius to Fabricius ab Aquapendente: The Rise of Metrical Representation in Anatomical Diagrams and the Cross-Fertilization of Visual Traditions." In *Reassessing Epistemic Images in the Early Modern World,* edited by Ruth Sargent Noyes, 221–42. Amsterdam: Amsterdam University Press, 2023.

Berriot-Salvadore, Évelyne. "Ambroise Paré Lecteur de Vésale." In *La Fabrique de Vésale: La mémoire d'un livre,* edited by Jacqueline Vons, 67–81. Paris: Bibliothèque Interuniversitaire de Santé, 2016. https://www.biusante.parisdescartes.fr/ressources/pdf /histmed-vesale-actes2014.pdf.

Bowen, Karen L., and Imhof, Dirk. *Christopher Plantin and Engraved Book Illustrations in Sixteenth-Century Europe.* Cambridge: Cambridge University Press, 2008.

Caiati, Mattia R., et al. "Vesalius' 'Philosopher', a Recently Found Drawing by Jan Steven van Calcar." In *In the Shadow of Vesalius,* edited by Robrecht Van Hee, 13–24. Antwerp and Apeldoorn: Garant, 2020.

Choulant, Ludwig. *History and Bibliography of Anatomic Illustration*. Translated and edited by Mortimer Frank. Rev. ed. New York: Schuman's, 1945.

Cushing, Harvey. *A Bio-Bibliography of Andreas Vesalius*. 2nd ed. Hamden, CT: Archon, 1962.

Faraday, Christina J. "Two Newly Discovered Anatomy Flap Engravings by Thomas Gemini." *Print Quarterly* 37, no. 3 (2020): 254–66.

Fuchs-Eckert, Hans Peter. "Die Familie Bauhin in Basel." *Bauhinia* 7, no. 2 (1981): 45–62.

Joffe, Stephen N. and Veronica Buchanan. "The Vesalius *Epitome* of *De Humani Corporis Fabrica* of 1543: A Worldwide Census with New Findings." *Medical Research Archives* 2 (no. 1), 2015: 1–13.

Kornell, Monique. "The Study of the Human Machine. Books of Anatomy for Artists." In Mimi Cazort, Monique Kornell and K.B. Roberts. *The Ingenious Machine of Nature: Four Centuries of Art and Anatomy*, exh.cat. Ottawa: National Gallery of Canada, 1996, 43–70.

Kornell, Monique. "A Dating for Domenico Bonaveri's *Notomie di Titiano*." *Print Quarterly* 33, no. 4 (December 2016): 379–90.

Kornell, Monique. *Flesh and Bones: The Art of Anatomy*. With contributions by Thisbe Gensler, Naoko Takahatake, and Erin Travers. Los Angeles: Getty Research Institute, 2022.

Kusukawa, Sachiko. *Andreas Vesalius. Anatomy and the World of Books*. London: Reaktion Books, 2024.

Laurenza, Domenico. *La ricerca dell'armonia: Rappresentazioni anatomiche nel Rinascimento*. Florence: Leo S. Olschki, 2003.

Lo, Melissa. "Cut, Copy, and English Anatomy: Thomas Geminus and the Reordering of Vesalius's Canonical Body." In *Andreas Vesalius and the 'Fabrica' in the Age of Printing: Art, Anatomy, and Printing in the Italian Renaissance*, edited by Rinaldo Fernando Canalis and Massimo Ciavolella, 225–56. Turnhout: Brepols, 2018.

Loire, Stéphane. "François Tortebat." In *Simon Vouet: Actes du colloque international; Galeries nationales du Grand Palais, 5–6–7 février 1991*, edited by Stéphane Loire, 435–54. Paris: Documentation Française, 1992.

Margócsy, Dániel. "From Vesalius through Ivins to Latour: Imitation, Emulation and Exactly Repeatable Pictorial Statements in the Fabrica." *Word & Image* 35, no. 3 (2019): 315–33.

Margócsy, Dániel, Mark Somos, and Stephen N. Joffe. *The "Fabrica" of Andreas Vesalius: A Worldwide Descriptive Census, Ownership, and Annotations of the 1543 and 1555 Editions*. Leiden: Brill, 2018.

Meyer, A.W., and Sheldon K. Wirt. "The Amuscan Illustrations." *Bulletin of the History of Medicine* 14, no. 5 (1943): 667–87.

Monty, Emily. "Illustrating the Vernacular Body: Juan Valverde de Amusco and the Art of Embodied Anatomy." In *Reassessing Epistemic Images in the Early Modern World*, edited by Ruth Sargent Noyes, 241–62. Amsterdam: Amsterdam University Press, 2023.

Nutton, Vivian. *Andreas Vesalius and his "Fabrica", 1537–1564: Changing the World of Anatomy.* Cham: Palgrave Macmillan, 2024.

Pozeg, Zlatko I., and Eugene S. Flamm. "Vesalius and the 1543 Epitome of his *De humani corporis fabrica librorum*: A Uniquely Illuminated copy." *The Papers of the Bibliographical Society of America* 103, no. 2 (2009): 199–220.

Roberts, K.B., and J.D.W. Tomlinson. *The Fabric of the Body: European Traditions of Anatomical Illustration.* Oxford: Clarendon, 1992.

Röhrl, Boris. *History and Bibliography of Artistic Anatomy: Didactics for Depicting the Human Figure.* Hildesheim: Georg Olms, 2000.

Russell, K.F. *British Anatomy 1525–1800: A Bibliography of Works Published in Britain, America and on the Continent.* 2nd ed. Winchester: St Paul's Bibliographies, 1987.

Salomon, Kathleen. "Facilitating Art-Historical Research in the Digital Age: The Getty Research Portal." *Getty Research Journal* 6 (2014): 137–41.

Simons, Patricia, and Monique Kornell. "Annibal Caro's After-Dinner Speech (1536) and the Question of Titian as Vesalius's illustrator." *Renaissance Quarterly* 61, no. 4 (Winter 2008): 1069–97.

Skaarup, Bjørn Okholm. *Anatomy and Anatomists in Early Modern Spain.* London and New York: Routledge, 2015.

Travers, Erin. "Jacob van der Gracht's *Anatomie* for Artists." In *Lessons in Art: Art, Education and Modes of Instruction since 1500*, edited by Eric Jorink, Ann-Sophie Lehmann, and Bart Ramakers, 250–84. *Nederlands Kunsthistorisch Jaarboek* 68. Leiden: Brill, 2019.

Turner, Edouard. "Ce que sont devenues les planches de Vésale, publiées en 1543 dans le grand ouvrage d'anatomie et dans l'*Epitome*." *Gazette Hebdomadaire de Médecine et de Chirurgie* 15 (1878): 49–58, 65–78, 113–19, 129–41, 161–66, 177–94.

Whitteridge, Gweneth. "Bauhin, Gaspard." In Vol. 1, *Complete Dictionary of Scientific Biography*. Edited by G.C. Gillispie. New York: Charles Scribner's Sons, 2008: 522–25.

16

Anatomie letterarie: una biblioteca digitale tematica per un nuovo modello di comunicazione scientifica

Stefano Casati, Adele Pocci

1 Introduzione

La collaborazione fra il Museo Galileo di Firenze e l'Istituto di studi italiani dell'Università della Svizzera italiana nasce dal fondamentale presupposto di alcune importanti affinità istituzionali e culturali. Il Museo Galileo è una realtà complessa e rappresenta una delle principali organizzazioni attive nella museografia, nella produzione di iniziative per la diffusione della cultura, nella documentazione e nella ricerca scientifica. L'Istituto fiorentino è infatti costituito da un insieme di settori a supporto dell'attività di promozione e divulgazione delle conoscenze storico-scientifiche e della valorizzazione delle proprie collezioni bibliografiche ed espositive[1]. L'attività di ricerca, benché prevalentemente indirizzata all'ambito delle scienze fisico-sperimentali, si estende anche alle discipline non direttamente appartenenti alla tradizione galileiana. L'approccio adottato è ispirato ai principi della storia delle idee, orientamento di studi strutturalmente transdisciplinare sviluppato nel 1936 da Arthur O. Lovejoy[2]. La metodologia proposta dallo storico statunitense insiste soprattutto su due aspetti, la concezione delle idee come idee-unità e il carattere interdisciplinare della ricerca. La possibilità di applicare *unit-ideas* non limitatamente al campo filosofico, ma anche a più ambiti, permette di ampliare le prospettive di analisi, favorendo la formazione di un sapere realmente integrato e riducendo i confini tra le diverse storiografie. Questa impostazione ha favorito l'adesione al progetto promosso dall'Università della Svizzera italiana[3] e all'iniziativa di realizzare una biblioteca digitale tesa a mostrare i rapporti

1 Filippo Camerota, ed., "Displaying scientific instruments, from the Medici wardrobe to the Museo Galileo," *Annali del Laboratorio museotecnico*, V (2012).

2 Arthur O. Lovejoy, *The Great Chain of Being: a Study of the History of an Idea* (Cambridge, Mass.: Harvard University Press, 1936).

3 "La 'civiltà dell'anatomia': il genere delle Anatomie letterarie nell'Italia del Seicento" (FNS 100012_204399), ultimo accesso 28 dicembre 2023, https://www.isi.usi.ch/it/ricerca-lingua-letteratura-civilta-italiana/presentazione-progetti/civilta-anatomia.

interdisciplinari dell'anatomia e l'influenza del sapere medico sulla cultura della prima età moderna[4].

Il termine *digital library* può essere utilizzato per indicare sia semplici *repositories* sia sistemi più complessi che prevedono caratteristiche avanzate. Una biblioteca digitale si considera un semplice *digital repository*, quando si limita ad acquisire, descrivere, preservare e rendere accessibili e consultabili i documenti da essa gestiti, quando permette anche di ricercare testi, oggetti, immagini, attraverso strumenti semanticamente raffinati e offre *tools* per interagire con i contenuti si considera invece un sistema informativo con funzionalità articolate[5].

Le biblioteche digitali tematiche del Museo Galileo rientrano in quest'ultima tipologia e, oltre alla consultazione delle risorse, intendono offrire percorsi orientati all'associazione delle idee e alla serendipità attraverso contenuti multimediali, approfondimenti, sussidi didattici[6]. Questi sistemi informativi sono strutturati su argomenti rilevanti per la storia della scienza e della tecnologia e la loro realizzazione richiede la stretta collaborazione fra istituzioni, studiosi, bibliotecari, informatici. In questi anni sono state pubblicate numerose collezioni digitali che, nel loro insieme, costituiscono un ingente patrimonio di risorse. Si tratta indubbiamente di un *corpus* significativo, non tanto per l'aspetto quantitativo quanto per la qualità e la natura specialistica dei documenti. La politica di acquisizione, accompagnata dall'applicazione sistematica di criteri di interoperabilità, cooperazione e riuso delle risorse digitali, è così

---

4 Si riporta l'introduzione alla *Biblioteca anatomica* presente nella homepage della collezione https://www2.museogalileo.it/it/biblioteca-e-istituto-di-ricerca/biblioteca-digitale/collezioni-tematiche/2417-biblioteca-anatomica.html, ultimo accesso 19 giugno 2024: "Il progetto di ricerca intende verificare sul piano dei documenti letterari la tesi che l'anatomia permei lo stile di pensiero e l'immaginario culturale della prima età moderna. A fondamento della ricerca si pone una serie di opere di area italiana intitolate e ispirate all'anatomia, censite e aggregate in una raccolta organica di 'Anatomie letterarie' che si configurano come un multiforme corpus testuale codificato qui per la prima volta come genere a sé stante nella tradizione italiana. Le Anatomie si estendono a più materie: geografia, astronomia, grammatica, filosofia morale, e tutte sottendono una stessa prassi, la 'dissezione' del corpo di un tema, e non meno la sua ordinata classificazione".

5 Maria Teresa Biagetti, "Sviluppi e trasformazioni delle biblioteche digitali. Dai *repositories* di testi *alle semantic digital libraries*," *AIB studi* 54, no. 1 (gennaio/aprile 2014):11–34.

6 Stefano Casati e Adele Pocci, "Le collezioni digitali tematiche del Museo Galileo: esperienze e nuove prospettive," in *Storie d'autore, storie di persone: fondi speciali tra conservazione e valorizzazione*, a cura di Francesca Ghersetti, Annantonia Martorano, Elisabetta Zonca (Roma: Associazione italiana biblioteche, 2020), 273–80.

caratterizzata da una forte propensione alla condivisione e alla realizzazione di *partnership* tra istituti[7].

2 La prima fase del progetto la *Biblioteca Anatomica*

Nella prima fase del lavoro è stata pubblicata una lista di 26 opere[8], accessibili tramite il catalogo online e la teca web del Museo Galileo. Il modello di biblioteca digitale adottato, oltre al consueto flusso di lavoro contraddistinto essenzialmente dalle problematiche tecniche relative all'acquisizione digitale dei documenti e alla redazione dei metadati, prevede anche la realizzazione di apparati multimediali e il forte coinvolgimento di studiosi esperti dell'argomento trattato.

La campagna di acquisizione si è svolta richiedendo alle singole biblioteche le riproduzioni digitali delle edizioni originali con la relativa licenza sui diritti d'uso, al fine di offrire una collezione qualitativamente omogenea e fruibile. Le opere selezionate, esemplari antichi rari e di pregio, coprono un arco cronologico che va dal XVI al XVII secolo. Il sistema di consultazione è caratterizzato da una duplice modalità di navigazione e dalla possibilità di fruire del documento in formato PDF. Al momento della visualizzazione dell'oggetto digitale è possibile sfogliare il testo tramite un cursore a scorrimento orizzontale oppure esaminare i capitoli attraverso l'indice in modo da raggiungere immediatamente la parte d'interesse. Le mappe strutturali rappresentano la struttura fisica (coperta, pagine, carte bianche) e logica (titoli dei capitoli, dedica, bibliografia, colophon) dei testi pubblicati e permettono non solo l'esplorazione, ma anche l'approfondimento tematico, attraverso apparati multimediali e altre risorse

7 *Sapere scientifico* è un progetto realizzato insieme a Giardino di Archimede – un museo per la matematica e BEIC di Milano per la pubblicazione di testi rilevanti per la storia della scienza italiana nei secoli XVI–XVIII. La *Biblioteca digitale Galileiana*, in collaborazione con la BNCF, rientra invece nell'ingente corpus di documenti galileiani che affiancano Galileo//thek@, archivio integrato di risorse galileiane. *Accademia dei Lincei* è una biblioteca digitale tematica, nata dalla collaborazione con la Biblioteca dell'Accademia nazionale dei Lincei, che permette la consultazione on-line di opere a stampa e manoscritti connessi alla prima attività dell'istituzione (1603–1630).

8 La prima fase del progetto si è conclusa a febbraio del 2023 con la pubblicazione di *Biblioteca anatomica*, ultimo accesso 28 dicembre 2023, https://www.museogalileo.it/it/biblioteca-e-istituto-di-ricerca/biblioteca-digitale/collezioni-tematiche/2417-biblioteca-anatomica.html.

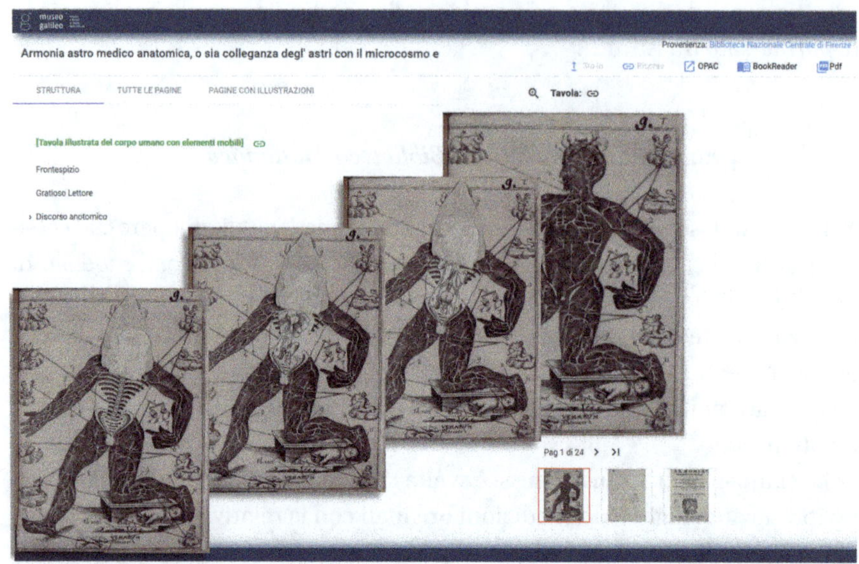

FIGURA 16.1 Successione degli elementi mobili della tavola anatomica realizzata integrando nell'indice la progressione delle immagini relative al processo di "dissezione"
© MUSEO GALILEO – FIRENZE

informative[9]. Tramite appositi link a livello di indice sono state infatti integrate immagini, video e anche aggiunte schede di analisi delle opere (fig. 16.1).

La realizzazione di biblioteche digitali di questo tipo costituisce quindi un'operazione complessa e impegnativa che richiede un ampio ventaglio di competenze per svolgere le varie fasi di lavoro, dalla selezione e acquisizione delle opere, al trattamento di dati e di metadati, alla realizzazione di apparati multimediali, nonché all'adozione di una solida infrastruttura di *storage* e di pubblicazione web.

La navigabilità dei documenti realizzata attraverso indici ipertestuali dinamici rappresenta il primo passo verso la costituzione di una *digital library* intesa come infrastruttura conoscitiva e non soltanto come strumento finalizzato alla consultazione online delle risorse.

La seconda parte del progetto prevede la realizzazione di un ambiente di ricerca in cui i contenuti del *corpus* verranno organizzati in percorsi articolati, arricchiti da indici semantici, relazioni, ricerche testuali. L'elemento

9 Stefano Casati, Fabrizio Butini e Federica Viazzi, "Redazione e uso di mappe strutturali, un esempio di cooperazione fra biblioteche digitali: la Biblioteca digitale del Museo Galileo e la Biblioteca Europea di Informazione e Cultura," *Digitalia* 13, no. 1 (2018): 51–63.

innovativo e anche la sfida più ambiziosa risiedono nella possibilità di integrare in un unico spazio risorse eterogenee e garantire un accesso omogeneo, sfruttando l'interoperabilità sintattica e semantica dei dati.

La biblioteca digitale in questo modo diventa un nodo, una piattaforma aggregatrice e dispensatrice di conoscenza[10].

3 Il prototipo dell'ambiente di ricerca

Nella fase di progettazione la struttura e gli elementi costitutivi del database sono stati restituiti in forma grafica in modo da seguire e verificare il flusso delle informazioni prima di sviluppare l'applicazione (fig. 16.2)[11].

Il database per la gestione della navigazione utilizza diversi gruppi di modelli organizzati gerarchicamente in un dominio. Ciascun dominio associa le schede descrittive, generate dai modelli, a un ambiente, in modo tale da

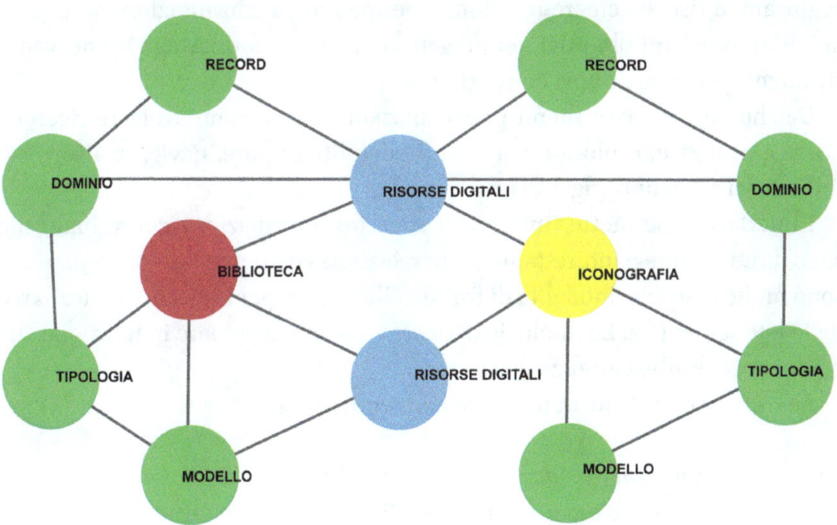

FIGURA 16.2 Il modello concettuale per la realizzazione del prototipo

10 Rossana Morriello, "La biblioteca come piattaforma della conoscenza," *Biblioteche oggi* 28 (2020): 5–14.

11 Il prototipo è stato realizzato attraverso l'applicativo SINAPSI in seguito all'istituzione di un rapporto di collaborazione con la ditta GAP di Roma: "Case history," ultimo accesso 28 dicembre 2023, http://www.progettosinapsi.it/soluzioni/case-history/museo-galileo.

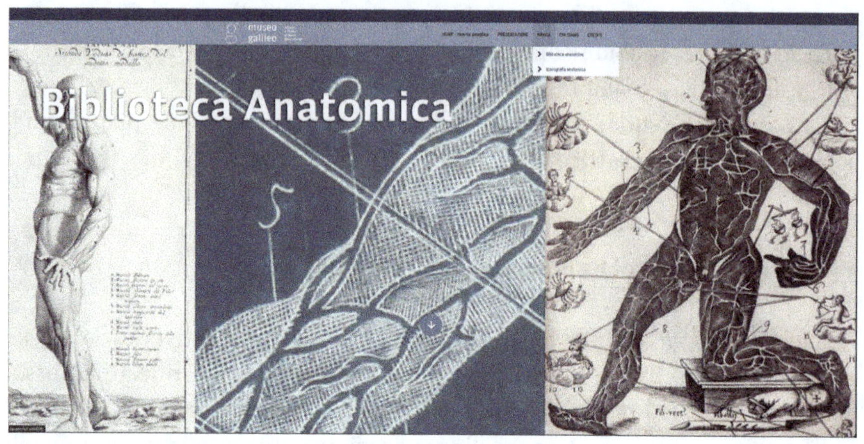

FIGURA 16.3 L'interfaccia web

aggregare le risorse, creare relazioni e permettere la consultazione web. Uno dei più importanti obiettivi del progetto è quello di fornire agli utenti validi strumenti per creare nuovi contesti informativi.

Dall'home page con menù personalizzabile, si possono svolgere ricerche libere e avanzate, esplorare percorsi predefiniti, oppure, navigare attraverso l'albero dei contenuti (fig. 16.3).

L'interfaccia permette, inoltre, di reperire informazioni contestuali che sono direttamente o indirettamente in relazione con il risultato della *query*. Ci sono molte e diverse modalità di fruire delle risorse, per la ricchezza dei dati e della rete semantica. Le tipologie di ricerca possono cambiare in relazione alle competenze e all'esperienza dell'utenza.

Le risorse sono strutturate in due ambienti: BIBLIOTECA E ICONOGRAFIA.

3.1 *Il percorso di navigazione relativo all'ambiente Biblioteca*

I testi del *corpus* sono organizzati in un albero gerarchico ordinato alfabeticamente per autore. Ad ogni autore è associata una scheda biografica e schede descrittive relative alle opere che contengono l'accesso alle risorse digitali (fig. 16.4).

3.2 *Il percorso relativo all'ambiente Iconografia*

Le immagini dell'apparato iconografico sono ordinate alfabeticamente in moduli gerarchici. Ogni modulo contiene il link alla risorsa digitale, il titolo, una breve descrizione del contenuto, dati relativi a tecniche e materiali

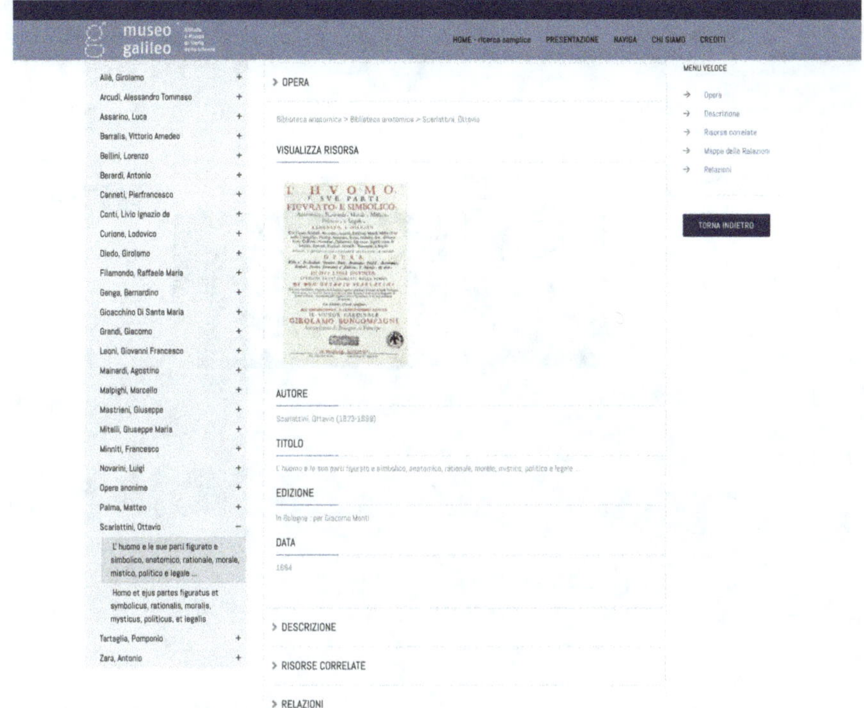

FIGURA 16.4 Esempio di scheda che integra l'accesso alla risorsa con informazioni biografiche sull'autore e sul contenuto dell'opera
© MUSEO GALILEO – FIRENZE

(fig. 16.5). Alle immagini sarà associata un'indicizzazione[12] di tipo libero che prevede l'uso di *keywords* controllate e formalizzate sulla base del *Thesaurus del Nuovo Soggettario*[13] della Biblioteca Nazionale Centrale di Firenze[14].

Il tesauro (ad oggi più di 71.760 termini) consente la navigazione nel catalogo della Biblioteca Nazionale fiorentina per arrivare ai titoli posseduti; offre, inoltre, la possibilità, tramite equivalenti linguistici inglesi, francesi e tedeschi di accedere agli archivi di autorità della Library of Congress, della

12 Anna Lucarelli, "Thesauri in the Digital Ecosystem," *JLIS.It* 13, no. 1 (2022):156–76.

13 *Thesaurus del Nuovo Soggettario*, ultimo accesso 28 dicembre 2023, http://thes.bncf.firenze.sbn.it.

14 Adele Pocci, "*Bibliotheca perspectivae*: una sperimentazione del *Nuovo Soggettario* nell'ambito specialistico dell'iconografia scientifica," *Bibelot: notizie dalle biblioteche toscane*, 26 (2020).

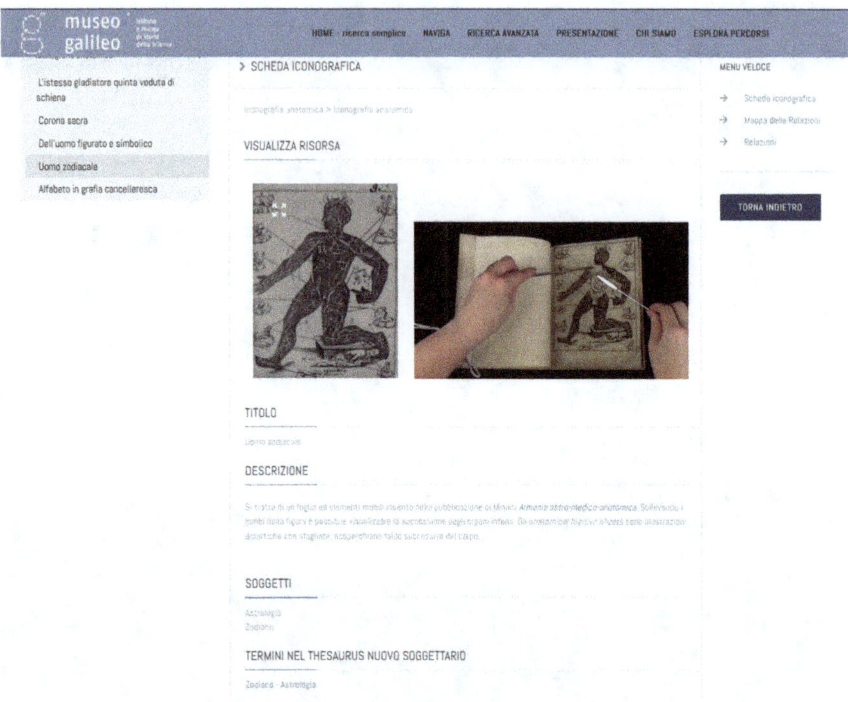

FIGURA 16.5 Esempio di scheda iconografica con un link che rimanda ad un filmato di approfondimento e indicizzazione semantica che permette attraverso i descrittori di accedere direttamente al catalogo della BNCF

Bibliothèque nationale de France e della Deutsche Nationalbibliothek. I formati scelti rendono possibile un'innovativa integrazione con dataset di altre istituzioni culturali.

3.3 *L'esplorazione dei contenuti tramite percorsi strutturati*

I *Percorsi tematici* permettono di effettuare una ricerca selettiva all'interno delle collezioni tramite la predisposizione di liste terminologiche. I lemmi selezionati funzionano da filtri in modo tale che si possano riunire ed esplorare i dati per lingua, per tipologia di materiale, per soggetto.

3.4 *Le mappe concettuali*

Un'altra modalità di consultazione è rappresentata dalle mappe concettuali che permettono di esplorare i contenuti delle sezioni tramite relazioni significative (fig. 16.6). Si tratta di strumenti espressivi che offrono la possibilità di generare connessioni logiche fra gli elementi e di favorire l'usabilità.

FIGURA 16.6 Mappa della *Biblioteca anatomica*. La rappresentazione grafica organizza in un percorso suddiviso in "generi" il *corpus* di testi. Ogni nodo conduce alla scheda descrittiva dell'opera e alla risorsa digitale.
© MUSEO GALILEO – FIRENZE

Con l'aggiunta di nuove funzioni e servizi la collezione di testi selezionata e organizzata è diventata una piattaforma collaborativa per lo studio e per la ricerca. Questo modello di biblioteca digitale, pur essendo fondamentalmente basato sui contenuti, per aver integrato a corredo dei documenti prestazioni e strumenti avanzati, si identifica come una nuova modalità di comunicazione scientifica e offre nuove prospettive di organizzazione e fruizione della conoscenza.

Bibliografia

Biagetti, Maria Teresa. "Sviluppi e trasformazioni delle biblioteche digitali. Dai *repositories* di testi *alle semantic digital libraries.*" *AIB studi* 54, no. 1 (2014): 11–34.

Biagetti, Maria Teresa. *Le biblioteche digitali. Tecnologie, funzionalità e modelli di sviluppo.* Milano: Franco Angeli, 2019.

Camerota, Filippo (a cura di), "Displaying scientific instruments, from the Medici wardrobe to the Museo Galileo." *Annali del Laboratorio museotecnico* V (2012).

Casati, Stefano. "La Biblioteca digitale del Museo Galileo." *Biblioteche oggi* 33 (gen.–feb. 2015): 45–51.

Casati, Stefano, Butini, Fabrizio e Viazzi, Federica. "Redazione e uso di mappe strutturali, un esempio di cooperazione fra biblioteche digitali: la Biblioteca digitale del Museo Galileo e la Biblioteca Europea di Informazione e Cultura." *Digitalia* 13, no. 1 (2018): 51–63.

Casati, Stefano e Pocci, Adele. "Le collezioni digitali tematiche del Museo Galileo: esperienze e nuove prospettive." In *Storie d'autore, storie di persone: fondi speciali tra conservazione e valorizzazione*, a cura di Francesca Ghersetti, Annantonia Martorano, Elisabetta Zonca, 273–80. Roma: Associazione italiana biblioteche, 2020.

Casati, Stefano, Kempf, Klaus e Tammaro, Anna Maria. "Data curation in cultural heritage institutions: two case studies." In *IRCDL 2022, Italian research conference on digital libraries 2022: proceedings of the 18th Italian research conference on digital libraries: Padua, Italy, February 24–25, 2022, hybrid event*, edited by Giorgio Maria di Nunzio [*et al.*], (2022). Ultimo accesso 10 gennaio 2024. https://ceur-ws.org/Vol-3160/.

Guerrini, Mauro. *Dalla catalogazione alla metadatazione: tracce di un percorso*. Roma: Associazione Italiana Biblioteche, 2020.

Lovejoy, Arthur O. *The Great Chain of Being: a Study of the History of an Idea*. Cambridge, Mass.: Harvard University Press, 1936.

Lucarelli, Anna. "Thesauri in the Digital Ecosystem." *JLIS.It* 13, no. 1 (2022):156–76.

Morriello, Rossana. *Le raccolte bibliotecarie digitali nella società dei dati.* Milano: Editrice Bibliografica, 2020.

Pocci, Adele. "*Bibliotheca perspectivae*: una sperimentazione del *Nuovo Soggettario* nell'ambito specialistico dell'iconografia scientifica." *Bibelot: notizie dalle biblioteche toscane*, 26 (2020).

Tomasi, Francesca. *Organizzare la conoscenza: Digital Humanities e Web semantico. Un percorso tra archivi, biblioteche e musei.* Milano: Editrice Bibliografica, 2022.

Index

www.ingramcontent.com/pod-product-compliance
Lightning Source LLC
Chambersburg PA
CBHW070216190526
45161CB00002B/94